高等院校
电子信息应用型
规划教材

U0289881

电路与电子技术

焦素敏 主　编

王彩红 王学梅 李国平 副主编

清华大学出版社
北京

内 容 简 介

本书包含电学课程中的电路分析、模拟电子技术、数字电子技术和 EDA 技术 4 部分内容,属于"高集成度"教材,适用于对上述内容均有需求,但学时数又受限的专业。

本书分为上下两篇,上篇介绍电路与模拟电子技术基础知识和基本理论与方法,第 1～3 章为电路部分,包含电路分析基础、动态电路分析和正弦稳态电路分析;第 4～6 章是模拟部分,讲述常用电子元器件及其应用、集成运算放大器及其应用和集成电源电路等内容。下篇分 7 章讲述数字电路与 EDA 技术的基本内容,本书尝试将二者充分有机融合,用 EDA 的方法讲述数字电路的内容。

本书可作为高等院校计算机类专业、非电类专业的教材或相关技术的培训教材。

图书在版编目(CIP)数据

电路与电子技术/焦素敏主编.--北京:清华大学出版社,2015(2023.8 重印)

高等院校电子信息应用型规划教材

ISBN 978-7-302-38120-4

Ⅰ. ①电… Ⅱ. ①焦… Ⅲ. ①电路理论－高等学校－教材 ②电子技术－高等学校－教材

Ⅳ. ①TM13 ②TN01

中国版本图书馆 CIP 数据核字(2014)第 224459 号

责任编辑:王剑乔
封面设计:傅瑞学
责任校对:袁　芳
责任印制:沈　露

出版发行:清华大学出版社

网　　　址:http://www.tup.com.cn, http://www.wqbook.com

地　　　址:北京清华大学学研大厦 A 座　　　　邮　　编:100084

社　总　机:010-83470000　　　　　　　　　　邮　　购:010-62786544

投稿与读者服务:010-62776969, c-service@tup.tsinghua.edu.cn

质量反馈:010-62772015, zhiliang@tup.tsinghua.edu.cn

课件下载:http://www.tup.com.cn,010-83470236

印 装 者:三河市春园印刷有限公司

经　　销:全国新华书店

开　　本:185mm×260mm　　　**印　张**:24.5　　　　**字　数**:564 千字

版　　次:2015 年 3 月第 1 版　　　　　　　　**印　次**:2023 年 8 月第 7 次印刷

定　　价:69.00 元

产品编号:055543-03

前 言

  计算机类等专业在教学改革过程中，根据需求不断压缩和整合电子类课程的内容和学时，如我校将原来的"电路与模拟电子技术"和"数字电子技术"两门课整合为"电路与电子技术"（必修课，72 学时），但缺乏相应的教材支持。为此，本书将电路分析、模拟电子技术和数字电子技术知识有机地组织起来，并在最重要的数字电路部分进行创新性改革和大胆尝试，融入现代电子技术的自动化设计方法——EDA 技术，利用计算机类学生软件使用上手快的特点，不仅能使数字电路的教学更形象直观，同时也能学习新的 EDA 技术，有利于调动学生的学习积极性，提高课程学习效果。

  本书分为上、下两篇，上篇介绍电路与模拟电子技术相关知识，下篇讲解数字电路和电子设计自动化(EDA)技术的相关知识。对计算机专业而言，下篇数字电路是教学重点，上篇的电路与模拟电子技术为下篇提供必要的基础知识和电路分析能力。为此，本书对电路与模拟电子技术知识进行有机组织并精简，既为后续学习打下必要的基础，又不过于关注课程的系统和完整性，做到取舍合理，难易适度。数字电路部分则结合计算机专业的特点和现代电子技术的发展方向组织内容，在强调数字逻辑电路基本知识和概念与分析方法的基础上，简化或去掉中小规模集成电路内部工作原理的介绍和分析，用实例着重说明 IC 的应用方法，以加强学生对概念的理解并激发学生的学习兴趣，真正使学生能够学以致用。另外，针对数字电路的每一种常用逻辑单元，都以 EDA 技术的方法给予设计说明，保证学生在学习基本数字逻辑知识的同时，掌握相应的现代设计方法，起到事半功倍的作用。在编写手法上，彻底摈弃数字电路和 EDA 技术简单组合、相互割裂的方式，采用二者紧密联合、相互依托的写作风格，使二者能够浑然一体。仅简要介绍芯片的应用方法，突出现代数字电子技术设计方法——EDA 技术，这种技术以大规模可编程逻辑器件为设计载体，以计算机作为设计平台，以 EDA 工具软件作为设计环境，以 HDL 语言等作为主要逻辑功能描述方法，而计算机类专业学生的软件使用能力和编程能力都比较强，因此非常适合计算机类专业学生学习。

本书把电路分析、模拟电子技术、数字电子技术和 EDA 技术等内容有机组织起来，详略得当，重点突出，能使读者在教学时数有限的情况下，较好地掌握电路与电子技术方面的基本概念、基本知识和基本技能。 不仅如此，本书还充分体现当代电子技术的发展现状，紧紧围绕计算机类专业的特点和需求组织教学内容，即以数字电子技术为重点，而电路和模拟部分尽量简明扼要，并突出现代 EDA 技术在数字电路中的应用。

本书由焦素敏担任主编，并完成绪论和第 7~10 章的编写工作。 第 1~3 章由王学梅编写； 第 4~6 章由王彩红编写； 第 11~13 章由李国平编写。 编写过程中得到了学校有关领导和同事的大力支持和帮助，参考了许多学者和专家的著作及研究成果，在此谨向他们表示诚挚的谢意。

由于编者水平有限，书中难免存在不足之处，敬请读者批评、指正。

编 者
2015 年 1 月

目 录

下篇 数字电路与 EDA 技术

第 **0** 章

绪　　论

0.1　电路与电子技术概述

1. 电路与电子技术课程设置的必要性

电路与电子技术类课程是电子信息类专业学生必修的若干门专业基础课程,也是高等理、工、农、医院校非电类专业与计算机专业极其重要的技术基础课程。通常电类专业通过电路、模拟电子技术、数字电子技术和 EDA 技术等多门课程进行相关内容的教学,以加强对相关知识的掌握,但同时也需要有足够多的学时来保障;对非电类专业(如计算机类、机电类等专业)的学生来说,电路与电子技术的基本知识和技能也是需要了解和掌握的,这些知识不仅仅是学习后续计算机等相关专业课程的重要基础课,也是现代信息化社会必须具备的常规知识。因此电路与电子技术也是很多其他专业的一门必修课程,但受学时限制,这些专业(如计算机类)不可能像电类专业那样分门别类开设多门课程,而多采取合并成两门或一门进行教学。随着各专业必修课程的不断增加,越来越多的学校给予相关课程的学时都不断压缩。于是,将电路与电子技术合并成一门课程进行教学,所用学时更少,内容衔接更顺畅、更精简,集成度更高,适合计算机类等专业使用。

本书所述的电路与电子技术包含了电路分析、模拟电子技术、数字电子技术和 EDA 技术 4 部分知识,属于"高集成度"课程,知识点多,综合性强,教学难度大。如何在有限的教学时间内有效地学习和掌握电路与电子技术相关知识,并能紧跟电子技术的飞速发展,掌握新技术、新方法,是该课程面临的主要问题,也是急需解决的重要问题。针对这些问题,本书在内容的组织和教学方法上进行了一些改革和尝试,以期达到满意的教学效果。

2. 电路与电子技术内容简介

电路是由电器元件构成的电流通路。电路的类型多种多样,根据不同的分类原则,电路可分为直流电路和交流电路;也可分为稳态电路和暂态电路,当然还可以分为模拟电路和数字电路等其他类型。电路的主要内容是研究电路的内在规律和分析计算方法,为学习电子技术打下必要的基础。

电子技术是研究半导体器件及其应用的科学技术。电子电路主要由半导体器件(二极管、三极管和场效应管)和电阻、电容等元件构成。根据半导体器件的工作状态(线性放大或开关)不同,可将电子电路分为模拟电路和数字电路,如图 0-1 所示。模拟电路处理

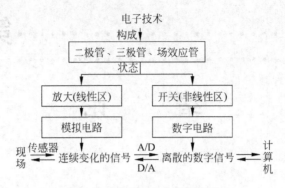

图 0-1 电子电路分类示意图

的是连续变化的模拟电信号；而数字电路加工处理的是离散的数字信号。现实中的物理量多为模拟信号，可经过模/数转换器转换成数字信号，然后送入计算机进行加工处理；计算机处理的结果又可以经过数/模转换器转换成模拟量返回现场。

计算机硬件系统实质上就是一种复杂的数字电路，因此，对计算机类专业而言，数字电路是教学重点，电路与模拟电子技术为数字电路提供必要的基础知识和电路分析能力。为此，电路与模拟电子技术知识必须精简，并进行有机组织，既要为后续学习打下坚实的基础，又不能过于重视课程的系统和完整性，应做到取舍合理、把握有度。数字电路部分要结合计算机专业的特点和现代电子技术的发展方向组织内容，在强调基本概念和分析方法的基础上，对于传统的中小规模集成电路的内部组成原理不作介绍，仅简要介绍芯片的应用方法，突出现代数字电子技术设计方法——EDA 技术。这种技术以大规模可编程逻辑器件为设计载体，以计算机作为设计平台，以 EDA 工具软件作为设计环境，以 HDL 语言等作为主要逻辑功能描述方法，而计算机类专业学生的软件使用能力和编程能力都比较强，因此非常适合计算机类专业学生学习。

电路与电子技术以计算机类学生为对象，一方面，在介绍必要的电路和模拟电子技术基本知识的基础上，全面介绍数字逻辑电路的基本知识和概念，强化基本概念，简化或去掉 IC 内部电路的介绍和分析，着重应用和理解，同时加入很多实用例子，以加强学生对概念的理解并激发学生的学习兴趣，真正使学生能够学以致用。另一方面，针对数字电路的每一种常用逻辑单元，都以 EDA 技术的方法给以设计说明，保证学生在学习基本数字逻辑知识的同时，掌握相应的现代设计方法，起到事半功倍的作用。在教材的编写手法上，彻底摒弃数字电路和 EDA 简单组合、相互割裂的方式，采用二者紧密联合、相互依托的写作风格，使二者能够浑然一体。

0.2 电路与电子技术的作用与地位

1. 电路与电子技术的重要性

纵观人类社会发展的文明史，一切生产方式和生活方式的重大变革都是由于新的科学发明和新技术的产生而引发的。当今社会是信息社会，信息与材料和能源一起，是人类社会的三大资源之一。信息革命是以数字化和网络化为特征的,数字化可以大大改善人们对信息的利用,更好地满足人们对信息的需求;而网络化则使人们更方便地利用信息,使整个地球成为一个"地球村"。以数字化和网络化为特征的信息技术与一般技术不同,它具有极强的渗透性和基础性,可以渗透和改造一切产业和行业,改变着人类的生产和生活方式,改变着经济形态和社会、政治、文化等各个领域。因此,在各行各业信息化技术和自动化应用程度空前普及的 21 世纪,电路与电子技术作为其支柱技术,具有很强的重要性。

电路与电子技术之所以重要,与其应用广泛密切相关。如工业企业的电铸、电焊、电磁冶炼、电解电镀、电机电钻及自动化生产线的控制技术等;农、医行业的电力排灌技术、生物电技术、电磁理疗技术、心脑电图技术、制氧起搏技术、自动手术技术等;文化、娱乐行业的电影电视技术、灯光音响技术、录音录像设备、电子乐器技术等;交通、运输方面的巡航导航技术、电喷控制技术、安全气囊技术等;通信领域的电报电话技术、无线通信设备、互联网技术等;日常生活方面的电灯、电扇、空调、电冰箱、电饭锅、电磁炉及智能家居与安防系统等,电路与电子技术都在其中扮演着重要的角色。

电路与电子技术之所以重要,还因为几乎所有现代科学技术的新成就都与之有着密切的联系。人造卫星、宇宙飞船、航天技术、激光雷达、全息照相、人工降雨、透视探伤、自动控制、无人商场……它不但可以将人们从大量的、简单的、繁重的体力劳动中解放出来,而且早已逾越人体机能的限制,可以完成人们过去连想都不敢想的智能化复杂任务。

电路与电子技术之所以重要,还因为作为高等理、工、农、医院校的学子,必须有坚实的电路与电子技术基础知识和一定的电子技术技能素质,才能学好后续相关专业课程,特别是自动化控制程度较高的专业课程;才能胜任与本专业相关的现代化工程应用工作;才有可能使培养的新一代大学生发展成为具有开拓精神的社会主义建设的有用人才。

2.电路与电子技术的优越性

电路与电子技术的应用之所以如此广泛,是因为它与其他形式的技术相比,具有无法比拟的优越性。

(1)电量转换容易

无论是其他形式的能量转换为电能,还是电能向其他形式能量的转化;无论是交流电与直流电间的转换,还是高、低压间的相互转换,都相当容易。

(2)电量传输方便

无论电量是强还是弱,是交流还是直流,是模拟量还是数字量,其传输是有线还是无线,其他技术都不能和电路电子技术相比。可谓"招之即来、挥之即去"。

(3)电量便于控制

从简单粗笨的继电接触器控制技术,经晶体管和晶闸管的无触点控制技术,到可编程控制(PLC)技术;从分离元件控制电路,经中小规模集成电路,到计算机控制技术及嵌入式系统,再到智能化机器人控制设备,无不是电子技术的杰作。军事上的制导设施、飞机乃至汽车的无人驾驶、外国医疗专家隔洋操控机械手给中国患者做手术等,其控制速度之快、精度之高、智能化程度之高,均为电子技术之所为。

3．EDA技术的应用与发展

无论是现代高精尖的电子设备，如雷达、微机、手机等，还是读者熟悉的电子钟表、大屏幕显示器等日常电子产品，其核心构成都是电子系统。随着微电子技术和计算机技术的发展，电子系统的设计方法和设计手段也发生了很大的变化。进入20世纪90年代以后，EDA技术的迅速发展和普及给电子系统的设计带来了革命性的变化，现代电子产品正在以前所未有的革新速度，向着功能多样化、体积最小化、功耗最低化迅速发展。有专家指出，现代电子设计技术的发展主要体现在EDA工程领域。EDA是电子产品开发研制的动力源和加速器，是现代电子设计的核心。因此，在大中专院校的电子、通信、控制、计算机等各类学科的教学中引入EDA技术的内容，以适应现代电子技术的飞速发展是很有必要的。

采用EDA技术的现代电子产品与传统电子产品的设计有很大区别。显著区别之一是，大量使用大规模可编程逻辑器件，以提高产品性能、缩小产品体积、降低产品消耗；区别之二是，广泛运用现代计算机技术，提高电子设计自动化程度，缩短开发周期，提高产品的竞争力；区别之三是，经常采用自顶向下的设计方法，即设计工作从高层开始，使用标准化硬件描述语言描述电路行为，自顶向下通过各个层次，完成整个电子系统的设计。

利用EDA技术进行电子系统的设计，具有以下几个特点。

（1）用软件的方式设计硬件。

（2）用软件方式设计的系统到硬件系统的转换是由有关的开发软件自动完成的。

（3）设计过程中可用有关软件进行各种仿真。

（4）系统可现场编程，在线升级。

（5）整个系统可集成在一个芯片上，体积小、功耗低、可靠性高。

（6）从以前的"组合设计"转向真正的"自由设计"。

（7）设计的移植性好，效率高。

（8）非常适合分工设计，团体协作。

EDA技术的发展趋势主要体现在以下几个方面。

（1）新的大规模可编程逻辑器件不断涌现，新器件主要朝着规模大、功耗低、模拟可编程及内嵌多种专用端口和附加功能模块等方向发展。

（2）高性能的EDA工具软件不断出现，其自动化和智能化程度不断提高。

（3）随着EDA技术的深入发展和EDA技术软硬件性价比的不断提高，EDA技术的应用将向广度和深度两个方面发展。根据利用EDA技术所开发的产品的最终主要硬件构成来分，EDA技术的应用发展主要表现为FPGA/CPLD系统、FPGA/CPLD＋MCU系统、FPGA/CPLD＋专用DSP处理器系统、基于FPGA实现的现代DSP系统、基于FPGA实现的SOC片上系统和基于FPGA实现的嵌入式系统。

0.3 电路与电子技术的发展方向

纵观电路与电子技术的发展历史，充其量不过两百多年，真正大量利用其为人类服务只有一百多年的历程，但其发展速度之快惊人，应用程度之广泛喜人，社会效益可观，性价比高得让人难以置信。

从 1753 年俄国人罗蒙诺索夫和美国的富兰克林先生揭示"天空的电气现象"开始,到 1888 年三相交流电的应用,属于人类探索与认识电的阶段。这期间诞生了电池、直流电动机、电烛、白炽灯、电话等简单电器。

从 1888 年到 20 世纪初是电能有线传输与电路大量应用的繁荣时期,与引起人类社会第一次工业革命的"瓦特"蒸汽机齐名的是俄国的多利沃·多布罗沃利斯基,他将电能的大量应用于 1888 年影响到全欧洲,从而带来了欧洲的第二次工业革命。

而电子技术的发展和进步与电子器件的发展进步是密切相关的。它经历了真空电子管电路→晶体管电路→半导体分离器件电路→集成电路等发展历程。其中集成电路又有小、中、大、超大和甚大规模集成电路之分。

从 1895 年第一台无线电报(俄国波波夫教授和法国青年马可尼先生)问世和 1903 年第一只电子管(美国的弗莱明先生)诞生,开辟了无线电技术的新纪元,到 1948 年的第一只晶体管问世之前属于电子技术的初级阶段,即电子管时代。这期间先后出现了洗衣机、黑白电视机、磁带录音机、微波炉等电气设备。其中于 1946 年在美国诞生了第一台电子计算机,它占地面积大($170m^2$)、运算速度慢(5000 次/秒)、耗电量巨大(150kW)、重 30t、价值 40 万美元、使用了 18 000 只电子管,但它确定了电子数字计算机的技术基础。

从 1948 年美国贝尔实验室发明第一只晶体管到 1958 年集成电路问世,这 10 年是电子技术的第二阶段,即晶体管时代。这期间半导体技术日臻完善。1957 年晶闸管的诞生,又开辟了弱电控制强电的新纪元。

1958 年集成电路芯片(美国工程师杰克·基尔比)诞生,电子技术领域发生了飞跃性的变化,这就是电子技术发展的第三阶段,即集成电路时代。1961 年,美国人乔治先生做了第一个机器人。这几年里,基于场效应晶体管的电子技术问世,基于晶闸管的工业控制技术得到发展。

此后,集成电路技术发展飞快。按集成度分类,经历了小规模、中规模、大规模、超大规模 4 个阶段。其集成度每 18 个月便可翻一番,超大规模集成度的电子计算机可以在一块 $6mm^2$ 的硅片上实现,预计到 2010 年,每个芯片可含 100 亿个电子元件。以电子计算机的运算速度衡量,每 5 年提高一个数量级,到 2010 年预计可达 100 亿次/秒。而其成本价格却呈指数规律下降,有人曾风趣地比拟说,若飞机价格也像集成电路一样下降,20 世纪 70 年代的一块比萨饼到 20 世纪 90 年代就可以买一架波音 747 了。

集成技术与现代通信技术的飞速发展,促成了全球性的信息技术革命,人类进入了信息时代。1989 年因特网(英国蒂姆·伯纳斯·李)与 1990 年国际互联网的相继问世,使信息技术驾上了翅膀,漂洋过海,遍及全世界乃至宇宙。移动电话、人造卫星、全球定位系统 GPS、载人航天、登月、火星探访均为现代控制技术与现代通信技术的典范成就。

20 世纪 90 年代初,随着计算机技术的高速发展,各种电路分析与设计软件相继问世,电路与电子技术的研究、实验、分析及设计机辅化、仿真化极大地节约了电路实验材料,缩短了电子产品的试制周期,同时也方便了本课程的教学。

我国的电气技术早年发展缓慢。新中国成立前有沉重的三座大山与战乱。新中国成立后一度发展极快,刘少奇在党的第七届代表大会时就明确提出四个现代化首要实现全国城乡电气化,彩印在 1966 年前高中物理第三册封面上的 30 万 kW 双水内冷发电机组就是当时我国电力技术的发展标志之一。然而,一场长达十年之久的史无前例的政治运动破碎了许多人的理想,所以在电路与电子技术的发展历史上没有记载我国的一位电工学者。

虽说我国在电工学史上前不见古人,但绝不是后不见来者。改革开放 30 年来,全面实现四个现代化的进军号角鼓舞了 20 世纪 80 年代后的新一辈,我国电气技术的发展速度史无前例得快。尤其在电子计算机软、硬件的发展过程中,北大方正、清华同方、清华紫光等一大批高薪企业拔地而起,中国大地上一派电气繁荣的景象。

目前我国已经初步实现日光灯电子镇流化、手动开关遥控化、声光人体感应一体化、车床数控化、汽车电喷化、楼宇防盗自动化、出租车卫星定位化、数字多媒体网络化、家电控制智能化、特殊工种与场所全方位监控化、通信摄照视听功能一体化、运输工具巡航导航化、航天飞机载人化等。

0.4　学好本课程的关键环节

1. 基本概念与理论

抓住重点。重点应放在掌握基本概念、基本分析方法和设计方法以及常用电子器件的使用方法上。对于各种数字电子器件,重点放在其外特性及其应用上,而不是器件本身的设计和制造工艺。

重视实践。应学会用实验的方法组装、测试和调整电子电路。

注意培养自学能力。课本上属于扩展知识面的内容,需要学生自己阅读。

按时完成作业,做好复习和预习。准备好笔记本和作业本。

与任何一门自然科学一样,基本理论的理解与基本概念的清晰是学好本课程的首要环节。作为技术基础课程的电路与电子技术又有它独具的特征。

电路部分理论性强,习题与电路故障分析都要求基本概念清楚。有些技巧性的电路分析题看上去很复杂,但概念清楚、分析思路正确、选用分析方法得当,可以不必动手就能得到答案:讲求先看(特征)、再析(选方法)、后动手(下笔算)的做题步骤,否则有可能"下笔千言、离题万里"。

电子技术虽说应以集成电路技术为重点,但分立元器件电路仍然是理解与应用集成芯片的重要基础。模拟部分的严格性与合理性近似相结合,要求学习者既具备严谨的科学态度,又能应用合理近似的思维半定量作出正确分析;数字部分宽松的电路环境和严格的逻辑关系又要求学习者把握特征,学会逻辑思维分析,学会利用 EDA 技术帮助分析和设计数字电路的方法。

本书每节末的"思考与练习"就是为检验初学者基本理论与概念是否清楚而设置的。

2. 实操技能与实训

作为技术基础课程,最重要的是切实加强电气技能素质的培养。从各种电路元器件与集成芯片的辨认到性能、功能测试,从各种电工测量仪器仪表的功能熟悉到熟练使用,从实验室确定条件下的必要试验到自行设计和室外实训,从直流电及电子电路的弱电环境到交流强电电路的故障分析甚至带电作业,均应是学习者具备的基本技能和素质。

学完本课程后,不认识电容器的各种长相和介质类型,分不清三条腿的电子器件是三极管、晶闸管还是稳压块,闹不清常用集成芯片的基本功能以及是 TTL 的还是 CMOS的,万用表、示波器的多种功能不会使用,总之只会纸上谈兵,那我们的技术基础课程就是"海市蜃楼",既不经看,更不经用。

我们的观点与要求是:通过本课程的实操与实训,起码达到国家职业技能中级电工的操作水平,优秀者应能达到高级电工的程度。对常用家电、简单的电控设备、电气线路故障能作出合理分析,可应用已学知识设计出一些简单的工程应用控制电路并可以自行制作与调试。

3．现代分析手段应用

电路与电子技术的现代化机辅分析手段,如前所述,极大地节约了电路实验材料,缩短了电气产品的试制周期,同时也方便了本课程的教学。所以,至少掌握 1～2 种电子电路分析、设计软件也是当代大学生的必备素质。建议掌握本书介绍的 EDA 设计软件,并能用于仿真和设计。

总之,三大环节并重,不可互相替代。

上篇

电路与模拟电子技术

第 1 章

电路分析基础

1.1 电路的基本概念和基本定律

在电路分析中,需要将实际电路等效为电路模型,然后依据电路的基本定律和分析方法对电路中待求的物理量进行分析和计算。本章首先介绍电路模型及电压、电流、功率等物理量;然后介绍电阻、电容、电感、电源的伏安特性及电路的两个基本定律——欧姆定律和基尔霍夫定律;最后介绍电路的基本分析方法及定理。本章内容是学习电路和电子技术课程的重要基础。

1.1.1 电路概述

电路(Circuit)是为电流的流通提供路径,它是为实现某种功能把电气设备或元件按照一定的方式连接起来的组合。在电路理论中有时也将电路称为电网络(Electricity Network)。

实际电路是由电气器件相互连接而成的,这里的电气器件泛指实际的电路部件,如电阻、变压器、电感线圈、晶体管等。实际电路的形式繁多,功能各异,但主要作用有以下两个。

(1) 实现电能的产生、传输和转换。如在电力电路中,发电厂的发电机组把热能、风能或水能等形式的能量转换为电能,传输线路把电能传输到用电设备,用电设备再将电能转换为光能、热能或机械能等形式的能量。

(2) 实现信号的传递、处理或变换。如在电子电路中,接收装置将音频、视频信号的电磁波转换为电信号,由于接收到的电信号很微弱,放大电路对电信号进行传递和处理,音频或视频播放装置再将处理或变换后的电信号还原为原始信息。

日常生活中的照明电路、手机电路、数码相机电路以及计算机电路,都是实际电路。图 1-1 所示为手电筒实物电路,电路由干电池、开关和小灯泡组成。不管实际电路多么复杂,它们均由 3 个基本组成部分:①提供电能的能源,简称电源,如图 1-1(a)中的干电池;②用电装置,统称为负载,它能将电能转化为其他形式的能,如图 1-1(a)中的小灯泡;③中间环节,最简单的中间环节就是导线和开关,起到传输和分配电能并对信号进行传递和处理的作用,如图 1-1(a)中的开关和导线。

在生产实践中所使用的各种电路都是由实际电器元件构成的,这些实际器件在工作时的电磁性质很复杂,绝大多数具备多种电磁效应。例如白炽灯泡,它除了具有消耗电能的电阻特性外,还具有一定的电感特性和电容特性。为了使问题得以简化,以便于探讨电路的基本规律,在分析和研究具体电路时,对实际的电路元件,一般取其主要作用方面,并用理想的元器件或组合来替代。实际电路元件虽然种类繁多,但在电磁性能方面可把它们归类。例如,有的元件主要是供给能量的,它们将非电能量转化为电能,像干电池、发电机、光电池等,可用"电压源"或电流源理想元件表示;又如,有的元件主要是消耗电能的,当电流流过它的时候,主要是把电能转化为其他形式的能,像各种电炉、白炽灯等,可以用"电阻元件"这一理想元件表示;另外,还有的元件主要是储存磁能或储存电能的,就可以用"电感元件"或"电容元件"表示。

为了便于用数学的方法借助电路理论分析电路,一般要将实际电路模型化,用足以反映其电磁性质的理想元件或组合来模拟实际电路中的器件,从而构成与实际电路相对应的电路模型,通常所说的电路分析就是对理想元件构成的电路模型进行分析。如果将手电筒电路的干电池、开关、灯泡和导线理想化,将它们分别用电压源 U_S 和 R_S 的组合、理想开关 S、理想电阻 R_L 和理想导线来模拟,就可以得到手电筒实际电路的电路模型,如图 1-1(b)所示。

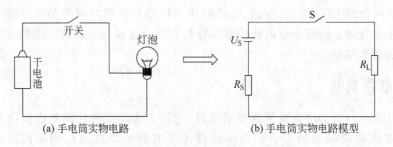

(a) 手电筒实物电路   (b) 手电筒实物电路模型

图 1-1   手电筒实物电路和电路模型

本书中所说的电路在没有特别说明的情况下,均指由理想电路元件构成的电路模型,同时将理想电路元件一律简称为电路元件。

1.1.2 电路中的常用物理量

电路中的变量是描述电路特性的物理量,常用的电路变量有电流、电压、电位、功率和能量。

1.电流及其参考方向

在电场作用下,带电粒子的定向运动形成电流,电流实际流动的方向规定为正电荷运动的方向。电流用 i 表示,其大小定义为单位时间内通过导体横截面的电量。即

$$i(t) = \frac{\mathrm{d}q}{\mathrm{d}t} \tag{1-1}$$

式中:$\mathrm{d}q$ 为时间 $\mathrm{d}t$ 内通过导体横截面的电荷量。当电荷量的单位为 C(库仑)、时间的单位为 s(秒)时,电流 i 的单位为 A(安)。常用的电流单位还有 mA(毫安)、μA(微安),它们之间的关系是

$$1\mathrm{A} = 10^3 \mathrm{mA} = 10^6 \mu\mathrm{A}$$

如果电流的大小和方向均不随时间的变化而变化,这种电流称为恒定电流,简称直流电流。直流电流通常用大写字母 I 表示,此时式(1-1)可改写为

$$I = \frac{q}{t} \tag{1-2}$$

式中:q 为时间 t 内通过导体横截面的电荷量。

电路中的电流既有大小又有方向。有时对某段电路中电流的实际方向很难预先判断出来,有时电流的实际方向是不断变化的,很难在电路中标明电流的实际方向。因此引入了电流"参考方向"的概念。即在电路中选定某一个方向作为电流的方向,这个方向叫做电流的参考方向。若电流的参考方向与其实际方向一致,则电流为正,即 $i>0$;若电流的参考方向与其实际方向相反,则电流为负,即 $i<0$。这样在指定的电流参考方向下,电流的正和负,就可以反映出电流的实际方向。

电流的参考方向是任意指定的,在电路中可用箭头表示,也可用下标表示,如 i_{AB},参考方向是由 A 指向 B。如图 1-2 所示,流过电阻 R 的电流方向既可用箭头表示,也可用 i 的下标表示。直流电路中变量用大写字母表示,交流电路中变量用小写字母表示。

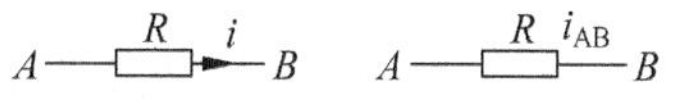

(a)用箭头表示   (b)用下标表示

图 1-2　电流参考方向表示方法

2.电压及其参考方向

在电场力的作用下,单位正电荷由 A 点移动到 B 点电场力所做的功就是 A、B 两点之间的电压,即

$$u_{AB} = \frac{dw}{dq} \tag{1-3}$$

式中:dw 为正电荷 dq 由 A 点移动到 B 点电场力所做的功,单位为 J(焦耳),电压的单位为 V(伏特)。在弱电电路中,电压的电位也常用 mV(毫伏)和 μV(微伏)表示,它们之间的换算关系为

$$1V = 10^3 mA = 10^6 \mu V$$

直流电压通常用大写字母 U 表示。

电场力将单位正电荷从电场内的 A 点移动至无穷远处所做的功,称为 A 点的电位 u_A。由于无穷远处的电场为零,所以无穷远点的电位也为零。因此,电场内 A、B 两点之间的电位差,即 A、B 两点的电压,即

$$u_{AB} = u_A - u_B \tag{1-4}$$

为分析方便起见,可在电路中任选一点为参考点,令参考点电位为零,则电路中某点相对于此参考点的电压就是该点的电位。

两点之间电压的方向可任意指定,指定的电压方向称为参考方向。当电压的参考方向与实际方向一致时,电压为正,即 $u>0$;当电压的参考方向与实际方向相反时,电压为负,即 $u<0$。

电压的参考方向可以用正"+"、负"−"极性表示,正极指向负极的方向就是电压的参考方向,如图 1-3(a)所示;有时为了图示方便,也用箭头来表示电压的参考方向,如图 1-3(b)所示;还可以用双下标表示,如 u_{AB} 表示 A 和 B 之间的电压参考方向由 A 指向 B。以上

几种方法只需任选一种标出即可。

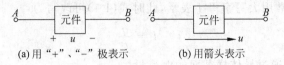

(a) 用"＋"、"－"极表示   (b) 用箭头表示

图 1-3   电压的参考方向表示方法

3. 电压、电流的关联参考方向

在分析电路时,既要为通过元件的电流假设参考方向,也要为元件的电压假设参考方向,彼此间可以是无关的任意假设。但为了方便起见,通常会采用关联的参考方向,即电流从电压的"＋"极流向"－"极,如图 1-4 所示;反之为非关联参考方向,即电流从电压的"－"极流向"＋"极,如图 1-5 所示。

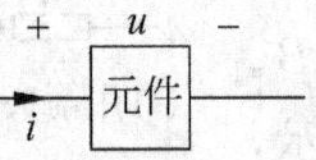

图 1-4 u、i 关联参考方向 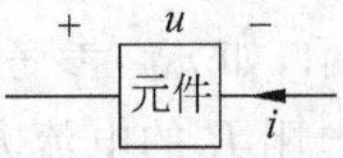   图 1-5 u、i 非关联参考方向

4. 电功率和能量

电路在工作状态下伴有电能和其他形式能量的相互转换。另外,电气设备、电路部件本身都有功率的限制,在使用时要注意其电流或电压是否超过额定值,过载会使设备或部件损坏,或不能正常工作。因此,除了电压和电流两个基本物理量外,还需要知道电路元件的功率。电路中,单位时间内电路元件的能量变化用功率表示:

$$p = \frac{\mathrm{d}w}{\mathrm{d}t} \tag{1-5}$$

功率 p 的单位为 W(瓦特)。将式(1-5)等号右边分子、分母同乘以 $\mathrm{d}q$ 后,变为

$$p = \frac{\mathrm{d}w}{\mathrm{d}q} \cdot \frac{\mathrm{d}q}{\mathrm{d}t} \tag{1-6}$$

将式(1-1)和式(1-3)代入式(1-6),得

$$p = ui \tag{1-7}$$

即元件的功率等于元件上的电压和电流之积,式(1-7)中电压 u 和电流 i 为关联参考方向。对直流电路,式(1-7)可表示为

$$P = UI \tag{1-8}$$

注意:当 u、i 为关联参考方向时,$p = ui$;当 u、i 为非关联参考方向时,$p = -ui$。若计算结果 $p > 0$,说明该元器件吸收或消耗功率;若计算结果 $p < 0$,说明该元器件发出或提供功率。

当已知元件的功率为 p 时,其 t 秒内消耗的电能为

$$W(t) = \int_{-\infty}^{t} p(\tau)\mathrm{d}\tau = \int_{-\infty}^{t} u(\tau)i(\tau)\mathrm{d}\tau \tag{1-9}$$

电能 W 的单位为 J(焦耳)。在电工中,直接用瓦特秒(W·s)作单位。在实际中,常用千瓦时(kW·h)作单位。$1\mathrm{kW \cdot h} = 3\,600\,000\mathrm{W \cdot s}$。

【例 1-1】 已知图 1-4 中元件两端的电压 $U=10\text{V}, I=-1\text{A}$；图 1-5 中元件两端的电压 $U=-10\text{V}, I=1\text{A}$。试确定元件是吸收功率还是发出功率。

解：(1) 对于图 1-4，U 和 I 为关联参考方向，因此有

$$P = UI = 10 \times (-1) = -10(\text{W}) < 0$$

即元件发出功率，且发出的功率为 10W。

(2) 对于图 1-5，U 和 I 为非关联参考方向，因此有

$$P = -UI = -(-10) \times 1 = 10(\text{W}) > 0$$

即元件吸收功率，且吸收的功率为 10W。

1.1.3 电路中的基本元器件及伏安特性

如前所述，实际电路通常用电路模型表示。因此，对电路进行分析和计算，首先必须掌握这些元件模型的性质。本节将介绍几种常见的理想元件。

1. 电阻元件

在金属导体中，自由电子在向前运动时，会与形成晶体的正离子发生碰撞，使电子运动受到阻碍，即导体对电流呈现一定的阻碍作用，这种阻碍作用称为电阻，用字母 R 表示。

导体的电阻值 R 与导体的长度 l 成正比，与导体的横截面积 S 成反比，并与材料的导电性能有关，用公式可表示为

$$R = \rho \cdot \frac{l}{S} \tag{1-10}$$

式中：ρ 为电阻率，单位为 $\Omega \cdot \text{m}$；l 为导体的长度，单位为 m；S 为导体的横截面积，单位为 m^2。

电阻率 ρ 是单位长度单位截面积的导体的电阻值。ρ 越大，物质的导电能力就越差。另外，金属导体的电阻率还受温度的影响，一般的金属导体，温度越高，电阻率越大。不同的材料，有不同的电阻率。例如，银的电阻率较小，是最好的导电材料之一，其次是铜和钼，但银的价格昂贵，因此除非必要，否则采用铜和铝作为导线或构成其他导电元件。

电阻的倒数称为电导，用 G 表示，单位为 S(西门子)。

$$G = \frac{1}{R} \tag{1-11}$$

1826 年，德国科学家欧姆通过科学实验总结出电阻元件中电流与两端电压之间的伏安关系，即欧姆定律。表述如下：电阻中电流的大小与加在电阻两端的电压成正比，与电阻值成反比。

图 1-6(a)中电阻元件电压与电流取关联参考方向，欧姆定律表示为

$$u = iR \tag{1-12}$$

或者

$$i = uG \tag{1-13}$$

以电阻元件上的电压和电流为直角坐标系中的横坐标和纵坐标，画出的 u-i 函数特性曲线，称为电阻的伏安特性。当电阻元件的伏安特性是通过原点的直线(见图 1-6(b))

时,称为线性电阻元件;反之,如果电阻元件的电阻值不是一个常数,即它的数值随着其工作电压或电流的变化而变化,那么,这样的电阻元件称为非线性电阻元件,它的伏安特性不是一条通过原点的直线。图 1-7 是某二极管的伏安特性,该二极管是非线性电阻元件。

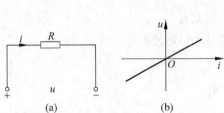

图 1-6   线性电阻元件及其伏安特性   图 1-7   非线性电阻元件(二极管)的伏安特性

电阻元件吸收的功率可以用 $p=ui=i^2R=u^2/R$ 表示,因此,根据电阻元件的伏安特性曲线,可以确定其任一个工作点(i,u)的瞬时功率。本书中所使用的电阻元件均为正电阻值,因此电阻在任一时刻的瞬时功率均大于或等于 0。

电阻元件从时间 t_0 到时间 t 吸收的能量可表示为

$$W(t_0,t) = \int_{t_0}^{t} u(\tau)i(\tau)\mathrm{d}\tau \tag{1-14}$$

电阻元件也简称为电阻,R 既表示电阻元件,也表示电阻元件的电阻值。

2.电感元件

许多电工设备、仪器仪表中都有线圈,如变压器线圈、日光灯镇流器线圈等,这些线圈称为电感线圈或电感器。

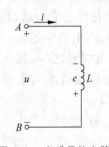

图 1-8   电感元件电路
符号

电感元件是存储磁场能量的电路元件,简称电感,用 L 表示,电感是反应磁场能性质的电路参数。电感元件是实际线圈的理想化模型,假设其由理想导线绕制而成,其电路符号如图 1-8 所示。

电流 i 通过电感时,由电流 i 产生磁通 Φ,对 N 匝线圈,其 $N\Phi$ 乘积称为线圈磁链 Ψ。一般规定磁通 Φ 和磁链 Ψ 的参考方向与电流参考方向之间满足右手螺旋法则,则在这种参考方向下任何时刻线性电感元件的磁链 Ψ 与电流 i 成正比,比例系数称为电感系数 L。即

$$L = \frac{\Psi}{i}$$

$$\Psi = N\Phi = Li \tag{1-15}$$

式中:电感系数 L 的单位为 H(亨利);磁链和磁通的单位均为 Wb(韦伯)。

空芯线圈的电感系数 L 是一个常数,与通过的电流大小无关。这种电感称为线性电感。线性电感的大小只与线圈的形状、尺寸、匝数以及周围物质的导磁性能有关,线圈的截面积越大,匝数越密,电感系数越大。

根据电磁感应定律,当电流 i 随时间 t 变化时,磁链、磁通也会发生变化。同时在电

感线圈两端便会产生感应电动势 e：

$$e = -\frac{\mathrm{d}\Psi}{\mathrm{d}t} = -N\frac{\mathrm{d}\Phi}{\mathrm{d}t} = -L\frac{\mathrm{d}i}{\mathrm{d}t} \tag{1-16}$$

这样在电感元件两端便有感应电压 u，若电压 u 与电流 i 为关联参考方向，如图1-8所示，其伏安关系为

$$u = L\frac{\mathrm{d}i}{\mathrm{d}t} \tag{1-17}$$

即电感元件两端电压与通过电流的变化率成正比。当电流 i 为恒定值即直流时，电感元件两端的电压降为 0，即对直流电流而言，电感元件上没有压降，此时电感元件相当于短路。

对于线性电感元件，其特性方程为 $\Psi = Li$，则从时间 t_0 到 t 电感器所储存的能量为

$$W_{\mathrm{L}}(t_0,t) = \int_{t_0}^{t} ui\,\mathrm{d}t = \int_{t_0}^{t} L\frac{\mathrm{d}i}{\mathrm{d}t}i\,\mathrm{d}t = L\int_{t_0}^{t} i\,\mathrm{d}i = \frac{1}{2}Li^2(t) - \frac{1}{2}Li^2(t_0) \tag{1-18}$$

若 t_0 时刻电感的初始储能为 0，则 t 时刻电感的储能为

$$W_{\mathrm{L}}(t) = \frac{1}{2}Li^2(t) \tag{1-19}$$

电感元件通常称为电感，它既表示电感元件本身，也表示电感元件的电感量。

3. 电容元件

把两个平行金属片用不导电的电介质隔开就构成一个电容器（Capacitor）。由于电介质不导电，在外电源作用下，极板上便能分别聚集等量的异性电荷。外电源撤走后，极板上电荷仍能依靠电场力的作用相互吸引，而又因介质的隔离不能中和，这种电荷可长久地聚集。因此，电容器是一种能聚集电荷的部件。电荷的聚集过程也是电场的建立过程，在这个过程中外力所做的功就等于电容器所储存的能量。因此，可以说电容器是一种能储存电场能量的部件。

在电路中，一般用 C 表示电容元件，如图1-9所示。当实际的电容元件忽略介质的漏电损耗和边缘效应时就是理想电容元件。

当在电容元件两端加上电源时，两块极板上便聚集起等量的正、负电荷，如图1-9所示，其电荷量 q 与外加电压 u 之间有确定的函数关系。对于线性电容元件，q、u 之间的关系为

$$C = \frac{q}{u} \tag{1-20}$$

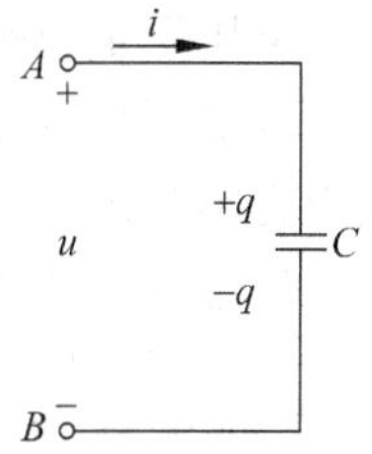

图 1-9 电容元件的
电路符号

式中：C 为电容元件的电容量，单位为 F（法拉）。

电容量 C 的大小与两端电压 u 无关，仅与电容元件的形状、尺寸及介电常数有关。如平板电容的电容量 C 为

$$C = \varepsilon\frac{S}{d} \tag{1-21}$$

式中：S 为两极板正对面积；d 为两平行极板间距离；ε 为电介质的介电常数，ε 越大，对电荷的束缚能力越强。

若电容元件上所加电压 u 随时间 t 变化，则电容 C 极板上的电荷量 q 也随时间变化，根据电流定义，这时电容上便有电流 i 与电压 u 为关联参考方向，则

$$i = \frac{\mathrm{d}q}{\mathrm{d}t} = C \frac{\mathrm{d}u}{\mathrm{d}t} \tag{1-22}$$

即通过电容元件的电流与其两端电压的变化率成正比,当电压 u 为恒定值即直流时,流过电容元件的电流为 0,即电容元件所加电压为直流时,电容元件上没有电流,此时可将电容元件视为开路。

电容只储存能量而不消耗能量,因此一个二端电容在 t 时刻所储存的能量为

$$W_C(t) = \int_{-\infty}^{t} u(\tau)i(\tau)\mathrm{d}t = \int_{-\infty}^{t_0} u(\tau)i(\tau)\mathrm{d}t + \int_{t_0}^{t} u(\tau)i(\tau)\mathrm{d}t$$

$$= W_C(t_0) + W_C(t_0, t) \tag{1-23}$$

式中:t_0 为任意选择的初始时间;$W_C(t_0)$ 为在时间 t_0 以前已储存在电容内的能量,但为了便于下面对问题的讨论,假设 $W_C(t_0) = 0$;$W_C(t_0, t)$ 是在 t_0 到 t 这段时间内外界给予电容的净能量。

对于线性电容元件,从时间 t_0 到 t,电容所储存的能量为

$$W_C(t_0, t) = \int_{t_0}^{t} u(\tau)i(\tau)\mathrm{d}t = \int_{q(t_0)}^{q(t)} u(\tau)\mathrm{d}q = \int_{q(t_0)}^{q(t)} \frac{q}{C}\mathrm{d}q$$

$$= \frac{1}{C}\int_{q(t_0)}^{q(t)} q\mathrm{d}q = \frac{1}{2}\frac{q^2(t)}{C} - \frac{1}{2}\frac{q^2(t_0)}{C}$$

$$= \frac{1}{2}Cu^2(t) - \frac{1}{2}Cu^2(t_0) = \frac{1}{2}Cu^2(t) \tag{1-24}$$

电容元件通常简称为电容,它既表示电容元件本身,也表示电容元件的电容量。

4. 电压源

在电源中,有一类电源的电压或电流是不受外电路控制而独立存在的,这类电源简称为独立源。根据独立源在电路中的表现是电压还是电流,可分为电压源和电流源。

电压源是理想电压源的简称。理想电压源是一个二端元件,不论外部电路如何变化,其两端电压总能保持定值或特定的时间函数,与流过它的电流无关;而流过它的电流不全由它本身确定,应由它和与之相连接的外电路共同确定。

理想电压源的电路符号如图 1-10(a)所示。其中 u_S 为电压源的参考电压,"$+$"、"$-$"号是其参考极性。电压源的端电压 u 完全由 u_S 决定,与通过电压源的电流无关,即

$$u = u_S \tag{1-25}$$

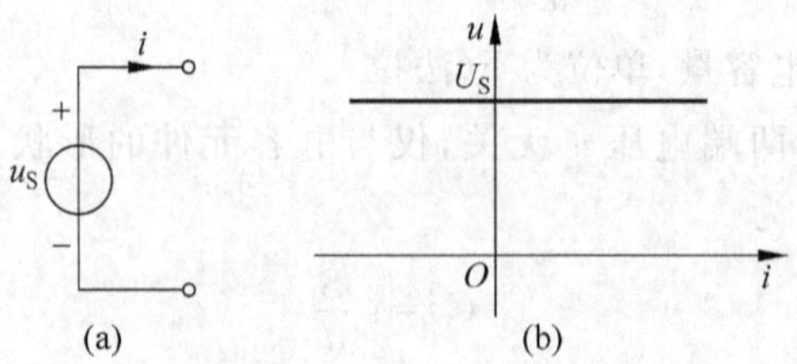

图 1-10 电压源模型及直流电压源的伏安特性

电压源的电压为恒定值时,称为直流电压源,图 1-10(b)是直流电压源的伏安特性,它是一条平行于横轴的直线,与外电路的电流无关。对交流电压源,可以将 u_S 看做某一

时刻的电压值,交流电压源为电路提供的电压也与它外电路的电流无关。电压源提供的电压与外电路电流无关的特性在任一时刻都成立。

电压源不与外电路连接时,流过它的电流始终为0,这就是电压源的开路状态,也是保存电压源时所必需的状态。如果将电压源的正、负极用导线短路,则在短路的瞬间流过电压源的电流会很大,电源中的电能将迅速消耗掉,因此,在任何情况下都不能将电压源短路。

图 1-10(a)中电流和电压的方向为非关联参考方向,此时电源为外电路提供功率,图 1-10(a)中电压源提供的功率为 $p(t)=iu_S$。需要注意的是,在含有多个电源的电路中,并不是所有的电压源都为电路提供功率,当流过电压源的电流和源电压为关联参考方向时,电压源将消耗功率,反之,电压源发出功率。

5．电流源

电流源是理想电流源的简称。理想电流源是一个二端元件,它能够提供一个数值恒定或与时间 t 具有特定函数关系的电流 i_S。

独立电流源的电路符号如图 1-11(a)所示,其中 i_S 为电流源输出的电流,箭头标出了它的参考方向。图 1-11(b)为直流电流源的伏安特性。电流源 i_S 所在支路的电流完全由 i_S 决定,与电压无关,即

$$i = i_S \tag{1-26}$$

电流源的电流为恒定值时,称为直流电流源。电流源的伏安特性曲线如图 1-11(b)所示,它是一条平行于纵轴的直线,流经电流源的电流与它两端的电压无关。对交流电流源,i_S 可看成是交流源某个时刻的电流值,对交流电流源而言,电流 i_S 与其两端电压无关,这一特性在任何时刻都成立。

如果将电流源的两个端子用导线短路,则电流源两端的电压为0,这就是电流源的短路状态,此时该电流源提供的功率为0。如图 1-11(a)所示的电流源中,电流源电流和电源端电压为非关联参考方向,因此电流源提供功率,对图 1-11(a),电流源提供的功率 $p(t)=i_S u$。需要注意的是,对含多个电源的电路,电流源也不总是提供功率。

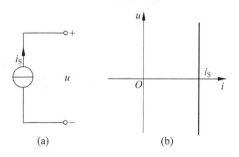

当电流源的 i_S 或电压源的 u_S 为正弦规律变化时,这种电源称为正弦电流源或正弦电压源。日常生活中的照明电就是正弦电压源,它经过整

图 1-11　电流源模型及直流电流源的
伏安特性

流、滤波、稳压等过程后,就可以转变成不同幅值的直流电源。

6．实际电源

(1) 实际电压源

理想电压源实际是不存在的。电源内部总是存在一定的电阻,称为内阻。例如,干电池是一个实际的直流电压源,当接上负载有电流流过时,内阻就会有能量损耗,电流越大,损耗也越大,端电压就越低,这样,电池就不具有端电压为定值的特点。这时,该

实际电压源就可以用一个理想电压源和一个电阻的串联来表示,如图 1-12(a)中的点画线框内部分所示。图中,R_L 为负载,即电源的外电路。该实际直流电压源的端口伏安关系为

$$U = U_S - IR_S \qquad (1\text{-}27)$$

式(1-27)说明,实际直流电压源的端电压 U 是低于理想电压源电压 U_S 的,所低的值就是内阻上的压降 IR_S。图 1-12(b)为实际直流电压源的伏安特性。可见,实际电压源的内阻越小,其特性越接近理性电压源。

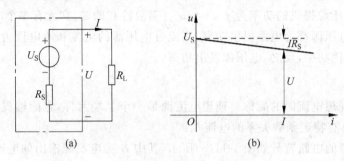

图 1-12 实际直流电压源模型及其伏安特性

(2) 实际电流源

理想电流源实际是不存在的。由于内电导的存在,电流源的电流并不能全部输出,有一部分将在内部分流。该实际电流源可以用一个理想电流源和一个内电导的并联来表示,如图 1-13(a)中的点画线框内部分所示为一实际直流电流源的电路模型。很显然,该实际电流源输出到外电路中的电流 I 小于电流源电流 I_S,所小之值即为内电导上的分流 $I_1 = UG_S$。该实际直流电流源的端口伏安关系为

$$I = I_S - UG_S \qquad (1\text{-}28)$$

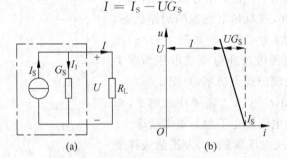

图 1-13 实际直流电流源模型及其伏安特性

图 1-13(b)为实际电流源的伏安特性。实际电流源的内电导越小,内部分流越小,其特性就越接近理想电流源。

综上所述,电压源的输出电压及电流源的输出电流都不随外电路的变化而变化,它们都是独立电源,它们在电路中作为电源或信号源而起作用,称作“激励”。在它们的作用下,电路其他部分相应地产生电压和电流,这些电压和电流就称作“响应”。

(3) 电源模型间的等效互换

电源等效互换的依据是电源的外特性相同。实际电压源模型和实际电流源模型等

效,是指图 1-12(b)和图 1-13(b)的电源端口具有相同的伏安关系,那么就称它们是同一个实际电源的等效模型。

实际电压源模型的端口伏安关系:

$$U = U_s - IR_s \tag{1-29}$$

或改写为

$$I = \frac{U_s}{R_s} - \frac{U}{R_s} \tag{1-30}$$

实际电流源模型的端口伏安关系:

$$I = I_s - UG_s \tag{1-31}$$

如果这两种电源参数符合下列关系:

$$I_s = \frac{U_s}{R_s} \tag{1-32}$$

$$R_s = \frac{1}{G_s} \tag{1-33}$$

那么对相同的外电阻 R_L 来说,是完全等效的。

思考与练习

1-1-1　如图 1-14(a)、(b)规定的参考方向下,若电压 u 和电流 i 的代数值均为正,试分析两个网络实际发出功率还是吸收功率。

1-1-2　有时候欧姆定律可写成 $u = -iR$,说明此时电阻值是负的,对吗?

1-1-3　求图 1-15 中的 U 或 I。

1-1-4　如图 1-16 所示电路,求 V_a、V_b、U_{ab}。

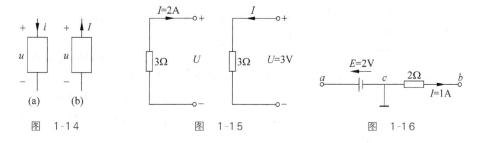

图　1-14　　　　　　图　1-15　　　　　　图　1-16

1-1-5　如图 1-17 所示电路,求每个电源的功率,并说明是吸收功率还是发出功率。

1-1-6　能否用如图 1-18 所示电路中(a)、(b)两种模型分别表示实际直流电压源和实际直流电流源?

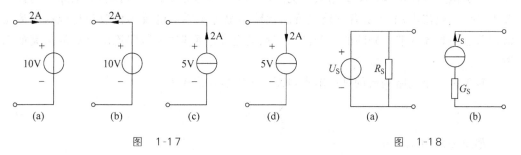

图　1-17　　　　　　　　　　　图　1-18

1-1-7　两种电源模型等效变换的条件是什么？如何确定 u_S 和 i_S 的参考方向？

1-1-8　电压源和电阻的并联组合与电流源和电阻的串联组合能否进行等效变换？为什么？

1-1-9　如图 1-19 所示各电路，求对 a、b 端的对外最简等效电路。

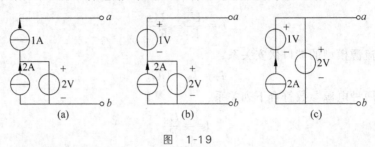

图　1-19

1.2　基尔霍夫定律

基尔霍夫定律是电路的基本定律，是用来描述电路整体结构所必须遵循的约束规律。为了说明基尔霍夫定律，先介绍支路、节点和回路的概念。

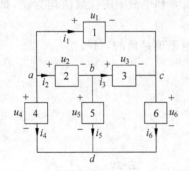

图 1-20　具有 4 个节点和 6 条
支路的电路

（1）支路：电路中通过同一电流的每个分支称为支路。支路两端的电压称为支路电压，流经支路的电流称为支路电流。

如图 1-20 所示电路中有 6 条支路，每条支路上对应的元件分别为元件 $1,2,\cdots,6$；$i_1,i_2,\cdots,i_6$ 分别为各支路的支路电流；$u_1,u_2,\cdots,u_6$ 分别为各支路的支路电压。

（2）节点：3 条或 3 条以上支路的连接点称为节点。如图 1-20 所示电路中有 4 个节点 a、b、c、d。

（3）回路：由一条或多条支路组成的闭合路径称为回路。图 1-20 所示电路中有 7 个回路：$acba$、$abda$、$bcdb$、$acdba$、$acbda$ 等。

1.2.1　基尔霍夫电流定律(KCL)

基尔霍夫电流定律(KCL)可表述为：在集总参数电路中，任一时刻，对电路中的任一节点，流入（或流出）节点的各支路电流的代数和恒等于零。电流的代数和是根据电流是流出节点还是流入节点判断的。若流入节点的电流前面取"＋"，则流出节点的电流前面取"－"。

对于由 n 个支路构成的某一节点，KCL 的数学表达式为

$$\sum_{k=1}^{n} i_k = 0 \tag{1-34}$$

如图 1-21 中，$i_1 + i_2 - i_3 = 0$。

KCL 还可以推广到包含几个节点的闭合面,这个闭合面就是"广义节点"。例如在图 1-22 中,节点①的 KCL 方程为

$$-i_1 + i_4 - i_6 = 0 \quad (或 i_1 = i_4 - i_6)$$

节点②的 KCL 方程为

$$-i_2 - i_4 + i_5 = 0 \quad (或 i_2 = -i_4 + i_5)$$

节点③的 KCL 方程为

$$-i_3 - i_5 + i_6 = 0 \quad (或 i_3 = -i_5 + i_6)$$

由以上 3 个方程可得 $i_1 + i_2 + i_3 = 0$。即流入广义节点(虚线部分)的电流代数和等于 0。事实上,对有 n 个支路构成的广义节点,在任一时刻流入该节点的电流代数和也恒等于 0。

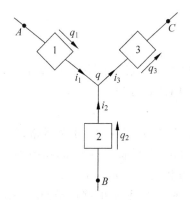

图 1-21 电路中的某一节点

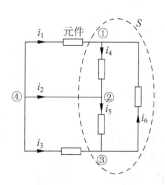

图 1-22 广义节点

实际上,KCL 方程也可描述为 $\sum i_{流入} = \sum i_{流出}$,这就是电流的连续性和电荷守恒定律的体现。

【例 1-2】 电路如图 1-23 所示,已知 $I_1 = 4\text{A}$,$I_2 = 7\text{A}$,$I_4 = 10\text{A}$,$I_5 = -2\text{A}$,求电流 I_3 和 I_6。

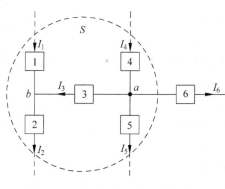

图 1-23 例 1-2 图

解: 根据 KCL,由节点 b 可得

$$I_3 = I_2 - I_1 = 7 - 4 = 3(\text{A})$$

根据 KCL,由节点 a 可得

$$I_6 = I_4 - I_3 - I_5 = 10 - 3 + 2 = 9(\text{A})$$

或者列广义节点 S 的 KCL 方程,即

$$I_6 = I_1 + I_4 - I_2 - I_5 = 4 + 10 - 7 + 2 = 9(\text{A})$$

由此可见,两种方法计算的 I_6 是一致的。

1.2.2 基尔霍夫电压定律(KVL)

基尔霍夫电压定律(KVL)指出:在集总参数电路中,任一时刻,沿电路中的任一回路绕行一周,则在这个绕行方向上该回路中所有元件上的电压的代数和恒等于零。对于一个有 b 条支路构成的某一回路,KVL 的数学表达式为

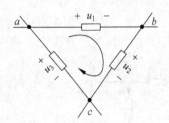

图 1-24 回路的电压

$$\sum_{k=1}^{b} u_k = 0 \tag{1-35}$$

图 1-24 是电路中的某个回路,根据基尔霍夫电压定律,可列出图 1-24 的 KVL 方程:

$$u_1 + u_2 - u_3 = 0$$

应用 KVL 时,为方便起见,可为回路指定电位降(或升)的方向,凡是与设定方向一致的支路电压取正,否则取负。例如,在图 1-24 中,箭头的方向设定为电位降的方向,因此列出的 KVL 方程为 $u_1 + u_2 - u_3 = 0$。

【例 1-3】 如图 1-25 所示电路。(1)列出图 1-25 所示电路中节点 a、b、c 的 KCL 方程;(2)列出图 1-25 所示电路中 3 个回路的 KVL 方程,设图中箭头方向为电位降的方向。

解:(1)对节点 a,其 KCL 方程为

$$-i_1 - i_2 - i_4 = 0 \quad \text{或} \quad i_1 + i_2 + i_4 = 0$$

对节点 b,其 KCL 方程为

$$i_2 - i_5 - i_3 = 0$$

对节点 c,其 KCL 方程为

$$i_3 + i_1 - i_6 = 0$$

(2)对回路 1,其 KVL 方程为

$$u_1 - u_2 - u_3 = 0$$

对回路 2,其 KVL 方程为

$$u_2 + u_5 - u_4 = 0$$

对回路 3,其 KVL 方程为

$$u_3 + u_6 - u_5 = 0$$

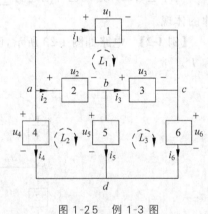

图 1-25 例 1-3 图

【例 1-4】 求图 1-26 中,A、B 两点之间的电压。已知:$I = 1\text{A}$,$R_1 = 2\Omega$,$R_2 = 3\Omega$,$R_3 = 5\Omega$,$E = 14\text{V}$。

解:图 1-26 所示电路虽然不是闭合回路,但只要把 A、B 间的电压作为电阻或电源两端的电压考虑,就可以把它假想成一个闭合回路。当从 A 点出发,顺时针方向绕行,根据

KVL 应有

$$U_1 - E + U_2 + U_3 - U_{AB} = 0$$

用欧姆定律表示电阻上的电压,则有

$$IR_1 - E + IR_2 + IR_3 - U_{AB} = 0$$

代入数据可得

$$\begin{aligned} U_{AB} &= IR_1 - E + IR_2 + IR_3 \\ &= 1 \times 2 - 14 + 1 \times 3 + 1 \times 5 \\ &= -4(\text{V}) \end{aligned}$$

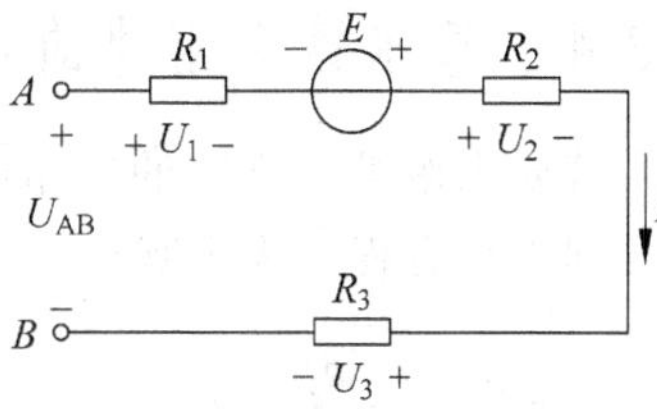

图 1-26 例 1-4 图

计算结果为负值,说明 A、B 两点之间的电压实际方向与参考方向相反,即 B 点电位比 A 点电位高 4V。

由本例可以看出,KVL 不仅可以应用于闭合回路,也可以推广应用于任意假想的闭合回路。

1.2.3 基尔霍夫定律的应用之——支路电流法

支路电流法是计算复杂电路的一种最基本的通用方法,它用基尔霍夫电流定律和电压定律分别对节点和回路列出所需要的方程组,解出各支路电流,进而可以求出支路电压等其他物理量。

【例 1-5】 电路如图 1-27 所示,其中各个电阻值为已知,用支路电流法列出方程组。

解: 由图可知电路有 6 个支路,4 个节点,因此,根据 KCL 对节点①、②、③可列出 3 个方程。

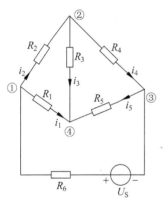

节点①:$i_1 + i_2 - i_6 = 0$
节点②:$-i_2 + i_3 + i_4 = 0$
节点③:$-i_4 + i_5 + i_6 = 0$
取网孔为基本回路列 KVL 方程,则有
回路 1:$R_2 i_2 + R_3 i_3 - R_1 i_1 = 0$
回路 2:$R_4 i_4 + R_5 i_5 - R_3 i_3 = 0$
回路 3:$R_1 i_1 - R_5 i_5 + R_6 i_6 = u_S$
联立求解 6 个方程即可求得 $i_1 \sim i_6$。

综上所述,运用支路电流法求解电路,除了必须掌握基尔霍夫定律外,还要列出足够而且相互独立的 KCL 和 KVL 方程式,即它们不可能由其他电流或电压方程

图 1-27 例 1-5 图

导出。

一个具有 n 个节点、b 条支路的电路,运用支路电流法求解电路,需要列出 b 个相互独立的方程式。可以任意选 $n-1$ 个节点,用 KCL 列写 $n-1$ 个节点电流方程,这 $n-1$ 个 KCL 方程式是相互独立的,因此这 $n-1$ 个节点又称为独立的节点。

其余的 $b-(n-1)$ 个方程式需要用 KVL 方程列出,平面电路中,一般选网孔做基本回路列写 KVL 方程。

1.2.4 基尔霍夫定律的应用之二——节点电压法

若要求解某个支路的支路电压,那么对于具有 b 个支路的电路而言,运用支路电流法需要列 b 个方程。为了减少列方程的个数,引入"节点电位"这一概念。什么是节点电位

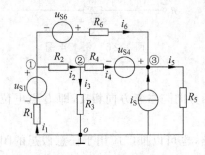

图 1-28 节点电压法示意图

呢? 在一个电路中,任选一个节点为参考点,其余每个节点与参考点之间的电压就是该节点的节点电位。显然,一个具有 n 个节点的电路就有 $n-1$ 个节点电位。对于图 1-28 所示的电路,电路共有 4 个节点,若选节点 o 为参考点,其余 3 个节点相对于参考点的电位用 u_{n1}、u_{n2}、u_{n3} 表示,如果这 3 个节点电位能求得,那么电路中各支路电压就是该支路所连接的两个节点的电位差。根据支路电流与端电压的伏安关系,由已知的端电压就可以进一步求得各支路电流。

各支路电流在图 1-28 所示参考方向下,与节点电压之间存在有下列关系式:

$$
\begin{cases}
u_{n1} = u_{S1} - i_1 R_1 \\
u_{n1} - u_{n2} = i_2 R_2 \\
u_{n2} = i_3 R_3 \\
u_{n2} - u_{n3} = i_4 R_4 - u_{S4} \\
u_{n3} = i_5 R_5 \\
u_{n1} - u_{n3} = -u_{S6} + i_6 R_6
\end{cases}
$$

进而可得

$$
\begin{cases}
i_1 = \dfrac{u_{S1} - u_{n1}}{R_1} = G_1(u_{S1} - u_{n1}) \\[2mm]
i_2 = \dfrac{u_{n1} - u_{n2}}{R_2} = G_2(u_{n1} - u_{n2}) \\[2mm]
i_3 = \dfrac{u_{n2}}{R_3} = G_3 u_{n2} \\[2mm]
i_4 = \dfrac{u_{n2} - u_{n3} + u_{S4}}{R_4} = G_4(u_{n2} - u_{n3} + u_{S4}) \\[2mm]
i_5 = \dfrac{u_{n3}}{R_5} = G_5 u_{n3} \\[2mm]
i_6 = \dfrac{u_{n1} - u_{n3} + u_{S6}}{R_6} = G_6(u_{n1} - u_{n3} + u_{S6})
\end{cases}
$$

可见,只需求出节点电压,所有各支路电流也都可求得。节点电位法也称为节点电压法。

下面以图 1-28 为例说明如何建立节点电压方程。对图中的节点 1、2、3 可分别列出 KCL 方程为

$$\begin{cases} i_1 - i_2 - i_6 = 0 \\ i_2 - i_3 - i_4 = 0 \\ i_4 + i_6 + i_S - i_5 = 0 \end{cases} \tag{1-36}$$

将各支路电路 $i_1 \sim i_6$ 的表达式带入式(1-36)，经整理可得

$$\begin{cases} (G_1 + G_2 + G_6)u_{n1} - G_2 u_{n2} - G_6 u_{n3} = G_1 u_{S1} - G_6 u_{S6} \\ -G_2 u_{n1} + (G_2 + G_3 + G_4)u_{n2} - G_4 u_{n3} = -G_4 u_{S4} \\ -G_6 u_{n1} - G_4 u_{n2} + (G_4 + G_6 + G_5)u_{n3} = G_6 u_{S6} + G_4 u_{S4} + i_S \end{cases} \tag{1-37}$$

式(1-37)可进一步写成

$$\begin{cases} G_{11} u_{n1} + G_{12} u_{n2} + G_{13} u_{n3} = i_{S11} \\ G_{21} u_{n1} + G_{22} u_{n2} + G_{23} u_{n3} = i_{S22} \\ G_{31} u_{n1} + G_{32} u_{n2} + G_{33} u_{n3} = i_{S33} \end{cases}$$

这是具有 3 个独立节点电路的节点电压方程的一般形式。式中，具有相同双下标的电导 G_{11}、G_{22}、G_{33} 分别是独立节点①、②、③所连接的各个支路的电导和，称为各独立支路的自电导，它们总取正值。具有不同双下标的电导 G_{12}、G_{21}、G_{13}、G_{31}、G_{23}、G_{32} 等，分别是直接连接两个相关节点的各支路电导的和，称为互电导，它们总取负值。显然，两个节点之间没有支路直接连接时，相应的互电导为零。方程右边表示流入相应节点的电流源电流代数和(若是电压源与电阻的串联模型，则可等效变换成电流源和电导相并联的模型)。当电流源的电流方向指向相应节点时，取正号；反之，则取负号。

【例 1-6】 用节点电压法求图 1-29 中各支路的电流。

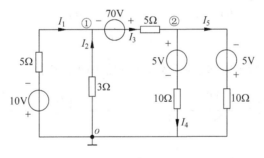

图 1-29 例 1-6 图

解：本电路有 3 个节点，以 o 点为参考点，独立节点①、②的电位分别为 U_{n1}、U_{n2}。列节点电压方程为

$$\begin{cases} \left(\dfrac{1}{5} + \dfrac{1}{3} + \dfrac{1}{5}\right)U_{n1} - \dfrac{1}{5}U_{n2} = -\dfrac{10}{5} - \dfrac{70}{5} \\ -\dfrac{1}{5}U_{n1} + \left(\dfrac{1}{5} + \dfrac{1}{10} + \dfrac{1}{10}\right)U_{n2} = \dfrac{70}{5} + \dfrac{5}{10} - \dfrac{15}{10} \end{cases}$$

解方程组得

$$U_{n1} = -15\text{V}; \quad U_{n2} = 25\text{V}$$

在图中标出各支路电流的方向，可计算得

$$
\begin{cases}
I_1 = \dfrac{-10 - U_{n1}}{5} = \dfrac{-10 + 15}{5} = 1(\text{A}) \\[2mm]
I_2 = \dfrac{-U_{n1}}{3} = \dfrac{15}{3} = 5(\text{A}) \\[2mm]
I_3 = \dfrac{70 + U_{n1} - U_{n2}}{5} = \dfrac{70 - 40}{5} = 6(\text{A}) \\[2mm]
I_4 = \dfrac{-5 + U_{n2}}{10} = \dfrac{-5 + 25}{10} = 2(\text{A}) \\[2mm]
I_5 = \dfrac{15 + U_{n2}}{10} = \dfrac{15 + 25}{10} = 4(\text{A})
\end{cases}
$$

在参考节点处可进行检验,应有

$$-I_1 - I_2 + I_4 + I_5 = 0$$

代入代数值得 $-1-5+2+4=0$。符合 KCL,结果正确。

思考与练习

1-2-1 如图 1-30 所示两电路中,I_0 和 I_1 各为多少?能总结出什么结论吗?

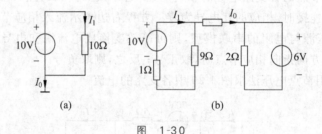

图 1-30

1-2-2 如图 1-31 所示电路中,求各含源支路中的未知量。

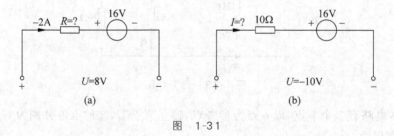

图 1-31

1-2-3 如图 1-32 所示电路中,求开路电压 U_{AB} 为多少?

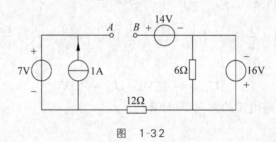

图 1-32

1-2-4 支路电流法的依据是什么? 如何列出足够的独立方程?

1-2-5 用支路电流法分析含有电流源的电路应注意哪些问题?

1-2-6 什么是自电导和互电导? 它们正、负号如何确定?

1-2-7 节点电压法的实质是什么? 节点电压法的方程两边各表示什么含义? 各项的正、负号如何确定?

1.3 电路的分析方法

1.3.1 电路的等效变换

在对电路进行分析和计算时,有时可以把电路的某一部分进行简化,即用一个较为简单的电路代替该电路,这就是电路理论中广泛应用的"等效变换"概念。这里所说的等效变换是指将某一部分用另一种电路结构和元件参数替代后,不影响原来电路中未作变换的任何一条支路中的电流和电压,所以又被称为"外等效"。等效电路是被替代部分的简化或结构的变形,因此内部并不等效。

电阻的等效变换包括:①将若干个串联的电阻用一个电阻来等效(该电阻称为这若干个串联电阻的等效电阻);②将若干个并联的电阻等效变换成一个电阻;③将若干个混联的电阻等效变换成一个电阻。

定义:对于两个一端口网络 A 和 B,如果它们对外表现出相同的伏安特性,即 $u_A = f(i_A)$ 与 $u_B = f(i_B)$ 相同,则对外部而言,二端口网络 A 与二端口网络 B 互为等效,如图 1-33 所示。

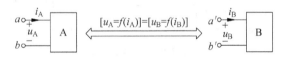

图 1-33 一端口网络 A 和 B 等效

相等效的两部分电路 A 与 B 在电路中可以相互代换,代换前的电路和代换后的电路对任意外电路 C 中的电流、电压和功率而言是等效的,即满足图 1-34。

注意:上述等效是用以求解 C 部分电路中的电流、电压和功率,若要求图 1-34 中 A 部分电路的电流、电压和功率,不能用图 1-34 中 B 部分等效电路来求解,因为 A 电路和 B 电路对 C 电路来说是等效的,但 A 电路和 B 电路本身是不相同的。

图 1-34 相等效的一端口网络 A、B 接上相同的外电路 C

1. 电阻的串联等效变换

n 个电阻相串联的电路如图 1-35 所示。

特点:根据 KCL 知,各电阻中流过的电流相同;根据 KVL,电路的总电压等于各串联电阻的电压之和。

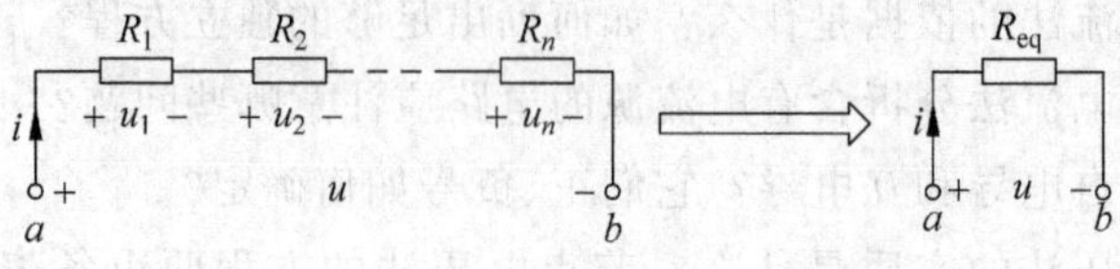

图 1-35 n 个电阻的串联及其等效电阻

（1）等效电阻

$$u = \sum_{k=1}^{n} u_k = R_1 i + R_2 i + \cdots + R_n i = (R_1 + R_2 + \cdots + R_n)i = R_{eq}i \tag{1-38}$$

式中：$R_{eq} = R_1 + R_2 + \cdots + R_n = \sum_{k=1}^{n} R_k$。

（2）电压分配

$$u_k = \frac{u}{R_{eq}}R_k \tag{1-39}$$

由此可见，阻值越大者分得的电压越大。

（3）功率分配

$$p_k = R_k i^2 = \frac{R_k}{R_{eq}}p \tag{1-40}$$

由此可见，阻值越大者分得的功率越大。

2. 电阻的并联等效变换

电阻的并联等效变换如图 1-36 所示。

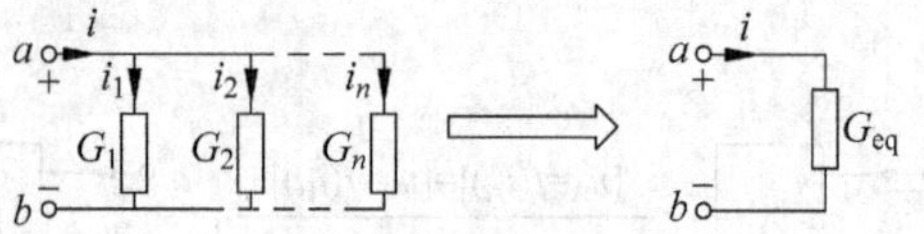

图 1-36 n 个电导的并联及其等效电导

特点：根据 KVL 知，各电阻两端为同一电压；根据 KCL，电路的总电流等于流过各并联电阻的电流之和。

（1）等效电导

$$i = \sum_{k=1}^{n} i_k = G_1 u + G_2 u + \cdots + G_n u = (G_1 + G_2 + \cdots + G_n)u = G_{eq}u \tag{1-41}$$

式中：$G_{eq} = G_1 + G_2 + \cdots + G_n = \sum_{k=1}^{n} G_k$。

（2）电流分配

$$i_k = G_k u = G_k \frac{i}{G_{eq}} \tag{1-42}$$

由此可见，阻值越大（电导越小），分得的电流越小。

（3）功率分配

$$p_k = G_k u^2 = \frac{G_k}{G_{eq}}p \tag{1-43}$$

由此可见,阻值越大(电导越小),分得的功率越小。

总结一下,求解串、并联电路的一般步骤。

(1) 求出等效电阻或等效电导。

(2) 应用欧姆定律求出总电压或总电流。

(3) 应用欧姆定律或分压、分流公式求各电阻上的电流和电压。

因此,分析串、并联电路的关键是判别电路的串、并联关系。

判别电路串、并联关系的基本方法。

(1) 看电路的结构特点。若两电阻是首尾相连就是串联,是首首尾尾相连就是并联。

(2) 看电压、电流关系。若流经两电阻的电流是同一个电流,两个电阻就是串联;若两电阻上承受的是同一个电压,两个电阻就是并联。

(3) 对电路作变形等效。如左边的支路可以扭到右边,上面的支路可以翻到下面,弯曲的支路可以拉直等;对电路中的短线路可以任意压缩与伸长;对多点接地可以用短路线相连。一般情况下,都可以判别出电阻之间的连接关系。

(4) 找出等电位点。对于具有对称特点的电路,若能判断某两点是等电位点,则根据电路等效的概念,一是可以用短接线把等电位点连起来;二是把连接等电位点的支路断开(因支路中无电流),从而得到电阻的串并联关系。

【例 1-7】 化简如图 1-37 所示电阻混联电路。

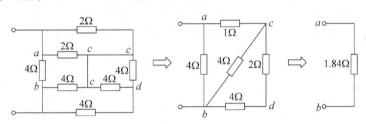

图 1-37 例 1-7 电路图

1.3.2 叠加定理

叠加定理是反映线性电路基本性质的一个重要定理,下面以图 1-38 所示的电路为例加以说明。

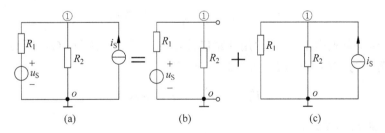

图 1-38 叠加定理

用节点电压法可求得图 1-38 中节点①的电压为

$$u_{o1} = \frac{\dfrac{u_S}{R_1} + i_S}{\dfrac{1}{R_1} + \dfrac{1}{R_2}} = \frac{R_2}{R_1 + R_2} u_S + \frac{R_1 R_2}{R_1 + R_2} i_S = u'_{o1} + u''_{o1}$$

式中：$u'_{o1} = \dfrac{R_2}{R_1 + R_2} u_S$；$u''_{o1} = \dfrac{R_1 R_2}{R_1 + R_2} i_S$。

可以看出，节点电压 u_{o1} 由两部分组成，第一部分 u'_{o1} 是把 i_S 视为零值（看做开路）、u_S 单独作用于电路时的响应，如图 1-38(b)所示；第二部分 u''_{o1} 是把 u_S 视为零值（看做短路）、i_S 单独作用于电路时的响应，如图 1-38(c)所示。而电路中各支路的电压与电流都与节点电压呈线性关系，所以它们也都可以看做是由电路中的两个电源分别单独作用时产生的两部分响应组成的。

以上讨论虽然针对的是一个具体的电路，但不难推证：在任何一个含有多个独立电源的线性电路中，每一个支路的电压或电流可以看成是每一个独立电源单独作用于电路时，在该支路上所产生的电压或电流的代数和（本书不做详细证明）。当某一个独立电源单独作用时，其他独立电源值为零，即独立电压源用短路代替，独立电流源用开路代替。

叠加原理只适用于线性电路，因为在非线性电路中，电路元件的参数不是常数，那么上述推导便不能成立。另外，线性电路中应用叠加定理，也只限于计算电路中的电压和电流，因为电压和电流与恒压源的电压或恒流源的电流是一次函数关系。而电路中的功率不是电压、电流的一次函数，因此，功率不能用叠加定理来计算。

【例 1-8】　电路如图 1-39 所示，用叠加定理求解电路中的电流 I_L。

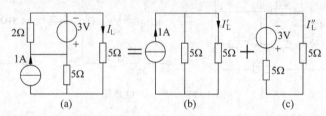

图 1-39　例 1-8 图

解：电路由两个独立电源共同作用。首先由电流源单独作用，则电压源用短路代替，这时如图 1-39(b)所示，可得

$$I'_L = 1 \times \frac{5}{5 + 5} = 0.5(\text{A})$$

再由电压源单独作用，电流源用开路代替，而且 3V 电压源与 2Ω 电阻相并联，对外电路来说，可等效为 3V 的电压源，如图 1-39(c)所示。

$$I''_L = \frac{-3}{5 + 5} = -0.3(\text{A})$$

根据叠加原理，所以有

$$I_L = I'_L + I''_L = 0.5 - 0.3 = 0.2(\text{A})$$

叠加定理是分析和计算线性电路的普遍原理。叠加定理是线性电路的重要定理之一,在分析非正弦周期性交流电路和电路的暂态分析中都能用到。

1.3.3 戴维南定理

戴维南等效电路是线性含源二端口网络的简化电路。需要指出的是,戴维南定理不仅适用于线性电阻电路,而且可用于任何由线性元件组成的电路。

戴维南定理的内容是:任何一个线性含独立源的二端口网络对外电路来说,总可以用一个电压源 U_{OC} 和电阻 R_{eq} 的串联组合等效置换。其中,电压源 U_{OC} 为该网络的开路电压,电阻 R_{eq} 为该网络中全部独立源置零后端口电压和端口电流的比值,也称为此二端口网络的输入电阻。

【例 1-9】 用戴维南定理求图 1-40 所示电路中电阻 R_L 上的电流 I。

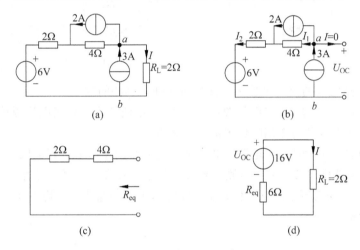

图 1-40 例 1-9 电路图

解:(1) 将待求支路断开并移去,在图 1-40(b)中求开路电压 U_{OC}。因为此时 $I=0$,在节点 a 处可得

$$I_1 = 3 - 2 = 1(\text{A})$$

$$I_2 = 3\text{A}$$

所以 $U_{OC}=1\times4+3\times2+6=16(\text{V})$。

(2) 画出相应的无源二端口网络如图 1-40(c)所示,其等效电阻为

$$R_{eq} = 6\Omega$$

(3) 画出戴维南等效电路并与待求支路相连,如图 1-40(d)所示,可得

$$I = \frac{U_{OC}}{R_{eq} + R_L} = \frac{16}{6 + 2} = 2(\text{A})$$

戴维南定理常用来分析电路中某一支路的电压和电流。分析的思路是:先将待求支路从电路中断开移去,电路中剩余部分就是一个有源二端口网络,用戴维南定理求出其等效电路,然后接上待求支路,即可得到需求量。

前面讲过两种电源模型之间的等效变换。据此,不难得出如下结论:任何一个线性有源二端口网络,可以用一个电流源和电阻的并联组合的电路模型来等效代替,该电流源

的电流等于有源二端口网络的短路电流 i_{sc}，电阻等于将有源二端口网络变成无源二端口网络后的等效电阻 R_{eq}，这就是诺顿定理，该电路模型称为诺顿等效电路。

思考与练习

1-3-1　电阻的串联和并联各有什么特点？

1-3-2　求如图 1-41 所示电路的等效电阻 R_{eq}。

1-3-3　求如图 1-42 所示电路的等效电阻 R_{ab}、R_{bc}。

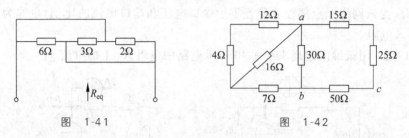

图　1-41　　　　　　　　　　图　1-42

1-3-4　叠加定理的内容是什么？使用时应注意哪些问题？

1-3-5　如图 1-43 所示，当电压源单独作用时，电流 I 为 1A，当电流源单独作用时，电流 I 为多少？两电源共同作用时的电流 I 为多少？

1-3-6　如图 1-44 图所示，电路在 3 个独立电源共同作用下得到电压 U_{ab}，若将电流源 I_S 和电压源 U_{S1} 都反向（U_{S2} 不变），则电压 U_{ab} 变为原来的 0.5 倍；而当 I_S 和 U_{S2} 都反向（U_{S1} 不变）时，U_{ab} 变为原来的 0.3 倍；如果仅使 I_S 反向（U_{S1} 和 U_{S2} 均不变），电压 U_{ab} 将变为原来的多少倍？

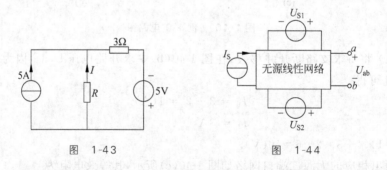

图　1-43　　　　　　　　　　图　1-44

1-3-7　用戴维南定理分析电路的步骤是什么？需注意哪些问题？

1-3-8　对某有源二端口网络，先用一内阻为 1MΩ 的电压表测量其端电压，读数为 30V；再用一内阻为 500kΩ 的电压表测量其端电压，读数为 20V，试求该网络的戴维南等效电路。

1.4　受控源及含受控源电路的分析

在电子电路中广泛使用各种晶体管、运算放大器等多端器件。这些多端器件的某些端钮的电压或电流受到另一些端钮电压或电流的控制。例如，双极晶体管的集电极电流受基极电流控制,运算放大器的输出电压受输入电压控制。为了模拟多端器件电压、电流间的这种耦合关系,需要定义一些多端电子元件。

本节介绍的受控源是一种非常有用的电路元件,常用来模拟含晶体管、运算放大器等多端器件的电子电路。

1.4.1 受控源及其类型

受控源又称为非独立源。一般来说,一条支路的电压或电流受本支路之外的其他因素控制时,统称为受控源。本书仅讨论一条支路的电压或电流受另外一条支路的电压或电流控制的情况,这样的受控源是由两条支路组成的理想化电路元件。受控源的第一条支路是控制电路,呈开路或短路状态;第二条支路是受控支路,它是一个电压源或电流源,其电压或电流的值受第一条支路电压或电流的控制。这样的受控源可以分为 4 种类型,分别称为电流控制电压源(CCVS)、电压控制电流源(VCCS)、电流控制电流源(CCCS)和电压控制电压源(VCVS),如图 1-45 所示。

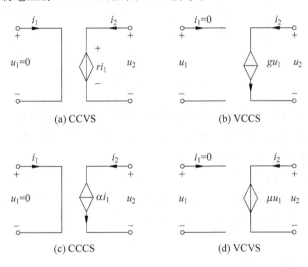

图 1-45 受控源的四种类型

受控源是四端元件(也称双口元件),一对加控制量的端钮是输入端,另一受控支路的两个端钮是输出端。控制支路和受控支路可以直接有电的联系,也可以没有电的联系。

图 1-45(a)中 u_1 和 i_1 分别表示控制电压和控制电流,r 具有电阻量纲,称为转移电阻。

图 1-45(b)中 g 具有电导量纲,称为转移电导。

图 1-45(c)中 α 无量纲,称为转移电流比。

图 1-45(d)中 μ 也无量纲,称为转移电压比。

r、g、α 和 μ 为常量时,它们为时不变双端口电阻元件。本书只研究线性时不变受控源,并采用菱形符号来表示受控源(不画出控制支路),以便与独立电源相区别。

独立电源是电路中的"输入",它表示外界对电路的作用,电路中电压或电流是由于独立电源起的"激励"作用产生的。受控源则不同,它是用来反映电路中某处的电压或电流能控制另一处的电压或电流的现象,或表示一处的电路变量与另一处电路变量之间的一种耦合关系。

1.4.2　含受控源电路的分析

对于含有受控源的电路,可以把受控源作为独立电源来处理,常用外加独立电源计算VCR方程的方法解得所求电路,但要注意受控源和独立源是两个不同的物理概念。独立电源的源电压是独立存在的,无论它处于何种状态下源电压总是存在的,如干电池、电源插座。如果电路中不含独立电源,就不能为控制电路提供电压或电流,则受控源以及整个线性电路的电压和电流都为零。现举例加以说明。

【例 1-10】　如图 1-46(a)所示,试用叠加定理求 2Ω 支路的电流。

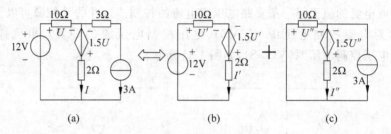

图 1-46　例 1-10 电路图

解：用叠加定理分析含有受控源的电路时,在考虑每个独立电源在电路中的作用时,要注意两点：①受控源要保留在电路中；②由于每个独立电源单独作用时可能引起受控源控制量的变化,此时受控量要随之改变。

图 1-46(a)所示电路中,12V 电压源单独作用时,3A 电流源支路应断开,而受控源保留在电路中,如图 1-46(b)所示。图 1-46(b)中受控源控制量为 U',受控量也随之变为 $1.5U'$。

图 1-46(b)是一个单回路电路,由 KVL 可得

$$-1.5U' + 2I' - 12 + U' = 0$$

将 $U' = 10I'$ 代入上式,解得 $I' = -4A$。

当 3A 电流源单独作用时,12V 电压源应视为短路,但受控源要保留在原电路中,得如图 1-46(c)所示电路,该图中受控源控制量为 U'',受控量也随之变为 $1.5U''$。

对图 1-46(c)所示左边回路列 KVL,可得

$$U'' - 1.5U'' + 2I'' = 0$$

把 $U'' = 10(I'' + 3)$ 代入上式,解得

$$I'' = -5A$$

由叠加定理得

$$I = I' + I'' = -9(A)$$

【例 1-11】　求如图 1-47(a)所示二端口网络的戴维南等效电路。

解：含有受控源的有源二端口电路,求其等效电路,有两种方法：①依据戴维南定理,求该含源二端口的开路电压和输入电阻(即等效电阻)；②求出该二端口网络的伏安关系,用电路模型表示该伏安关系,即为其等效电路。本题应用第二种方法。

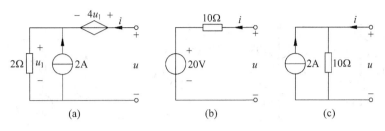

图 1-47 例 1-11 电路图

假设在一端口上外加电压源 u，求得二端口伏安关系方程为

$$u = 4u_1 + u_1 = 5u_1$$

其中，

$$u_1 = 2(i + 2)$$

则

$$u = 10i + 20$$

或

$$i = \frac{1}{10}u - 2$$

以上两式对应的等效电路为 10Ω 电阻和 20V 电压源的串联（如图 1-47(b)所示），或 10Ω 电阻和 2A 电流源的并联（如图 1-47(c)所示）。

思考与练习

1-4-1 受控源与独立电源和电阻元件有什么不同？

1-4-2 对受控电压源和电阻的串联支路与受控电流源和电阻的并联支路进行等效变换时，控制系数将发生什么变化？

习题

1-1 说明图 1-48(a)、(b)中：

(1) u、i 的参考方向是否关联？

(2) ui 乘积表示什么功率？

(3) 如果在图 1-48(a)中 $u>0$，$i<0$，图 1-48(b)中 $u>0$、$i>0$，元件实际发出还是吸收功率？

1-2 在图 1-49 所示电路中，若电压源 $U_S=12V$，电阻 $R=12Ω$，试在图示参考方向下求电路电流 I？

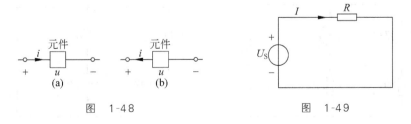

图 1-48　　　　　　　　　图 1-49

1-3 求图 1-50 所示各支路中未知量的值。

1-4 求图 1-51 所示电路中电源的功率。

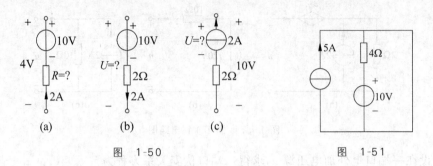

图 1-50   图 1-51

1-5 图 1-52 所示电路中,已知电流源 I_s 发出功率为 4W,试求电阻 R 的值。

1-6 图 1-53 所示电路中,判断两个电流源是吸收还是发出功率。

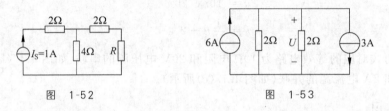

图 1-52   图 1-53

1-7 写出图 1-54 所示各电路的伏安特性(U 与 I 的关系式)。

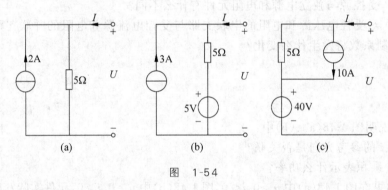

图 1-54

1-8 用支路电流法求图 1-55 所示电路中各支路的电流。

1-9 用支路电流法求图 1-56 所示电路中各支路电流,并用功率平衡法检验结果是否正确。

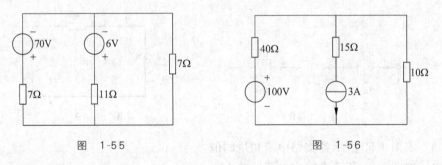

图 1-55   图 1-56

1-10 用节点电压法求图 1-57 所示电路中各电流源的功率。

1-11 用节点电压法求图 1-58 所示电路中的电流 I。

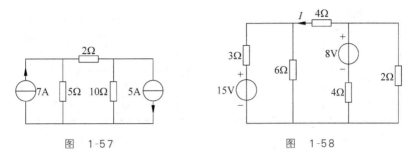

图 1-57   图 1-58

1-12 求图 1-59 电路中 ab 两端的等效电阻。

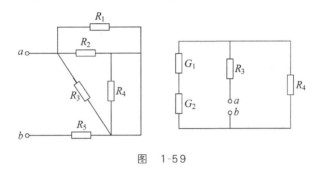

图 1-59

1-13 试用叠加定理求图 1-60 所示电路中的电流 I 及理想电流源的端电压 U。

1-14 用叠加定理求图 1-61 所示电路中的开路电压 U_{OC}。

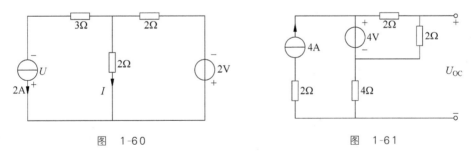

图 1-60   图 1-61

1-15 求图 1-62 所示各电路的戴维南等效电路。

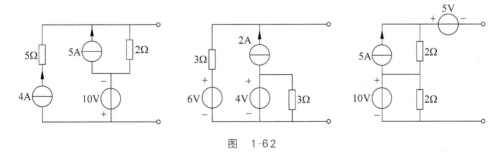

图 1-62

1-16 求图 1-63 所示电路的戴维南等效电路。

1-17 用戴维南定理求图 1-64 所示电路中的电压 U_{OC}。

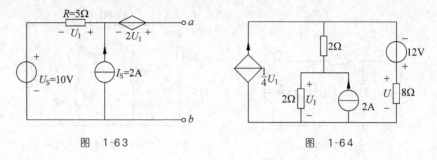

图 1-63   图 1-64

第 2 章

动态电路分析

2.1　动态过程及初始值的确定

自然界事物的运动,当条件改变时,由一个稳定状态转变到另一个稳定状态需要时间,即需要一个过渡过程,如电动机由静止到某一转速下稳定运行,其转速是从零逐渐上升到某一转速的。

当电路中含有储能元件时,在一定的条件下电路中会产生过渡过程现象。由第 1 章内容可知,储能元件电容或电感的电压与电流的关系为微分或积分的关系,当电容电压 u_C 和电感电流 i_L 随时间变化时,电容电流 i_C 和电感电压 u_L 才不为零,故也称电容和电感为动态元件,将含有动态元件的电路称为动态电路。当电路的结构或元件的参数发生变化时,动态元件就会积累或释放能量,电路就会从一个稳定状态向另一个稳定状态变化,这个变化的过程就称为电路的过渡过程,而这个过渡过程往往很短暂,所以又把过渡过程称为暂态过程或瞬态过程。对过渡过程中电路的分析计算称为电路的过渡过程分析或动态分析。

由此可见,电路产生过渡过程必须满足两个条件:①电路中含有储能元件,这是产生过渡过程的内因;②电路的结构或元件的参数要突然发生改变,这是产生过渡过程的外因。两者缺一不可。

过渡过程虽然时间短暂,但实际中具有重要意义,具体如下:

(1) 电容充、放电过渡过程的特性在电子技术中常用来构成各种脉冲电路或延时电路,以获得脉冲及锯齿形信号。

(2) 实际工作中,常常会操作一些电器装置,如接通或断开电源、切断运行中的电气设备或者改变电路元器件参数等,这些操作会使电路中产生过渡过程,其过程中出现过电压或过电流现象,这种过电压或过电流可能使某些元器件击穿或者使某些电气设备的绝缘损坏,因此必须采取有效措施加以防止。

研究过渡过程常采用经典法和实验分析两种方法。本章采用经典法分析动态电路,首先根据基尔霍夫电压定律、电流定律和元件伏安关系建立描述电路的动态数学方程,然后求解满足初始条件下的方程解答,从而得出电路的响应。实验分析是通过仪器观测暂态过程中各种物理量随时间而变化的规律。

2.1.1 换路定律

由于换路时储能元件的能量不能跃变,即电容元件的储能 $W_{\text{C}} = \frac{1}{2} C u_{\text{C}}^2$ 和电感元件的储能 $W_{\text{L}} = \frac{1}{2} L i_{\text{L}}^2$ 不能跃变,在电路中具体表现为换路瞬间,如果流经电容的电流 i_{C} 和电感元件两端的电压 u_{L} 为有限值,则换路瞬间电感的电流 i_{L} 和电容的电压 u_{C} 不能跃变,这就是换路定律。

换路定律表明,电感中的电流 i_{L} 和电容上的电压 u_{C} 在换路瞬间等于换路前那一瞬间所具有的值。

换路定律用数学关系式表示时,以换路时刻作为计时的起点,用 0_- 表示换路前的那一瞬间,用 0_+ 表示换路后的那一瞬间,对电感电流有

$$i_{\text{L}}(0_+) = i_{\text{L}}(0_-) \tag{2-1}$$

对电容电压有

$$u_{\text{C}}(0_+) = u_{\text{C}}(0_-) \tag{2-2}$$

2.1.2 动态过程的初始值计算

电路的过渡过程是从换路后的最初瞬间即 $t=0_+$ 开始的,电路中各电压、电流在 $t=0_+$ 的瞬时值是过渡过程中各电压、电流的初始值。

用基尔霍夫定律和换路定律,可以确定暂态过程的初始值,其步骤如下:

(1) 作出 $t=0_-$ 时的等效电路,并在此等效电路中求出 $u_{\text{C}}(0_-)$ 和 $i_{\text{L}}(0_-)$。在画出 $t=0_-$ 时刻等效电路时,在直流激励下若换路前电路已经稳态,则将电容看做开路,而将电感看做短路。

(2) 作出 $t=0_+$ 时的等效电路。在画 $t=0_+$ 时刻的等效电路时,根据换路定律,若 $u_{\text{C}}(0_-)=0$,$i_{\text{L}}(0_-)=0$,则电容视为短路,电感视为开路;若 $u_{\text{C}}(0_-) \neq 0$,$i_{\text{L}}(0_-) \neq 0$,则将电容用电压值和极性都与 $u_{\text{C}}(0_-)$ 相同的电压源代之,而电感用电流数值和方向都与 $i_{\text{L}}(0_-)$ 相同的电流源代之。

(3) 在 $t=0_+$ 的等效电路中,求出待求电压和电流的初始值。

换路后电容电压和电感电流的初始值分别等于它们在 $t=0_-$ 的瞬时值,即 $u_{\text{C}}(0_+) = u_{\text{C}}(0_-)$,$i_{\text{L}}(0_+) = i_{\text{L}}(0_-)$。电容电压、电感电流的初始值反映电路的初始储能状态,简称为(电路的)初始状态。

(4) 以初始状态即电容电压、电感电流的初始值为已知条件,根据换路后的电路进一步计算其他电压、电流的初始值。

【例 2-1】 图 2-1 所示电路中,已知 S 闭合前电容和电感均无储能,试求开关闭合后各电压、电流的初始值。

解:由已知条件,$t=0_-$ 时,有

$$\begin{cases} i_{\text{L}}(0_-) = 0\text{A} \\ u_{\text{C}}(0_-) = 0\text{V} \end{cases}$$

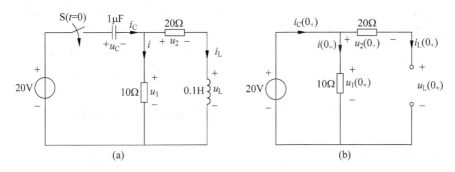

图 2-1 例 2-1 图

根据换路定律有:

$$i_L(0_+) = i_L(0_-) = 0A$$

$$u_C(0_+) = u_C(0_-) = 0V$$

可画出 $t=0_+$ 时刻的等效电路,如图 2-1(b)所示,图中由于 $u_C(0_-)=0V$,故电容 C 用短路表示,$i_L(0_-)=0A$,故电感用开路表示。由此可得

$$i_C(0_+) = i(0_+) = \frac{20}{10} = 2(A)$$

$$u_1(0_+) = 20V$$

$$u_2(0_+) = 0V$$

$$u_L(0_+) = u_1(0_+) = 20V$$

思考与练习

2-1-1 试分析说明电容和电感元件在什么时候可看成开路,什么时候又可看成短路。

2-1-2 换路定律的内容是什么?

2.2 一阶 RC 电路的动态分析

由电阻 R、电容 C 构成的电路是电子技术中经常用到的电路,掌握 RC 电路动态过程的变化规律,对于工程技术人员来说很重要。本节讨论只有一个电容元件的一阶 RC 电路在直流激励下的响应。

2.2.1 RC 电路的零状态响应

RC 电路的零状态响应指换路前电路储能元件的初始储能为零,换路后储能元件在零初始状态下,仅由外加的输入电源激励引起的响应。由于零状态响应是在外施激励下的响应,故它与激励的形式有关。下面讨论在恒定直流激励下的一阶 RC 电路的零状态响应。

图 2-2 中 RC 电路在直流激励 U_S 激励下,$u_C(0_-)=0$,在 $t=0$ 时开关 S 闭合。由于 $u_C(0_+)=u_C(0_-)=0$,故电路中的响应是零状态响应。分析 RC 电路的零状态响应,实际

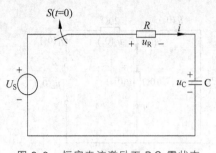

图 2-2　恒定直流激励下 RC 零状态
　　　　响应电路

上就是分析换路后电容元件上能量的积累过程，称为电容的充电。

如图 2-2 所示电路，由 KVL 得

$$u_R + u_C = U_S \tag{2-3}$$

在 $t = 0_+$ 时，$u_C(0_+) = 0$，所以 $u_R(0_+) = U_S$。

列写电阻、电容元件 VCR 方程：

$$\begin{cases} u_R = iR \\ i = C\dfrac{\mathrm{d}u_C}{\mathrm{d}t} \end{cases}$$

代入式(2-3)得

$$RC\frac{\mathrm{d}u_C}{\mathrm{d}t} + u_C = U_S \tag{2-4}$$

这是一个关于 $u_C(t)$ 的一阶常系数线性非齐次微分方程，此方程的解由下式解得：

$$u_C(t) = u_C'(t) + u_C''(t)$$

特解 u_C' 应满足

$$RC\frac{\mathrm{d}u_C'}{\mathrm{d}t} + u_C' = U_S \tag{2-5}$$

而通解 u_C'' 应满足

$$RC\frac{\mathrm{d}u_C''}{\mathrm{d}t} + u_C'' = 0 \tag{2-6}$$

由于电路中的过渡过程终归要结束而进入新的稳定状态，因此可取电路达到稳定状态的解作为方程的特解，故把特解又称为电路的稳态解或稳态分量。

在图 2-2 所示电路中，激励为恒定直流电源，当电路进入稳态时，电路中的电流为零，电容相当于开路，它两端的电压 u_C 等于电源电压 U_S，即电容电压的稳态解为

$$u_C'(t) = U_S \tag{2-7}$$

$u_C''(t)$ 为与该方程对应的齐次方程(2-6)的解，其形式为

$$u_C''(t) = Ae^{pt} \tag{2-8}$$

通解与外加激励无关，因此又称为自由分量。

把式(2-8)代入式(2-6)得 $Ae^{pt}(RCp + 1) = 0$，因此得 $p = -\dfrac{1}{RC}$。

令 $RC = \tau$，所以 $u_C''(t) = Ae^{-\frac{t}{\tau}}$。

$u_C''(t)$ 随时间的增长而趋于零，它是电路处于过渡状态期间存在的一个分量，故将 $u_C''(t)$ 称为电路的暂态解或暂态分量。所以式(2-4)的完全解为 $u_C(t) = u_C'(t) + u_C''(t) = U_S + Ae^{-\frac{t}{\tau}}$。

待定常数 A 可由初始条件确定，根据换路定律：

$$u_C(0_+) = u_C(0_-) = 0$$

则在 $t = 0$ 时，有

$$0 = U_S + Ae^{-\frac{t}{\tau}}$$

得
$$A = -U_S$$

所以式(2-4)的完全解为

$$u_C(t) = U_S - U_S e^{-\frac{t}{\tau}} = U_S(1 - e^{-\frac{t}{\tau}}) \tag{2-9}$$

充电电流为
$$i = C\frac{\mathrm{d}u_C}{\mathrm{d}t} = C\frac{\mathrm{d}}{\mathrm{d}t}\left[U_S(1 - e^{-\frac{t}{\tau}})\right] = \frac{U_S}{R}e^{-\frac{t}{\tau}} \tag{2-10}$$

$$u_R(t) = iR = U_S e^{-\frac{t}{\tau}} \tag{2-11}$$

$$i(t) = \frac{u_R(t)}{R} = \frac{U_S}{R}e^{-\frac{t}{\tau}} \quad (t > 0) \tag{2-12}$$

$u_C(t)$、$u_R(t)$、$i(t)$ 的波形如图 2-3 和图 2-4 所示。

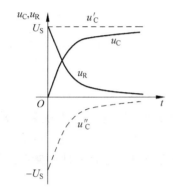
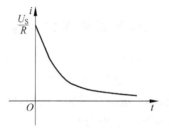

图 2-3　电压 u_C、u_R 随时间变化曲线　　　图 2-4　电流 i 随时间变化曲线

由图 2-3 可知,在电容充电过程中,电容电压 u_C 由零按照指数规律逐渐增加,最终趋近于外加电源电压 U_S。由图 2-4 可知,电路中的电流 i 则开始充电时最大,为 U_S/R,然后逐渐减小,最终减小到零,电阻上的电压 u_R 则与 u_C 变化规律相反。电容充电结束后,电路达到新的稳态,相当于直流电路中的电容元件,即 $u_C = U_S$,$i = 0$,$u_R = 0$,电容储存的磁场能为 $\frac{1}{2}CU_S^2$。

从理论上来讲,当 t 为∞时,电容充电才能结束。但实际上,当 $t = \tau$ 时,$u_C = U_S(1 - e^{-1}) = 0.632U_S$;当 $t = 3\tau$ 时,$u_C = U_S(1 - e^{-3}) = 0.95U_S$;当 $t = 5\tau$ 时,电容已充电至 $u_C = 0.997U_S$,可以认为充电已经完成,电路已经进入稳态,即充电过程结束。

由于 u_C 的稳态值(也就是特解)也就是换路后时间 t 趋于∞时的值,可记为 $u_C(\infty)$,这样式(2-9)可写为

$$u_C(t) = U_S(1 - e^{-\frac{t}{\tau}}) = u_C(\infty)(1 - e^{-\frac{t}{\tau}}) \quad (t \geqslant 0) \tag{2-13}$$

套用式(2-13)即可求得 RC 电路的零状态响应电压 u_C,进而求得电流等。

【例 2-2】　图 2-5 所示电路中,$t = 0$ 时,开关 S 闭合。已知 $u_C(0_-) = 0$,求 $t \geqslant 0$ 时的 $u_C(t)$、$i_C(t)$ 及 $i(t)$。

解:$u_C(0_-) = 0$,故换路后属于零状态响应。由于 $t \to \infty$ 时电路进入新的稳态,C 相当于开路,故有

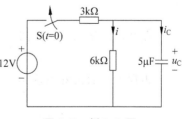

图 2-5　例 2-2 图

$$u_C(\infty) = \frac{6}{3+6} \times 12 = 8(\text{V})$$

时间常数

$$\tau = RC = \frac{3 \times 6}{3+6} \times 10^3 \times 5 \times 10^{-6} = 10^{-2}(\text{s})$$

根据式(2-13)得

$$u_C(t) = 8(1 - e^{-100t})(\text{V}) \quad (t \geqslant 0)$$

根据电容的伏安关系得

$$i_C(t) = C\frac{du_C}{dt} = 5 \times 10^{-6}\frac{d}{dt}8(1-e^{-100t})(\text{A}) = 4e^{-100t}(\text{mA}) \quad (t \geqslant 0)$$

$6\text{k}\Omega$ 电阻上的电流为

$$i(t) = \frac{u_C}{6 \times 10^3} = \frac{8}{6}(1 - e^{-100t}) = \frac{4}{3}(1 - e^{-100t})(\text{mA}) \quad (t \geqslant 0)$$

2.2.2 RC 电路的零输入响应

RC 电路的零输入响应指换路后电路中无电源激励,输入信号为零,电路中的电压、电流是由电容元件的初始值引起的,故称这些电压、电流为 RC 电路的零输入响应。

分析 RC 电路的零输入响应,实际上就是分析换路后电容元件所储存能量的释放过程,称为电容的放电过程。

如图 2-6 所示电路,换路前,开关 S 合在 a,电路已处于稳态,电容电压 $u_C = U_S$。在 $t=0$ 时,将开关 S 合向 b,换路后电容开始放电。在放电过程中,储存在电容中的电场能量在电路中形成电流,流经电阻将电场能转变为热能消耗掉,最终电路中的电压、电流都将变为零。下面从数学的角度阐述 RC 电路的零输入响应。

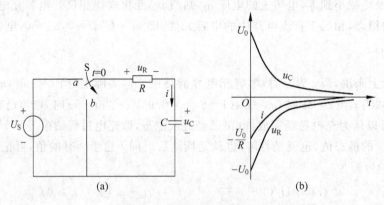

图 2-6 RC 电路的零输入响应

图 2-6(a)所示电路换路后,在图示电压、电流参考方向下,列 KVL 方程:

$$u_R + u_C = 0 \tag{2-14}$$

根据元件的伏安关系 $u_R = iR$,有

$$i = C\frac{du_C}{dt}$$

代入式(2-14),得

$$RC \frac{\mathrm{d}u_C}{\mathrm{d}t} + u_C = 0 \qquad (2\text{-}15)$$

方程(2-15)为一阶线性齐次微分方程,其通解形式为

$$u_C = A\mathrm{e}^{pt}$$

将其代入式(2-15)得

$$A\mathrm{e}^{pt}(RCp + 1) = 0$$

特征方程的根 $p = -\dfrac{1}{RC}$。所以,式(2-15)的通解为

$$u_C(t) = A\mathrm{e}^{-\frac{t}{RC}} \qquad (2\text{-}16)$$

换路前 $u_C(0_-) = U_S$,根据换路定律 $u_C(0_+) = u_C(0_-) = U_S$,代入式(2-16)得

$$A = U_S$$

所以,换路后电容电压的变化规律为 $u_C(t) = U_S\mathrm{e}^{-\frac{t}{RC}}$。

令 $\tau = RC$,若 R 的单位是 Ω,C 的单位是 F,则 τ 的单位是 s。

则

$$u_C(t) = U_S\mathrm{e}^{-\frac{t}{\tau}} \qquad (2\text{-}17)$$

u_C 由初始值 U_S 按指数规律衰减而趋于零。

电阻元件的电压:

$$u_R(t) = -u_C(t) = -U_S\mathrm{e}^{-\frac{t}{\tau}} \quad (t \geqslant 0) \qquad (2\text{-}18)$$

$$i(t) = \frac{u_R}{R} = \frac{-U_S\mathrm{e}^{-\frac{t}{\tau}}}{R} = -\frac{U_S}{R}\mathrm{e}^{-\frac{t}{\tau}} \quad (t \geqslant 0) \qquad (2\text{-}19)$$

从式(2-17)、式(2-18)和式(2-19),电压 u_R、u_C 和电流 i 都是以同样的指数规律变化,电压 u_R、u_C 和电流 i 随时间变化的曲线如图 2-6(b)所示,可以看出,$u_C(t)$、$i(t)$ 均随时间逐渐减小,最终衰减为零,说明 RC 电路的零输入响应实质上就是已充电的电容对电阻放电电路的过程。刚开始放电时电流最大,为 U_S/R,电容电压在衰减的过程中,其储存的电场能通过电阻转换为热能而消耗完毕。

从理论上讲,电路的暂态过程只有当 $t \to \infty$ 时,指数函数才衰减到零,电路才达到新的稳定状态。但是,指数函数开始衰减很快,而后逐渐放慢,如表 2-1 所示。

表 2-1　不同时刻 t 的响应 u_C 值

t	0	τ	2τ	3τ	4τ	5τ	$\cdots$	∞
$\mathrm{e}^{-\frac{t}{\tau}}$	e^0	e^{-1}	e^{-2}	e^{-3}	e^{-4}	e^{-5}	$\cdots$	$\mathrm{e}^{-\infty}$
$u_C(t)$	U_0	$0.368U_0$	$0.135U_0$	$0.05U_0$	$0.018U_0$	$0.007U_0$	$\cdots$	0

从表 2-1 可以看出,实际上经过 $(3 \sim 5)\tau$ 的时间,u_C 就衰减到初始值的 5%～0.7%,工程上认为放电过程已结束。所以,电路的时间常数 τ 决定了放电的持续时间,时间常数 τ 越大,放电时间越长。

图 2-7 作出了不同 τ 值下,电容放电时电容端电压的变化曲线。

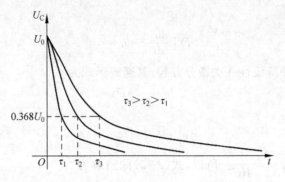

图 2-7 不同 τ 值下的 u_C 曲线

【例 2-3】 图 2-8 所示电路中,开关 S 在位置 1 时电路已稳定。$t=0$ 时开关 S 从 1 的位置打到 2 的位置,试求 $t \geqslant 0$ 时的 $u_C(t)$、$i_1(t)$、$i_2(t)$、$i_3(t)$。

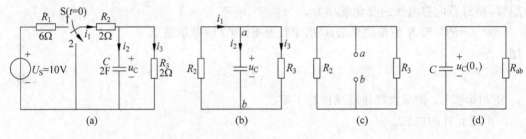

图 2-8 例 2-3 图

解:(1) 确定 $u_C(0_+)$

S 在位置 1 时,电路已稳定,电容 C 相当于开路,故有

$$u_C(0_-) = \frac{U_S}{R_1 + R_2 + R_3} R_3 = \frac{10}{6+2+2} \times 2 = 2(\text{V})$$

根据换路定律,$u_C(0_+) = u_C(0_-) = 2\text{V}$。

换路后的电路如图 2-8(b)所示,显然是 RC 电路的零输入响应。

(2) 确定时间常数 τ

换路后,把电容 C 以外的电路看做一个二端网络,如图 2-8(c)所示,其等效电阻为

$$R_{ab} = R_2 // R_3 = 1(\Omega)$$

从而得到图 2-8(d)所示的电路,该电路的时间常数:

$$\tau = R_{ab}C = 2(\text{s})$$

(3) 确定 $u_C(t)$、$i_1(t)$、$i_2(t)$、$i_3(t)$

$$u_C(t) = 2e^{-0.5t}(\text{V}) \quad (t \geqslant 0)$$

在图 2-8(b)所示电路中,可求得

$$i_2(t) = i_C(t) = C\frac{\mathrm{d}u_C}{\mathrm{d}t} = -2e^{-0.5t}(\text{A}) \quad (t \geqslant 0)$$

$$i_1(t) = -\frac{u_C(t)}{R_2} = -e^{-0.5t}(\text{A}) \quad (t \geqslant 0)$$

$$i_3(t) = \frac{u_C(t)}{R_3} = \mathrm{e}^{-0.5t}\,(\mathrm{A}) \quad (t \geqslant 0)$$

2.2.3　一阶 RC 电路的全响应

RC 电路的全响应指换路后电源激励和电容元件的初始状态均不为零时电路的响应。如图 2-9 所示，开关 S 在 $t=0$ 时由 b 合向 a，电容电压 $u_C(0_-)=U_0$，显然电路中的响应是一阶 RC 全响应。

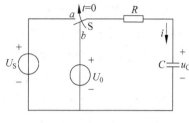

图 2-9　RC 全响应电路

换路后，根据 KVL 列方程，对 $t \geqslant 0$ 的电路，以 u_C 为求解变量可列出描述电路的微分方程为

$$RC\frac{\mathrm{d}u_C}{\mathrm{d}t} + u_C = U_s \tag{2-20}$$

其稳态解仍为

$$u_C' = U_s$$

暂态解即通解为

$$u_C'' = A\mathrm{e}^{-\frac{t}{\tau}}$$

电容电压的全解为

$$u_C = u_C' + u_C'' = U_s + A\mathrm{e}^{-\frac{t}{\tau}}$$

由于 $u_C(0_-)=U_0$，根据换路定律得

$$u_C(0_+) = u_C(0_-) = U_0$$

故得全响应为

$$u_C = u_C' + u_C'' = U_s + (U_0 - U_s)\mathrm{e}^{-\frac{t}{\tau}} \tag{2-21}$$

电路中的电流为

$$i = C\frac{\mathrm{d}u_C}{\mathrm{d}t} = C\frac{\mathrm{d}}{\mathrm{d}t}[U_s + (U_0 - U_s)\mathrm{e}^{-\frac{t}{\tau}}] = \frac{U_s - U_0}{R}\mathrm{e}^{-\frac{t}{\tau}} \tag{2-22}$$

当 $U_s = U_1 > U_0$ 时，换路后 $i>0$，电容充电，电容电压从 U_0 开始按指数规律增长到稳态值 U_1。

当 $U_s = U_2 < U_0$ 时，换路后 $i<0$，说明电路中电流的实际方向与图 2-9 中 i 的方向相反，电容放电，电容电压从 U_0 开始按指数规律衰减到稳态值 U_2。

当 $U_s = U_3 = U_0$ 时，换路后 $i=0$，说明电路中无暂态过程产生，其原因是换路前后电容的电场能量没有发生变化。

上述种情况下，随时间变化的曲线分别如图 2-10 中①、②、③ 3 条曲线所示。

以上介绍的是经典法分析 RC 电路的暂态过程，即根据外加激励通过求解电路的微分方程从而得出电路的响应。用此方法分析电路的暂态过程，全响应

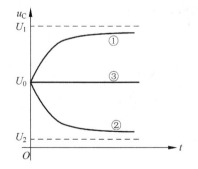

图 2-10　不同条件下的全响应波形

可表示为

$$全响应 = 稳态分量 + 暂态分量$$

把式(2-21)稍加整理,可得到

$$u_C = U_0 e^{-\frac{t}{\tau}} + U_S(1 - e^{-\frac{t}{\tau}}) \tag{2-23}$$

式(2-23)中的第一项为图 2-9 所示电路当 $U_S = 0$ 时的响应,即零输入响应;式(2-23)中的第二项为图 2-9 所示电路 $u_C(0_-) = 0$ 时的响应,即零状态响应。所以可以用零输入响应和零状态响应的和表示全响应,即

$$全响应 = 零输入响应 + 零状态响应$$

【例 2-4】 图 2-11 所示电路中,开关 S 闭合前电路已达到稳态。已知 $U = 10V$,$R_1 = R_2 = R_3 = 10\Omega$,$C = 100\mu F$,在 $t = 0$ 时将开关 S 闭合。求 $t \geq 0$ 时电容电压 u_C 和电流 i,并画出 u_C 和 i 的波形。

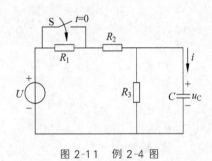

图 2-11 例 2-4 图

解:图 2-11 中闭合前电路已经达到稳态,所以电容 C 相当于开路。

$$u_C(0_-) = U \frac{R_3}{R_1 + R_2 + R_3}$$

$$= 10 \times \frac{10}{10 + 10 + 10}$$

$$= \frac{10}{3}(V)$$

在图 2-11 所示电路中,将开关 S 闭合后,除电容 C 以外的有源二端网络用戴维南等效电路替代,如图 2-12(a)所示电路,其中,

$$U_S = U \frac{R_3}{R_2 + R_3} = 10 \times \frac{10}{10 + 10} = 5(V)$$

$$R_0 = R_2 // R_3 = \frac{10 \times 10}{10 + 10} = 5(\Omega)$$

零状态响应 u_{C1} 是由外加激励引起的,电容电压将从零向稳态值 U_S 按指数规律增长,即

$$u_{C1} = U_S(1 - e^{-\frac{t}{\tau}}) = 5(1 - e^{-\frac{t}{\tau}})(V)$$

零输入响应 u_{C2} 是由电容初始储能引起的,将从初始值向零衰减。

$$u_{C2} = u_C(0_+)e^{-\frac{t}{\tau}} = \frac{10}{3}e^{-\frac{t}{\tau}}(V)$$

$$\tau = R_0 C = 5 \times 100 \times 10^{-6} = 5 \times 10^{-4}(s)$$

全响应 $u_C = u_{C1} + u_{C2} = 5(1 - e^{-\frac{t}{\tau}}) + \frac{10}{3}e^{-\frac{t}{\tau}} = 5 - \frac{5}{3}e^{-\frac{t}{\tau}} = 5 - \frac{5}{3}e^{-2000t}(V)$

$$i = C \frac{du_C}{dt} = \frac{1}{3}e^{-2000t}(A)$$

u_C 和 i 的变化曲线如图 2-12(b)所示。

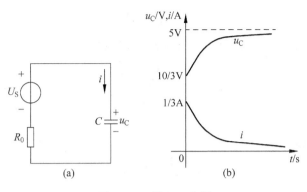

图 2-12　例 2-4 的解

思考与练习

2-2-1　如何从电路组成上判断电路为一阶电路?

2-2-2　什么叫零输入响应? 一阶 RC 电路零输入响应具有怎样的通式?

2-2-3　什么叫零状态响应? 一阶 RC 电路零状态响应具有怎样的通式?

2-2-4　什么叫全响应? 一阶 RC 电路全响应具有怎样的通式?

2-2-5　一阶 RC 电路的时间常数 τ 如何确定? 时间常数的大小说明什么?

2.3　一阶 RL 电路的动态分析

用经典法分析 RL 电路的响应与分析 RC 电路响应相类似。下面分别介绍 RL 电路的零状态响应、零输入响应和全响应。

2.3.1　一阶 RL 电路的零状态响应

对于一阶 RL 电路的零状态响应,就是对电感元件的充电过程,充电过程是电感把电能量以磁场能量的形式储存起来的过程。

图 2-13 所示电路中,开关 S 在 b 处时,电感中的电流为零,即 $i_L(0_-)=0$。在 $t=0$ 时,开关 S 由 b 合向 a。

电路换路后,根据 KVL,可得电路的微分方程为

$$L\frac{\mathrm{d}i_L}{\mathrm{d}t}+Ri_L=U_S \tag{2-24}$$

式(2-24)是一阶线性非齐次微分方程,它对应的完全解由其特解 i_L' 和相应的齐次微分方程的通解 i_L'' 两部分组成,即

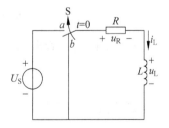

图 2-13　RL 零状态响应电路

$$i_L=i_L'+i_L''$$

式中: $i_L'=i_L(\infty)=\dfrac{U_S}{R}$; $i_L''=Ae^{-\frac{t}{\tau}}$。其中, $\tau=\dfrac{L}{R}$, τ 为时间常数。

因此,电感电流为

$$i_L = \frac{U_s}{R} + A e^{-\frac{t}{\tau}}$$

根据换路定律 $i_L(0_+) = i_L(0_-) = 0$，在 $t=0$ 时，有

$$0 = \frac{U_s}{R} + A$$

得 $A = -\dfrac{U_s}{R}$。

所以电感电流为

$$i_L = \frac{U_s}{R}(1 - e^{-\frac{t}{\tau}}) \tag{2-25}$$

电感两端的电压为

$$u_L = L \frac{di_L}{dt} = U_s e^{-\frac{t}{\tau}} \tag{2-26}$$

电阻电压为

$$u_R = R i_L = U_s(1 - e^{-\frac{t}{\tau}}) \tag{2-27}$$

由于 $i_L = \dfrac{U_s}{R}(1 - e^{-\frac{t}{\tau}})$ 表达式中 $\dfrac{U_s}{R}$ 是 i_L 的稳态值，所以可以记做 $i_L(\infty)$，故式(2-25)中 i_L 可表示为

$$i_L = i_L(\infty)(1 - e^{-\frac{t}{\tau}}) \tag{2-28}$$

套用式(2-28)，即可求得 RL 电路的零状态响应 i_L，进而求得各元件的电压。图 2-14 中画出了 i_L、u_L 和 u_R 随时间变化的曲线。

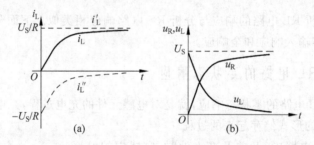

图 2-14　i_L、u_L 和 u_R 随时间变化的曲线

在图 2-14 可以看出，电感的电流由初始值 $i_L(0_+) = 0$ 按指数规律增长，最后趋于稳态值 $\dfrac{U_s}{R}$，u_L 则由换路前的零值跃变到 U_s 后，立即按指数规律衰减，最后趋于零。即零状态 RL 电路与恒定电压接通时，电感相当于由开始断路逐渐变成短路，这个过程实质上就是电感元件储存磁场能量的过程。

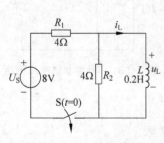

图 2-15　例 2-5 图

【例 2-5】　如图 2-15 所示电路中，开关 S 在 $t=0$ 时闭合，已知 $i_L(0_-) = 0$，求 $t \geqslant 0$ 时的 $i_L(t)$、$u_L(t)$。

解：因为 $i_L(0_-) = 0$，故换路后的电路的响应为零状态响应，因此电感电流可套用式(2-28)。又因为电路稳定

后,电感 L 相当于短路,故

$$i_L(\infty) = \frac{U_S}{R_1} = \frac{8}{4} = 2(\text{A})$$

时间常数 $\tau = \dfrac{L}{R}$,其中,

$$R = \frac{R_1 R_2}{R_1 + R_2} = \frac{4 \times 4}{4 + 4} = 2(\Omega)$$

则

$$\tau = \frac{L}{R} = \frac{0.2}{2} = 0.1(\text{s})$$

所以

$$i_L(t) = 2(1 - \text{e}^{-10t})(\text{A}) \quad (t \geqslant 0)$$
$$u_L(t) = L \frac{\text{d}i_L}{\text{d}t} = 4\text{e}^{-10t}(\text{A}) \quad (t \geqslant 0)$$

2.3.2　一阶 RL 电路的零输入响应

对于一阶 RL 电路的零输入响应,就是对电感元件的放电过程,放电过程是电感把储存的磁场能量转换为电路中其他形式的能量。

图 2-16 所示电路中,开关 S 打开前电路已经达到稳定状态,此时电感相当于短路,电感中的电流为

$$i_L(0_-) = \frac{U_S}{R} = I_0$$

开关 S 在 $t=0$ 时打开,根据换路定律,有

$$i_L(0_+) = i_L(0_-) = I_0$$

换路后,根据 KVL,电路方程为

$$u_L + u_R = 0$$

把 $u_L = L\dfrac{\text{d}i_L}{\text{d}t}$,$u_R = i_L R$ 代入上式,即得电路的微分方程:

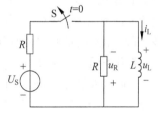

图 2-16　RL 电路的零输入
　　　　响应电路

$$L \frac{\text{d}i_L}{\text{d}t} + Ri_L = 0 \qquad (2\text{-}29)$$

式(2-29)为一阶线性齐次微分方程,由高等数学知,其通解形式为

$$i_L = A\text{e}^{pt}$$

特征方程为 $Lp + R = 0$,故特征根为

$$p = -\frac{R}{L}$$

又因为 $i_L(0_+) = I_0$,所以有

$$i_L(0_+) = I_0 = A\text{e}^{p \times 0} = A$$

因此,电路中的电流 i_L 为

$$i_L = I_0 \text{e}^{-\frac{R}{L}t} = I_0 \text{e}^{-\frac{t}{\tau}} \qquad (2\text{-}30)$$

式中：$\tau = -\dfrac{L}{R}$。称 τ 为 RL 电路的时间常数，当 L 的单位用 H，R 的单位用 Ω，则 τ 的单位为 s。

电阻上的电压 u_R：

$$u_R = i_L R = R I_0 e^{-\frac{t}{\tau}} = U_S e^{-\frac{t}{\tau}} \tag{2-31}$$

电感上的电压 u_L：

$$u_L = L \frac{d i_L}{dt} = -R I_0 e^{-\frac{t}{\tau}} = -U_S e^{-\frac{t}{\tau}} \tag{2-32}$$

电流 i_L、电压 u_L、u_R 随时间变化的曲线如图 2-17 所示。

图 2-16 所示电路，换路后外加激励为零，电路的响应是由电感的初始储能产生的，是零输入响应。因此，在 $t>0$ 以后，流过电感的电流和它两端电压以及电阻的电压均按同一规律变化，其绝对值随时间的增长逐渐衰减。当 $t \to \infty$ 时，过渡过程结束，电路中的电流、电阻和电感电压均为零。

RL 电路中电流和电压随时间衰减的过程，实质上是电感所储存的磁场能量被电阻转换为热能逐渐消耗掉的过程。

RL 电路的时间常数 $\tau = \dfrac{L}{R}$，它与 L 成正比，与 R 成反比，当 L 越大，R 越小时，τ 越大，则电路的暂态过程越长。这是由于 L 越大，在电流一定的情况下，磁场能量越大；而 R 越小，则在一定的电流下，电阻消耗的功率越少，耗尽相同能量所用的时间也越长。

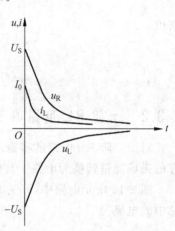

图 2-17 i_L、u_L 和 u_R 随时间变化的曲线

【例 2-6】 在图 2-18 所示电路中，已知 $R=0.7\,\Omega$，$L=0.4\,\text{H}$，$U_S=35\,\text{V}$，电压表内阻是 $R_V=5\,\text{k}\Omega$，量限为 100V。开关 S 原先闭合，电路已处于稳态。设在 $t=0$ 时，将开关打开，试求：(1)电感电流 $i_L(t)$ 和电压表两端的电压 $u_V(t)$；(2)开关刚打开时电压表两端的电压。

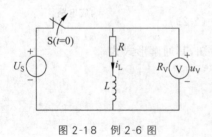

图 2-18 例 2-6 图

解：显然本题属于零输入响应问题，换路后电感中的电流形式为

$$i_L(t) = i_L(0_+) e^{-\frac{t}{\tau}} \quad (t \geqslant 0)$$

其时间常数为

$$\tau = \frac{L}{R + R_V} = \frac{0.4}{0.7 + 5 \times 10^3} = 80(\mu\text{s})$$

因为 $i_L(0_-) = \dfrac{U_S}{R} = \dfrac{35}{0.7} = 50(\text{A})$，由换路定律

得 $i_L(0_+) = i_L(0_-) = 50\text{A}$。故换路后电感中的电流为

$$i_L(t) = 50 e^{-\frac{t}{80 \times 10^{-6}}}(\text{A}) \quad (t \geqslant 0)$$

电压表两端的电压为

$$u_V(t) = -R_V i_L(t) = -5 \times 10^3 \times 50e^{-\frac{t}{80 \times 10^{-6}}} = -250e^{-\frac{t}{80 \times 10^{-6}}} \text{(kV)} \quad (t \geqslant 0)$$

在开关刚打开时,即 $t=0_+$ 时,电压表两端的电压为 $u_V(0_+) = -250\text{kV}$。

可见,这一瞬间电压表将承受很高的电压,使电压表损坏。因此,工程上都采取一些保护措施,常用的办法是在线圈两端并联续流二极管或接入阻容吸收电路。

2.3.3 一阶 RL 电路的全响应

一阶 RL 电路在换路以前动态元件的初始储能不为零,换路后,电路有激励作用,响应由初始储能和激励共同引起,称一阶 RL 电路的全响应。

图 2-19 所示电路中,若开关 S 闭合前电路已处于稳态,电感中的电流为

$$i_L(0_-) = \frac{U_S}{2R} = I_0$$

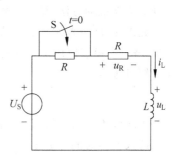

电路换路后的微分方程为

$$L\frac{di_L}{dt} + Ri_L = U_S \tag{2-33}$$

其解的形式为

$$i_L = i'_L + i''_L = \frac{U_S}{R} + Ae^{-\frac{t}{\tau}}$$

图 2-19 RL 全响应电路

由换路定律得

$$i_L(0_+) = i_L(0_-) = I_0$$

积分常数 $A = I_0 - \dfrac{U_S}{R}$,所以,电路中的电流为

$$i_L = \frac{U_S}{R} + \left(I_0 - \frac{U_S}{R}\right)e^{-\frac{t}{\tau}} \tag{2-34}$$

其中,$\tau = \dfrac{L}{R}$。

电感电压为

$$u_L = L\frac{di_L}{dt} = (U_S - RI_0)e^{-\frac{t}{\tau}} \tag{2-35}$$

图 2-19 所示电路换路后的响应是由电感的初始储能和外加恒定激励所共同产生的,它与 RC 电路在恒定直流激励下的全响应相类似,故对于电路中电压和电流的分析,此处从略。

思考与练习

2-3-1 什么叫零输入响应? 一阶 RL 电路零输入响应具有怎样的通式?

2-3-2 什么叫零状态响应? 一阶 RL 电路零状态响应具有怎样的通式?

2-3-3 什么叫全响应? 一阶 RL 电路全响应具有怎样的通式?

2-3-4 一阶 RL 电路的时间常数 τ 如何确定? 时间常数的大小说明什么?

2-3-5 RL 电路接入直流和接入正弦交流电源的零状态响应,有哪些相同之处? 有哪些不同之处?

2.4 一阶电路动态分析的三要素法

前面讨论的一阶 RC 电路和一阶 RL 电路是电子技术中经常遇到的电路,除了前面介绍的求解电路的一般分析方法即经典法以外,在实际中往往不要求计算出全响应的分量——稳态分量和暂态分量或者零输入响应分量和零状态响应分量,而是要求直接计算出全响应的结果。因此,本节介绍一种工程上更实用、更快捷的分析一阶电路在恒定直流激励下全响应的方法,即三要素法。

如果用 $f(t)$ 表示一阶电路在恒定直流激励下待求的电压或电流,它的初始值用 $f(0_+)$ 表示,稳态值用 $f(\infty)$ 表示,电路的时间常数用 τ 表示,则一阶电路中电压或电流的完全解可表示为

$$f(t) = f(\infty) + Ae^{-\frac{t}{\tau}} \tag{2-36}$$

当激励为恒定直流时,稳态值 $f(\infty)$ 为直流量;暂态分量 $Ae^{-\frac{t}{\tau}}$ 按指数规律衰减,其衰减的快慢由时间常数 τ 决定。由于电路是一个整体,在一个回路中,各部分电压要受到 KVL 的约束,而与节点相连的各条支路的电流要遵循 KCL。因此,电路中不可能出现某一部分电压或电流进入稳定状态,而另一部分电压或电流仍处于过渡状态,即统一的电路各部分电压或电流在换路后,暂态分量衰减的快慢是相同的,即它们具有同一时间常数。

积分常数 A 与响应的初始值有关,当 $t=0_+$ 时,有

$$f(0_+) = f(\infty) + Ae^{-\frac{0}{\tau}}$$

所以积分常数 A 可表示为 $A = f(0_+) - f(\infty)$,代入式(2-36),即可求得一阶电路暂态过程的完全解,即

$$f(t) = f(\infty) + [f(0_+) - f(\infty)]e^{-\frac{t}{\tau}} \tag{2-37}$$

式(2-37)为求解一阶线性电路全响应的三要素法的一般公式,式中 $\tau = RC$ 或 $\tau = \dfrac{L}{R}$,R 表示换路后以动态元件两端为端口的一端口网络的等效电阻。

需要指出的是,三要素法仅适用于一阶线性电路,对于二阶或高阶电路是不适用的。

【例 2-7】 如图 2-20(a)所示电路,$t=0$ 时,开关 S 由 a 投向 b,假设换路前电路已处于稳定状态,试求 $t \geqslant 0$ 时的 $i_L(t)$。

解:用三要素法求解此题。

(1) 求 $i_L(0_+)$

换路前电路已处于稳定状态,在恒定直流电的作用下电感相当于短路。由图 2-20(b)所示电路,可求得电感电流为

$$i_L(0_-) = -\frac{3}{1 + \frac{1 \times 2}{1 + 2}} \times \frac{2}{1 + 2} = -\frac{6}{5}(A)$$

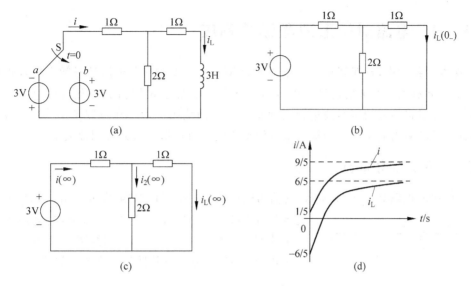

图 2-20 例 2-7 电路图

根据换路定律

$$i_L(0_+) = i_L(0_-) = -\frac{6}{5}(A)$$

（2）求 $i_L(\infty)$

$t = \infty$ 时的等效电路如图 2-20(c)所示，其中电感相当于短路。

$$i_L(\infty) = \frac{3}{1 + \dfrac{2 \times 1}{2 + 1}} \times \frac{2}{2 + 1} = \frac{6}{5}(A)$$

（3）求时间常数 τ

电路换路后，以电感两端为端口的戴维南等效电路的等效电阻 R_0 为

$$R_0 = 1 + \frac{2 \times 1}{2 + 1} = \frac{5}{3}(\Omega)$$

故时间常数

$$\tau = \frac{L}{R_0} = \frac{3}{\dfrac{5}{3}} = \frac{9}{5}(s)$$

将上述结果代入三要素法公式，求得

$$i_L(t) = i_L(\infty) + [i_L(0_+) - i_L(\infty)]e^{-\frac{t}{\tau}} = \frac{6}{5} + \left(-\frac{6}{5} - \frac{6}{5}\right)e^{-\frac{5t}{9}} = \frac{6}{5} - \frac{12}{5}e^{-\frac{5t}{9}}(A)$$

思考与练习

2-4-1 电路全响应可分解为哪两种形式？

2-4-2 一阶电路的三要素是什么？如何求解？

2.5　RC 电路对矩形波激励的响应

在电子技术中,常遇到矩形波作用下的 RC 电路,其响应与电路的时间常数及矩形波持续的时间有关。本节所讨论的微分电路和积分电路是 RC 电路充、放电规律的应用实例,它们可以将输入的矩形波进行变换得到特定的输出波形。在选取了适当时间常数 τ 的条件下,其输出电压波形与输入电压波形之间具有近似的微分或积分关系。

2.5.1　RC 微分电路

RC 串联电路如图 2-21 所示,其输出电压取自电阻元件两端,即 $u_o = u_R$。输入电压 u_i

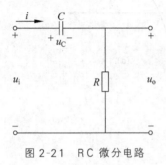

图 2-21　RC 微分电路

为周期矩形脉冲信号,如图 2-22(a)所示,当电路的时间常数满足 $\tau = RC \ll \min\{t_p, T - t_p\}$ 时,图 2-21 所示电路为微分电路。RC 微分电路的数学关系推导如下。

因为

$$i = C \frac{du_C}{dt}$$

电路的 KVL 方程:

$$u_i = u_C + u_R = u_C + iR$$

由于 $\tau = RC \ll t_p$,有 $u_i \approx u_C$,所以

$$u_o = u_R = iR = RC \frac{du_C}{dt} \approx RC \frac{du_i}{dt} \tag{2-38}$$

输出电压 u_o 与输入电压 u_i 之间存在近似的微分关系。在脉冲电路中,常用微分电路把矩形脉冲变换为尖脉冲,以作为触发信号。

由以上分析可知,构成 RC 微分电路需同时具备两个条件。

(1) u_o 从电阻两端输出,即 $u_o = u_R$。

(2) $\tau = RC \ll \min\{t_p, T - t_p\}$,工程上一般要求 $\tau < 0.2\min\{t_p, T - t_p\}$。

下面分析微分电路在脉冲激励下响应的波形。

电路在 $0 \leqslant t \leqslant t_p$ 期间,设在第一个脉冲到来之前,电容无初始储能,电路工作情况相当于 RC 电路在恒定的直流激励下的零状态响应,电容电压 u_C 从零按指数规律增长(RC 的充电过程)。由于脉冲持续时间 t_p 远大于电路的时间常数 τ,所以在 $t < t_p$ 期间,电容已充电完毕,电容电压 u_C 等于脉冲幅值 U,电阻电压 $u_R = u_o$,则在 $t = 0$ 时由零跃变成 U,随后按指数规律衰减到零。

电路在 $t_p \leqslant t \leqslant T$ 期间,输入电压 $u_i = 0$,电路工作情况相当于 RC 电路的零输入响应,电容充电电压按指数规律衰减(RC 的放电过程)。由于 $\tau \ll T - t_p$,所以,在 $t = T$ 之前,电容早已放电完毕。u_o 在 $\tau = t_p$ 时跳变到 $-U$,随后按指数规律衰减到零。

以后在周期矩形脉冲的作用下不断重复上述过程。u_i、u_C 和 u_o 的波形如图 2-22 所示。

在 T 一定时,τ 越小,电路的微分作用越强,电路的输出波形越窄。

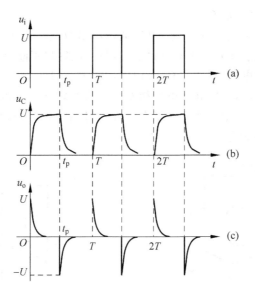

图 2-22 微分电路的工作波形

2.5.2 RC 积分电路

RC 串联电路如图 2-23 所示,与图 2-21 不同的是,电路的输出电压取自电容元件两端,即 $u_o = u_C$。其输入电压为周期性矩形脉冲电压,如图 2-24(a)所示。当满足 $\tau \gg t_p$ 的条件时,图 2-23 所示电路成为 RC 积分电路。当 $\tau \gg t_p$ 时,u_o 与 u_i 积分的数学关系可推导如下。

对图 2-23 所示电路列写 KVL 方程:

$$u_R = u_i - u_C$$

由 $\tau \gg t_p$ 的条件可知,电容电压 u_C 很小,可忽略不计,故近似认为 $u_i = u_R$,所以有

$$u_o = u_C = \frac{1}{C}\int i\,\mathrm{d}t = \frac{1}{C}\int \frac{u_R}{R}\,\mathrm{d}t$$

$$= \frac{1}{RC}\int u_R\,\mathrm{d}t = \frac{1}{RC}\int u_i\,\mathrm{d}t \qquad (2\text{-}39)$$

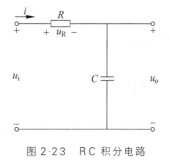

图 2-23 RC 积分电路

由式(2-39)可见,输出电压 u_o(即 u_C)与输入信号 u_i 的积分近似成正比,所以称该电路为积分电路。

由以上分析可知,构成 RC 积分电路需同时具备两个条件。

(1) u_o 从电容两端输出,即 $u_o = u_C$。

(2) $\tau = RC \gg T$,工程上一般要求 $\tau > 5T$。

下面分析积分电路在脉冲激励下响应的波形。

在图 2-24 中,设在第一个脉冲到来之前,电容无初始储能,在 $0 \leqslant t \leqslant t_p$ 期间,电路的工作情况相当于 RC 电路在恒定直流激励下的零状态响应,电容电压 $u_C = u_o$ 从零按指数规律向稳态值 U 增长(RC 的充电过程)。

在 $t = t_p$ 时,由于脉冲持续时间 t_p 远远小于时间常数 τ,所以在第一个脉冲结束时,电

容电压还远未充电到稳态值 U。

$t_p \leqslant t \leqslant T$ 期间,输入电压 u_i 为零,电容通过电阻放电。由于 $T \ll \tau$,所以在 $t = T$ 时,电容远未放电完毕,随后又开始了充电过程。以后,电容将不断重复上述充、放电过程。

经过若干个充、放电周期后,在充、放电时间相同条件下,每一个周期的充、放电过程中"充多少电,放多少电",充电和放电的初始电压都稳定在一定的数值上,称这一阶段为电路的稳态工作过程。若把电路进入稳态过程的时刻定为时间起点,积分电路的输出电压 u_o 的波形如图 2-25 所示。

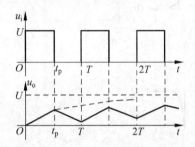 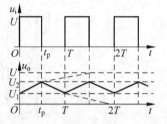

图 2-24　积分电路 u_o 过渡过程的变化曲线　　图 2-25　积分电路 u_o 稳态的变化曲线

在脉冲电路中,应用积分电路可将矩形脉冲变换为锯齿波电压,可作扫描等用,但这种波形的线性度不够好。

在 T 一定的情况下,τ 越大,充电过程进行得越缓慢,积分电路所得的锯齿波电压的线性度也就越好,但在此情况下,u_o 也就越小,这是 RC 积分电路较大的缺点。

思考与练习

"在 RC 串联电路中,输出电压取自电阻两端的就是微分电路,取自电容两端的就是积分电路"这句话对吗?

习题

2-1　如图 2-26 所示各电路原已稳定,在 $t = 0$ 时换路,试求图示各电流、电压的初始值。

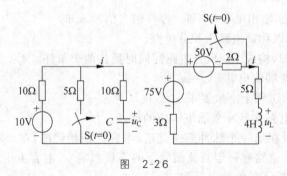

图　2-26

2-2 如图 2-27 所示电路中，$u_C(0_-)=0$，$U=9V$，$R=100k\Omega$，$C=50\mu F$，在 $t=0$ 时闭合开关 S。试求：

（1）电路中电流的初始值。

（2）电路的时间常数 τ。

（3）经过多少时间，电流减少到初始值的一半？

（4）求 $t=3\tau$ 和 $t=5\tau$ 时，电路中的电流各等于多少？

2-3 电路如图 2-28 所示，开关 S 闭合前电路已进入稳定状态。在 $t=0$ 时，将开关 S 闭合，试求换路后的 $i_L(t)$ 和 $u_L(t)$。

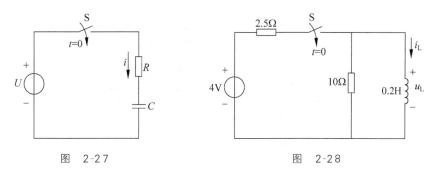

图 2-27　　　　　　　图 2-28

2-4 电路如图 2-29(a)所示，若电路原已处于稳态，$R_1=10\Omega$，$R_2=30\Omega$，$L=2H$，$U=220V$，在 $t=0$ 时，将开关 S 闭合。

（1）当 S 闭合后，求电路中各支路电流。

（2）$t=2s$ 时，将开关 S 打开，再求电路中各支路电流。

（3）若用 $4\mu F$ 的电容调换电感后，如图 2-29(b)所示，求(1)、(2)中的各电流。

（4）绘出上述电流 i_1 随时间变化的曲线。

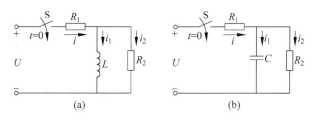

(a)　　　　　　　(b)

图 2-29

2-5 电路如图 2-30 所示，$i_L(0_-)=1A$，在 $t=0$ 将 S 闭合。试求 i_L 的零输入响应和零状态响应，并画出 $i_L(t)$ 随时间变化的曲线。

2-6 用三要素法求图 2-31 所示换路后的 $i(t)$，并画出其波形，换路前电路已稳定，在 $t=0$ 时换路。

2-7 电路如图 2-32 所示，已知 $R=50k\Omega$，$C=200pF$，输入信号电压为单个矩形波，幅度为 1V，其波形如图 2-32(b)所示。试求矩形波脉冲宽度 $t_p=20\mu s$ 和 $t_p=200\mu s$ 时电容电压 u_C 的波形。

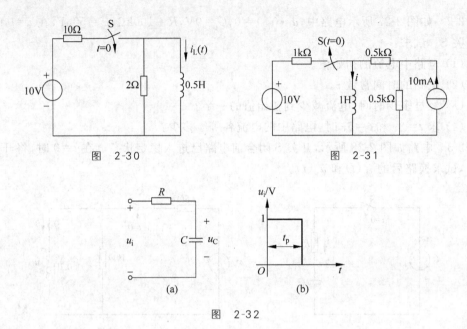

图 2-30

图 2-31

图 2-32

正弦稳态电路分析

正弦交流电路指含有正弦交流电源,且电路各部分的电压和电流均按正弦规律变化的电路。正弦交流电在电子、通信、自动控制和测量技术等领域有着广泛的应用。因此,正弦交流电路的分析计算十分重要。

本章主要介绍正弦量的相量表示法,简单正弦交流电路的分析方法以及交流电路中特有的物理现象——谐振及其分析。正弦交流电路的分析方法也是非正弦周期信号电路分析基础,这是因为非正弦周期信号可以通过傅里叶级数分解为恒定分量和一系列频率不同的正弦分量。

3.1 正弦量及其相量表示

3.1.1 正弦交流电的概念

幅值随时间按正弦规律变化的电流、电压称为正弦信号,或称为正弦交流电。正弦交流电不仅容易产生,便于控制和变换,而且能够远距离传输,故在电力和信息领域都有广泛的应用。在电子产品、设备研制、生产和性能测试过程中,常常会遇到正弦稳态电路的分析设计问题,所以,正弦交流电和正弦稳态电路分析,在应用领域中占有十分重要的地位。

1. 正弦交流电的三要素

电路中随时间按正弦规律变化的电流、电压或电动势称为正弦交流电,简称正弦量。以电流为例,其数学表达式为

$$i(t) = I_m \sin(\omega t + \phi) \tag{3-1}$$

其波形如图 3-1 所示。

式(3-1)中有 3 个特征量 I_m、ω 和 ϕ 称为正弦量的三要素,因为当 I_m、ω 和 ϕ 确定以后,一个正弦量就被完全确定了。

I_m 称为正弦量的最大值或振幅。正弦量是一个等幅振荡的、正负交替变化的周期函数,I_m 是整个正弦量在变化过程中达到的最大值。通常用小写字母 i 表示正弦交流电流在某一时刻的值,称为瞬时值。当时间连续变化时,正弦量的瞬时值 i 在 $-I_m$ 到 I_m 之间变化。

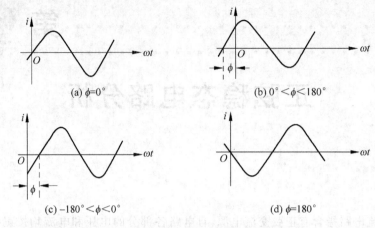

图 3-1　正弦电流 i 的波形

正弦量是周期函数,周期函数变化一个循环所需的时间称为周期 T,其单位是秒(s)。正弦量单位时间内变化的次数称为频率,用字母 f 表示,其单位是赫兹(Hz)。周期 T 与频率 f 互为倒数,即

$$f = \frac{1}{T} \tag{3-2}$$

正弦量随时间变化的角度 $(\omega t + \phi)$,称为正弦量的相位,单位用弧度表示(rad)或度(°)表示,ω 称为正弦量的角频率,单位是弧度每秒(rad/s),它是正弦量相位随时间变化的速度,即

$$\omega = \frac{\mathrm{d}}{\mathrm{d}t}(\omega t + \phi)$$

因为在一个周期内,相位变化了 2π 弧度,所以 $\omega T = 2\pi$,故

$$\omega = \frac{2\pi}{T} = 2\pi f \tag{3-3}$$

式(3-3)为 ω、T 和 f 之间的关系。

我国和世界上大多数国家使用的交流电的工业标准频率(简称工频)为 50Hz,有些国家(如美国、日本)采用 60Hz。通常的照明负载和交流电动机都采用这种频率。

ϕ 是正弦量在 $t = 0$ 时的相位,称为正弦量的初相位,简称初相,单位用弧度或度来表示,通常在主值范围内取值,即 $|\phi| \leqslant \pi$。初相位决定了正弦量的初始值,初相位与计时零点的确定有关,所选定的计时零点不同,正弦量的初始值就不同。

正弦量的三要素是不同正弦量之间进行比较和区分的依据。

正弦量随时间变化的波形称为正弦波,图 3-1 所示是正弦交流电 $i(t) = I_{\mathrm{m}}\sin(\omega t + \phi)$ 的波形。横坐标可以用时间 t,也可以用 ωt(单位为 rad)。由于正弦量的方向是周期性变化的,在电路图中所标的方向指正弦量的参考方向。在正弦波的正半周,正弦量为正值,表示正弦量的实际方向与参考方向相同;在正弦波的负半周,正弦量为负值,表示正弦量的实际方向与参考方向相反。

2．有效值

交流电的瞬时值只是一个特定瞬间的数值,为了能反映不同波形的交流电在电路中

的真实效果(如发热的效果等),交流电的大小通常用有效值来计量。

有效值是从电流热效应等效的概念来规定的:若周期电流 i 通过电阻 R 在一个周期 T 内 R 所吸收的电能与直流电流 I 在相等的时间内通过同一电阻所吸收的电能相等,则这一直流电流 I 的数值就定义为该周期电流的有效值。有效值用大写字母表示,如 I、U。

上述表述可得热效应等效式为

$$\int_0^T Ri^2 \,\mathrm{d}t = RI^2 T$$

则周期电流 i 的有效值为

$$I = \sqrt{\frac{1}{T}\int_0^T i^2 \,\mathrm{d}t} \tag{3-4}$$

即有效值等于瞬时值的平方在一个周期内平均值的平方根,故有效值又可称为方均根值。

当周期电流为正弦交流电时,即 $i(t) = I_m \sin(\omega t + \phi)$,代入式(3-4),得正弦电流的有效值为

$$I = \sqrt{\frac{1}{T}\int_0^T I_m^2 \sin^2(\omega t + \phi)\,\mathrm{d}t} = I_m \sqrt{\frac{1}{T}\int_0^T \frac{1 - \cos 2(\omega t + \phi)}{2}\,\mathrm{d}t} = \frac{I_m}{\sqrt{2}} \tag{3-5}$$

由此可得正弦交流电有效值与振幅的关系为

$$I_m = \sqrt{2}\,I \tag{3-6}$$

同理,正弦电压和正弦电动势的有效值与振幅的关系为

$$U_m = \sqrt{2}\,U \tag{3-7}$$

$$E_m = \sqrt{2}\,E \tag{3-8}$$

引入有效值的概念后,正弦交流电流和电压可表示为

$$i(t) = \sqrt{2}\,I\sin(\omega t + \phi_i)$$

$$u(t) = \sqrt{2}\,U\sin(\omega t + \phi_u)$$

在电工测量中,交流电压表和电流表所指示的读数均为有效值。如照明设备和家用电器的额定电压为 220V 是指电压的有效值,而电压的最大值为 $U_m = \sqrt{2}\,U = \sqrt{2} \times 220 = 311(\text{V})$。由示波器观测到的正弦交流电的峰值即为其幅值,而正峰到负峰之值称为峰-峰值,用 $V_{P\text{-}P}$ 或 $I_{P\text{-}P}$ 表示。

3. 相位差

在正弦交流电的时间函数式中,其电角度 $(\omega t + \phi)$ 称为正弦量的相位角,简称为相位;在 $t=0$(计时起点)时刻的相位角 ϕ 就称为初相位角,简称初相位。

相位差为两个同频率正弦量的相位之差。交流电路中任何两个频率相同的正弦量之间的相位关系可以通过它们的相位差来描述,例如,设两个同频率正弦电压和电流分别为

$$u(t) = \sqrt{2}\,U\sin(\omega t + \phi_u)$$

$$i(t) = \sqrt{2}\,I\sin(\omega t + \phi_i)$$

它们的相位差

$$\varphi = (\omega t + \phi_u) - (\omega t + \phi_i) = \phi_u - \phi_i \tag{3-9}$$

可见,相位差等于两个正弦量的初相位之差,其数值与时间无关。

相位差表明了两个同频率正弦量随时间变化步调的先后顺序。根据式(3-9)引出以下概念。

(1) 如果 $\varphi>0$,则定义为电压超前电流,在时间上 u 比 i 先经过零值或最大值,则在相位上 u 比 i 超前 φ 角,或称 i 比 u 滞后 φ 角。u、i 波形如图 3-2(a)所示。

(2) 如果 $\varphi<0$,则定义为电压滞后电流,在时间上 u 比 i 后经过零值或最大值,则在相位上 u 比 i 滞后 φ 角,或称 i 比 u 超前 φ 角。u、i 波形如图 3-2(b)所示。

(3) 如果 $\varphi=0$,则定义为电压与电流同相,在时间上 u 和 i 同时经过零值或最大值。u、i 波形如图 3-2(c)所示。

(4) 如果 $\varphi=\pm180°$,则定义为电压与电流反相,在时间上 u 和 i 在同一时刻达正、负最大值。u、i 波形如图 3-2(d)所示。

(5) 如果 $\varphi=\pm90°$,则定义为电压与电流正交,在时间上 u(或 i)达最大值时,i(或 u)经过零值。u、i 波形如图 3-2(e)所示。

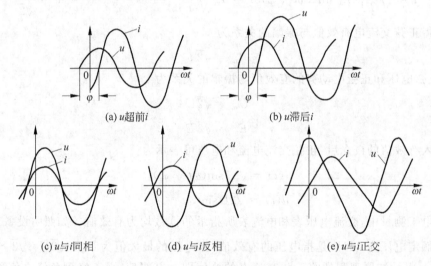

图 3-2　正弦交流电的相位差

在正弦交流电路中,每一个正弦量的初相位都与所选时间的起点有关。原则上,计时零点是可以任意选择的,但是,在进行交流电路的分析和计算时,同一电路中所有的正弦电流、电压和电动势只能相对于同一个共同的计时零点确定各自的初相位。当所选的计时零点改变时,同一电路中所有正弦量的初相位、相位都随之改变,但是正弦量之间的相位差仍保持不变。

在分析交流电路时,如果所有正弦量的初相位都未确定,通常设其中某一个正弦量的初相位为零,这个初相位被选定为零的正弦量称为参考正弦量。其余各正弦量的初相位都等于它们与此参考正弦量的相位差。

【例 3-1】 已知同频率的三个正弦电流 i_1、i_2 和 i_3 的有效值分别为 4A、3A 和 5A,若 i_1 比 i_2 超前 30°,i_2 比 i_3 超前 15°,试选择任意一个电流作为参考正弦量,然后写出这 3 个电流的正弦函数表达式。

解：假定以 i_2 为参考正弦量，则 $\varphi_{i_2}=0$，$\varphi_{i_1}=30°$，$\varphi_{i_3}=-15°$，得

$$i_1 = 4\sqrt{2}\sin(\omega t + 30°)(A)$$

$$i_2 = 3\sqrt{2}\sin(\omega t)(A)$$

$$i_3 = 5\sqrt{2}\sin(\omega t - 15°)(A)$$

3.1.2　正弦交流电的相量表示法

上面给出了正弦量的三角函数式和瞬时波形图两种表示方法，这两种形式均明确地表述了一个正弦量。三角函数的形式便于定量计算，瞬时波形图适应于定性分析。但是正弦交流电路的分析和计算中，若采用正弦量的三角函数式形式，必然涉及三角函数的运算，计算过程相当繁琐；若采用正弦量的瞬时波形图形式，则会产生较大的分析误差。工程计算中常用复数来表示正弦量，把正弦量的各种运算转化为复数的代数运算，从而大大简化正弦交流电路的分析计算过程，这种方法称为"相量法"。

相量法是一种用复数表示正弦量的方法。为此先复习复数的有关知识，一个复数有多种表示形式，如复数 A，它的直角坐标式为

$$A = a + \mathrm{j}b \tag{3-10}$$

式(3-10)称为复数的代数式，式中 $\mathrm{j}=\sqrt{-1}$ 为虚数单位，a 为复数 A 的实部，b 为复数 A 的虚部。取复数 A 的实部和虚部，分别用下列符号来表示：

$$\mathrm{Re}[A] = a$$

$$\mathrm{Im}[A] = b$$

式中：$\mathrm{Re}[A]$ 为取方括号内复数的实部；$\mathrm{Im}[A]$ 为取其虚部。

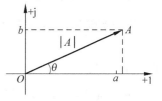

复数 A 在复平面内可以用一个有向线段(矢量)OA 来表示，如图 3-3 所示，图中矢量 OA 的长度 $|A|$ 称为复数的模，矢量 OA 与实轴正半轴的夹角称为复数的辐角 θ。OA 在

图 3-3　复数的矢量表示

实轴上的投影为复数 A 的实部 a，在虚轴上的投影为复数 A 的虚部 b，它们之间的关系如下：

$$\begin{cases} |A| = \sqrt{a^2 + b^2} \\ \theta = \arctan\dfrac{b}{a} \\ a = |A|\cos\theta \\ b = |A|\sin\theta \end{cases} \tag{3-11}$$

因此

$$A = a + \mathrm{j}b = |A|\cos\theta + \mathrm{j}|A|\sin\theta = |A|(\cos\theta + \mathrm{j}\sin\theta) \tag{3-12}$$

根据欧拉公式：

$$\mathrm{e}^{\mathrm{j}\theta} = \cos\theta + \mathrm{j}\sin\theta \tag{3-13}$$

把式(3-13)代入式(3-12)得出复数 A 的指数形式：

$$A = |A|e^{j\theta} \tag{3-14}$$

为了简便,工程上又常将复数写成极坐标的形式,即

$$A = |A|\angle\theta \tag{3-15}$$

若两个复数进行加减运算时,应采用直角坐标式(代数式),实部与实部相加减,虚部与虚部相加减;若两个复数进行乘除运算时,应采用极坐标形式,复数的模相乘除,辐角相加减。

设两个复数 A 和 B:

$$A = a_1 \pm jb_1$$
$$B = a_2 \pm jb_2$$

则

$$A \pm B = (a_1 + jb_1) \pm (a_2 + jb_2) = (a_1 \pm a_2) + j(b_1 \pm b_2) \tag{3-16}$$

$$AB = |A|\angle\theta_1 \cdot |B|\angle\theta_2 = |A| \cdot |B| \angle(\theta_1 + \theta_2) = |A| \cdot |B| \angle\theta \tag{3-17}$$

$$\frac{A}{B} = \frac{|A|\angle\theta_1}{|B|\angle\theta_2} = \frac{|A|}{|B|}\angle(\theta_1 - \theta_2) = \frac{|A|}{|B|}\angle\theta \tag{3-18}$$

在进行复数的代数形式和极坐标形式相互转换时,需要注意,计算辐角 θ 时,应根据复数的实部和虚部的正、负号来判断其所在的象限,并在辐角的主值范围内取值,即 $|\theta| \leqslant \pi$。

【例 3-2】 将下列复数转换成极坐标形式:(1)$A_1 = 6 - j8$;(2)$A_2 = -6 + j8$。

解:(1) $|A_1| = \sqrt{6^2 + (-8)^2} = 10, \theta_1 = \arctan\dfrac{-8}{6}$

因为实部为正,虚部为负,可判断 θ_1 角应在第四象限,得

$$\theta_1 = -53.1°$$

所以 $A_1 = 10\angle-53.1°$。

(2) $|A_2| = \sqrt{(-6)^2 + 8^2} = 10, \theta_2 = \arctan\dfrac{8}{-6}$

因为实部为负,虚部为正,可判断 θ_1 角应在第二象限,得

$$\theta_2 = 126.9°$$

所以 $A_2 = 10\angle126.9°$。

下面讨论如何用复数来表示正弦量。若图 3-3 中的矢量 OA 以 ω 的角速度沿逆时针方向旋转,经时间 t 后,转过 ωt 角度,这时它在虚轴上的投影是

$$y = |A|\sin(\omega t + \theta)$$

可见,正弦量可以用这样的旋转复矢量的虚部表示。

旋转复矢量用复时变函数表示

$$A' = |A|e^{j(\omega t + \theta)} = |A|\cos(\omega t + \theta) + j|A|\sin(\omega t + \theta)$$

取其虚部:

$$\text{Im}[A'] = \text{Im}[|A|e^{j(\omega t + \theta)}] = \text{Im}[|A|e^{j\omega t} \cdot e^{j\theta}] = |A|\sin(\omega t + \theta) \tag{3-19}$$

为正弦量。式中:$|A|e^{j\theta}$ 为复常数;$e^{j\omega t}$ 为旋转因子。

即每一个正弦量都与一个复函数一一对应,取该复函数的虚部就是该正弦量。

如前所述,在线性电路中,由某一频率的正弦电源在电路各处产生的正弦电流和电压的频率是相同的,各正弦量的角频率 ω 也是相同的,故式(3-19)的旋转因子是相同的,与确定正弦量之间的关系无关,因此,取式(3-19)中的复常数 $|A|\mathrm{e}^{j\theta}$ 来表示正弦量,称为正弦量的相量。

由于相量是表示正弦量的复数,它的模等于所表示的正弦量的幅值,辐角等于正弦量的初相位。为了和一般的复数相区别,规定相量是用上方加"·"的大写字母表示。例如,正弦电压 $u=U_{\mathrm{m}}\sin(\omega t+\theta)$ 的相量为

$$\dot{U}_{\mathrm{m}}=U_{\mathrm{m}}\mathrm{e}^{j\theta}$$

或

$$\dot{U}_{\mathrm{m}}=U_{\mathrm{m}}\angle\theta$$

正弦量的大小通常用有效值计量,因此,用有效值做相量的模更方便,用有效值作模的相量称为有效值相量。相应的,用最大值作为相量模的相量称为最大值相量。有效值相量用表示正弦量有效值的大写字母上加"·"表示,如 $\dot{U}$ 或 $\dot{I}$ 。

值得注意的是,相量是表示正弦量的复数,而正弦量本身是时间的函数,相量并不等于正弦量。

相量只是同频率正弦量的一种表示方法和进行运算的工具。相量只表征了正弦量三要素中的两大要素:大小和初相位,而没有表示出频率要素。

特别指出,只有正弦量才能用相量表示,只有同频率的正弦量才能利用相量进行运算。

相量复平面的几何表示称为相量图,只有同一频率的正弦量才能画在同一相量图中。在相量图中,画出表示几个同频率正弦量的相量后,它们的加、减运算就可利用平行四边形法则。

【例 3-3】 已知两个正弦电压分别为 $u_1=100\sqrt{2}\sin(314t+45°)(\mathrm{V})$,$u_2=100\sqrt{2}\sin(314t+135°)(\mathrm{V})$,求 $u=u_1+u_2$,并画出相量图。

解: 将 u_1、u_2 用有效值相量表示:

$$\dot{U}_1=100\angle 45°\mathrm{V}$$

$$\dot{U}_2=100\angle 135°\mathrm{V}$$

再求电压 u 的有效值相量:

$$
\begin{aligned}
\dot{U}&=\dot{U}_1+\dot{U}_2\\
&=100\angle 45°+100\angle 135°\\
&=(50\sqrt{2}+j50\sqrt{2})+(-50\sqrt{2}+j50\sqrt{2})\\
&=j100\sqrt{2}\\
&=100\sqrt{2}\angle 90°(\mathrm{V})
\end{aligned}
$$

所以

$$u=200\sin(314t+90°)(\mathrm{V})$$

相量图如图 3-4 所示。在相量图中可以看出,利用平行四边形法则同样可计算得 $\dot{U}=100\sqrt{2}\angle 90°\mathrm{V}$ 。

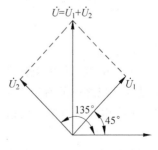

图 3-4 例 3-3 相量图

思考与练习

3-1-1 已知一个正弦电压的频率为 50Hz,有效值为 $10\sqrt{2}$ V,在 $t=0$ 时瞬时值为 10V,试写出此电压的瞬时值表达式。

3-1-2 试说明电压 $u_1(t)=10\sqrt{2}\sin\left(\omega t-\dfrac{\pi}{3}\right)$(V)和 $u_2(t)=20\sqrt{2}\sin\left(\omega t+\dfrac{\pi}{3}\right)$(V)的三要素。

3-1-3 试说明电压 $u_1(t)=10\sqrt{2}\sin\left(100\pi t-\dfrac{\pi}{3}\right)$(V)和 $u_2(t)=20\sqrt{2}\sin\left(200\pi t+\dfrac{\pi}{3}\right)$(V)的相位差,对不对?

3-1-4 用代数表达式写出下列各正弦电流的相量。

(1) $i=10\sin(100\pi t)$(A)

(2) $i=10\sin\left(100\pi t-\dfrac{\pi}{2}\right)$(A)

3-1-5 已知 $u_1=10\sqrt{2}\sin(314t+45°)$(V),$u_2=10\sqrt{2}\sin(100t+75°)$(V),能否用相量法求解 $u=u_1+u_2$。

3.2   元件的伏安关系与基尔霍夫定律的相量形式

本节讨论单一理想元件电阻、电感和电容元件在正弦交流电路中元件的伏安关系,并讨论电路中的功率和能量问题。

3.2.1   电阻元件伏安关系的相量形式

1. 电压与电流的关系

图 3-5 所示是一个线性电阻元件的交流电路,电压和电流的参考方向如图所示。在交流电路中,电阻的电压和电流虽然随时间不断变化,但每一瞬间,电压和电流的关系均符合欧姆定律,即

$$u = iR$$

设通过电阻的电流:

$$i(t) = \sqrt{2}\, I\sin(\omega t + \theta_i)$$

则电阻元件的端电压:

$$u(t) = Ri = \sqrt{2}\, RI\sin(\omega t + \theta_i) = \sqrt{2}\, U\sin(\omega t + \theta_u) \tag{3-20}$$

式中:$\theta_u = \theta_i$。

流经电阻元件的电流和端电压的波形如图 3-5(b)所示。可见,电阻元件的端电压和流过的电流之间的有以下关系:①电压和电流是同频率的正弦量;②电压与电流的相位相同;③电压和电流有效值之间的关系为

$$U = RI \tag{3-21}$$

若用相量来表示电压和电流的关系,则为

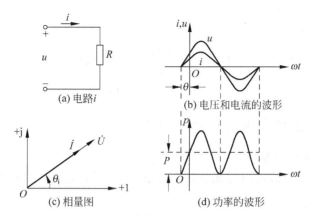

图 3-5　电阻元件的交流电路

$$\dot{U} = U\angle\theta_u$$

$$\dot{I} = I\angle\theta_i$$

$$\dot{U} = U\angle\theta_u = RI\angle\theta_i = R\dot{I}$$

即
$$\dot{U} = R\dot{I} \tag{3-22}$$

式(3-22)即为欧姆定律的相量形式。电压和电流的相量图如图 3-5(c)所示。

2．功率

任一瞬间,电压瞬时值 u 与电流瞬时值 i 的乘积,称为瞬时功率,用 p 表示,即

$$p = ui = \sqrt{2}\,IR\sin(\omega t + \theta_u)\sqrt{2}\,I\sin(\omega t + \theta_i)$$
$$= 2UI\sin^2(\omega t + \theta_i)$$
$$= UI[1 - \cos(2\omega t + 2\theta_i)] \tag{3-23}$$

由式(3-23)可知,瞬时功率由两部分组成,第一部分为电压、电流有效值的乘积 UI,它是不随时间变化的量。第二部分 $UI\cos(2\omega t + 2\theta_i)$,它的振幅是 UI,并以 2ω 的角频率随时间变化的量。顺势功率随时间变化的波形如图 3-5(d)所示。p 虽然随时间不断变化,但在整个周期中 $p \geqslant 0$,说明电阻是耗能元件。

工程上取瞬时功率在一个周期内的平均值来表示电路所消耗的功率,称为平均功率,又称为有功功率,用大写字母 P 表示,即

$$P = \frac{1}{T}\int_0^T p\,\mathrm{d}t = \frac{1}{T}\int_0^T UI[1 - \cos(2\omega t + 2\theta_i)]\mathrm{d}t = UI \tag{3-24}$$

将式(3-21)代入式(3-24),就得到有功功率与电压、电流有效值之间的关系:

$$P = UI = I^2 R$$

【例 3-4】　设有一个 220V 的工频正弦电源电压加在 400Ω 的电阻上,试写出流过电阻的电流瞬时值表达式。

解: 设 220V 正弦电源电压为参考正弦量,即

$$\theta_u = 0$$

而线性电阻元件的电流与电压是同相位的,所以

$$\theta_i = 0$$

电流的有效值为

$$I = \frac{U}{R} = \frac{220}{400} = 0.55(\text{A})$$

所以

$$i(t) = 0.55\sqrt{2}\sin 314t(\text{A})$$

3.2.2 电容元件伏安关系的相量形式

1. 电压与电流的关系

图 3-6 所示是一个线性电容元件的交流电路,电压和电流的参考方向如图所示。电压和电流的关系为

$$i = C\frac{\mathrm{d}u}{\mathrm{d}t}$$

设电容两端的端电压为

$$u(t) = \sqrt{2}U\sin(\omega t + \theta_u)$$

则电流为

$$i = C\frac{\mathrm{d}u}{\mathrm{d}t} = C\frac{\mathrm{d}}{\mathrm{d}t}\left[\sqrt{2}U\sin(\omega t + \theta_u)\right] = \sqrt{2}\,\omega CU\cos(\omega t + \theta_u)$$

$$= \sqrt{2}\,\omega CU\sin(\omega t + \theta_u + 90°) = \sqrt{2}\,I\sin(\omega t + \theta_i) \tag{3-25}$$

式中:$\theta_i = \theta_u + 90°$。

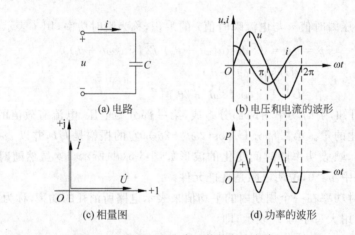

(a) 电路 (b) 电压和电流的波形

(c) 相量图 (d) 功率的波形

图 3-6 电容元件的交流电路

可见,电容的端电压与电流之间有如下关系:①电压和电流是同频率的正弦量;②电流在相位上超前电压 90°,即电压在相位上滞后电流 90°;③电压和电流有效值之间的关系为

$$I = \omega CU$$

即

$$U = \frac{I}{\omega C} \tag{3-26}$$

式(3-26)中的 $\dfrac{1}{\omega C}$ 具有电阻的量纲,单位为欧姆(Ω),称为电容电抗,简称容抗,用 X_C 表示,即

$$X_C = \frac{1}{\omega C} = \frac{1}{2\pi f C} \tag{3-27}$$

容抗约束了电容元件两端电压和电流的大小,它表示了电容元件对电流的阻碍作用。当电压一定时,X_C 越大,则电流越小。X_C 的大小与电容 C 和交流电的频率 f 成反比。在直流电路中,由于 $f=0$,$X_C \to \infty$,故电容元件可视作开路;当交流电源的频率很高时,$X_C \approx 0$,电容元件相当于短路。因此,电容元件具有隔直流、通交流的属性。

若用相量来表示电压与电流的关系,则为

$$\dot{U} = U e^{j\theta_u} = U \angle \theta_u$$

$$\dot{I} = I e^{j(\theta_u + 90°)} = U \angle (\theta_u + 90°)$$

$$\frac{\dot{U}}{\dot{I}} = \frac{U}{I} e^{-j90°} = -jX_C$$

或

$$\dot{U} = -jX_C \dot{I} = -j\frac{1}{\omega C}\dot{I} \tag{3-28}$$

式(3-28)表示电容电压的有效值等于电流的有效值与容抗的乘积,电压在相位上滞后电流 $90°$。

电容的电压和电流的波形图和相量图如图 3-6(b)、(d)所示,图中令 $\theta_u = 0°$。

2. 功率

当电压 u 和电流 i 的变化规律和相互关系确定后,便可得出瞬时功率 p 的变化规律,即

$$p = ui = \sqrt{2}U\sin(\omega t + \theta_u) \cdot \sqrt{2}I\sin(\omega t + \theta_u + 90°)$$
$$= UI\sin(2\omega t + 2\theta_u) \tag{3-29}$$

可见,p 是一个幅值为 UI,并以 2ω 的角频率随时间变化的正弦量,其波形图如图 3-6(d)所示,图中令 $\theta_u = 0°$。由瞬时功率 p 的波形图可见,当 u 和 i 的瞬时极性相同时,$p>0$,这时电容元件起负载属性,从电源吸收能量,并以电场能量的形式储存;当 u 和 i 的瞬时极性相反时,$p<0$,这时电容元件起电源属性,将储存的电场能量以电能的形式释放给电路。所以电容元件是储能元件。这也是一个可逆的能量转换过程,在这一过程中,电容从电源取用的能量等于它归还给电源的能量,说明电容并不消耗电能,它不是耗能元件。

电容元件在交流电路中的平均功率即有功功率为

$$P = \frac{1}{T}\int_0^T p\,\mathrm{d}t = \frac{1}{T}\int_0^T UI\sin(2\omega t + 2\theta_u)\,\mathrm{d}t = 0 \tag{3-30}$$

可见,电容元件不消耗电能。在电容元件的交流电路中,电容元件和电源之间的能量在不断地往返互换。能量互换的规模,用无功功率来衡量,它等于瞬时功率的最大值。

电容元件的瞬时功率也可以写成

$$p = ui = \sqrt{2}U\sin(\omega t + \theta_u) \cdot \sqrt{2}I\sin(\omega t + \theta_u + 90°)$$
$$= UI\sin(2\omega t + 2\theta_u)$$
$$= UI\sin[2\omega t + 2(\theta_i - 90°)]$$
$$= -UI\sin(2\omega t + 2\theta_i)$$

定义电容元件的无功功率为

$$Q = -UI = -I^2 X_C = -\frac{U^2}{X_C} \qquad (3\text{-}31)$$

无功功率的单位为乏(var),电容元件的无功功率为负值。

【例 3-5】 将 $C = 5\mu F$ 的电容元件接到 $u(t) = 220\sqrt{2}\sin(314t - 60°)(V)$ 的电源上,求电容电流 i_C。若频率提高一倍,X_C 及 I_C 各为多少?

解: 将电压用相量表示为

$$\dot{U} = 220\angle -60° V$$

因为

$$X_C = \frac{1}{\omega C} = \frac{1}{314 \times 5 \times 10^{-6}} = 636.9(\Omega)$$

根据式(3-28)则

$$\dot{I}_C = \frac{\dot{U}}{-jX_C} = \frac{220\angle -60°}{-j636.9} = \frac{220\angle -60°}{636.9\angle -90°} = 0.345\angle 30°(A)$$

所以

$$i_C = 0.345\sqrt{2}\sin(314t + 30°)(A)$$

若频率提高一倍,容抗为

$$X'_C = \frac{1}{\omega' C} = \frac{1}{2 \times 314 \times 5 \times 10^{-6}} = 318.45(\Omega)$$

电流有效值为

$$I'_C = \frac{U}{X'_C} = \frac{220}{318.45} = 0.69(A)$$

即电源频率提高一倍时,容抗减小一倍,在电压有效值不变的情况下,电流有效值增大一倍。

3.2.3 电感元件伏安关系的相量形式

1. 电压与电流的关系

图 3-7 所示是一个线性电感元件的交流电路,电压和电流的参考方向如图所示。电压和电流的关系为

$$u = L\frac{di}{dt}$$

设通过电感元件的电流为

$$i(t) = \sqrt{2}I\sin(\omega t + \theta_i)$$

则电压为

$$u = L\frac{\mathrm{d}i}{\mathrm{d}t} = L\frac{\mathrm{d}}{\mathrm{d}t}\left[\sqrt{2}\,I\sin(\omega t + \theta_i)\right] = \sqrt{2}\,\omega L I\cos(\omega t + \theta_i)$$

$$= \sqrt{2}\,\omega L I\sin(\omega t + 90° + \theta_i) = \sqrt{2}\,U\sin(\omega t + \theta_u) \tag{3-32}$$

式中：$\theta_u = \theta_i + 90°$。

可见，电感元件的端电压与电流之间有如下关系：①电压和电流是同频率的正弦量；②电压在相位上超前电流 $90°$，即电流在相位上滞后电压 $90°$；③电压和电流有效值之间的关系为

$$U = \omega L I \tag{3-33}$$

式(3-33)中的 ωL 具有电阻的量纲，单位为欧姆(Ω)，称为电感的电抗，简称感抗，用 X_L 表示，即

$$X_L = \omega L = 2\pi f L \tag{3-34}$$

感抗约束了电感元件两端电压和电流的大小，它表示了电感元件对电流的阻碍作用。X_L 的大小与电感 L 和交流电的频率 f 成正比。在直流电路中，由于 $f = 0$，$X_L = 0$，故电感元件可视作短路；当交流电源的频率很高时，$X_L \to \infty$，电感元件相当于开路。因此，电感元件具有隔交流、通直流的特性。

若用相量来表示电压与电流的关系，则为

$$\dot{U} = U\mathrm{e}^{\mathrm{j}\theta_u} = U\mathrm{e}^{\mathrm{j}(\theta_i + 90°)}$$

$$\dot{I} = I\mathrm{e}^{\mathrm{j}\theta_i}$$

$$\frac{\dot{U}}{\dot{I}} = \frac{U}{I}\mathrm{e}^{\mathrm{j}90°} = \mathrm{j}X_L$$

或

$$\dot{U} = \mathrm{j}X_L\dot{I} = \mathrm{j}\omega L\dot{I} \tag{3-35}$$

式(3-35)表示电感电压的有效值等于电流的有效值与感抗的乘积，电压在相位上超前电流 $90°$。

电感的电压和电流的波形图和相量图如图 3-7(b)、(c)所示，图中令 $\theta_i = 0°$。

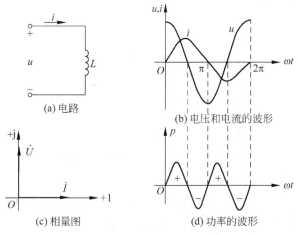

(a) 电路

(b) 电压和电流的波形

(c) 相量图

(d) 功率的波形

图 3-7 电感元件的交流电路

2. 功率

当电压 u 和电流 i 的变化规律和相互的关系确定后,便可得出瞬时功率 p 的变化规律,即

$$p = ui = \sqrt{2}\,U\sin(\omega t + \theta_i + 90°) \cdot \sqrt{2}\,I\sin(\omega t + \theta_i)$$
$$= UI\sin(2\omega t + 2\theta_i) \tag{3-36}$$

可见,p 是一个幅值为 UI,并以 2ω 的角频率随时间变化的正弦量,其波形图如图 3-7(d)所示,图中令 $\theta_i = 0°$。由瞬时功率 p 的波形图可见,当 u 和 i 的瞬时极性相同时,$p > 0$,这时电感元件起负载属性,从电源吸收能量,并以磁场能量的形式储存;当 u 和 i 的瞬时极性相反时,$p < 0$,这时电感元件起电源属性,将储存的磁场能量以电能的形式释放给电路。所以电感元件是储能元件。这也是一个可逆的能量转换过程,在这一过程中,电感从电源取用的能量等于它归还给电源的能量,说明电感并不消耗电能,它不是耗能元件。这个特性也可以通过电感的平均功率来说明。

电感元件在交流电路中的平均功率,即有功功率为

$$P = \frac{1}{T}\int_0^T p\,\mathrm{d}t = \frac{1}{T}\int_0^T UI\sin(2\omega t + 2\theta_i)\,\mathrm{d}t = 0 \tag{3-37}$$

可见,电感元件不消耗电能。在电感元件的交流电路中,电感元件和电源之间的能量在不断地往返互换。能量互换的规模,用无功功率来衡量,它等于瞬时功率的最大值。

定义电容元件的无功功率为

$$Q = UI = I^2 X_{\mathrm{L}} = \frac{U^2}{X_{\mathrm{L}}} \tag{3-38}$$

为了与有功功率相区别,无功功率 Q 的单位为乏(var),电感元件的无功功率为正值。

需要说明的是,一个实际的电感元件总是含有一定的内阻,它可以看做是该内阻与一个理想电感串联而成,故实际的电感元件还是要消耗电能的。

【例 3-6】 将一个 $0.5\mathrm{H}$ 的电感元件接到 $u(t) = 220\sqrt{2}\sin(314t - 60°)(\mathrm{V})$ 的电源上,求电感电流和无功功率。如果保持电源电压不变,而电源频率改变为 $5000\mathrm{Hz}$,求此时的电流和无功功率。

解: 信号源的频率为

$$\omega = 2\pi f = 314(\mathrm{rad/s})$$

所以

$$f = 50\mathrm{Hz}$$

当 $f = 50\mathrm{Hz}$ 时

$$X_{\mathrm{L}} = \omega L = 314 \times 0.5 = 157(\Omega)$$

$$I_{\mathrm{L}} = \frac{U}{X_{\mathrm{L}}} = \frac{220}{157} = 1.4(\mathrm{A})$$

$$Q = UI = 220 \times 1.4 = 308(\mathrm{var})$$

当 $f = 5000\mathrm{Hz}$ 时

$$X_{\mathrm{L}} = \omega L = 2 \times 3.14 \times 5000 \times 0.5 = 15\,700(\Omega)$$

$$I_{\mathrm{L}} = \frac{U}{X_{\mathrm{L}}} = \frac{220}{15\,700} = 0.014(\mathrm{A})$$

$$Q = UI = 220 \times 0.014 = 3.08(\text{var})$$

可见，当电压有效值一定时，电源的频率越高，通过电感元件的电流有效值越小。

总结：以上讨论的是电阻、电容和电感在正弦交流电路中的元件的伏安关系，在关联的参考方向下，它们的电压相量和电流相量的关系分别为

电阻元件为

$$\dot{U} = R\dot{I}$$

电容元件

$$\dot{U} = -jX_c\dot{I} = -j\frac{1}{\omega C}\dot{I}$$

电感元件

$$\dot{U} = jX_L\dot{I} = j\omega L\dot{I}$$

将这3种元件在正弦交流电路中的电压相量和电流相量的关系归纳为一个表达式，即

$$\dot{U} = Z\dot{I} \tag{3-39}$$

式中：Z为复数阻抗，简称阻抗，单位为欧姆（Ω）。式(3-39)称为欧姆定律的相量形式。

如果将如图 3-8(a)、(b)、(c)电阻、电感和电容 3 种理想元件的电压和电流用相量表示，将元件参数分别用复阻抗代替，即电阻元件看做是具有 R 值的阻抗；将电感元件看做是具有 $j\omega L$ 值的阻抗；将电容元件看做是具有 $-j\frac{1}{\omega C}$ 值的阻抗，则经过这样替换后画出电路图即为正弦交流电路的相量模型，分别如图 3-8(d)、(e)、(f)所示。利用相量模型分析正弦交流电路，将会使电路的分析和计算得到简化。

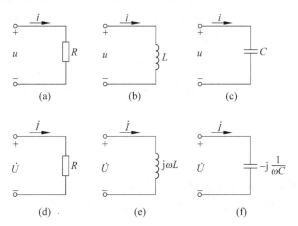

图 3-8　R、L、C 正弦交流电路的相量模型

3.2.4　基尔霍夫定律的相量形式

基尔霍夫定律是分析电路的基本定律，根据正弦量与相量之间的关系，可得到基尔霍夫定律的相量形式。

由基尔霍夫定律（KCL）可知，对于集总参数电路中的任一结点，在任一时刻，流入

（或流出）该结点的所有电流的代数和恒为零。即

$$\sum i(t) = 0$$

在正弦稳态电路中，各支路电流和电压都是同频率的正弦量，如果将正弦电流写成复指数函数取虚部的形式，即

$$i(t) = I_\mathrm{m}\sin(\omega t + \theta_\mathrm{i}) = \mathrm{Im}\left[\dot{I}_\mathrm{m}\mathrm{e}^{j\omega t}\right]$$

则对电路中的任一结点，根据 KCL 有

$$\sum i(t) = \sum \left\{\mathrm{Im}\left[\dot{I}_\mathrm{m}\mathrm{e}^{j\omega t}\right]\right\} = 0 \tag{3-40}$$

根据复数的运算规则可以证明，若干个复数分别取虚部后再求和，等于将这些复数求和之后再取虚部。因此，式(3-40)可写成

$$\sum i(t) = \mathrm{Im}\left[\sum\left(\dot{I}_\mathrm{m}\mathrm{e}^{j\omega t}\right)\right] = \mathrm{Im}\left[\left(\sum \dot{I}_\mathrm{m}\right)\mathrm{e}^{j\omega t}\right] = 0 \tag{3-41}$$

式(3-41)的几何解释为，旋转相量 $\left(\sum \dot{I}_\mathrm{m}\right)\mathrm{e}^{j\omega t}$ 在任一时刻在虚轴上的投影恒等于零。因而相量 $\left(\sum \dot{I}_\mathrm{m} = 0\right)$ 必然恒等于零，即

$$\sum \dot{I}_\mathrm{m} = 0 \tag{3-42}$$

将式(3-42)除以$\sqrt{2}$得

$$\sum \dot{I} = 0 \tag{3-43}$$

式(3-43)就是基尔霍夫电流定律的相量形式，它表明，在正弦交流电路中，流入与流出任一结点的各支路电流的相量代数和等于零。

由基尔霍夫定律(KVL)可知，对于集总参数电路中的任一回路，任一瞬间，沿某一方向绕行一周，该回路中各元件电压的代数恒等于零。即

$$\sum u(t) = 0$$

在正弦稳态电路中，如果将正弦电压写成复指数函数取虚部的形式，即

$$u(t) = U_\mathrm{m}\sin(\omega t + \theta_\mathrm{u}) = \mathrm{Im}\left[\dot{U}_\mathrm{m}\mathrm{e}^{j\omega t}\right]$$

对任一回路而言，同理，可以得到

$$\sum \dot{U} = 0 \tag{3-44}$$

式(3-44)就是基尔霍夫电压定律的相量形式，它表明，正弦交流电路中的任一回路中，沿某一方向绕行一周，该回路中各元件电压相量的代数和等于零。

思考与练习

3-2-1　如果电阻元件电压 u_R 和电流 i_R 选取非关联的参考方向，试写出电阻元件伏安关系的相量形式，并画出相量图。

3-2-2　如果电容元件电压 u_C 和电流 i_C 选取非关联的参考方向，试写出电容元件伏安关系的相量形式，并画出相量图。

3-2-3　如果电感元件电压 u_L 和电流 i_L 选取非关联的参考方向，试写出电感元件伏

安关系的相量形式,并画出相量图。

3-2-4 指出下列各式,哪些是对的,哪些是错的?(元件的端电压和电流是关联的参考方向)

(1) $u=iR$　　　　　(2) $U=IR$　　　　　(3) $\dot{U}=IR$

(4) $\dot{U}=\dot{I}R$　　　　(5) $u=L\dfrac{\mathrm{d}i_\mathrm{L}}{\mathrm{d}t}$　　　(6) $\dfrac{u_\mathrm{L}}{i_\mathrm{L}}=X_\mathrm{L}$

(7) $U_\mathrm{L}=I_\mathrm{L}\omega L$　　(8) $\dot{U}_\mathrm{L}=\dot{I}_\mathrm{L}X_\mathrm{L}$　　(9) $u_\mathrm{L}=\mathrm{j}I_\mathrm{L}X_\mathrm{L}$

(10) $i=C\dfrac{\mathrm{d}u_\mathrm{C}}{\mathrm{d}t}$　　(11) $\dfrac{u_\mathrm{C}}{i_\mathrm{C}}=-\mathrm{j}X_\mathrm{C}$　　(12) $U_\mathrm{C}=I_\mathrm{C}\dfrac{1}{\omega C}$

(13) $\dot{U}_\mathrm{C}=\dot{I}_\mathrm{C}X_\mathrm{C}$　　(14) $u_\mathrm{C}=-\mathrm{j}I_\mathrm{C}X_\mathrm{C}$

3-2-5 试说明在什么条件下,正弦交流电路的 KCL 式为 $\sum I=0$,KVL 式为 $\sum U=0$。

3.3 RLC 串并联电路分析

3.3.1 RLC 串联电路及复阻抗

1. 复阻抗及阻抗三角形

RLC 串联交流电路如图 3-9(a)所示。当电路两端加上正弦交流电压 u,电路处于稳态时,电路中各元件通过同一正弦交流电 i,各元件上分别产生正弦电压,它们的参考方向如图所示。

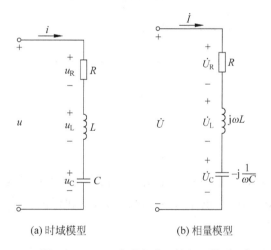

(a) 时域模型　　　　　(b) 相量模型

图 3-9 RLC 串联电路及其相量模型

根据 KVL,有

$$u=u_\mathrm{R}+u_\mathrm{L}+u_\mathrm{C}$$

图 3-9(b)为 RLC 串联电路的相量模型,按图中所选的参考方向,有

$$\dot{U}=\dot{U}_\mathrm{R}+\dot{U}_\mathrm{L}+\dot{U}_\mathrm{C} \tag{3-45}$$

将各元件的电压与电流的相量关系代入式(3-45),得

$$\dot{U} = \dot{U}_R + \dot{U}_L + \dot{U}_C = \dot{I}R + j\omega L\dot{I} - j\frac{1}{\omega C}\dot{I}$$

$$= \left[R + j\left(\omega L - \frac{1}{\omega C}\right)\right]\dot{I}$$

$$= \left[R + j(X_L - X_C)\right]\dot{I}$$

$$= (R + jX)\dot{I}$$

令 $Z = R + jX$,则

$$\dot{U} = Z\dot{I} \tag{3-46}$$

式中:Z 称为正弦交流电路的复阻抗,简称阻抗。它是一个复数,实部 R 是电路的电阻,虚部 X 是电路的电抗。Z 与其他复数一样,阻抗 Z 也可以写成以下几种形式。

$$Z = R + jX = |Z|(\cos\theta + j\sin\theta) = |Z|e^{j\theta} = |Z| \angle \theta$$

其中,$|Z|$ 为阻抗模,即

$$|Z| = \sqrt{R^2 + X^2} = \sqrt{R^2 + (X_L - X_C)^2} \tag{3-47}$$

θ 为 Z 的幅角,简称阻抗角。由式(3-47)可以看出,R、X 和 $|Z|$ 三者符合直角三角形关系。

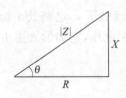

图 3-10　阻抗三角形

如图 3-10 所示,这个三角形称为阻抗三角形。θ 可以通过阻抗三角形得到,即

$$\theta = \arctan\frac{X}{R} = \arccos\frac{R}{|Z|} = \arcsin\frac{X}{|Z|}$$

由式(3-46)可得,

$$Z = \frac{\dot{U}}{\dot{I}} = \frac{U\angle\theta_u}{I\angle\theta_i} = \frac{U}{I}\angle\theta_u - \theta_i = |Z|\angle\theta_Z$$

可见

$$\begin{cases} |Z| = \dfrac{U}{I} \\ \theta_Z = \theta_u - \theta_i \end{cases} \tag{3-48}$$

式(3-48)说明,复阻抗的模是端电压与电流有效值之比;阻抗角是电压超前电流的相位角。所以复阻抗 Z 综合反映了电压与电流之间的大小和相位关系。

2. 电压三角形

在分析正弦交流电路时,为了直观地表示电路中电压、电流之间的相位关系及大小关系,通常作出电路的相量图。在 RLC 串联电路中,各元件通过的是同一个电流,作相量图时选电流为参考正弦量。电阻电压 $\dot{U}_R$ 与电流 $\dot{I}$ 同相,电感电压 $\dot{U}_L$ 超前电流 $\dot{I}$ 90°,电容电压 $\dot{U}_C$ 滞后电流 $\dot{I}$ 90°,$\dot{U}_R$、$\dot{U}_L$ 和 $\dot{U}_C$ 相量相加就得到了总电压 $\dot{U}$,如图 3-11 所示。

由电压 $\dot{U}$、$\dot{U}_R$ 和 $\dot{U}_L + \dot{U}_C$ 所组成的直角三角形称为电压三角形,容易看出,电压三

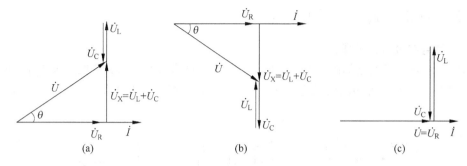

图 3-11 RLC 串联电路相量图

角形和阻抗三角形相似。由电压三角形,可以得到电路中各电压有效值之间的关系为

$$U = \sqrt{U_R^2 + (U_L - U_C)^2} \tag{3-49}$$

图 3-11(a)中,$U_L > U_C$,说明 $X_L > X_C$,则 $X > 0$,$\theta > 0$,电路端电压 $\dot{U}$ 比电流 $\dot{I}$ 超前 θ,电路呈感性。

图 3-11(b)中,$U_L < U_C$,说明 $X_L < X_C$,则 $X < 0$,$\theta < 0$,电路端电压 $\dot{U}$ 比电流 $\dot{I}$ 滞后 θ,电路呈容性。

图 3-11(c)中,$U_L = U_C$,说明 $X_L = X_C$,则 $X = 0$,$\theta = 0$,电路端电压 $\dot{U}$ 与电流 $\dot{I}$ 同相,电路呈阻性。这是 RLC 串联电路的一种特殊工作状态,称为串联谐振。

RLC 串联交流电路中包含了 3 种性质不同的参数,是具有一般意义的典型电路,应重点掌握。

【例 3-7】 一个 RLC 串联电路接到工频 220V 的电源上,已知 $R = 15\Omega$,$L = 150\mathrm{mH}$,求当电容 $C = 50\mu\mathrm{F}$ 时,电路的电抗、阻抗、阻抗角、电流和各元件上电压的有效值。

解:
$$X_L = \omega L = 314 \times 150 \times 10^{-3} = 47.1(\Omega)$$

$$X_C = \frac{1}{\omega C} = \frac{1}{314 \times 50 \times 10^{-6}} = 63.6(\Omega)$$

电抗为
$$X = X_L - X_C = 47.1 - 63.6 = -16.5(\Omega)$$

因为 $X < 0$,所以电路呈容性。

电路的阻抗为
$$Z = R + jX = (15 - j16.5)(\Omega)$$

阻抗模为
$$|Z| = \sqrt{15^2 + (-16.5)^2} = 22.3(\Omega)$$

$$I = \frac{U}{|Z|} = \frac{220}{22.3} = 9.87(A)$$

$$U_R = IR = 9.87 \times 15 = 148.05(V)$$

$$U_L = IX_L = 9.87 \times 47.1 = 464.9(V)$$

$$U_C = IX_C = 9.87 \times 63.6 = 627.7(V)$$

3.3.2 RLC 并联电路及复导纳

1. 复导纳及导纳三角形

RLC 并联交流电路如图 3-12(a)所示。当电路两端加上正弦交流电压 u，电路处于稳态时，电路中各元件有相同的端电压 u，各元件上分别产生正弦电流，它们的参考方向如图所示。

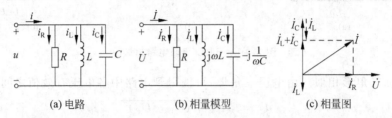

| (a) 电路 | (b) 相量模型 | (c) 相量图 |

图 3-12　RLC 并联交流电路

根据 KCL,有

$$i = i_R + i_L + i_C$$

图 3-12(b)为 RLC 并联电路的相量模型，按图中所选的参考方向，有

$$\dot{I} = \dot{I}_R + \dot{I}_L + \dot{I}_C \tag{3-50}$$

各元件伏安关系的相量形式为

$$\dot{I}_R = \frac{\dot{U}}{R}, \quad \dot{I}_L = \frac{\dot{U}}{jX_L}, \quad \dot{I}_C = \frac{\dot{U}}{-jX_C}$$

将各元件的电压与电流的相量关系代入式(3-50),得

$$\dot{I} = \dot{I}_R + \dot{I}_L + \dot{I}_C = \left(\frac{1}{R} + \frac{1}{j\omega L} + \frac{1}{-j\omega C}\right)\dot{U} = \left[\frac{1}{R} + j\left(\omega C - \frac{1}{\omega L}\right)\right]\dot{U} \tag{3-51}$$

式(3-51)中,令

$$G = \frac{1}{R}, \quad B_C = \omega C, \quad B_L = \frac{1}{\omega L}$$

式中：B_C 为容纳,B_L 为感纳。得

$$\dot{I} = \dot{I}_R + \dot{I}_L + \dot{I}_C = [G + j(B_C - B_L)]\dot{U}$$

令

$$Y = \frac{\dot{I}}{\dot{U}} = [G + j(B_C - B_L)] = G + jB \tag{3-52}$$

则

$$\dot{I} = Y\dot{U} \tag{3-53}$$

式(3-53)称为 RLC 并联电路欧姆定律相量形式。

Y 称为正弦交流电路的复导纳,简称导纳。它是一个复数,实部 G 是电路的电导,虚部 B 是电路的电纳,为容纳与感纳之差,可正可负。

Y 与其他复数一样,导纳 Y 也可以写成以下几种形式。

$$Y = G + jB = |Y|(\cos\varphi + j\sin\varphi) = |Y|e^{j\varphi} = |Y|\angle\theta_Y$$

其中，$|Y|$ 为导纳模，即

$$|Y| = \sqrt{G^2 + B^2} = \sqrt{G^2 + (B_C - B_L)^2} \tag{3-54}$$

θ_Y 是 Y 的幅角，简称导纳角。由式（3-54）可以看出，G、B 和 $|Y|$ 三者时间符合直角三角形关系，如图 3-13 所示。

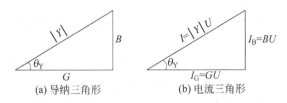

(a) 导纳三角形　　　(b) 电流三角形

图 3-13　导纳三角形及电流三角形

如图 3-13(a) 所示，这个三角形称为导纳三角形。θ_Y 可以通过导纳三角形得到，即

$$\theta_Y = \arctan\frac{B}{G} = \arccos\frac{G}{|Y|} = \arcsin\frac{B}{|Y|}$$

由式（3-53）可得

$$Y = \frac{\dot{I}}{\dot{U}} = \frac{I\angle\theta_i}{U\angle\theta_u} = \frac{I}{U}\angle\theta_i - \theta_u = |Y|\angle\theta_Y$$

可见，

$$|Y| = \frac{I}{U} \tag{3-55}$$

$$\theta_Y = \theta_i - \theta_u \tag{3-56}$$

式（3-55）说明，复导纳的模是端子电流与电压有效值之比；式（3-56）说明，导纳角是电流超前电压的相位角。所以复导纳 Y 综合反映了电流与电压之间的大小和相位关系。

2．电流三角形

在 RLC 并联电路中，各元件具有相同的端电压，作相量图时选电压为参考正弦量。电阻电流 $\dot{I}_R$ 与电压 $\dot{U}$ 同相，电感电流 $\dot{I}_L$ 滞后电压 $\dot{U}$ 90°，电容电流 $\dot{I}_C$ 超前电压 $\dot{U}$ 90°，$\dot{I}_R$、$\dot{I}_L$ 和 $\dot{I}_C$ 相量相加就得到了总电流 $\dot{I}$，如图 3-14 所示。

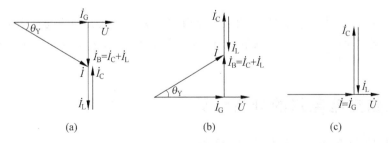

(a)　　　　　　　(b)　　　　　　　(c)

图 3-14　RLC 并联电路相量图

由电压 $\dot{I}$、$\dot{I}_R$ 和 $\dot{I}_L+\dot{I}_C$ 所组成的直角三角形称为电流三角形,容易看出,电流三角形和导纳三角形相似。由电流三角形,可以得到电路中各电流有效值之间的关系为

$$I=\sqrt{I_R^2+(I_L-I_C)^2} \tag{3-57}$$

图 3-14(a)中,$I_L>I_C$,说明 $B_L>B_C$,则 $B<0$,$\theta_Y>0$,电路电流 $\dot{I}$ 比端电压 $\dot{U}$ 滞后 $|\theta_Y|$,电路呈感性。

图 3-14(b)中,$I_L<I_C$,说明 $B_L<B_C$,则 $B>0$,$\theta_Y<0$,电路电流 $\dot{I}$ 比端电压 $\dot{U}$ 超前 $|\theta_Y|$,电路呈容性。

图 3-14(c)中,$I_L=I_C$,说明 $B_L=B_C$,则 $B=0$,$\theta_Y=0$,电路电流 $\dot{I}$ 与端电压 $\dot{U}$ 同相,电路呈阻性。这是 RLC 并联电路的一种特殊工作状态,称为并联谐振。

【例 3-8】 在 RLC 并联电路中,已知 $R=200\Omega$,$L=150\text{mH}$,$C=50\mu F$,总电流 $i(t)=100\sqrt{2}\sin(314t-60°)$(A),求并联电路的端电压的瞬时值表达式及电路的性质。

解: $G=\dfrac{1}{R}=\dfrac{1}{200}=0.005$(S)

$$B_L=\frac{1}{\omega L}=\frac{1}{314\times150\times10^{-3}}=0.021\text{(S)}$$

$$B_C=\omega C=314\times50\times10^{-6}=0.0157\text{(S)}$$

$$Y=G+j(B_C-B_L)=0.005-j0.0053=0.0073\angle-46.7°\text{(S)}$$

因为 $B<0$,所以电路呈感性。

$$\dot{I}=100\angle-60°\text{A}$$

$$\dot{U}=\frac{\dot{I}}{Y}=\frac{100\angle-60°}{0.0073\angle-46.7°}=13.7\angle-13.3°\text{(V)}$$

则

$$u(t)=13.7\sqrt{2}\sin(314t-13.3°)\text{(V)}$$

思考与练习

3-3-1　在 RLC 串联电路中,是否会出现 $U_R>U$ 的现象?

3-3-2　试说明电抗、阻抗、容抗、感抗的联系与区别。

3-3-3　在 RLC 串联电路中,已知 $U_R=80\text{V}$、$U_L=100\text{V}$、$U_C=40\text{V}$,则总电压 U 为多大?

3-3-4　在 RLC 并联电路中,是否会出现分电流大于总电流的情况?这是什么原因?

3-3-5　试说明电纳与容纳、感纳的联系与区别,复导纳 Y 等于电导 G 与电纳 B 之和吗?

3.4　正弦交流电路的分析计算

3.4.1　电路的等效复阻抗与复导纳

复阻抗(复导纳)的串(并)联电路的分析,其形式与电阻电路完全一样,根据等效的概

念可导出类似的等效复阻抗。

1. 复阻抗的串联

如图 3-15 所示,有 n 个复阻抗串联的电路,其等效复阻抗为

$$Z = Z_1 + Z_2 + \cdots + Z_n \tag{3-58}$$

当电路中只有两个阻抗串联时,如图 3-16 所示,$Z_1 = R_1 + jX_1$、$Z_2 = R_2 + jX_2$,则串联的等效复阻抗为

$$Z = Z_1 + Z_2 = (R_1 + R_2) + j(X_1 + X_2) \tag{3-59}$$

每个复阻抗上的电压分配公式是

$$\begin{cases} \dot{U}_1 = \dfrac{\dot{U}}{Z_1 + Z_2} Z_1 \\[2mm] \dot{U}_2 = \dfrac{\dot{U}}{Z_1 + Z_2} Z_2 \end{cases} \tag{3-60}$$

式中:$\dot{U}_1$、$\dot{U}_2$ 分别为复阻抗 Z_1、Z_2 上的电压;$\dot{U}$ 为总电压。

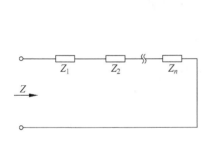

图 3-15 复阻抗的串联

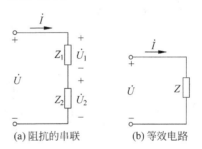

(a) 阻抗的串联　(b) 等效电路

图 3-16 两个复阻抗相串联的电路

2. 复导纳的并联

如图 3-17 所示,有 n 个复导纳并联的电路,其等效复导纳为

$$Y = Y_1 + Y_2 + \cdots + Y_n \tag{3-61}$$

当电路中只有两个复导纳并联时,$Y_1 = G_1 + jB_1$、$Y_2 = G_2 + jB_2$,则并联的等效复导纳为

$$Y = Y_1 + Y_2 = (G_1 + G_2) + j(B_1 + B_2) \tag{3-62}$$

每个复导纳上的电流分配公式是

$$\begin{cases} \dot{I}_1 = \dfrac{\dot{I}}{Y_1 + Y_2} Y_1 \\[2mm] \dot{I}_2 = \dfrac{\dot{I}}{Y_1 + Y_2} Y_2 \end{cases} \tag{3-63}$$

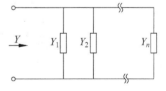

图 3-17 复导纳的并联

式中:$\dot{I}_1$、$\dot{I}_2$ 分别为复导纳 Y_1、Y_2 上的电流;$\dot{I}$ 为总电流。

3.4.2 正弦交流电路的分析

在分析正弦稳态交流电路时,采用相量法,即将正弦电压和正弦电流用相量表示,电

阻、电感和电容元件所组成的电路用它们的相量模型表示,进而运用欧姆定律、基尔霍夫定律、叠加定理和戴维南定理以及支路电流法和结点电压法来分析电路,解的相量结果,采用反变换即可得到以时间 t 为变量的正弦电压和正弦电流。

下面通过两个例题来说明。

【例 3-9】 如图 3-18 所示的正弦交流稳态电路的相量模型中,已知 $\dot{U}_{S1}=100\angle 0°\text{V}$, $\dot{U}_{S2}=40\angle 30°\text{V}$,$Z_1=Z_2=(1+j2)\Omega$,$Z_3=(2+j2)\Omega$,电源频率 $f=50\text{Hz}$。求正弦交流电流 i_3。

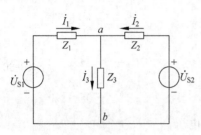

图 3-18 例 3-9 图

解:由电路可知,求解 i_3,只需求解 a、b 两点电压 u_{ab},在运用欧姆定律即可求得电流 i_3。该电路只有两个节点,运用节点电压法最为简便。为此,先把复阻抗转变为极坐标形式,即

$$Z_1 = Z_2 = (1+j2)\Omega = \sqrt{5}\angle 63.4°\Omega$$

$$Z_3 = (2+j2)\Omega = 2\sqrt{2}\angle 45°\Omega$$

运用结点电压法:

$$\left(\frac{1}{Z_1}+\frac{1}{Z_2}+\frac{1}{Z_3}\right)\dot{U}_{ab} = \frac{\dot{U}_{S1}}{Z_1}+\frac{\dot{U}_{S2}}{Z_2}$$

代入数据得 $\dot{U}_{ab}=49\angle 3°\text{V}$。则由相量形式的欧姆定律,得

$$\dot{I}_3 = \frac{\dot{U}_{ab}}{Z_3} = \frac{49.3\angle 3°}{2\sqrt{2}\angle 45°} = 17.3\angle -42°(\text{A})$$

则得正弦电流 i_3 为

$$i_3 = 17.3\sqrt{2}\sin(314t-42°)(\text{A})$$

【例 3-10】 等效电源定理。电路相量模型如图 3-19(a)所示,求负载 R_L 上的电压 $\dot{U}_L$。

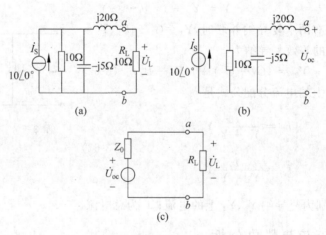

图 3-19 例 3-10 图

解：将负载 R_L 断开，电路如图 3-19(b) 所示。由于电阻与电容的并联阻抗为

$$Z_{RC} = \frac{10 \times (-j5)}{10 - j5} = 4.46\angle -63.4° = (2 - j4)(\Omega)$$

故开路电压与等效内阻抗分别为

$$\dot{U}_{RC} = Z_{RC}\dot{I}_S = 4.46\angle -63.4° \times 10\angle 0° = 44.6\angle -63.4°(\text{V})$$

$$Z_0 = Z_{RC} + Z_L = (2 - j4) + j20 = (2 + j16)(\Omega)$$

画出戴维南等效电路如图 3-19(c) 所示。由图求得

$$\dot{U}_L = \dot{U}_{oc}\frac{R_L}{Z_0 + R_L} = 44.6\angle -63.4° \times \frac{10}{(2 + j16) + 10} = 22.3\angle -116.5°(\text{V})$$

3.4.3　正弦交流电路的功率

1. 瞬时功率

图 3-20(a) 所示的一端口网络中，设电流 i 和端电压 u 在关联的参考方向下，有

$$i = \sqrt{2}I\sin\omega t$$

$$u = \sqrt{2}U\sin(\omega t + \theta)$$

式中：θ 为电压超前电流的相位角。则该一端口网络的瞬时功率为

$$\begin{aligned}
p = ui &= \sqrt{2}U\sin(\omega t + \theta) \times \sqrt{2}I\sin\omega t \\
&= UI[\cos\theta - \cos(2\omega t + \theta)] \\
&= UI\cos\theta - UI\cos(2\omega t + \theta)
\end{aligned} \tag{3-64}$$

式(3-64) 表明，一端口网络的瞬时功率由两部分组成，$UI\cos\theta$ 是常量，$UI\cos(2\omega t + \theta)$ 是两倍于电压频率而变化的正弦量。图 3-20(b) 是一端口网络 p、u、i 的波形。从图中可见，在 u 或 i 为零时，p 也为零；u、i 方向相同时，p 为正，网络吸收功率；u、i 方向相反时，p 为负，网络发出功率，说明网络与外界之间有能量的互换。p 的波形曲线与横轴包围的阴影面积说明，一个周期内网络吸收的能量比释放的能量多，说明网络有能量的消耗。

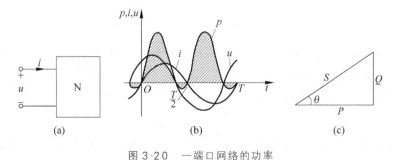

图 3-20　一端口网络的功率

2. 有功功率(平均功率)、功率因数和无功功率

一端口网络的平均功率为

$$P = \frac{1}{T}\int_0^T p(t)\text{d}t = \frac{1}{T}\int_0^T [UI\cos\theta - UI\cos(2\omega t + \theta)]\text{d}t = UI\cos\theta \tag{3-65}$$

式(3-65)表明，一端口网络的平均功率，不仅与电压和电流的有效值有关，而且与它们之间的相位差有关。

式(3-65)是计算正弦电路功率的一个重要公式，具有普遍的意义。式中的 $\cos\theta$ 称为电路的功率因数，用 λ 表示，即 $\lambda=\cos\theta$。功率因数 $\cos\theta$ 的值取决于电压与电流的相位差 θ，即阻抗角，故 θ 角也称为功率因数角。

对于任何一个电路，当电路的结构、元件参数和电源的频率确定后，功率因数角 θ 的大小就确定了，功率因数 $\cos\theta$ 也就确定了，功率因数与电路中电压、电流的大小无关。例如，当电路由电阻元件构成时，功率因数角 $\theta=0$，功率因数 $\cos\theta=1$，电路的有功功率 $P=UI$；当电路由纯电感和电容构成时，功率因数角 $\theta=\pm90°$，功率因数 $\cos\theta=0$，电路的有功功率 $P=0$；一般情况下，电路中既有电阻元件又有电感、电容元件，故功率因数角介于 $-90°\sim+90°$ 之间，功率因数介于 $0\sim1$ 之间。

在工程上分析交流电路还引用无功功率的概念，它反映了电源和电路之间能量交换的规模。无功功率用大写字母 Q 表示，其定义为

$$Q = UI\sin\theta \tag{3-66}$$

设图 3-20(a)所示的无源二端网络的等效阻抗为 Z，即

$$Z = \frac{\dot{U}}{\dot{I}} = \frac{U\angle\theta_u}{I\angle\theta_i} = |Z|\angle\theta_Z = |Z|\cos\theta_Z + j|Z|\sin\theta_Z = R + jX \tag{3-67}$$

式(3-67)中的 θ_Z 就是电压超前电流的相位角，所以 $\theta_Z=\theta$。

由此式得到

$$\cos\theta = \frac{R}{|Z|}$$

$$\sin\theta = \frac{X}{|Z|}$$

因此，有功功率和无功功率分别表示为

$$P = UI\cos\theta = UI\frac{R}{|Z|} = I^2R \tag{3-68}$$

$$Q = UI\sin\theta = UI\frac{X}{|Z|} = I^2X \tag{3-69}$$

无论电路呈阻性、感性和容性，总有 $\cos\theta\geqslant0$，即 $P=UI\cos\theta$ 总是正值。因为电路消耗的总有功功率等于每个电阻所消耗的功率之和，储能元件不消耗功率，所以正弦交流电路的总有功功率等于各支路中电阻元件的有功功率之和。即

$$P = \sum P_i = \sum I_i^2R_i \tag{3-70}$$

无功功率则有电感性和电容性之分。由于 $\theta=\theta_u-\theta_i$，在感性电路中，u 的相位超前于 i 的相位，即 $0°<\theta<90°$，$\sin\theta>0$，故 $Q=UI\sin\theta>0$，即感性电路的无功功率恒为正值，它反映的是磁场能与电能的相互转换。在容性电路中，u 的相位滞后于 i 的相位，即 $-90°<\theta<0°$，$\sin\theta<0$，故 $Q=UI\sin\theta<0$，即感性电路的无功功率恒为负值，它反映的是电场能与电能的相互转换。当电路中同时存在电感、电容时，电路中总的无功功率应该等于两者无功功率绝对值的差。

$$Q = Q_L + Q_c = |Q_L| - |Q_c|$$

式中：Q_L 为正值；Q_c 为负值。无功功率是个代数量，因此，电路的总无功功率应等于各支路中电抗元件的无功功率代数和。

$$Q = \sum Q_i = \sum I_i^2 X_i \qquad (3\text{-}71)$$

3．视在功率和功率三角形

在正弦交流电路中，将电压有效值 U 与电流有效值 I 的乘积称为视在功率，用大写字母 S 表示，即

$$S = UI \qquad (3\text{-}72)$$

视在功率与有功功率、无功功率都具有功率的量纲，为便于区别，有功功率的单位用 W，无功功率的单位用 var，视在功率的单位用伏安 V·A。

由式(3-69)和式(3-70)可知，有功功率、无功功率和视在功率三者之间的关系为

$$P = UI\cos\theta = S\cos\theta$$
$$Q = UI\sin\theta = S\sin\theta$$
$$S = \sqrt{P^2 + Q^2} \qquad (3\text{-}73)$$

式(3-73)表示，有功功率 P、无功功率 Q 和视在功率 S 三者之间的关系也可以用一个直角三角形表示，称为功率三角形，如图 3-20(c)所示。

在计算视在功率时要注意，电路总的视在功率一般不等于各支路的视在功率之和，即

$$S \neq \sum S_i \qquad (3\text{-}74)$$

因为功率关系必须服从功率三角形，与电压三角形相似，各部分视在功率不允许直接相加，这与不允许各部分电压有效值相加是一样的道理，总的视在功率只能根据式(3-72)和式(3-73)算出。

思考与练习

3-4-1　某一端口网络在 u 和 i 关联的参考方向下，$u = 150\sqrt{2}\sin314t$（V），$i = 30\sqrt{2}\sin(314t+30°)$（A），求该网络吸收的有功功率、无功功率、视在功率和功率因数。

3-4-2　试说明一个无源一端口网络的有功功率、无功功率、视在功率的物理意义，三者之间是什么关系？

3.5　正弦交流电路中的谐振

含有电感和电容元件的无源一端口网络，在一定的条件下，电阻呈现阻性，即端口电压与电流同相位，这种工作状态称为谐振。电路出现谐振是由于电路中电容的无功功率和电感的无功功率完全补偿的结果。电路谐振时所具有的一些特性在无线电技术中得到了广泛的应用，但在电力系统中要尽可能避免，因此，对谐振现象的研究具有重要的意义。根据谐振发生时电路的连接方式，分为串联谐振和并联谐振。

3.5.1　串联电路的谐振

1．串联谐振的条件

当实际的线圈与电容器串联时,可以将其视为电阻、电容和电感组成的串联电路,其相量模型如图 3-21 所示。

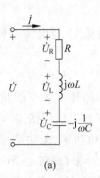

(a)

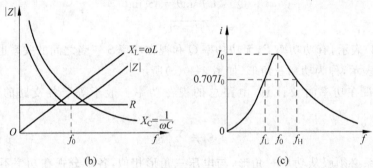

(b) (c)

图 3-21　RLC 串联谐振电路

在角频率为 ω 的正弦电压作用下,其复阻抗为

$$Z = R + \mathrm{j}(X_\mathrm{L} - X_\mathrm{C}) = R + \mathrm{j}\left(\omega L - \frac{1}{\omega C}\right)$$

当电路发生谐振时,电路电压与电流同相,电阻呈阻性,即 $X_\mathrm{L} = X_\mathrm{C}$,即

$$\omega L = \frac{1}{\omega C} \tag{3-75}$$

发生谐振时的角频率称为谐振角频率,用 ω_0 表示,则由式(3-75)可得串联谐振电路的谐振角频率:

$$\omega_0 = \frac{1}{\sqrt{LC}} \tag{3-76}$$

由于 $\omega_0 = 2\pi f_0$,所以

$$f_0 = \frac{1}{2\pi} \frac{1}{\sqrt{LC}} \tag{3-77}$$

式中: f_0 称为电路的谐振频率。由此可见,改变电源频率 f 或改变元件参数 L 或 C,都能使电路发生谐振。

2．串联谐振的特征

（1）串联谐振时 $X_L = X_C$，此时电路阻抗的模最小，等于电阻 R，电路中的电流最大。

$$I_0 = \frac{U}{R} \tag{3-78}$$

阻抗频率特性和电流频率特性如图 3-21(b)、(c)所示。

（2）串联谐振时，端口电压与电流同相位，电路呈纯阻性，电路发生串联谐振时电路总的无功功率等于零，电感和电容的无功功率相互补偿，能量互换仅在两个储能元件之间进行，电源负载之间没有能量互换。$Q_L = X_L I_0^2 = X_C I_0^2 = Q_C$。串联谐振时电路总的有功功率不为零，$P = UI\cos\theta = UI = I_0^2 R$。

（3）串联谐振时，电感和电容两端的电压大小相等，$U_L = X_L I_0 = X_C I_0 = U_C$，但相位相反，即 $\dot{U}_L = -\dot{U}_C$，其作用完全抵消，电路的端电压就等于电阻的电压，即 $\dot{U} = \dot{U}_R$。

值得注意的是，虽然串联谐振时，电感电压和电容电压的作用相互抵消，但它们单独作用的大小却不容忽视。若谐振时，$X_L = X_C > R$，则有 $I_0 X_L = I_0 X_C > I_0 R$，即 $U_L = U_C > U_R = U$，因此在串联谐振时，电路中将出现电感或电容元件两端的电压大于电路总电压的现象，这种现象称为过电压现象，因此串联谐振又称为电压谐振。若 $X_L = X_C \gg R$，则 $U_L = U_C \gg U$，而在电力系统中，电源电压 U 通常很高，则此时电感电压和电容电压将会比电源电压大很多，有可能将电感线圈和电容器损坏，造成严重事故，因此，在电力系统中尽量避免串联谐振现象的发生。而在电子系统中，由于信号源电压通常很弱，为了有效提取信号，在电子技术中又常常利用串联谐振以获取较高的输出电压。

3.5.2 并联电路的谐振

工程上，除了采用串联谐振电路外，还广泛采用并联谐振电路。图 3-22 所示是由电阻、电感和电容组成的并联谐振电路。

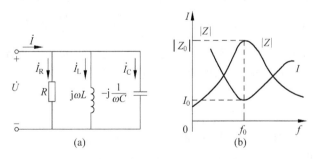

图 3-22 RLC 并联谐振电路

1．并联谐振的条件

由图 3-22，根据 KCL，有

$$\dot{I} = \dot{I}_R + \dot{I}_L + \dot{I}_C = \left(\frac{1}{R} + \frac{1}{j\omega L} - j\omega C \right)\dot{U} = \left[\frac{1}{R} + j\left(\omega C - \frac{1}{\omega L} \right) \right]\dot{U}$$

要是 RLC 并联电路发生谐振，即电压 $\dot{U}$ 与电流 $\dot{I}$ 同相，电路呈电阻性，则有

$$\omega C = \frac{1}{\omega L}$$

由此可得,RLC 并联电路的谐振角频率和谐振频率分别为

$$\omega_0 = \frac{1}{\sqrt{LC}} \tag{3-79}$$

$$f_0 = \frac{1}{2\pi\sqrt{LC}} \tag{3-80}$$

2．并联谐振的特征

RLC 并联电路发生谐振时,具有以下特征。

(1) 并联谐振时 $X_L = X_C$,所以 L、C 并联部分的阻抗为

$$Z_{LC} = \frac{jX_L(-jX_C)}{jX_L - jX_C} \to \infty$$

即 L、C 并联部分相当于开路。此时,电路的总阻抗最大,$Z=R$,在电源电压 U 一定的情况下,电路中的总电流将在谐振时达到最小值,即谐振电流为

$$I_0 = \frac{U}{R} \tag{3-81}$$

谐振曲线如图 3-22(b)所示。

(2) 并联谐振时,端口电压与电流同相位,电路呈纯阻性,电路的功率因数为1。电源供给电路的能量全部被电阻消耗,电源与电路之间不发生能量的往返互换,电感与电容的无功功率完全补偿。电源提供的视在功率 S 等于电阻所消耗的有功功率 P,即 $S=P=UI$。

(3) 并联谐振时,电感和电容支路的电流大小相等,$I_L = \frac{U}{X_L} = \frac{U}{X_C} = I_C$,但相位相反,即 $\dot{I}_L = -\dot{I}_C$,其作用完全抵消,电路的总电流就等于流经电阻的电流,即 $\dot{I} = \dot{I}_R$。

值得注意的是,若谐振时 $X_L = X_C \ll R$,则有 $\frac{U}{X_L} = \frac{U}{X_C} \gg \frac{U}{R}$,即 $I_L = I_C > I_R$,因此在并联谐振时,电路中将出现流经电感或电容元件的电流远大于电路总电流的现象,这种现象称为过电流现象,因此并联谐振又称为电流谐振。

思考与练习

3-5-1 什么叫串联谐振？串联谐振时,有哪些特征？

3-5-2 什么叫并联谐振？并联谐振时,有哪些特征？

习题

3-1 已知两正弦电流 $i_1 = 50\sqrt{2}\sin(314t+30°)$(A),$i_2 = 25\sqrt{2}\sin(314t-60°)$(A),试求各电流的频率、最大值、有效值和初相位,画出两电流的波形图,并比较它们的相位关系。

3-2 已知相量 $\dot{I}_1 = (6\sqrt{3}+j6)$A,$\dot{I}_2 = (6\sqrt{3}-j6)$A,$\dot{I}_3 = (-6\sqrt{3}+j6)$A,$\dot{I}_4 =$

$(-6\sqrt{3}-j6)A$,试分别把它们改成极坐标形式,画出相量图,并写出正弦量 i_1、i_2、i_3、i_4(设 $f=50$Hz)。

(1) $i_1=12\sqrt{2}\sin(314t+30°)$(A);(2) $i_2=12\sqrt{2}\sin(314t-30°)$(A);(3) $i_3=12\sqrt{2}\sin(314t+150°)$(A);(4) $i_4=12\sqrt{2}\sin(314t-150°)$(A)。

3-3　有一正弦量 $u_1=220\sqrt{2}\sin(\omega t+45°)$(V) 和 $u_2=220\sqrt{2}\sin(\omega t-45°)$(V),试写出表示它们的相量,并用相量法求 u_1+u_2 和 u_1-u_2。

3-4　如图 3-23 所示电路中,已知 $R=100\Omega$,$L=31.8$mH,$C=318\mu$F。试求电源的频率和电压分别为 50Hz、100V 和 1000Hz、100V 两种情况下,开关合向 a、b、c 位置时电流表 A 的读数,并计算各元件的有功功率和无功功率。

3-5　如图 3-24 所示为电阻、电感和电容串联的交流电路,已知 $R=30\Omega$、$L=127$mH、$C=40\mu$F,电源电压 $u=220\sqrt{2}\sin(314t+45°)$(V)。求:

(1) 感抗、容抗和复阻抗。

(2) 求电流的有效值相量和瞬时值表达式。

(3) 求各部分电压的有效值相量和瞬时值表达式。

(4) 作电流和各电压的相量图。

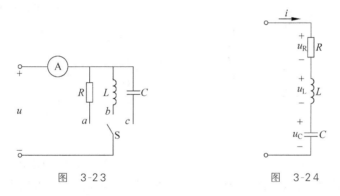

图 3-23　　　　　　　　图 3-24

3-6　在串联交流电路中,求下列 3 种情况下,电路中的 R 和 X 各为多少? 指出电路的性质和电压与电流的相位差。

(1) $Z=(30+j40)\Omega$。

(2) $\dot{U}=150\angle50°$V,$\dot{I}=3\angle50°$A。

(3) $\dot{U}=120\angle-20°$V,$\dot{I}=3\angle-80°$A。

3-7　如图 3-25 所示电路,除 A_0 和 V_0 外,其余电流表、电压表的读数在图中均标出(均为正弦量的有效值),试求电流表 A_0 和电压表 V_0 的读数。

3-8　如图 3-26 所示电路,已知 $Z_1=(60+j80)\Omega$、$Z_2=-j100\Omega$、$\dot{U}_S=150\angle0°$V。试求:

(1) $\dot{I}_1$ 和 $\dot{U}_1$、$\dot{U}_2$,并画出相量图。

(2) 改变 Z_2 为何值时,电路中的电流最大,这时的电流是多少?

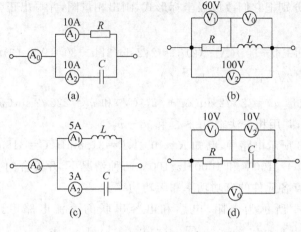

图 3-25

3-9 分别用节点法和戴维南定理求图 3-27 所示电路中的电流 $\dot{I}$。已知 $\dot{U}_S=100\angle 0°\text{V}$，$\dot{I}_S=10\sqrt{2}\angle 45°\text{A}$，$Z_1=Z_3=10\Omega$，$Z_2=-\text{j}10\Omega$，$Z_4=\text{j}5\Omega$。

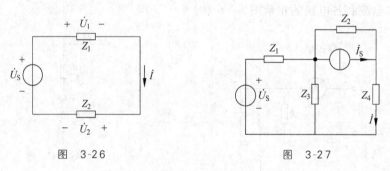

图 3-26   图 3-27

3-10 一个 $R=10\Omega$、$L=3\text{mH}$ 的线圈与 $C=160\text{pF}$ 的电容组成串联电路，求电路发生谐振时的频率是多少？若将该电路接到 15V 的正弦交流电源上，求谐振时的电流和电感电压、电容电压。

3-11 图 3-28 所示的电路在谐振时，$I_1=I_2=10\text{A}$，$U=50\text{V}$，求 R、X_L 及 X_C 的值。

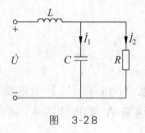

图 3-28

第 **4** 章

常用电子元器件及其应用

本章介绍常用的电子元器件二极管、三极管及场效应管的结构、伏安特性及应用,为模拟电子技术的学习提供必要的准备。

4.1 二极管及其应用

4.1.1 二极管的基本结构

半导体二极管是最简单的半导体器件。它由一个 PN 结、两根电极引线,并用外壳封装而成。从 PN 结的 P 区引出的电极称为阳极(正极);从 PN 结的 N 区引出的电极称为阴极(负极)。二极管的电路符号和外形如图 4-1 所示。

    (a) 二极管的电路符号   (b) 常见二极管的外形

图 4-1 二极管电路符号及外形

二极管的种类很多,按制造材料分,有硅二极管和锗二极管等;按用途分,有整流二极管、开关二极管等;按结构工艺分,有面接触型二极管、点接触型二极管等。点接触型二极管(一般为锗管)是由一根很细的金属丝和一块 N 型锗片表面接触,如图 4-2(a)所示。点接触型二极管的 PN 结面积小,结电容小,因此只能通过较小的电流和承受较低的反向电压,但其高频性能好,适用于小功率高频(几百兆赫)电路及数字开关电路中做开关,典型应用有高频检波、小功率整流等。面接触型二极管(一般为硅管)的 PN 结面积较大,如图 4-2(b)所示。因为结面积大,能通过较大的电流,但结电容也大;常用于频率较低、功率较大的电路中。

4.1.2 二极管的伏安特性

二极管两端电压和流过它的电流之间的关系称为二极管的伏安特性。二极管的伏安

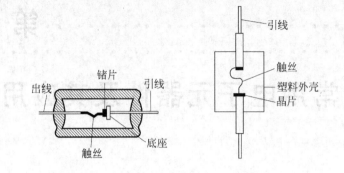

(a) 点接触型二极管

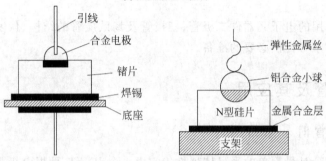

(b) 面接触型二极管

图 4-2　半导体二极管

特性方程为

$$i_D = I_S(e^{u_D/U_T} - 1) \tag{4-1}$$

式中：I_S 为 PN 结的反向饱和电流；U_T 为温度电压当量，在常温（$T = 300\text{K}$）时，$U_T \approx 26\text{mV}$。实际的二极管伏安特性如图 4-3 所示。

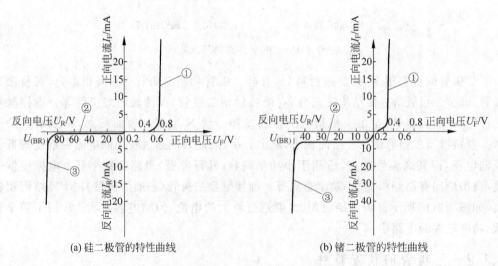

(a) 硅二极管的特性曲线　　　　　　　　(b) 锗二极管的特性曲线

图 4-3　半导体二极管的伏安特性曲线

1．二极管的正向特性

二极管外加正向偏置电压时的伏安特性称为正向特性，如图 4-3 中曲线①段所示。从图中可以看出，在正向特性的起始部分，由于外加电压很小，外电场还不足以抵消内电场，二极管呈现很高的电阻特性，正向电流几乎为零，这个区域称为"死区"。当正向电压超过某一数值后，内电场被削弱，正向电流迅速增大。这个电压称为二极管的门槛电压或阈值电压（又称为死区电压），一般硅管的门槛电压约为 0.5V，锗管的门槛电压约为 0.2V。

二极管一旦正向导通后，正向电压的微小变化将会引起正向电流的较大变化，因此二极管的正向特性曲线很陡。二极管正向导通时，管子上的正向压降不大，正向压降的变化很小，一般硅管为 0.6～0.7V，锗管约为 0.3V。因此，在使用二极管时，如果外加电压较大，一般要在电路中串接限流电阻，以免电流过大烧坏二极管。

2．二极管的反向特性

二极管外加反向偏置电压时的伏安特性称为反向特性，如图 4-3 中曲线②段所示。当外加反向电压时，在电压小于反向击穿电压时，由少数载流子漂移产生反向饱和电流，其数值很小。一般硅管的反向饱和电流比锗管的要小得多。反向电流受温度影响很大。

3．反向击穿特性

当二极管两端外加反向电压增大至某一数值 U_{BR} 时，反向电流急剧增大，这种现象称为二极管的反向击穿。U_{BR} 称为反向击穿电压，如图 4-3 中曲线③段所示。在反向击穿时，只要反向电流不是很大，PN 结未被损坏，当反向电压降低后，二极管将退出击穿状态，仍恢复单向导电性，这种击穿也称为 PN 结的电击穿。如果在反向击穿时，流过 PN 结的电流过大，使 PN 结温度过高而烧毁，就会造成二极管的永久损坏。这称为 PN 结的热击穿。

4.1.3　二极管的参数

二极管的质量指标和安全使用范围，常用它的参数表示。所以，参数是选择和使用器件的标准。二极管的主要参数有以下几个。

（1）最大整流电流 I_F

I_F 是二极管长期运行时，允许通过的最大正向平均电流，它的值与 PN 结的面积及外部散热条件有关。因电流通过 PN 结会引起二极管发热，电流过大会导致 PN 结温度过高而烧坏。

（2）最高反向工作电压 U_R

U_R 是为了防止二极管反向击穿而规定的最高反向工作电压。反向电压超过此值时，二极管有可能因为反向击穿而被烧毁。一般手册上给出的最高反向工作电压约为反向击穿电压的一半或三分之二，确保二极管能够安全使用。

（3）反向电流 I_R

I_R 指二极管工作于反向饱和状态时的反向电流值。其值越小，说明二极管的单向导电性越好。硅管的反向电流较小，一般在几微安以下；锗管的反向电流较大，是硅管的几十至几百倍。

（4）最高工作频率 f_M

f_M 是二极管工作时的上限频率，即二极管的单向导电性能开始明显下降时的信号频率。当信号频率超过 f_M 时，由于电容效应，二极管将失去单向导电性。

往往由于制造工艺的原因，参数存在一定的分散性，因此即使同一型号的二极管，参数也会有很大的差距，故手册中常常给出某个参数的范围。在实际应用中，应根据管子所用的场合，按其所承受的最高反向电压、最大正向平均电流、工作频率、环境温度等条件，选择满足要求的二极管。

另外，温度对二极管特性的影响比较大，当温度变化时，二极管的反向饱和电流与正向压降将随之变化。当正向电流一定时，温度每增加 1℃，二极管的正向压降减少 2～2.5mV。温度每增高 10℃，反向电流约增大一倍。

4.1.4 特殊二极管

1. 稳压二极管

（1）稳压管及其伏安特性

稳压管是一种用特殊工艺制造的面接触型硅二极管，稳压管的电路符号与伏安特性曲线如图 4-4 所示。从伏安特性曲线上可以看出，如果稳压管工作在反向击穿区，当流过稳压管的电流在很大范围内变化时，管子两端的电压几乎不变，因此它在电路中能起稳定电压的作用。

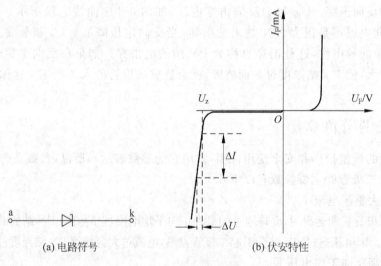

(a) 电路符号　　　　　　　(b) 伏安特性

图 4-4　硅稳压管

稳压管通常工作于反向击穿区，通常它的反向击穿特性较陡。只要击穿后的反向电流不超过允许范围，稳压管就不会发生热击穿损坏。为此，可以在电路中串接入一个限流电阻。

使用稳压管组成电路时需要注意几个方面：①稳压管工作时需要加反偏电压；②为使稳压管的稳压效果较好，流过稳压管的电流应在 I_{Zmin} 和 I_{Zmax} 之间变化，电流超过 I_{Zmax} 时有可能因过热而烧坏管子，电流低于 I_{Zmin} 时稳压性能下降；③稳压管通常与负载并联，从而使负载的端电压比较稳定。

（2）稳压管的主要参数

① 稳定电压 U_Z

稳定电压 U_Z 指稳压管工作在反向击穿区时管子两端的电压值。由于制造工艺的原因，这个数值随工作电流和温度的不同略有改变，即使同一型号的稳压二极管，稳定电压值也有一定的分散性，例如，2CW14 硅稳压二极管的稳定电压为 $6\sim7.5\mathrm{V}$。目前常见的稳压管的 U_Z 分布在几伏至几百伏。

② 稳定电流 I_Z

稳定电流 I_Z 指稳压管正常工作时的电流值。稳压管的工作电流越大，其稳压效果越好。通常 I_Z 在最小稳定电流 I_{Zmin} 和最大稳定电流 I_{Zmax} 之间。其中，I_{Zmin} 为稳压管开始起稳压作用时的最小电流；I_{Zmax} 为稳压管稳定工作时的最大允许电流，超过此电流值稳压管将会被击穿。

③ 动态电阻 r_z

动态电阻 r_z 为稳压管工作在稳压区时，其两端电压变化量与相应电流变化量的比值，即

$$r_z = \frac{\Delta U_Z}{\Delta I_Z} \qquad (4\text{-}2)$$

稳压管的反向特性曲线越陡，则动态电阻越小，稳压性能越好。

④ 最大耗散功率 P_{ZM}

最大耗散功率 P_{ZM} 指稳压管允许耗散的最大功率。

$$P_{ZM} = U_Z \cdot I_Z \qquad (4\text{-}3)$$

⑤ 稳定电压温度系数 α_Z

稳定电压温度系数 α_Z 是表征稳定电压 U_Z 受温度影响程度的参数，指温度变化 $1\,℃$ 时所引起的稳压管电压变化的百分比，即

$$\alpha_Z = \frac{\Delta U_Z / U_Z}{\Delta T} \times 100\% \qquad (4\text{-}4)$$

式中：ΔT 为温度变化量。一般来说，稳定电压小于 $4\mathrm{V}$ 的稳压管的温度系数是负值，反向击穿是齐纳击穿；高于 $7\mathrm{V}$ 的稳压管的温度系数是正值，反向击穿是雪崩击穿。当 $4\mathrm{V}<U_Z<7\mathrm{V}$ 时，稳压管可以获得接近零的温度系数。这样的稳压二极管可以作为标准稳压管使用。

（3）简单的稳压管稳压电路

图 4-5 是一个简单的稳压管稳压电路。它的工作原理：当输入电压增大时，流过限流电阻 R 的电流 I 增大，稳压管 D_Z 中的电流 I_Z 也相应增大，维持负载电流 I_o 不变，从而保证了输出电压的恒定。当负载电阻 R_L 数值变小时，稳压管中的电流 I_Z 也相应减少，同时 I_o 增大，维持了输出电压 U_o 的恒定。

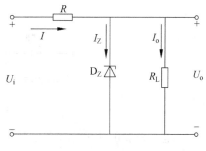

图 4-5　稳压管稳压电路

总之,当电路状态改变时,稳压管中的电流发生相应变化,而它始终工作于反向击穿区,两端电压基本恒定。

2．变容二极管

变容二极管是利用 PN 结结电容效应的特殊二极管,它工作在反偏状态下。此时,PN 结结电容的数值随外加电压的大小而变化。因此,变容二极管可做可变电容使用。

图 4-6(a)是变容二极管的电路符号,图 4-6(b)是它的 C-U 关系曲线。变容二极管在高频电路中应用很多,可用于自动调谐、调频、调相等。

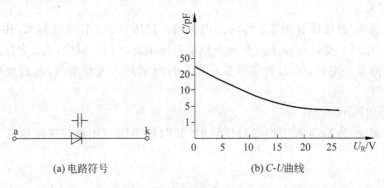

(a) 电路符号　　　　　(b) C-U曲线

图 4-6　变容二极管

3．光电二极管

光电二极管又叫光敏二极管,它是一种能够将光信号转换为电信号的器件。光电二极管的基本结构也是一个 PN 结,但管壳上有一个窗口,使光线可以照射到 PN 结上。光电二极管工作在反偏状态下,当无光照时,与普通二极管一样,反向电流很小,称为暗电流。当有光照时,其反向电流随光照强度的增加而增加,称为光电流。图 4-7(a)是光电二极管的电路符号,图 4-7(b)是它的特性曲线。

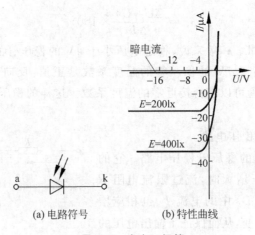

(a) 电路符号　　　(b) 特性曲线

图 4-7　光电二极管

光电二极管的主要电参数:暗电流、光电流和最高工作电压等。

光电二极管的主要光参数:光谱范围、灵敏度和峰值波长等。

4．发光二极管

发光二极管是一种将电能转换成光能的发光器件,其基本结构是一个 PN 结,采用砷化镓、磷化镓、氮化镓等化合物半导体材料制造而成。它的伏安特性与普通二极管类似,但由于材料特殊,其正向导通电压较大,为 1～4V,当管子正向导通时将会发光。

发光二极管简写为 LED(Light Emitting Diode)。发光二极管具有体积小、工作电压低、工作电流小(10～30mA)、发光均匀稳定、响应速度快和寿命长等优点。常用作显示器件,除单个使用外,也可制成七段式或点阵式显示器,其中以氮化镓为材料的绿、蓝、紫、白光 LED 的正向导通电压在 4V 左右。

发光二极管的电路符号和外形如图 4-8 所示。图 4-9 是七段 LED 数码管的外形和内部电路图。

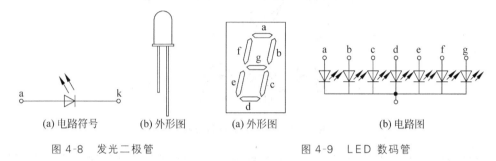

| (a) 电路符号 | (b) 外形图 | (a) 外形图 | (b) 电路图 |

图 4-8　发光二极管　　　　　　　　　图 4-9　LED 数码管

发光二极管的电学参数主要有极限工作电流 I_{FM}、反向击穿电压 $U_{(BR)}$、反向电流 I_R、正向电压 U_F、正向电流 I_F 等,这些参数的含义与普通二极管类似。发光二极管因为驱动电压低、功耗小、寿命长、可靠性高等优点被广泛应用于显示电路中。

4.1.5　二极管的基本应用

二极管的应用范围很广,利用二极管的单向导电性可以组成整流、检波、钳位、限幅、开关等电路;利用其他特性,可构成稳压、变容、温度补偿等电路。

1．单相桥式整流电路

单相桥式整流电路采用 4 个整流二极管,组成桥式电路,如图 4-10(a)所示。人们常常将图中的 4 个二极管电路称为"整流桥"。图 4-10(b)采用了整流桥的符号表示法。

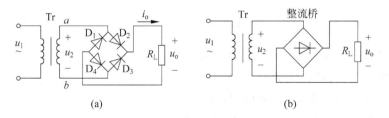

(a)　　　　　　　　　　　　　(b)

图 4-10　单相桥式整流电路

单相桥式整流电路的工作原理如下所述。

在图 4-10(a)中,当 u_2 为交流电的正半周时,a 点电位高于 b 点电位。二极管 D_2、D_4

正向导通,D_1、D_3 反向截止。电流从变压器副边经 D_2,R_L,D_4 流通。负载 R_L 上得到正半周的输出电压。当 u_2 为交流电的负半周时,b 点电位高于 a 点电位。二极管 D_1、D_3 正向导通,D_2、D_4 反向截止。电流从变压器副边经 D_3,R_L,D_1 流通。负载 R_L 上得到负半周的输出电压。

因此,尽管 u_2 为交流电压,但负载 R_L 上的输出电压 u_o 已经变为大小脉动而方向单一的直流电了。单相桥式整流电路中各电压、电流的波形如图 4-11 所示。这里整流二极管的正向导通电压忽略不计。

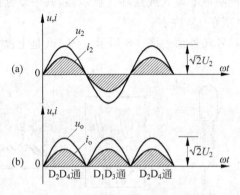

图 4-11　桥式整流电路的波形

桥式整流电路因其输出直流电压较高、纹波成分较小、便于滤波等优点,被广泛应用。

2. 二极管限幅电路

限幅电路就是限制电路中某一点的信号幅度大小,让信号幅度大到一定程度时不让信号的幅度再增大,当信号的幅度没有达到限制的幅度时,限幅电路不工作,具有这种功能的电路称为限幅电路。利用二极管可以构成限幅电路。为方便讨论,假设二极管为理想器件。下面通过例子进行说明。

【例 4-1】 已知电路如图 4-12 所示,其中 $u_i = 10\sin\omega t\,(\text{V})$,$E = 5\text{V}$,二极管正向导通电压忽略不计,试画出输出电压 u_o 的波形。

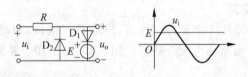

图 4-12　例 4-1 图

解: 首先判断电路中两个二极管的工作状态。

(1) $0 < u_i < E$ 时,D_1、D_2 均截止,此时 $u_o = u_i$。

(2) $u_i > E$ 时,D_1 导通、D_2 截止,此时 $u_o = E$。

(3) $u_i < 0$ 时,D_1 截止、D_2 导通,此时 $u_o = 0$。

u_o 的输出波形如图 4-13 所示。

【例 4-2】 试判断图 4-14 电路中的二极管是导通还是截止,并求出 AO 两端的电压 U_{AO}。

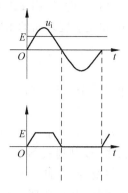

图 4-13 例 4-1 的输出电压波形

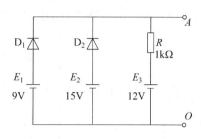

图 4-14 例 4-2 图

解：首先判断电路中两个二极管的工作状态。因为二极管导通后，其正向压降基本恒定（理想器件正向压降为零），又由于 D_1、D_2 所在的两条支路相互并联；故可以看出，在 D_1、D_2 两者中，只能有一个导通，且只能是 D_2 导通。

又因为电路满足 D_2 导通的条件，所以电路的状态为 D_1 截止、D_2 导通。故

$$U_{AO} = E_2 = 15V$$

思考与练习

4-1-1 什么是二极管的死区电压？为什么会出现死区电压？硅管和锗管的死区电压约为多少？

4-1-2 能否将 1.5V 的电池直接按照正向接法接到二极管的两端？为什么？

4.2 三极管及其应用

4.2.1 三极管的结构与特性

1. 三极管的结构

三极管(BJT)由两个 PN 结、3 根电极引线并用外壳封装而成。其内部是一个三层双 PN 结的结构，具体又分为 NPN 型和 PNP 型两种结构，如图 4-15 所示。三极管的三个电

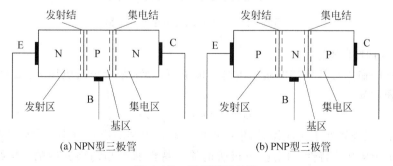

(a) NPN型三极管　　　　　　　　(b) PNP型三极管

图 4-15 双极型三极管

极分别称为集电极(用 c 或 C 表示)、基极(用 b 或 B 表示)和发射极(用 e 或 E 表示),相应的 3 个半导体区域称为基区、发射区和集电区,其中基区和发射区之间的 PN 结称为发射结,基区与集电区之间的 PN 结称为集电结。

双极型三极管的电路符号如图 4-16 所示。

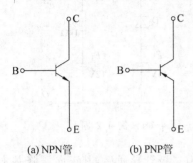

(a) NPN管　　　　(b) PNP管

图 4-16　双极型三极管的符号

按照基尔霍夫电流定律,三极管 3 个电极中的电流应当满足公式:

$$i_E = i_C + i_B \qquad (4\text{-}5)$$

三极管的种类很多,按制造材料分,有硅三极管和锗三极管等;按工作频率分,有低频三极管、高频三极管等;按额定耗散功率分,有小功率三极管、大功率三极管等。

三极管的主要特点是具有电流放大功能,以共发射极接法为例(信号从基极输入,从集电极输出,发射极接地),当基极电压 u_B 有一个微小的变化时,基极电流 i_B 也会随之有一小的变化,受基极电流 i_B 的控制,集电极电流 i_C 会有一个很大的变化,基极电流 i_B 越大,集电极电流 i_C 也越大,反之,基极电流越小,集电极电流也越小,即基极电流控制集电极电流的变化。但是集电极电流的变化比基极电流的变化大得多,这就是三极管的放大作用。i_C 的变化量与 i_B 变化量之比叫做三极管的放大倍数 $\beta\left(\beta = \dfrac{\Delta i_C}{\Delta i_B}, \Delta \text{ 表示变化量}\right)$,三极管的放大倍数 β 一般在几十到几百倍。

2. 三极管的伏安特性

图 4-17 是测量三极管特性曲线的电路图。

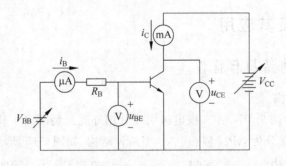

图 4-17　三极管测量特性曲线电路

1) 输入特性曲线

三极管的输入特性描述的是三极管基极电流 i_B 与基-射极间电压 u_{BE} 之间的关系,用数学公式表示为

$$i_B = f(u_{BE})\big|_{u_{CE}=常数} \qquad (4\text{-}6)$$

实际上,三极管在正常应用时,集电极电路对发射结的影响很小。发射结的特性也就类似于一个 PN 结的特性。因此,三极管的输入特性曲线与前面介绍的 PN 结或二极管的伏安特性十分类似,如图 4-18 所示。

与二极管相同,三极管发射结的正向导通电压典型数值也为 0.7V(硅管)和 0.3V(锗管),它是需要熟知的重要参数值。

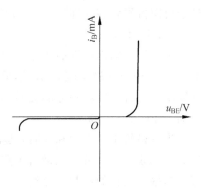

图 4-18 三极管的输入特性曲线

2)输出特性曲线

三极管的输出特性曲线描述的是三极管集电极电流 i_C 与集-射极间电压 u_{CE} 之间的函数关系。由于三极管的集电极电流 i_C 受基极电流的影响很大,而与 u_{CE} 关系不大,所以三极管的输出特性曲线实际上反映的是集电极电流 i_C 与基极电流 i_B 的相互关系。三极管的输出特性曲线如图 4-19 所示。用数学公式表示为

$$i_C = f(u_{CE}) \big|_{i_B = 常数} \tag{4-7}$$

三极管的输出特性曲线可以划分成 3 个区域:线性放大区、饱和区和截止区,如图 4-20 所示。

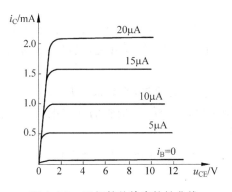

图 4-19 三极管的输出特性曲线

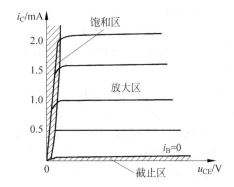

图 4-20 三极管的 3 个工作区

(1)放大区

放大区是三极管的输出特性曲线中由各条水平线组成的区域。这时,集电极电流 i_C 与集电极-发射极间电压 u_{CE} 基本无关,而仅与基极电流 i_B 有关,所以曲线呈水平状。

放大区时,三极管具有电流放大作用。所谓电流放大作用是指当基极电流改变时,集电极电流会随之相应变化,而且基极电流变化一个较小数值时,会引起集电极电流有较大数值的改变。即

$$\Delta i_C = \beta \Delta i_B \quad (\beta \gg 1)$$

当三极管用于信号放大时,应当工作于放大区,此时由输入信号去控制三极管基极电流 i_B 的变化,经电流放大后,设法将放大了的集电极电流 i_C 转化成电压形式输出。

β 的大小反映了三极管的电流放大能力,称为三极管的电流放大系数。对于三极管,β 不但等于 i_C 与 i_B 的变化量之比,也近似地等于 i_C 与 i_B 的数值之比。即

$$\beta = \frac{\Delta i_C}{\Delta i_B} \approx \frac{i_C}{i_B} \tag{4-8}$$

三极管工作放大区的另一个特征:三极管的发射结处于正向导通状态,而集电结则

处于反向偏置状态。即 $U_{BE} \approx 0.7V$（硅）, $U_{BE} \approx 0.3V$（锗）; $|U_{CE}| > |U_{BE}|$。

（2）饱和区

饱和区是输出特性曲线靠左边的部分，由各条弯曲的曲线组成的区域。这时集电极电流 i_C 不但与基极电流 i_B 有关，而且与其他条件有关。实际上，此时的 i_C 由于电路条件的限制，无法满足 $i_C = \beta i_B$ 的关系，其大小是由三极管之外的电路决定的，其数值小于放大区的 i_C 值，即 $i_C < \beta i_B$。

当三极管工作在饱和区时，其集-射极间的电压很小，称为三极管的"饱和压降"，用符号 $U_{CE(sat)}$ 表示。在分析三极管电路时，可以将三极管的饱和压降当作一个常数对待。一般小功率三极管的饱和压降约为 0.3V（硅管）和 0.1V（锗管）。大功率的三极管，由于其集电极工作电流较大，饱和压降数值相应地会增大至 1V 以上。

三极管工作在饱和区的条件：发射结正向偏置，集电结亦处于正向偏置。

除了用于放大之外，三极管还可以用来做开关使用。这时三极管的 C、E 端即为开关的两个端子（当然电流只能单方向流过开关）。三极管工作于饱和状态时，由于其 U_{CE} 很小，所以当把三极管作为开关使用时，就相当于开关处于闭合状态。

（3）截止区

截止区是输出特性曲线的下方，由 $i_B \leqslant 0$ 曲线组成的区域。当 $i_B \leqslant 0$ 时，三极管的发射结处于截止状态，集电极电流 i_C 的数值很小，近似为零。作为开关，三极管此时处于断开状态。

实际上，三极管截止时，仍有一个很小的集电极电流流过，其数值与 U_{CE} 基本无关，称为三极管的穿透电流 I_{CEO}。与二极管的反向饱和电流一样，三极管的穿透电流也与温度有关，它的数值会随着温度的增加而迅速上升。

【例 4-3】 晶体管电路如图 4-21 所示，试分析开关 S 分别位于 1、2、3 位置时，三极管 T 的工作状态。

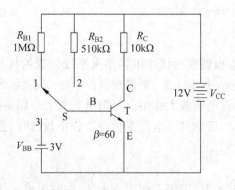

图 4-21 例 4-3 的电路图

解：① 当开关 S 位于 1 位置时，计算如下：

$$I_B = \frac{V_{CC} - U_{BE}}{R_{B1}} = \frac{12 - 0.7}{1} = 11.3(\mu A)$$

$$I_C = \beta I_B = 60 \times 11.3 = 678(\mu A) = 0.68(mA)$$

$$U_{CE} = V_{CC} - I_C R_C = 12 - 6.8 = 5.2(V)$$

所以 T 工作于放大状态。

② 当开关 S 位于 2 位置时，计算如下：

$$I_B = \frac{V_{CC} - U_{BE}}{R_{B2}} = \frac{12 - 0.7}{510} = 22.2(\mu A)$$

$$I_C = \beta I_B = 60 \times 22.2 = 1332(\mu A) = 1.33(mA)$$

$$U_{CE} = V_{CC} - I_C R_C = 12 - 13.3 = -1.3(V)$$

$$U_{CE} = U_{CE(sat)} \approx 0$$

所以 T 工作于饱和状态。

③ 当开关 S 位于 3 位置时，计算如下：

$$U_{BE} = V_{BB} = -3V, \quad I_C = I_{CEO} \approx 0, \quad U_{CE} = V_{CC} = 12V$$

所以 T 工作于截止状态。

3．三极管的参数

（1）电流放大系数 β

$$\beta = \frac{\Delta i_C}{\Delta i_B} \approx \frac{i_C}{i_B} \tag{4-9}$$

β 的大小反映了三极管的电流放大能力，β 数值一般为 20～200。

（2）穿透电流 I_{CEO}

穿透电流 I_{CEO} 与 PN 结的反向饱和电流一样，会随着温度的升高而迅速增大。硅管的穿透电流要比锗管小得多。一般情况下，往往可以将穿透电流 I_{CEO} 忽略不计。

（3）饱和压降 $U_{CE(sat)}$

饱和压降是三极管应用于开关电路时的重要参数。饱和压降越小，三极管导通时的损耗越小。小功率管可以用 0.3V（硅）和 0.1V（锗）作为 $U_{CE(sat)}$ 的典型值。

（4）特征频率 f_T

f_T 是三极管的重要频率参数，它是三极管 β 下降到 1 时，所对应的工作频率。一般，三极管的 f_T 应当比其工作频率高 100 倍以上。

（5）三极管的极限参数

极限参数是三极管在应用时不得超越的极限。如果超过了极限参数，就有可能损坏三极管。

① 集电极最大允许耗散功率 P_{CM}。

P_{CM} 是三极管使用时，集电极耗散功率的最大允许值。三极管的集电极功耗 $p_C = i_C u_{CE}$。当它越大时，三极管集电极产生的热量就越多。所以在一定的散热条件下，三极管的集电极功耗越大，则三极管的结温就会越高。而半导体器件的最大允许结温是一定的，所以任何三极管都有一定的集电极最大允许耗散功率 P_{CM}。使用时三极管的集电极功耗 p_C 不得超过 P_{CM}，否则三极管将会烧坏。

P_{CM} 的大小与三极管的散热条件密切相关，大功率的三极管常常加装一定的散热器来提高其 P_{CM} 数值。$P_{CM} > 1W$ 的三极管常被称为大功率管。$p_C = i_C u_{CE} < P_{CM}$ 的条件，在输出特性曲线上定出了一个三极管的功耗安全区域。

② 反向击穿电压 $U_{(BR)CEO}$。

当三极管的集-射极间电压 u_{CE} 过大时，三极管集电结就有可能由于承受过高的反向偏置电压而发生击穿,这就是三极管的反向击穿电压 $U_{(BR)CEO}$。常见三极管的反向击穿电压在十几伏到几千伏之间。

如果工作时电压超过了三极管的反向击穿电压,而又没有对集电极电流进行限制,三极管将会被烧坏。

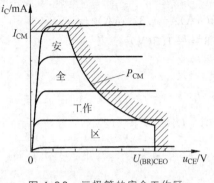

图 4-22　三极管的安全工作区

③ 集电极最大允许电流 I_{CM}。

集电极最大允许电流 I_{CM} 是三极管集电极电流 i_C 的最大限制。与前两个极限参数不同,当三极管的 i_C 超过 I_{CM} 时,三极管并不一定损坏,而仅仅是性能显著地降低。所以一般情况下,三极管集电极电流 i_C 也应当小于该参数。

3 个极限参数 P_{CM},$U_{(BR)CEO}$ 和 I_{CM} 在三极管的输出特性曲线上划出了一个区域,称为三极管的安全工作区,如图 4-22 所示。

4.2.2　三极管放大电路的分析

三极管放大电路是电子设备中最常用的单元,虽然目前集成电路占了主导地位,但分立元器件基本放大电路也是十分必要的。本节介绍放大电路的构成及基本分析方法。

放大的本质是实现能量的控制和转换,用能量比较小的输入信号来控制另一个能源,使输出端的负载上得到能量比较大的信号。放大的对象是变化量,放大的前提是不失真传输。为了实现放大,必须给放大器提供能量,常用的能源是直流电源。

放大电路的基本形式有 3 种:共发射极放大电路、共基极放大电路和共集电极放大电路。在构成多级放大器时,这几种电路常常需要相互组合使用。

1.　电路的组成及各元件的作用

三极管放大电路要完成对信号放大的任务,就要设法让三极管工作于线性放大区,然后将待放大的输入信号 u_i 加到三极管的发射结上,使三极管的发射结电压 u_{BE} 随着 u_i 变化而变化。在放大电路的输出端,再将经三极管放大了的集电极电流信号 Δi_C 转化为输出电压 u_o。为此交流放大电路由三极管、偏置电路、耦合电容等组成。我们以共射极的放大电路为例来进行分析。图 4-23 所示的单管共射放大电路中,输入端接低频交流电压信号 u_i,输出端接负载电阻 R_L,输出交流电压用 u_o 表示。电路中各元器件的作用如下。

(1) 三极管 T 是放大电路的核心元件,由它完成信号放大、将直流电源能量转化为交流信号能量的任务。

(2) 集电极电源 V_{CC} 是放大电路的能源,为输出信号提供能量,并保证发射结处于正向偏置、集电结处于反向偏置,从而使三极管 T 工作在放大区。

(3) 基极电阻 R_b 用以保证三极管工作在放大状态。调节 R_b 可使三极管有一个合适的静态工作点。

（4）集电极电阻 R_c 将集电极电流的变化转化为电压的变化，实现电路的电压放大作用。

（5）耦合电容 C_1、C_2 具有通交流隔直流的作用，可以保证将交流输入信号 u_i 加到三极管的发射结上，同时不会影响三极管的静态工作点。所以在分析电路时，在直流通路中耦合电容视为开路，在交流通路中耦合电容视为短路。

三极管放大电路的分析包含静态分析和动态分析。静态分析确定三极管的静态工作点，以保证在输入信号变化时三极管能始终工作在放大区；动态分析通常是确定电压放大倍数、输入电阻和输出电阻。以共发射极放大电路为例来进行分析，电路如图 4-23 所示。

2．静态分析

静态分析的常用方法是估算法和图解法。估算法是采用放大电路的直流通路计算静态值。绘制直流通路时，电容可以被作为开路处理。一般来说，对电路列写直流电量的 KCL 和 KVL 方程组，再结合三极管的特性方程就可以计算出放大电路的静态工作点。

图 4-23 所示电路为共发射极放大电路，将两个电容开路即得到其直流通路，列写下列方程可以近似估算此放大电路的静态值。

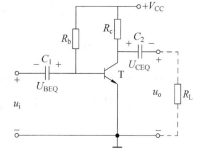

图 4-23　共发射极放大电路

$$\left.\begin{aligned} I_{BQ} &= \frac{V_{CC} - U_{BEQ}}{R_b} \\ I_{CQ} &= \beta I_{BQ} \\ U_{CEQ} &= V_{CC} - I_{CQ} R_c \end{aligned}\right\} \qquad (4\text{-}10)$$

3．动态分析

静态工作点确定以后，放大电路在输入信号 u_i 的作用下，若三极管能始终工作在特性曲线的放大区，则放大电路的输出端就能得到基本不失真的输出信号 u_o。放大电路的动态分析常用微变等效电路法。

（1）微变等效电路法

三极管在小信号（微变量）情况下工作时，可以在静态工作点附近的小范围内用直线段近似地代替三极管的特性曲线，三极管就可以等效为一个线性元件，这样就可以将非线性元件三极管所组成的放大电路等效为一个线性电路，如图 4-24 所示。

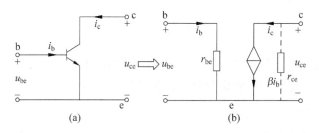

图 4-24　三极管的微变等效电路

其中，βi_b 是受控源，是受电流 i_b 控制的电流源，电流方向与 i_b 的方向是关联的。

$$r_{be} = \frac{U_{be}}{I_b} = r_{bb'} + r_{b'e} \approx r_{bb'} + (1+\beta)\frac{U_T}{I_{EQ}} \tag{4-11}$$

在输入特性曲线上，Q 点越高，r_{be} 越小。

（2）共射放大电路动态性能指标的计算

图 4-25(a) 所示为图 4-23 的交流通路。将交流通路中的三极管用微变等效电路来取代，可得图 4-25(b) 所示放大电路的微变等效电路。

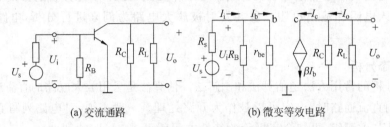

(a) 交流通路   (b) 微变等效电路

图 4-25 共发射极放大电路的交流通路及微变等效电路

① 电压放大倍数 $\dot{A}_u$。

电压放大倍数 $\dot{A}_u$ 定义为电路输出电压 u_o 与输入电压 u_i 之比。对于交流放大电路，u_o 与 u_i 也可以用相量 $\dot{U}_o$ 和 $\dot{U}_i$ 表示。

$$A_u = \frac{\dot{U}_o}{\dot{U}_i} \tag{4-12}$$

设输入为正弦信号，图 4-25 所示电路中的电压和电流均可以用相量表示，由图 4-25(b) 可列方程：

$$\dot{U}_o = -\beta \dot{I}_b (R_C // R_L)$$

$$\dot{U}_i = \dot{I}_b r_{be}$$

$$A_u = \frac{\dot{U}_o}{\dot{U}_i} = \frac{-\beta \dot{I}_b (R_C // R_L)}{\dot{I}_b r_{be}} = -\frac{\beta R_L'}{r_{be}} \tag{4-13}$$

式中：$R_L' = R_C // R_L$；放大倍数中的负号表示输出电压和输入电压的相位相反。

当放大电路输出端开路时，可得到空载时电路的电压放大倍数：

$$A_u = \frac{\dot{U}_o}{\dot{U}_i} = -\frac{\beta R_C}{r_{be}} \tag{4-14}$$

由此可见，共射极放大电路接负载电阻 R_L 时的电压放大倍数比空载时降低了。R_L 越小，电压放大倍数越小。一般总希望负载电阻 R_L 大一些。

② 输入电阻 R_i。

输入电阻 R_i 定义为放大电路输入电压 u_i 与输入电流 i_i 之比，即 $R_i = \dfrac{u_i}{i_i}$。因此，R_i 可根据图 4-25(b) 所示的微变等效电路计算，由图可知：

$$R_i = \frac{\dot{U}_i}{\dot{I}_i} = R_B // r_{be} \approx r_{be} \tag{4-15}$$

当放大电路输入信号接电压源时,输入电阻越高越好。输入电阻越高,从信号源吸收的电流就越小,净输入电压就越大。在多级放大电路中,后一级的输入电阻 R_i 就是前级的负载电阻,后一级输入电阻 R_i 高,可以提高前一级电路的电压放大倍数。因此,放大电路要求有较高的输入电阻。

③ 输出电阻 R_o。

输出电阻 R_o 是反映放大电路输出端性能的指标。对于负载而言,放大电路可以等效为一个信号源。该等效信号源的内阻,即为放大电路的输出电阻。

由图 4-25(b)所示的微变等效电路可知,当负载开路,信号源短路时,在输出端加上测试电压,产生电流,则输出端电压与电流之比就是输出电阻。

$$R_o = \frac{U_o'}{I_o'}\bigg|_{\dot{U}_S=0,R_L=\infty} = R_C \tag{4-16}$$

通常希望放大电路的输出电阻 R_o 越小越好。当 R_o 越小时,负载电阻 R_L 变化对输出电压 U_o 的影响就越小,放大器的输出越接近于一个恒压源,电路的带负载能力就越强。

【例 4-4】 已知图 4-23 所示的三极管放大电路中,$\beta = 50$,$R_B = 500\mathrm{k}\Omega$,$R_C = 3\mathrm{k}\Omega$,$R_L = 2\mathrm{k}\Omega$,$U_{CC} = 12\mathrm{V}$,试求:

① 放大电路的静态工作点;

② 求放大电路的放大倍数及输入电阻、输出电阻。

解: ① 估算静态工作点:

$$I_B = \frac{V_{CC} - V_{BE}}{R_B} \approx \frac{12}{500} = 24(\mu\mathrm{A})$$

$$I_C = \beta I_B = 1.2(\mathrm{mA})$$

$$U_{CE} = U_{CC} - I_C R_C = 12 - 1.2 \times 3 = 8.4(\mathrm{V})$$

② 画出如图 4-25(b)所示的微变等效电路,有

$$r_{be} = r_{bb'} + (1 + \beta)\frac{26}{I_E} = 1.5(\mathrm{k}\Omega)$$

$$A_u = -\frac{\beta(R_C // R_L)}{r_{be}} = -43$$

$$R_i = R_B // r_{be} \approx r_{be} = 1.5(\mathrm{k}\Omega)$$

$$R_o = R_C = 3\mathrm{k}\Omega$$

三极管工作于开关区也有很多应用,相关内容在后续数字部分详述。

思考与练习

4-2-1　根据图 4-26 所示各个晶体管电极的实测对地电压数据,分析各管的情况:

(1) 是 NPN 型还是 PNP 型?

(2) 标出各级的名称。

（3）是锗管还是硅管？

4-2-2 测量某 NPN 型 SI BJT 各电极对地的电压值如下，试判别管子工作在什么区域。

（1）$V_C = 6V, V_B = 0.7V, V_E = 0V$

（2）$V_C = 6V, V_B = 4V, V_E = 3.6V$

（3）$V_C = 3.6V, V_B = 4V, V_E = 3.4V$

4-2-3 某放大电路中 BJT 三个电极的电流如图 4-27 所示。$I_A = -2mA, I_B = -0.04mA, I_C = +2.04mA$，试判断引脚、管型。

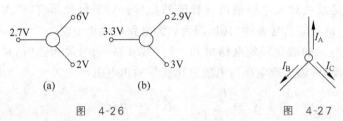

图 4-26   图 4-27

4-2-4 在一个单管放大电路中，电源电压为 30V，已知三只管子的参数如图 4-28 所示，请选用一只管子并说明理由。

三极管参数	T₁	T₂	T₃
$I_{CBO}/\mu A$	0.01	0.1	0.05
U_{CEO}/V	50	50	20
β	15	100	100

图 4-28

4-2-5 （1）在放大电路中，为使电压放大倍数高一些，希望负载电阻 R_L 和信号源内阻 R_s 是大一些好还是小一些好？为什么？

（2）放大电路的输入电阻和输出电阻的数值是大一些好还是小一些好？为什么？

4.3 场效应管及其应用

场效应管（Field Effect Transistor，FET）是一种电压控制型的半导体器件，也被广泛应用于电子电路中。与三极管相比，场效应管具有输入电阻极高（可达 $10^9 \sim 10^{15} \Omega$）、噪声低、受温度、辐射等外界条件的影响小、功耗小、便于集成等优点。

根据结构的不同，场效应管可分为结型与绝缘栅型两大类，每一类又有 N 型导电沟道和 P 型导电沟道之分，它们都只有一种载流子参与导电，其中，绝缘栅型场效应管应用更为广泛。绝缘栅型场效应管按制造工艺分为增强型和耗尽型两类。本节以 N 沟道绝缘栅型场效应管为例来讨论并简介场效应管的放大电路。

4.3.1 场效应管的结构和外部特性

1. N 沟道增强型绝缘栅型场效应管的结构

常见的绝缘栅场效应管为金属-氧化物-半导体（Metal-Oxide-Semiconductor）结构，

简称为 MOS 管。其特点是栅极与漏、源极之间有一层绝缘性能极好的 SiO₂ 薄膜。所以 MOS 管的输入阻抗比 JFET 更高,可达到 $10^{15}\,\Omega$。另外,MOS 管由于制造工艺简单、耗电量小、集成度高,因此被广泛用于大规模和超大规模集成电路中。

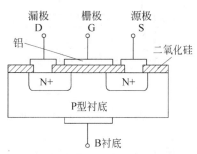

　　N 沟道增强型 MOS 管的结构如图 4-29 所示, 3 个电极分别为漏极 D、源极 S 和栅极 G。管子的衬底也引出一个电极称为衬底引线 B。制作时,先在半导体单晶硅衬底上氧化生成一层 SiO₂ 薄膜,然后腐蚀出两个窗口,通过扩散工艺在衬底中生成高掺杂的漏、源极区,最后在 SiO₂ 薄膜上制出铝栅而成。图 4-30(a)所示是 N 沟道增强型 MOS 管的符号。P 沟道增强型 MOS 管是以 N 型半导体为衬底,其符号如图 4-30(b)所示,衬底 B 的箭头的方向是区别 N 沟道和 P 沟道的标志。

图 4-29　增强型 MOS 管的结构示意图

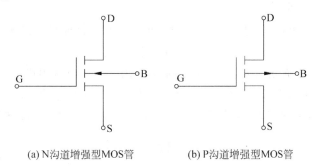

(a) N沟道增强型MOS管　　　　(b) P沟道增强型MOS管

图 4-30　增强型 MOS 管的符号

1) 工作原理

　　以 N 沟道增强型 MOS 管为例,MOS 管的源极和衬底连接在一起,增强型 MOS 管的源区、衬底和漏区三者之间形成了两个背靠背的 PN 结,漏区和源区由 P 型衬底隔开。当未在栅-源极间施加偏压,即 $u_{GS}=0$ 时,不管漏、源之间的电压极性如何,总有一个 PN 结反向偏置,此时反向电阻很高,不能形成导电沟道。只有当在栅-源极之间施加一定的偏压 $u_{GS}\geqslant U_{GS(th)}$ 后,才会在漏极 D 与源极 S 之间感生出导电沟道,$U_{GS(th)}$ 称为增强型场效应管的开启电压。对于 N 沟道 MOS 管,$U_{GS(th)}>0$;而对于 P 沟道 MOS 管,$U_{GS(th)}<0$,如图 4-31 所示。改变栅源电压,就可以改变导电沟道的宽度,这种在 $u_{GS}=0$ 时没有导电沟道,必须在 $u_{GS}\geqslant U_{GS(th)}$ 时才形成导电沟道的场效应管称为增强型场效应管。

　　当 $u_{GS}\geqslant U_{GS(th)}$,且固定为某一值时,在漏、源之间加上正向电压时,则将产生一定的漏极电流。此时,u_{DS} 的变化会对导电沟道产生影响。即当 u_{DS} 较小时,u_{DS} 的增大使 i_D 线性增大,沟道沿源漏方向逐渐变窄,如图 4-32 所示。一旦 u_{DS} 增大到使 $u_{GD}=U_{GS(th)}$ 时,沟道在漏极一侧出现夹断点,称为预夹断。如果 u_{DS} 继续增大,夹断区随之延长,而且 u_{DS} 的增大部分几乎全部用于克服夹断区对漏极电流的阻力。此时从外部看,i_D 几乎不随着 u_{DS} 的增大而变化,管子进入恒流区,i_D 几乎决定于 u_{GS}。

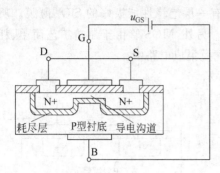
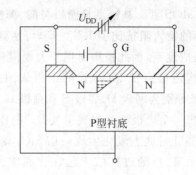

图 4-31　u_{GS} 对沟道的影响　　图 4-32　$|u_{GS}| > |U_{th}|$ 时，u_{DS} 对 i_D 的影响

在 $u_{DS} > u_{GS} - U_{GS(th)}$ 时，对应于每一个 u_{GS} 就有一个确定的 i_D，此时可将 i_D 视为电压 u_{GS} 控制的电流源。

2）特性曲线与电流方程

（1）转移特性曲线

N 沟道增强型 MOS 管的电压控制特性，可用转移特性曲线来描述。

$$i_D = f(u_{GS})\big|_{U_{DS}=常数} \tag{4-17}$$

转移特性曲线是描述当 u_{DS} 保持不变时，输入电压 u_{GS} 对输出电流 i_D 的控制关系，所以称为转移特性，如图 4-33（a）所示。当 $u_{GS} < U_{GS(th)}$ 时，$i_D \approx 0$；当 $u_{GS} = U_{GS(th)}$ 时，导电沟道开始形成，随着 u_{GS} 的增大，沟道加宽，i_D 也增大。i_D 与 u_{GS} 的关系近似表示为

$$i_D = I_{DO}\left(\frac{u_{GS}}{U_{GS(th)}} - 1\right)^2 \tag{4-18}$$

式中：I_{DO} 为 $u_{GS} = 2U_{GS(th)}$ 时的 I_D 值。

（2）输出特性曲线

当 $u_{GS} > U_{GS(th)}$ 并保持不变时，u_{DS} 变化也会引起 i_D 的变化，i_D 与 u_{DS} 之间的关系称为输出特性，即

$$i_D = f(u_{DS})\big|_{U_{GS}=常数} \tag{4-19}$$

它反映了漏源电压 u_{DS} 对 i_D 的影响。图 4-33（b）是 N 沟道增强型 MOS 管的输出特性曲线，输出特性曲线可分为以下 3 个区域。

① 可变电阻区。u_{DS} 很小时，可不考虑 u_{DS} 对沟道的影响，于是 u_{GS} 一定时，沟道电阻也一定，故 i_D 与 u_{DS} 之间基本上是线性关系。u_{GS} 越大，沟道电阻越小，曲线越陡。在这个区域中，沟道电阻由 u_{GS} 决定，故称为可变电阻区。

② 恒流区（饱和区）。图 4-33（b）中所示曲线近似水平的部分即为恒流区，它表示当 $u_{DS} > u_{GS} - U_{GS(th)}$ 时，u_{DS} 与漏极电流 i_D 之间的关系。该区的特点是 i_D 几乎不随 u_{DS} 的变化而变化，i_D 已趋于饱和，具有恒流的性质，因此该区域又称为饱和区，但 i_D 受 u_{GS} 的控制，u_{GS} 增大，沟道电阻减小，i_D 随之增大。

③ 夹断区（截止区）。当 $u_{GS} < U_{GS(th)}$ 时，没有导电沟道，$I_D \approx 0$，此时漏源之间的电流近似为零，相当于开关断开，故称为夹断状态，也称为截止状态。图 4-33（b）中靠近横轴的部分就是夹断区（截止区），此时 U_{GS} 小于开启电压。当 U_{DS} 增大到一定值后，漏、源之间

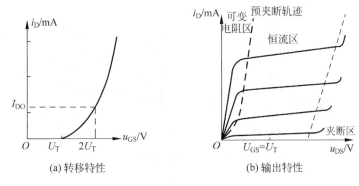

(a) 转移特性   (b) 输出特性

图 4-33 N 沟道增强型 MOS 管的特性

会发生击穿,漏极电流 I_D 急剧增大,如不加以限制,就会造成场效应管的损坏。

2．N 沟道耗尽型绝缘栅场效应管的结构

增强型绝缘栅场效应管只有当 $u_{GS} \geqslant U_{GS(th)}$ 时才能形成导电沟道,而耗尽型 MOS 管未在栅-源之间施加偏压,即 $u_{GS}=0$ 时,漏极 D 与源极 S 之间已经存在导电沟道。这是由于采取了特殊的工艺,在耗尽型 MOS 管的 SiO_2 氧化层中掺入一定量的正离子,因此可以在 $u_{GS}=0$ 时感生出导电沟道,如图 4-34 所示。

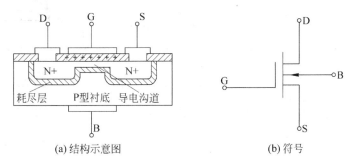

(a) 结构示意图   (b) 符号

图 4-34 N 沟道耗尽型 MOS 管

在 u_{DS} 为常数的条件下,当 $u_{GS}=0$ 时,漏、源之间已经导通,流过的是原始导电沟道的漏极电流 I_{DSS}。当 $u_{GS}<0$ 时,即加反向电压,导电沟道变窄,i_D 减小;u_{GS} 负值越高,沟道越窄,i_D 也就越小。当 u_{GS} 达到一定负值时,导电沟道被夹断,$i_D \approx 0$,这时的 u_{GS} 称为夹断电压,用 $U_{GS(off)}$ 表示。

图 4-35(a)、(b)分别为 N 沟道耗尽型 MOS 管的转移特性和输出特性,由图可见,耗尽型场效应管不管栅源电压 u_{GS} 是正,是负,还是零,都能控制漏极电流 i_D,因此它的应用更加灵活。一般情况下,这类管子工作在负栅源电压的状态。

另外,实验表明,在 $U_{GS(off)} \leqslant u_{GS} \leqslant 0$ 时,耗尽型场效应管的转移特性近似表示为

$$i_D = I_{DSS} \left(1 - \frac{u_{GS}}{U_{GS(off)}}\right)^2 \qquad (4\text{-}20)$$

与 N 沟道 MOS 管相对应,P 沟道增强型 MOS 管的开启电压 $U_{GS(th)}<0$,当 $u_{GS}<U_{GS(th)}$ 时,管子才导通,漏-源之间应加负电压;P 沟道耗尽型 MOS 管的夹断电压 $U_{GS(off)}>0$,

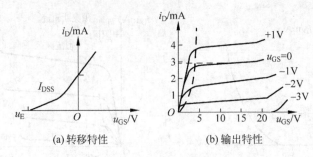

(a) 转移特性   (b) 输出特性

图 4-35   N 沟道耗尽型 MOS 管的特性

u_{GS} 可在正负值的一定范围内实现对 i_D 的控制，漏-源之间也应加负电压。

场效应管的符号及特性如表 4-1 所示。

表 4-1   场效应管的符号及特性

分　类		符　号	转移特性曲线	输出特性曲线
结型场效应管	N 沟道			
	P 沟道			
绝缘栅型场效应管	N 沟道	增强型		
		耗尽型		

分　类		符　号	转移特性曲线	输出特性曲线
绝缘栅型场效应管	P沟道 增强型		$U_{GS(th)}$ i_D O u_{GS}	$U_{GS(th)}$ i_D O u_{DS}
	P沟道 耗尽型		i_D $U_{GS(off)}$ O u_{GS}	$U_{GS(off)}$ i_D O u_{DS} $U_{GS}=0$

4.3.2　场效应管的主要参数

场效应管的主要参数如下所述。

(1) 开启电压 $U_{GS(th)}$：开启电压 $U_{GS(th)}$ 是在 u_{DS} 为一常量时，使 $i_D>0$ 所需要的最小 $|u_{GS}|$ 值，它是增强型场效应管的参数。

(2) 夹断电压 $U_{GS(off)}$：夹断电压 $U_{GS(off)}$ 是耗尽型场效应管的参数，它指耗尽型场效应管某处导电沟道夹断时所需施加的偏压数值。一般 $U_{GS(off)}$ 在几伏左右。

(3) 饱和漏极电流 I_{DSS}：饱和漏极电流 I_{DSS} 是耗尽型场效应管的参数，它是 u_{DS} 为常量时 u_{GS} 为零的漏极电流值。

(4) 直流输入电阻 $R_{GS(DC)}$：$R_{GS(DC)}$ 等于栅源电压与栅极电流之比。结型场效应管的 $R_{GS(DC)}$ 大于 $10^7\Omega$，而 MOS 管的 $R_{GS(DC)}$ 大于 $10^{10}\Omega$。

(5) 低频跨导 g_m：g_m 的大小表示 u_{GS} 对 i_D 控制作用的强弱。当管子工作在恒流区且 u_{DS} 为常量的条件下，i_D 的微小变化量 Δi_D 与引起它变化的 Δu_{GS} 之比就称为低频跨导。即

$$g_m = \frac{\Delta i_D}{\Delta u_{GS}}\bigg|_{U_{DS}=常数} \tag{4-21}$$

g_m 的单位是毫西(mS)，一般场效应管的 g_m 为零点几到几个毫西左右。

(6) 极限参数。场效应管的极限参数有：

① 漏极最大允许耗散功率 P_{DM}：P_{DM} 与三极管的 P_{CM} 参数意义相同。

② 漏-源极间反向击穿电压 $U_{(BR)DS}$：$U_{(BR)DS}$ 与三极管的 $U_{(BR)CEO}$ 参数意义相同。

③ 栅-源极间击穿电压 $U_{(BR)GS}$：$U_{(BR)GS}$ 是 MOS 场效应管氧化层的击穿电压，其值一般为几十伏以下。静电会造成 MOS 管的氧化层击穿而使其永久性地损坏。

思考与练习

场效应管和三极管比较各有何特点？

习题

4-1　如图 4-36 所示电路中，$u_i = 10\sin\omega t\,(V)$，$E = 5V$，二极管的正向压降可忽略不计，试画出输出电压 u_o 的波形。

4-2　设二极管采用恒压降模型且正向压降为 0.7V，试判断图 4-37 中各二极管是否导通，并求出图 4-37(a)电路在 $u_i = 5\sin\omega t\,(V)$ 时的输出 u_o 波形以及图 4-37(b)电路的输出电压 U_{o1}。

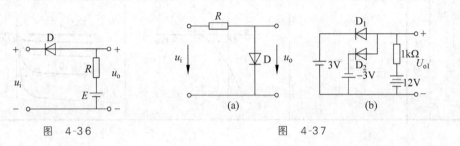

图　4-36　　　　　　　　　　　图　4-37

4-3　已知电路如图 4-38 所示，$u_i = 10\sin\omega t\,(V)$，$E = 5V$，二极管正向导通电压忽略不计，试画出输出电压 u_o 的波形。

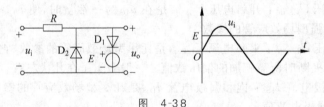

图　4-38

4-4　已知电路如图 4-39 所示，稳压管 D_{Z1} 的稳定电压是 6V，D_{Z2} 的稳定电压是 10V，正向压降均为 0.7V，试求图中输出电压 U_o。

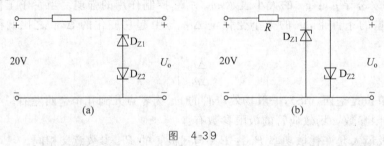

图　4-39

4-5　测得工作在放大电路中几个三极管三个电极的电位 U_1、U_2、U_3 分别为：

(1) $U_1 = 3.5V$，$U_2 = 2.8V$，$U_3 = 12V$。

(2) $U_1 = 3V$，$U_2 = 2.8V$，$U_3 = 12V$。

(3) $U_1 = 6V$，$U_2 = 11.3V$，$U_3 = 12V$。

(4) $U_1 = 6V$，$U_2 = 11.8V$，$U_3 = 12V$。

判断它们是 NPN 型还是 PNP 型,是硅管还是锗管,并确定 e、b、c。

4-6 桥式整流电容滤波电路如图 4-40 所示,已知变压器副边的有效值 $u_2 = 20\text{V}$, $C = 1000\mu\text{F}$, $R_L = 40\Omega$。试问:

(1) 正常时输出电压 u_o 是多少?

(2) 如果电路中有一个二极管开路,输出电压是否为 u_o 的一半?

(3) 如果测得 u_o 为下列数值,试分析可能出了什么故障。

A: $u_o = 18\text{V}$ B: $u_o = 28\text{V}$

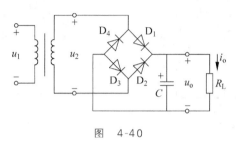

图 4-40

4-7 试分析图 4-41 所示各电路是否能够放大正弦交流信号,简述理由。设图中所有电容对交流信号均可视为短路。

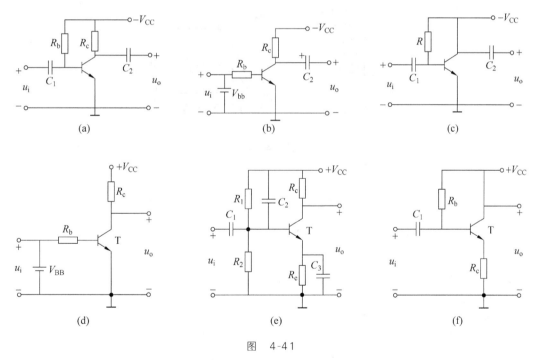

图 4-41

4-8 已知如图 4-42 所示的三极管放大电路中,$\beta = 50$, $R_B = 500\text{k}\Omega$, $R_c = 3\text{k}\Omega$, $R_L = 2\text{k}\Omega$, $U_{CC} = 12\text{V}$,试求:

(1) 放大电路的静态工作点。

(2) 求接负载电阻 $R_L = 2\text{k}\Omega$ 时的电压放大倍数。

（3）放大电路的输入电阻和输出电阻。

4-9　电路如图 4-43 所示，晶体管的 $\beta=100$，$r_{be}=1k\Omega$。

（1）现已测得静态管压降 $U_{CEQ}=6V$，估算 R_b 约为多少？

（2）若测得 $\dot{U}_i$ 和 $\dot{U}_o$ 的有效值分别为 1mV 和 100mV，则负载电阻 R_L 为多少？

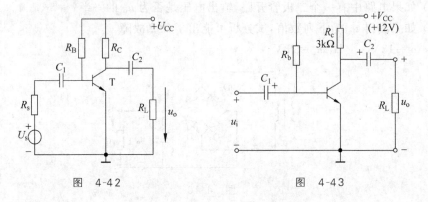

图　4-42　　　　　　图　4-43

4-10　电路如图 4-44(a)所示，其中管子 T 的输出特性曲线如图 4-44(b)所示。试分析 u_i 为 0V、8V 和 10V 三种情况下 u_o 分别为多少。

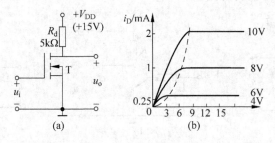

图　4-44

第 **5** 章

集成运算放大器及其应用

集成电路是把整个电路的各个元器件以及相互之间的连接同时制作在一块半导体芯片上,组成一个不可分割的整体,它和分立元件电路是相对而言的。由于集成电路中元器件密度高、引线短、外接线少,因而大大提高了电子电路的可靠性和灵活性,促进了各个科学技术领域先进技术的发展。集成电路按其功能分为模拟集成电路和数字集成电路两大类,集成运算放大器(简称集成运放)属于模拟集成电路。

集成运算放大器实质是一个直接耦合的高增益、多级放大电路,简称集成运放。集成运放广泛应用于模拟信号的处理和产生电路之中,因其高性能、低价位,在大多数情况下,几乎取代了分立元器件放大电路,成为模拟电子技术领域中的核心器件。

5.1 集成运算放大器的基本知识

5.1.1 集成运放的电路结构特点

集成运放是高增益、高可靠性、低成本、小尺寸的器件,它与分立元件放大电路在结构上有较大的差别,归纳起来,集成运放有如下特点。

(1) 对称性好,适用于构成差分放大电路。

(2) 电路元器件制作在一个芯片上,元器件参数偏差一致,温度均一性好。电阻元件的阻值范围在 $100\Omega \sim 30k\Omega$,且精度低。大电阻用三极管恒流源代替或采用外接。

(3) 电容元件为 200pF 以下的小电容,大电容一般采用外接。

(4) 在芯片上制作比较大的电容和电感非常困难,电路通常采用直接耦合方式。

(5) 二极管一般用三极管的发射结构成。

集成电路的分类有若干种。根据集成度即管子和元件数量可分为小规模集成电路(100 个以下)、中规模集成电路(100~1000 个之间)、大规模集成电路(1000~100000 个之间)和超大规模集成电路(100000 个以上)。按所用器件又可分为双极型器件组成的双极型集成电路、单极型器件组成的单极型集成电路和双极型器件和单极型器件兼容组成的集成器件。

运算放大器的符号如图 5-1 所示。其中,图 5-1(a)为集成运放的国际流行符号,图 5-1(b)所示为集成运放的国家标准符号,而图 5-1(c)所示是具有电源引脚的集成运放国际流行符号。

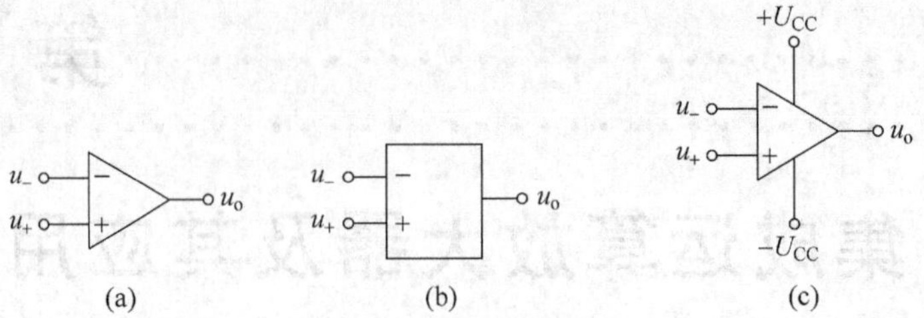

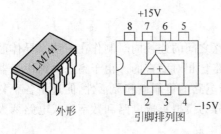

图 5-1　运算放大器的符号

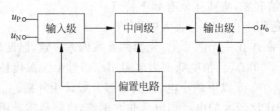

图 5-2　集成运放 LM741 的外形、引脚排列图

在应用集成运放时,需要知道它的主要参数以及引脚的用途。图 5-2 所示电路为 LM741 的外形、引脚排列图。它有 8 个引脚,各引脚功能分别为:引脚 2、3 分别为两个输入端 u_- 和 u_+;引脚 6 对应于输出端 u_o。引脚 4 接负电源负极,引脚 7 接正电源正极,使用时不能接错;引脚 1 和 5 为外接调零补偿电位器端,因为集成运算放大器的输入级虽然为差分电路,但电路参数和三极管特性不可能完全对称,故当输入为零时,输出一般不为零,需要再调零。

5.1.2　集成运算放大器的基本组成及常用集成运算放大器芯片

集成运放有许多不同的型号,每一种型号的内部电路都不同,从使用的角度看,人们感兴趣的只是它的参数、特性指标以及使用方法。从电路结构看,它由输入级、中间级、输出级和偏置电路组成,如图 5-3 所示。它有两个输入端、一个输出端,图中所标 u_P、u_N、u_o 均以地为公共端。

图 5-3　集成运放结构框图

（1）通用运放 μA741

通用运放 μA741(双列 8 引脚),内部具有频率补偿、输入和输出过载保护功能,并允许有较高的输入共模和差模电压,电源电压适应范围宽。μA741 的符号如图 5-4 所示,引脚 1、7 是调零端,引脚 4 是负电源,引脚 7 是正电源。

（2）低功耗四运放 LM324

运放 LM324(双列 14 脚)由 4 个独立的高增益、内部频率补偿的运放组成,不但能在双电源下工作,也可在宽电压范围的单电源下工作,它具有输出电压幅值大、电源功耗小等优点,它的引线图如图 5-5 所示,引脚 11 为负电源或地,引脚 4 为正电源。

图 5-4 μA741 的符号

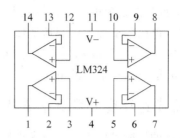

图 5-5 LM324 的引线图

(3) 高精度运放 OP07

OP07(LM714)是低输入失调电压的集成运放,具有噪声低、温漂小等特点,它的引线图如图 5-6 所示,其中引脚 1 和 8 是调零端,引脚 4 是负电源,引脚 7 是正电源。

(4) 低失调、低温漂 JFET 输入集成运放 LF411

LF411 是高速度的 JFET 输入集成运放,它有确定的输入失调电压和输入失调电压温度系数,匹配良好的高电压场效应管输入,还具有高输入电阻、小偏置电流和输入失调电流。LF411 可用于高速积分器、D/A 转换器电路等。LF411 的符号如图 5-7 所示。其中,引脚 1、5 端是调零端,引脚 4 是负电源,引脚 7 是正电源。

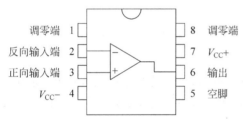

图 5-6 OP07 的引线图

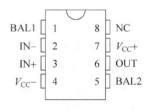

图 5-7 LF411 的符号

5.1.3 集成运算放大器的电压传输特性

集成运放的输出电压 u_o 与输入电压(同相输入端电位 u_P 与反相输入端电位 u_N 的差)之间的关系曲线称为电压传输特性。即

$$u_o = f(u_P - u_N)$$

对于正、负两路电源供电的集成运放,电源传输特性如图 5-8 所示。由图中曲线可以看出,集成运放有线性放大区域(称为线性区)和饱和区域(称为非线性区)两部分。

运放工作在线性区时,输出电压 u_o 与输入电压($u_P - u_N$)是线性关系,即

$$u_o = A_{od}(u_P - u_N)$$

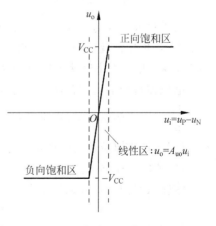

图 5-8 运算放大器的传输特性

其中，A_{od} 为集成运放没有通过外电路引入反馈时的电压放大倍数，通常 A_{od} 非常高，可达几十万倍，因此集成运放电压传输特性中的线性区非常窄。受电源电压的限制，输出电压不可能随输入电压的增加无限制地增加，当 u_o 增加到一定值后就进入了饱和区。在饱和区，$u_o \neq A_{od}(u_P - u_N)$，而是 $u_o = +U_{o(sat)}$ 或 $u_o = -U_{o(sat)}$。$\pm U_{o(sat)}$ 为正、负饱和区的输出电压，一般略低于正、负电源的电压。

5.1.4 集成运算放大器的主要技术指标

集成运放的性能可以用一些技术指标来表示，为了正确选用集成运放，必须了解各主要技术参数的意义，常见的参数有以下几种。

(1) 开环差模电压增益 A_{od}

开环差模电压增益 A_{od} 是集成运放无外加反馈时的差模电压放大倍数，故也称为差模开环电压放大倍数，常用分贝表示，即

$$A_{od}(\text{dB}) = 20\lg \frac{\Delta U_o}{\Delta(U_{i1} - U_{i2})} \tag{5-1}$$

不同运放的 A_{od} 值不相同，一般在 100dB 左右，高增益可达 140dB 以上。

(2) 共模抑制比 K_{CMRR}

共模抑制比是差模放大倍数和共模放大倍数之比的绝对值，常用分贝表示，一般在 80dB 以上。

$$K_{CMRR}(\text{dB}) = 20\log \left| \frac{A_{ud}}{A_{uc}} \right| \tag{5-2}$$

(3) 差模输入电阻 R_{id}

R_{id} 是集成运放对输入差模信号的输入电阻，是衡量差分管从信号源索取电流大小的指标。R_{id} 越大，从信号源索取的电流就越小。通用型集成运放的 R_{id} 一般约 1MΩ。

(4) 开环输出电阻 R_o

R_o 是集成运放没有外加反馈时的输出电阻，是衡量集成运放带负载能力的参数。R_o 较小，一般为几十欧。

(5) 输入失调电压 U_{Io} 和温漂 $\dfrac{dU_{Io}}{dT}$

由于集成运放的输入级电路参数不可能绝对对称，所以当输入电压为零时，输出电压并不为零，称这种现象为失调。输入失调电压 U_{Io} 是使输出电压为零时在输入端所加的补偿电压，U_{Io} 的大小反映了运放的对称程度。对于有外接调零电位器的运放，可以通过改变电位器滑动端的位置使输入为零时输出为零。

$\dfrac{dU_{Io}}{dT}$ 是 U_{Io} 的温度系数，是衡量运放温漂的重要参数，其值越小，表明运放的温漂越小，可以用调零电位器对失调电压进行补偿。

(6) 输入失调电流 I_{Io}

零输入时两个输入端静态电流 I_{B1}、I_{B2} 之差称为输入失调电流 I_{Io}，即

$$I_{Io} = |I_{B1} - I_{B2}|$$

I_{Io} 反映了输入级差分管输入电流的对称性，一般希望 I_{Io} 越小越好。

（7）−3dB 带宽 BW 和单位增益带宽 BW_C

带宽 BW 是 A_{od} 下降 3dB 时的信号频率，也叫通频带。通用型运算放大器的通频带 BW 是较小的，约为 10Hz。

单位增益带宽 BW_C 是 A_{od} 下降到零分贝时的上限频率，也是引入负反馈后，电路能够获得的最大闭环通频带数值。

总之，集成运放具有开环电压放大倍数高、输入电阻高、输出电阻低、漂移小、可靠性高、体积小等特点，所以它已成为一种通用器件，广泛而灵活地应用于各个技术领域。在选用时，要根据它们的参数说明来确定型号。

5.1.5 理想集成运算放大器的特点

理想集成运算放大器（简称理想运放）就是将集成运算放大器的实际参数理想化。理想化的条件如下：① 开环差模电压放大倍数 $A_{od} \to \infty$；② 开环差模输入电阻 $R_{id} \to \infty$；③ 开环输出电阻 $R_o \to 0$；④ 共模抑制比 $K_{CMRR} \to \infty$；⑤ 上限截止频率 $f_H \to \infty$；⑥ 输入失调电压 U_{Io}、输入失调电流 I_{Io} 及它们的温漂均为零。

实际上，集成运放的技术指标均为有限值，理想化后必然带来分析误差，但是在一般的工程计算中这些误差都是允许的。本书对运算放大器的分析均认为是理想的，图 5-9 所示为理想集成运算放大器的图形符号，其中图 5-9(a)所示为国家标准符号，图 5-9(b) 所示为国际流行符号。

理想集成运算放大器的开环差模电压放大倍数 $A_{od} \to \infty$，因此理想集成运算放大器开环（或引入正反馈）应用时不存在线性区，使用时必须加深度负反馈，使 A_o 降低，增宽线性区间，其电压传输特性如图 5-10 所示。输出有两种状态，当 $u_+ > u_-$ 时，$u_o = +U_{o(sat)}$，$u_+ < u_-$ 时，$u_o = -U_{o(sat)}$；$u_+ = u_-$ 时，对应转折点。

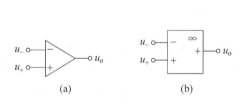

图 5-9 理想集成运算放大器的符号图　　图 5-10 理想集成运算放大器的电压传输特性

由于理想运放的开环差模输入电阻 $R_{id} \to \infty$，因此无论其工作于非线性区还是线性区，同相输入端和反相输入端的电流都近似为零，即

$$i_+ = i_- \approx 0 \tag{5-3}$$

好像两个输入端与内部断路了一样，因此常称为"虚断"。

理想运放工作在线性区时，有 $u_o = A_{uo}(u_P - u_N)$，由图 5-10 可知，此时 $u_o = A_{uo}(u_P - u_N) = 0$，则

$$u_P \approx u_N \tag{5-4}$$

因此当理想运放工作于线性区时，其同相输入端与反相输入端的电位近似相等，如同这两个输入端发生了短路一般，故常称为"虚短"。

"虚断"和"虚短"是分析集成运放线性应用电路非常重要的依据。

思考与练习

5-1-1　简述集成运放的电路结构特点。

5-1-2　简述集成运算放大器的电压传输特性。

5-1-3　理想运算放大器的特点是什么?

5-1-4　思考一下集成电路里的结电容对电路参数的影响。

5.2　放大电路中的反馈

5.2.1　反馈的概念

反馈就是在放大电路中,将输出量(输出电压或输出电流)的一部分或全部通过一定的电路形式作用到输入端,以影响放大电路的输入量的措施。引入反馈的电路称为闭环放大电路,没有引入反馈的电路称为开环放大电路。反馈放大电路由基本放大电路和反馈电路组成,其框图如图 5-11 所示,其中,基本放大电路的输入信号称为净输入信号,它和输入信号及反馈信号有关。图中 x_i、x_d、x_o、x_f 分别表示总输入信号、净输入信号、输出信号、反馈信号,它们可以是电压,也可以是电流。

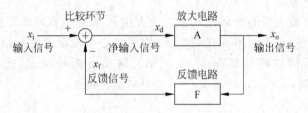

图 5-11　反馈放大电路框图

放大电路中的反馈,按照极性可以分为正反馈和负反馈。若反馈信号削弱了放大器的净输入信号,使放大器的放大倍数降低,这样的反馈称为负反馈;反之,若反馈信号使放大电路的净输入信号增强,使放大电路的放大倍数增大,这样的反馈称为正反馈。

假设图 5-11 中引入的是负反馈,则基本放大电路的净输入信号为

$$x_d = x_i - x_f \tag{5-5}$$

基本放大电路的开环放大倍数为

$$A = \frac{x_o}{x_d} \tag{5-6}$$

反馈网络的反馈系数为

$$F = \frac{x_f}{x_o} \tag{5-7}$$

引入反馈后的闭环放大倍数为

$$A_f = \frac{x_o}{x_i} \tag{5-8}$$

将式(5-5)~式(5-7)代入式(5-8)中,化简可得

$$A_{\mathrm{f}} = \frac{A}{1+AF} \qquad (5\text{-}9)$$

式中:$1+AF$ 称为反馈深度,是衡量放大电路反馈信号强弱的一个指标。当 $1+AF<1$ 时为正反馈;当 $1+AF>1$ 时为负反馈;若 $AF\gg1$,则称为深度负反馈,此时式(5-9)可写为

$$A_{\mathrm{f}} = \frac{1}{F} \qquad (5\text{-}10)$$

5.2.2 正负反馈类型及判断

1. 是否引入了反馈

若放大电路中存在将输出信号反送回输入端的通路,即反馈通路,并由此影响了放大电路的净输入量,则表明电路引入了反馈。

【例 5-1】 判断图 5-12 所示电路是否引入了反馈。

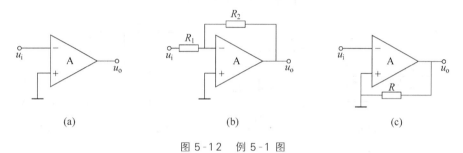

图 5-12 例 5-1 图

解:(a) 集成运放的输出端与同相输入端、反相输入端均无通路,故电路没有引入反馈。

(b) 电阻 R_2 将集成运放的输出端与反相输入端相连接,因而集成运放的净输入量不仅决定于输入信号,还与输出信号有关,所以该电路引入了反馈。

(c) 电阻 R 虽然跨接在集成运放的输出端与同相输入端之间,但是因为同相输入端接地,R 只是集成运放的负载,而不会使 u_{o} 作用于输入回路,所以电路中没有引入反馈。

2. 正、负反馈的判断

按照反馈极性的不同,可将反馈分为正反馈和负反馈。如果引入的反馈信号使放大电路的净输入信号增大,从而使放大电路的输出量比没有反馈时增加,这样的反馈称为正反馈;反之,如果反馈信号使放大电路的净输入信号减小,从而使放大电路的输出量比没有反馈时减小,这样的反馈称为负反馈。

判断反馈极性通常采用瞬时极性法。具体做法如下。

(1) 首先,假设电路输入信号在某一时刻的对地极性为正值(或负值),在图中用(+)或(-)表示。

(2) 然后,逐级判断电路中各相关点电流流向和电位极性,从而得出输出信号的极性,根据输出信号的极性判断出反馈信号的极性,如是正值用(+)表示,如是负值用(-)

表示。

（3）在输入回路比较反馈信号与原输入信号的瞬时极性，看净输入信号是增大还是减小，若反馈信号使净输入信号增大，就是正反馈，反之则为负反馈。

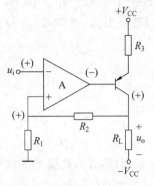

图 5-13　例 5-2 图

【例 5-2】　判断图 5-13 所示电路的反馈极性。

解：根据瞬时极性法可假设 u_i 对地瞬时极性为（＋），则运放输出端极性为（－），由于晶体管的集电极电位和基极电位相反，因此晶体管的集电极电位为（＋），故反馈信号 u_f 对地为（＋），反馈量使得净输入信号减小，因此判断为负反馈。

【例 5-3】　试判断图 5-14 所示电路的反馈组态。

解：在图 5-14（a）所示电路中，由图中所标极性可知为负反馈。

在图 5-14（b）所示电路中，根据图中的瞬时极性可以看出，净输入信号是削弱的，故为负反馈。

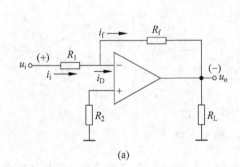

(a)

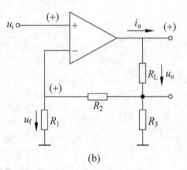

(b)

图 5-14　例 5-3 图

5.2.3　负反馈对放大电路性能的影响

放大电路中引入交流负反馈后，其性能会得到很大的改善，如可以提高放大电路放大倍数的稳定性、改变输入电阻和输出电阻、减少非线性失真、扩展通频带等。这些指标的改善对于提高放大电路的性能是非常有益的。

1. 提高放大电路放大倍数的稳定性

当放大电路引入深度负反馈时，$\dot{A}_f = \dfrac{1}{\dot{F}}$，$\dot{A}_f$ 几乎仅决定于反馈网络，而反馈网络通常由电阻、电容组成，因而可以获得较好的稳定性。对于一般的情况有

$$\dot{A}_f = \frac{\dot{A}}{1 + \dot{A}\dot{F}} \tag{5-11}$$

在中频范围内，$\dot{A}_f$、$\dot{A}$ 和 $\dot{F}$ 均为实数，A_f 的表达式可写成

$$A_f = \frac{A}{1 + AF} \tag{5-12}$$

对式(5-12)求微分得

$$dA_f = \frac{(1+AF)dA - AFdA}{(1+AF)^2} = \frac{dA}{(1+AF)^2}$$

因此放大倍数的相对变化量为

$$\frac{dA_f}{A_f} = \frac{1}{1+AF}\frac{dA}{A} \tag{5-13}$$

式(5-13)表明,引入负反馈后,闭环放大倍数的相对变化量是开环放大倍数相对变化量的 $1/(1+AF)$,可见反馈越深,放大倍数越稳定。例如,某放大电路的开环增益 $A = 10^5$,反馈网络的反馈系数 $F = 0.01$,则当开环增益变化 $\pm 10\%$ 时,闭环增益的相对变化量仅为 $\frac{1}{1+1000} \times \pm 10\% \approx \pm 0.01\%$,此时的闭环增益为 $A_f = \frac{A}{1+AF} = \frac{10^5}{1+10^3} \approx 100$。

同时应当注意,A_f 的稳定性是以损失放大倍数为代价的,即 A_f 减小到 A 的 $1/(1+AF)$,才能使其稳定性提高到 A 的 $1+AF$ 倍。

2. 展宽通频带

在阻容耦合放大电路中,信号频率在低频区和高频区时,其放大倍数都会下降,从而使放大电路的通频带宽度受到限制,由于负反馈放大电路可以稳定闭环增益,故引入负反馈后,放大倍数在低频区和高频区的下降幅度都会减缓,这就相当于展宽了通频带。可见,引入负反馈能扩展通频带,但这是以降低放大倍数为代价的。

3. 减小非线性失真

由于三极管特性的非线性,当输入信号较大时,就会出现失真,在其输出端得到正负半周不对称的失真信号。当加入负反馈以后,这种失真将会得到改善。

设基本放大电路的输入信号为正弦信号时,输出电压的正半周大些,负半周小些,此时引入负反馈,可以使加到基本放大电路输入端的信号波形正半周小而负半周大,这在一定程度上弥补了基本放大电路正负半周放大能力的不对称,从而使输出波形变好。

需要注意,负反馈只能减小反馈环内产生的非线性失真,它不能降低输入信号本身存在的失真。

综上所述可以看出,负反馈是通过将电路的输出量引回到输入端与输入量进行比较,进而对输出量进行调整以改善放大电路的性能。反馈越深,即 $1+AF$ 的值越大,这种改善越为明显。所以负反馈是以牺牲增益为代价,换取电路多方面性能的改善,但是反馈深度 $1+AF$ 不能无限制地增加,否则将会产生自激振荡。

思考与练习

5-2-1 判断下列说法是否正确:

(1) 在深度负反馈放大电路中,闭环增益 $A_f = \frac{1}{F}$,它仅与反馈系数有关,与放大电路的开环增益无关,因此可以认为,引入负反馈后,基本放大电路的参数并没有实际意义。

(2) 负反馈只能改善反馈环内的放大性能,对反馈环外无效。

（3）电压负反馈可以稳定输出电压，流过负载的电流也就必然稳定，因此电压负反馈和电流负反馈都可以稳定输出电压。

（4）如果放大电路的负载固定，为使其电压放大倍数稳定，既可以引入电压负反馈，也可以引入电流负反馈。

（5）电压串联负反馈的输出量是电压，输入量是电压，基本放大器是个电压放大器，闭环增益是输出电压与输入电流之比。

5-2-2　负反馈放大电路有哪几种基本类型？试说明各种组态的负反馈放大电路的开环增益$\dot{A}$和反馈系数$\dot{F}$的含义，它们各有什么作用？

5-2-3　负反馈可以改善放大器的哪些性能？

5-2-4　试判断图 5-15 所示的各电路中是否存在反馈？

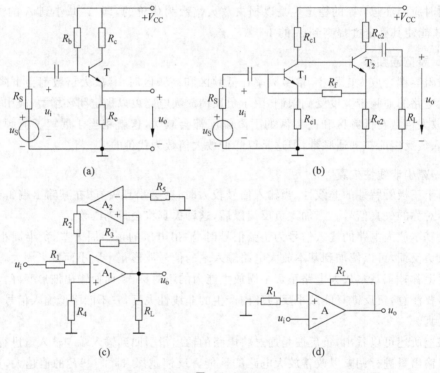

(a)　　　　　　　　　　　　　　　(b)

(c)　　　　　　　　　　　　　　　(d)

图 5-15

5-2-5　在图 5-15 所示的各电路中，哪些元件组成了极间反馈？它们所引入的反馈是正反馈还是负反馈？（设各电路中电容的容抗对交流信号均可忽略）

5.3　集成运算放大器的线性应用

常见的模拟信号运算电路有比例运算电路、加减电路、积分电路和微分电路、对数电路和指数电路、乘法电路和除法电路。在分析运算放大器电路时，可以引入理想运算放大器的概念，这将使电路的分析变得比较方便简捷，而且引入的误差可以忽略不计。

5.3.1 比例运算电路

将输入信号按比例放大的电路,称为比例运算电路。按照输入信号从不同输入端输入,比例运算电路又分为反相比例运算电路和同相比例运算电路。

反相比例运算电路和同相比例运算电路是运算放大器的基本电路,其他线性应用电路都是以它们为基础而演变出来的。

在图 5-16 所示的反相比例电路中,利用前面引出的虚短和虚断概念,推导如下:

因为 $i_d = 0$,所以 $u_P = 0$;又因为 $u_d = 0$,所以 $u_N = u_P = 0$。所以运放的反相输入端是一个虚地点(分析时可当作地对待)。

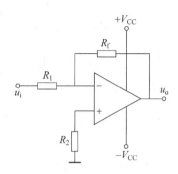

图 5-16 反相比例运算电路

$$i_i = \frac{u_i - u_P}{R_1} = \frac{u_i}{R_1}, \quad u_o = u_P - i_f R_f = -i_f R_f$$

又因为 $i_d = 0$,所以 $i_i = i_f$,即

$$\frac{u_i}{R_1} = -\frac{u_o}{R_f}$$

所以有

$$u_o = -\frac{R_f}{R_1} u_i \tag{5-14}$$

这是典型的电压并联负反馈,输入电压通过电阻 R_f 作用到集成运放的反相输入端,所以输出电压和输入电压反相,因此也称此电路为反相器;同相输入端通过电阻 R_2 接地,R_2 为补偿电阻,以保证集成运放输入级差分放大电路的对称性,其值为 $u_i = 0$ 时反相输入端总等效电阻,即各支路电阻的并联,因此 $R_2 = R_1 // R_f$。

输入电阻: $$R_i = \frac{u_i}{i_i} = R_1$$

平衡电阻: $$R_2 = R_1 // R_f$$

5.3.2 加法运算电路

反相加法运算电路如图 5-17 所示,电路有多个输入信号均作用于集成运放的反相输入端。

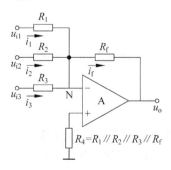

图 5-17 反相加法运算电路

依据 $U_- = U_+$,$I_i = 0$,可知:

$$I_1 + I_2 + I_3 = I_f$$

所以 $\dfrac{U_{i1} - U_-}{R_1} + \dfrac{U_{i2} - U_-}{R_2} + \dfrac{U_{i3} - U_-}{R_3} = \dfrac{U_- - U_o}{R_f}$,得

$$U_o = -\left(\frac{R_f}{R_1} U_{i1} + \frac{R_f}{R_2} U_{i2} + \frac{R_f}{R_3} U_{i3} \right)$$

由此可知,输出电压为各输入电压按不同系数相加。

当 $R_1 = R_2 = R_3 = R$ 时,$U_o = -\dfrac{R_f}{R} (U_{i1} + U_{i2} + U_{i3})$

$$\tag{5-15}$$

当 $R = R_f$ 时,$U_o = -(U_{i1} + U_{i2} + U_{i3})$ 实现相加运算,但相位相反。

5.3.3 减法运算电路

电路如图 5-18 所示,反相输入端和同相输入端分别加两个信号,依据虚断和虚短,可得出 U_o 与输入量的关系,具体过程不再详解。

$$u_o = R_f \left(\frac{u_{i3}}{R_3} + \frac{u_{i4}}{R_4} - \frac{u_{i1}}{R_1} - \frac{u_{i2}}{R_2} \right)$$

也可以根据迭加原理进行求解。

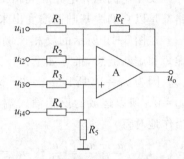

图 5-18 加减运算电路

$$U_- = \frac{R_f}{R_1 + R_f} U_{i1} + \frac{R_1}{R_1 + R_f} U_o = R_- \left(\frac{U_{i1}}{R_1} + \frac{U_o}{R_f} \right)$$

$$R_- = R_1 // R_f$$

$$U_+ = \frac{R_3}{R_2 + R_3} U_{i2} = R_+ \frac{U_{i2}}{R_2}$$

$$R_+ = R_2 // R_3$$

因为 $U_- = U_+$,所以有

$$U_o = \frac{R_+}{R_-} R_f \frac{U_{i2}}{R_2} - R_f \frac{U_{i1}}{R_1}$$

当两输入端外电路平衡时,$R_- = R_+$,则

$$U_o = \frac{R_f}{R_2} U_{i2} - \frac{R_f}{R_1} U_{i1} \tag{5-16}$$

当 $R_1 = R_2 = R_f$ 时,则

$$U_o = U_{i2} - U_{i1} \tag{5-17}$$

5.3.4 积分与微分运算电路

1. 积分运算电路

反相积分运算电路如图 5-19 所示。利用"虚地"的概念,有

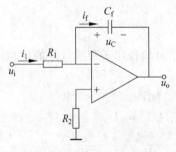

$$i_1 = i_f = \frac{u_i}{R_1}$$

设电容的初始电压为 $u_C(0)$,注意到 $u_C = -u_o$,则

$$u_o = -u_C = -\frac{1}{C_f} \int i_f dt - u_C(0)$$

$$= -\frac{1}{C_f R_1} \int u_i dt + u_o(0) \tag{5-18}$$

图 5-19 积分运算电路

式(5-18)表明 u_o 与 u_i 成积分关系,$u_o(0)$ 为初始条件。若输入为直流电压 U_i,则有

$$u_o = -\frac{U_i}{C_f R_1} t + u_o(0)$$

积分电路受电源电压制约,一定时间后输出电压将趋于饱和,即积分时间是有限度的。

当输入为阶跃信号时,若电容初始时刻的电压为零,则输出电压波形如图 5-20(a)所示。当输入为方波和正弦波时,输出波形分别如图 5-20(b)和图 5-20(c)所示。因此,可

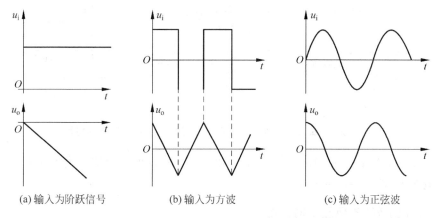

(a) 输入为阶跃信号　　　(b) 输入为方波　　　(c) 输入为正弦波

图 5-20　积分运算电路在不同输入情况下的输出波形

以利用积分电路实现方波-三角波的波形变换和正弦-余弦的移相功能。

2.微分运算电路

若将图 5-19 中电阻 R 和电容 C 的位置互换，就得到了微分运算电路，如图 5-21 所示。

根据"虚短"和"虚断"的概念，电容两端的电压 $u_C = u_i$，因此有

$$i_f = i_C = C\frac{\mathrm{d}u_i}{\mathrm{d}t}$$

输出电压为

$$u_o = -i_f R_f = -CR_f\frac{\mathrm{d}u_i}{\mathrm{d}t} \qquad (5\text{-}19)$$

该电路对输入高频噪声特别敏感且输入阻抗低、稳定性差，实际工作中很少应用。

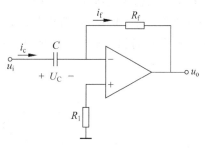

图 5-21　微分运算电路

思考与练习

试解释"虚短"，"虚断"及"虚地"概念中"虚"的含义。

5.4　集成运算放大器的非线性应用

5.4.1　电压比较器

1.集成运放的非线性工作区

在电压比较器电路中，绝大多数集成运放要么工作在开环状态(即没有引入反馈)，要么引入了正反馈如图 5-22(a)、(b)所示。对于理想运放，由于差模增益无穷大，只要同相输入端和反相输入端之间有无穷小的差值电压，输出电压就将达到正的最大值或负的最大值，即输出电压 U_o 与输入电压不再是线性关系，称集成运放工作在非线性区，其电压传输特性如图 5-22(c)所示。若集成运放的输出电压 u_o 的幅值为 $\pm U_{OM}$，则当 $u_P > u_N$

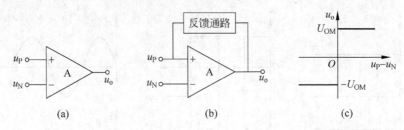

图 5-22　集成运放在非线性区的电路特点及其电压传输特性

时，$u_o = +U_{OM}$；当 $u_N > u_P$ 时 $u_o = -U_{OM}$。由于理想运放的差模输入电阻为无穷大，故净输入电流为零，即 $i_P = i_N = 0$。

2. 电压比较器的电压传输特性

电压比较器的输出电压 u_o 与输入电压 u_i 的函数关系 $u_o = f(u_i)$ 一般用曲线来描述，单门限电压比较器只有一个参考电压 U_T，当输入电压 u_o 超过它时，比较器输出的逻辑电平发生转换。

(1) 过零电压比较器

过零电压比较器就是参考电压为零，集成运放处于开环状态，其输出电压为 $+U_{OM}$ 或 $-U_{OM}$。当输入电压 $u_i < 0V$ 时，$u_o = +U_{OM}$；当 $u_i > 0V$ 时，$u_o = -U_{OM}$。因此，电压传输特性如图 5-23(b)所示，若想获得 u_o 跃变方向相反的电压传输特性，则应该在图 5-23(a)所示电路中将反相输入端接地，而在同相输入端接输入电压。

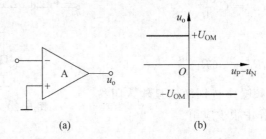

图 5-23　过零电压比较器及其电压传输特性

(2) 一般电压比较器

如图 5-24 所示为一般电压比较器，此时参考电压 U_{REF} 不为零。若不加限幅电路，比较器的高、低电平将分别成为运放的最高和最低输出电压，有时为了与后面电路的电平匹配，满足负载的需要，常在集成运放的输出端加稳压管限幅电路，从而获得到合适的电压。图中 R_3 为限流电阻，稳压管的稳定电压 U_Z 应小于集成运放的最大输出电压 u_o。输出电压的限制为 $+U_Z$ 和 $-U_Z$。当输入电压 u_i 大于参考电压 U_{REF} 时，输出电压 u_o 为 $-U_Z$；当输入电压 u_i 小于参考电压 U_{REF} 时，输出电压 u_o 为 $+U_Z$。注意此时的输出电压指 R_3 后面的电压，不是运放后面的电压。

$u_i > U_{REF}$ 时，$u_- > u_+$，则 $u_o = -U_Z$，$u_i < U_{REF}$ 时，$u_- < u_+$，则 $u_o = +U_Z$，其电压传输特性如图 5-25 所示。

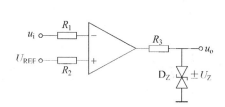
图 5-24　一般电压比较器电路图

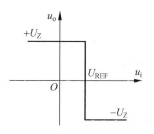
图 5-25　电压传输特性

设 $u_i = U_{REM}\sin\omega t$，$U_{REM}$ 为正值。输出波形如图 5-26 所示。

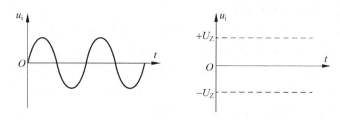

图 5-26　输出波形

可见无论是过零电压比较器，还是一般的单门限电压比较器都可以将正弦波变为方波或者矩形波。另外，单门限电压比较器的优点是电路简单、灵敏度高，但是抗干扰能力差，当输入信号中伴有干扰（在门限电压值上下波动），比较器就会反复动作，如果用于控制一个系统的工作，会出现误动作。为了克服这一缺点，实际工作中常使用迟滞电压比较器。

（3）迟滞电压比较器（双门限电压比较器）

迟滞电压比较器具有滞回特性，即具有惯性，因而也就拥有一定的抗干扰能力。如图 5-27 所示电路为迟滞电压比较器。图中输入信号从运放的反相输入端输入，输出电压通过 R_1 和 R_2 接到同相输入端，可见引入了正反馈，且与参考电压 U_{REF} 共同决定门限电压 U_{TH} 和 U_{TL}。

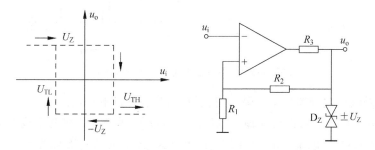

图 5-27　迟滞电压比较器电路及电压传输特性

由集成运放输出端的限幅电路可以看出 $u_o = \pm U_Z$，集成运放反相输入端电位为 u_i，同相输入端电位为

$$u_+ = \pm \frac{R_1}{R_1 + R_2} U_Z \tag{5-20}$$

令 $u_- = u_+$, $u_i = U_{REF}$, 则门限电压为

上门限电压:

$$U_{TH} = + \frac{R_1}{R_1 + R_2} U_Z \tag{5-21}$$

下门限电压:

$$U_{TL} = - \frac{R_1}{R_1 + R_2} U_Z \tag{5-22}$$

上门限电压和下门限电压之差为门限宽度 $U_{TH} - U_{TL}$, 称为回差电压。常将这类比较电路称为迟滞比较器或施密特触发器。

当输入电压 u_i 小于 U_{TL} 时, 则 u_- 一定小于 u_+, 所以 $u_o = +U_Z$, $u_+ = U_{TH}$。当输入电压 u_i 增加并达到 U_{TH} 后, 如再继续增加, 输出电压就会从 $+U_Z$ 向 $-U_Z$ 跃变。所以 $u_o = -U_Z$, $u_+ = U_{TL}$。当输入电压 u_i 减小并达到 U_{TL} 后, 如再继续减小, 输出电压就又会从 $-U_Z$ 向 $+U_Z$ 跃变。此时 $u_o = +U_Z$, $u_+ = U_{TH}$。若将电阻 R_1 的接地端接参考电压 U_{REF}, 如图 5-28(a)所示, 根据叠加定理, 可得同相端电压:

$$u_+ = \frac{R_2}{R_1 + R_2} U_{REF} \pm \frac{R_2}{R_1 + R_2} U_Z \tag{5-23}$$

根据输出电压的不同值, 可分别求出上门限电压 U_{TH} 和下门限电压 U_{TL} 分别为

$$U_{TH} = \frac{R_2}{R_1 + R_2} U_{REF} + \frac{R_2}{R_1 + R_2} U_Z \tag{5-24}$$

$$U_{TL} = \frac{R_2}{R_1 + R_2} U_{REF} - \frac{R_2}{R_1 + R_2} U_Z \tag{5-25}$$

其电压传输特性如图 5-28(b)所示。

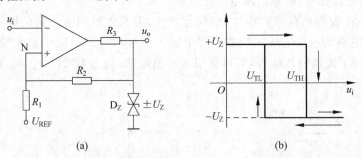

图 5-28 具有参考电压的迟滞比较器

上述迟滞电压比较器与单门限电压比较器相比, 有以下特点。

(1) 引入正反馈后可以加速输出电压的转换过程, 改善输出波形跃变时的速度。

(2) 回差提高了电路的抗干扰能力, 回差越大, 抗干扰能力就越强。

因此, 迟滞比较电路在波形的整理、变换、幅值的鉴别以及自动控制系统等方面得到广泛的应用。

3. 双集成比较器 LM119

该比较器为集电极开路输出, 两个比较器的输出可直接并联, 共用外接电阻, 它可以

双电源供电。该比较器的电源电压为 $-15\sim15\,\mathrm{V}$，输出电流大，可直接驱动 TTL 和 LED。类似型号是 LM219、四电压比较器 LM319。LM139、LM239 和 LM339 与 LM119 的功能基本相同。

LM119 的符号如图 5-29 所示。

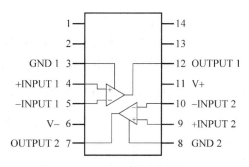

图 5-29　双集成比较器 LM119

用 LM119 组成的双限比较电路如图 5-30(a)所示。在图 5-30(a)中两个比较器的输出直接连接在一起实现了线与功能。即只有两个比较器都输出高电平时，输出才是高电平，否则，输出就是低电平。对于一般的有源输出器件是不允许将输出端连在一起的，随便连在一起会损坏器件。该比较器的传输特性如图 5-30(b)所示。

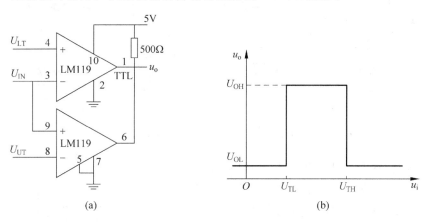

图 5-30　LM119 组成的双限比较电路

5.4.2　波形产生电路

波形产生电路用于产生一定频率、幅值的波形(如正弦波、方波、三角波、锯齿波等)。波形产生电路具有不用外接输入信号的特点。

1．方波发生器

方波发生器是能够直接产生方波信号的非正弦波发生器，由于方波中包含丰富的谐波，因此，方波发生器又称为多谐振荡器。由迟滞比较器和 RC 积分电路组成的方波发生器如图 5-31 所示。

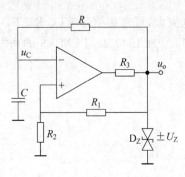

图 5-31　方波发生器电路

运放和 R_1、R_2 构成迟滞比较器，双向稳压管用来限制输出电压的幅度，稳压值为 U_Z，比较器上的输出电压由电容上的电压 u_C 和在电阻 R_2 上的分压 u_{R2} 来决定。当 $u_C > u_{R2}$ 时，$u_o = -U_Z$，$u_C < u_{R2}$ 时，$u_o = +U_Z$，其中 $u_{R2} = \dfrac{R_2}{R_1 + R_2} u_o$。

方波发生器的工作原理如图 5-32 所示。假设接通电源瞬间输出电压偏于负饱和值，即 $u_o = -U_Z$，$u_C = 0$，加到集成运放同相端的电压为 $u_{R2} = -\dfrac{R_2}{R_1 + R_2} U_Z$，而加在反相端的电压，由于电容器 C 上的电压 u_C 不能突变，只能由输出电压 u_o 通过 R 按指数规律向 C 充电来建立，如图 5-32(a)所示。当加到反相端的电压 u_C 略小于 u_{R2} 时，输出电压立即从负饱和值 $-U_Z$ 翻转到正饱和值 $+U_Z$，$+U_Z$ 又通过 R 对 C 进行反向充电，如图 5-32(b)所示，直到 u_C 略大于 u_{R2} 时，输出状态再翻转回来，重复上述过程就产生了方波。工作过程波形图如图 5-33 所示。

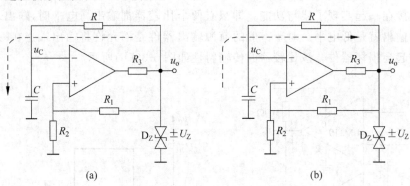

(a)　　　　　　　　　　(b)

图 5-32　方波发生器电路原理图

综上所述，这个方波发生器电路利用正反馈，使运算放大器的输出在两个状态之间反复翻转，RC 电路是它的定时元件，决定方波在正、负半周的时间 T_1 和 T_2，由于该电路充、放电时间相等，即

$$T_1 = T_2 = RC\ln\left(1 + \frac{2R_2}{R_1}\right) \qquad (5\text{-}26)$$

充、放电时间常数相同：$\tau = RC$

占空比：$q = 50\%$

方波的周期和频率为

$$T = T_1 + T_2 = 2RC\ln\left(1 + \frac{2R_2}{R_1}\right) \quad (5\text{-}27)$$

$$f = \frac{1}{T} = \frac{1}{2RC\ln\left(1 + \dfrac{2R_2}{R_1}\right)} \quad (5\text{-}28)$$

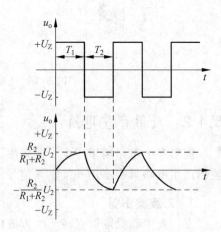

图 5-33　工作过程波形图

可见,改变 R 或者 C 以及比值 R_2/R_1 的大小,均可以改变振荡频率 f,而振荡幅度的调整则应通过选择限幅电路中稳压管的稳压值 U_Z 来实现。

2. 方波和三角波发生器

用一个迟滞比较器和一个积分器可以组成方波和三角波发生器,电路如图 5-34 所示。图中迟滞比较器 A_1 和反相积分器 A_2 共同构成正反馈电路,以便产生自激振荡。该电路可从 A_1 输出方波,从 A_2 输出三角波。

(1) 电路(见图 5-34)

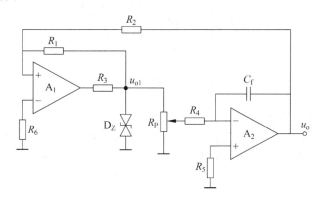

图 5-34 方波和三角波发生器

(2) 工作波形

工作原理:利用叠加定理可得迟滞电压比较器 A_1 的同相输入端电压为

$$u_{1+} = \frac{R_2}{R_1 + R_2} u_{o1} + \frac{R_1}{R_1 + R_2} u_o \tag{5-29}$$

反相输入端电压 $u_{1-} = 0$。

当 $u_{1+} > 0$ 时,$u_{o1} = +U_Z$,积分器 A_2 的输出电压 u_o 线性下降,则有

$$u_{1+} = \frac{R_2}{R_1 + R_2}(+U_Z) + \frac{R_1}{R_1 + R_2} u_o \tag{5-30}$$

当 u_o 下降到使 $u_{1+} = 0$ 时,则有

$$u_o = -\frac{R_2}{R_1} U_Z = K_2 \tag{5-31}$$

u_{o1} 从 $+U_Z$ 翻转为 $-U_Z$,u_o 线性上升。则有

$$u_{1+} = \frac{R_2}{R_1 + R_2}(-U_Z) + \frac{R_1}{R_1 + R_2} u_o \tag{5-32}$$

同理,当 u_o 上升到使 $u_{1+} = 0$ 时,有

$$u_o = \frac{R_2}{R_1} U_Z = K_1 \tag{5-33}$$

u_{o1} 从 $-U_Z$ 翻转为 $+U_Z$,u_o 线性下降。

如此周期性的变化,A_1 输出的方波电压 u_{o1},A_2 输出的三角波电压 u_o,其波形如图 5-35 所示,三角波的周期和频率为

$$T = \frac{4R_2 R_4 C_f}{R_1} \tag{5-34}$$

$$f = \frac{1}{T} = \frac{R_1}{4R_2R_4C_f} \tag{5-35}$$

① 改变 u_{o1}、R_1、R_2，即可改变三角波的幅值。

② 改变积分常数 RC，即可改变三角波的频率。

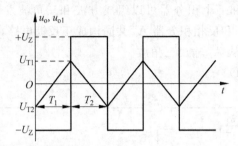

图 5-35 方波和三角波发生器工作过程波形图

3. 脉冲和锯齿波发生器

锯齿波信号在示波器、数字仪表等电子设备中经常用到。与方波和三角波发生器的电路相比，仅在积分器反相输入回路中多了一个二极管半波整流电路，使积分器的充、放电时间常数不等，即可得到脉冲和锯齿波，电路如图 5-36 所示。

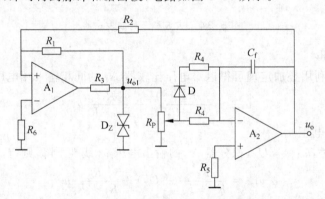

图 5-36 脉冲和锯齿波发生器电路

当 u_{o1} 为 $+U_Z$ 时，二极管 D 导通，积分时间常数为 $(R_4//R_4')C_f$；当 u_{o1} 为 $-U_Z$ 时，积分时间常数为 R_4C_f。可见，正、负积分时间不同，就是原来的方波和三角波变成了矩形脉冲和锯齿波，其波形如图 5-37 所示。

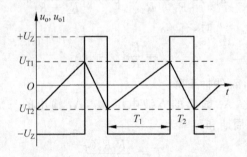

图 5-37 脉冲和锯齿波输出波形

思考与练习

5-4-1 简述电压比较器的特点、工作原理以及不同比较器之间的差异。

5-4-2 比较器也输出方波,它与方波发生器有何不同。

5-4-3 试述集成运放非线性应用的特点和分析方法,电路引入负反馈能起什么作用。

习题

5-1 判断图 5-38 所示各电路中是否引入了反馈,是直流反馈还是交流反馈,是正反馈还是负反馈。设图中所有电容对交流信号均可视为短路。

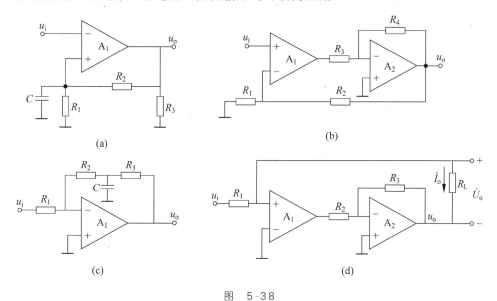

图 5-38

5-2 反馈放大电路如图 5-39 所示。用瞬时极性法判别它们的反馈极性(标出电路中各点电位的瞬时极性或电流的瞬时方向,并说明为正反馈还是负反馈)。

5-3 已知一个电压串联负反馈放大电路的电压放大倍数 $A_{uf}=20$,其基本放大电路的电压放大倍数 A_u 的相对变化率为 10%,A_{uf} 的相对变化率小于 0.1%,试问 F 和 A_u 各为多少?

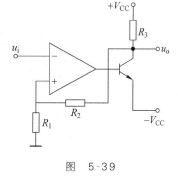

图 5-39

5-4 某开环放大电路,当输入电压为 0.001V 时,输出电压为 1V,接上反馈网络,使其成为一个闭环放大电路。要求在输入 0.1V 时,输出 2V,求反馈系数。

5-5 电路如图 5-40 所示,$R=100\text{k}\Omega$,求输出电压 u_o 与输入电压 u_i 之间关系的表达式。

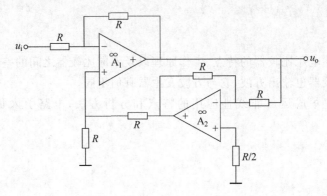

图 5-40

5-6 电路如图 5-41 所示,已知电阻 $R_1 = R_2 = R_4 = 10\text{k}\Omega$, $R_3 = R_5 = 20\text{k}\Omega$, $R_6 = 100\text{k}\Omega$,试求输出电压和输入电压之间的关系。

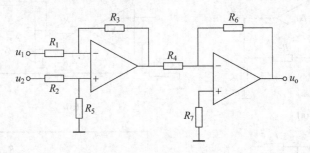

图 5-41

5-7 画出实现 $u_o = -10u_i$ 运算的电路,设 $R_f = 400\text{k}\Omega$。

5-8 在图 5-42 所示电路中,设 A_1、A_2、A_3 均为理想运算放大器,其最大输出电压幅值为 $\pm 12\text{V}$。

(1) A_1、A_2、A_3 分别工作在线性区还是非线性区?

(2) 试说明 A_1、A_2、A_3 各组成什么电路。

(3) 若输入 u_i 为 1V 的直流电压,则各输出端 u_{o1}、u_{o2}、u_{o3} 的电压分别为多大?

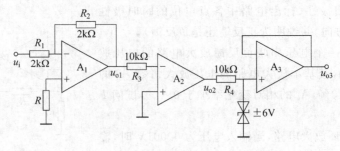

图 5-42

5-9 已知由理想运放组成的 3 个电路的电压传输特性及它们的输入电压 u_i 的波形如图 5-43 所示,分别说明 3 个电路的名称。

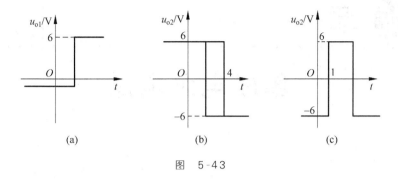

图 5-43

5-10 利用图 5-43 中的 3 种电压传输特性,画出图 5-44 所示波形分别经上面电路后的输出波形。

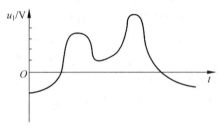

图 5-44

5-11 某同学所接矩形波发生电路如图 5-45 所示,请改正其中的错误。

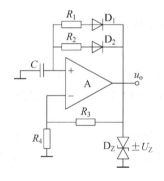

图 5-45

CHAPTER 6

集成电源电路

在电子电路及设备中,一般需要电压值比较稳定的直流电源供电。经过整流和滤波后的电压往往会随交流电源的波动和负载的变化而变化,因此稳定性较差。在小功率设备中常用的稳压电路有稳压二极管稳压电路、线性稳压电路和开关型稳压电路等。最简单的是利用稳压二极管的反向击穿特性来稳压,但其带负载能力差,一般只提供基准电压,不作为电源使用。在电子系统中,应用较为广泛的有串联型(线性)稳压电路和开关型稳压电路两大类。其中,前者线路简单、工作可靠,但转换效率低;后者转换效率高,但控制电路较复杂。随着电子技术的快速发展和集成技术的不断完善,开关型电源已得到越来越广泛的应用。

6.1 集成线性稳压电源

6.1.1 串联反馈型稳压电源

1. 稳压电源的主要指标

稳压电源的主要指标包含技术指标和工作指标。其中,技术指标包括允许的输入电压、输出电压、输出电流及输出电压调节范围等;工作指标包括稳压电源在正常工作条件下的工作范围等。

(1)电压调整率 S_U:反映当负载电流和环境温度不变时,电网电压波动对稳压电路的影响,又称为稳压系数或稳定系数。通常以单位输出电压下的输入和输出电压的相对变化百分比表示,即 $S_U = \dfrac{\Delta U_i}{\Delta U_o \cdot U_o} \times 100\%$。

(2)最大输入电压:该电压是保证稳压器安全工作的最大输入电压。

(3)最大输出电流:该电流是保证稳压器安全工作所允许的最大输出电流。

(4)输出电压范围:稳压器能够正常工作的输出电压范围。该指标的上限由最大输入电压和最小输入/输出电压差所规定,而其下限由稳压器内部的基准电压值决定。

(5)最小输入/输出电压差 $(U_i - U_o)_{min}$:该指标表征在保证稳压器正常工作条件下,稳压器所需的最小输入/输出电压差。

2. 串联型稳压电路及工作原理

串联型稳压电路是目前常用的一种稳压电路,由取样、基准电压、放大和调整 4 个环节组成。图 6-1 是其框图和结构图,图 6-1(b)中 U_i 是整流滤波电路输出的直流电压,T 为调整管,它可以是单个功率管、复合管或几个功率管的并联,调整管与负载串联,通过调整 U_{CE} 使输出电压稳定。A 为比较放大器,它可以是单管放大器、差动放大器或集成运算放大器,它把取样电路取出的信号进行放大,以控制调整管 T 的基极电流的变化,进而调整 U_{CE} 的值,起到稳定电压的作用。U_{REF} 为基准电压,R_1 与 R_2 组成反馈网络用来反映输出电压的变化,U_f 为取样电压(反馈电压)。

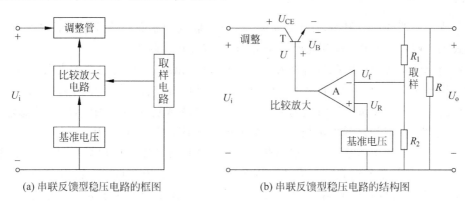

(a) 串联反馈型稳压电路的框图   (b) 串联反馈型稳压电路的结构图

图 6-1   串联反馈型稳压电路

在这种稳压电路的主电路中起调整作用的三极管 T 与负载电阻串联,故称为串联型稳压电路。当由于某种原因(如电网电压波动或负载电阻的变化等)使输出电压 U_o 升高(降低),输出电压的变化量由反馈网络取样送到比较放大器 A 的反相输入端,并与同相输入端的基准电压进行比较,则 A 的输出电压变小,调整管的基极电位降低(升高),因为调整管采用射极输出,所以输出电压 U_o 必然降低(升高),从而使输出电压 U_o 得到稳定。上述稳压过程按电网波动和负载电阻改变两种情况可分别简述如下:

电网波动 $U_i \uparrow \rightarrow U_o \uparrow \rightarrow U_f \uparrow \rightarrow U_{BE} \downarrow \rightarrow U_{CE} \uparrow \rightarrow U_o \downarrow$

负载电阻 $R_L \downarrow \rightarrow U_o \downarrow \rightarrow U_f \downarrow \rightarrow U_{BE} \uparrow \rightarrow U_{CE} \downarrow \rightarrow U_o \uparrow$

从反馈放大器的角度来看,这种电路属于电压串联负反馈电路。调整管 T 连接成射极跟随器,因而可得

$$U_B = A_u(U_{REF} - U_f) = A_u(U_{REF} - F_u U_o) \approx U_o$$

或

$$U_o \approx U_{REF} \frac{A_u}{1 + A_u F_u} \tag{6-1}$$

式中:A_u 为比较放大器的电压放大倍数,与开环放大倍数 A_{uo} 不同,它考虑了所带负载的影响。在深度负反馈条件下,$|1 + A_u F_u| \gg 1$ 时,可得

$$U_o \approx \frac{U_{REF}}{F_u} \tag{6-2}$$

式(6-2)表明,输出电压 U_o 与基准电压近似成正比,与反馈系数成反比。它是设计稳压电路的基本关系式。

值得注意的是,调整管 T 的调整作用是依靠 U_f 和 U_{REF} 之间的偏差来实现的,必须有

偏差才能调整。如果 U_o 绝对不变，调整管的 U_{CE} 也就绝对不变，那么电路也就不能起调整作用了。所以 U_o 不可能达到绝对稳定，只能是基本稳定。

由以上分析可知，该电路是通过引入深度负反馈来稳定输出电压的，它是负反馈的自动调节过程。电路只有具有深度的电压串联负反馈，才能使输出电压稳定。反馈越深，调整作用越强，输出电压越稳定。

6.1.2　集成稳压器及其应用

集成稳压器的种类很多，按工作方式分，有串联反馈型和并联反馈型；按引脚分，有多端式和三端式；按输出电压是否可调分，有固定式和可调式。

最简单的集成稳压电源只有输入、输出和公共引出端，故称为三端集成稳压器。其常用的有以下 4 个系列：固定输出正电压的 7800 系列、固定输出负电压的 7900 系列、正电压可调的 117 系列及负电压可调的 137 系列。三端集成稳压器使用时，应当注意输入电压 U_i 与输出电压 U_o 之间的电压差，不能过小，一般应在 2～3V 以上。

三端稳压器的工作原理与前述串联反馈型稳压电源的工作原理基本相同，由取样、基准、放大和调整等单元组成。集成稳压器只有 3 个引出端子，即输入、输出和公共端。输入端接整流滤波电路，输出端接负载；公共端接输入、输出的公共连接点。为使它工作稳定，在输入端、输出端与公共端之间各并接一个电容。使用三端稳压器时注意一定要加散热器，否则不能工作到额定电流。

1. 三端固定集成稳压器

（1）三端固定集成稳压器的特点

三端固定集成稳压器包含 CW7800 和 CW7900 两大系列，CW7800 系列是三端固定正输出稳压器，CW7900 系列是三端固定负输出稳压器。它们的最大特点是稳压性能良好，外围元件简单，安装调试方便，价格低廉，现已成为集成稳压器的主流产品。CW7800 系列按输出电压分有 5V、6V、9V、12V、15V、18V、24V 等品种；按输出电流大小分有 0.1A、0.5A、1.5A、3A、5A、10A 等产品。具体型号及电流大小见表 6-1。例如，型号为 CW7805 的三端集成稳压器，表示输出电压为 5V，输出电流可达 1.5A。注意所标注的输出电流是要求稳压器在加入足够大的散热器条件下得到的。同理，CW7900 系列的三端稳压器也有 −5～−24V 7 种输出电压，输出电流有 0.1A、0.5A、1.5A 3 种规格，具体型号见表 6-2。

表 6-1　CW7800 系列稳压器规格

型　号	输出电流/A	输出电压/V
78L00	0.1	5、6、9、12、15、18、24
78M00	0.5	5、6、9、12、15、18、24
7800	1.5	5、6、9、12、15、18、24
78T00	3	5、12、18、24
78H00	5	5、12
78P00	10	5

表 6-2　CW7900 系列稳压器规格

型　号	输出电流/A	输出电压/V
79L00	0.1	−5、−6、−9、−12、−15、−18、−24
79M00	0.5	−5、−6、−9、−12、−15、−18、−24
7900	1.5	−5、−6、−9、−12、−15、−18、−24

　　7800 系列属于正压输出,即输出端对公共端的电压为正。根据集成稳压器本身功耗的大小,其封装形式分为 TO-220 塑料封装和 TO-3 金属壳封装,二者的最大功耗分别为 10W 和 20W(加散热器)。引脚排列如图 6-2(a)所示。U_i 为输入端,U_o 为输出端,GND 为公共端(地)。三者的电位分布如下:$U_i > U_o > U_{GND}(0V)$。最小输入/输出电压差为 2V,为可靠起见,一般应选 4～6V。最高输入电压为 35V。

　　7900 系列属于负电压输出,输出端对公共端呈负电压。7900 与 7800 的外形相同,但引脚排列顺序不同,如图 6-2(b)所示。7900 的电位分布为 $U_{GND}(0V) > -U_o > -U_i$。另外在使用 7800 与 7900 时要注意,采用 TO-3 封装的 7800 系列集成电路,其金属外壳为地端;而同样封装的 7900 系列稳压器,金属外壳是负电压输入端。因此,在由二者构成多路稳压电源时,若将 7800 的外壳接印制电路板的公共地,7900 的外壳及散热器就必须与印制电路板的公共地绝缘,否则会造成电源短路。

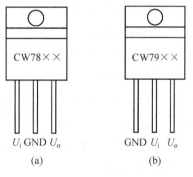

图 6-2　三端固定输出集成稳压器
引脚排列图

　　(2) 应用中的几个注意问题

　　① 改善稳压器工作稳定性和瞬变响应的措施

　　三端固定集成稳压器的典型应用电路如图 6-3 所示。图 6-3(a)适合 7800 系列,U_i、U_o 均为正值;图 6-3(b)适合 7900 系列,U_i、U_o 均为负值。其中,U_i 是整流滤波电路的输出电压。在靠近三端集成稳压器输入、输出端处,一般要接入 $C_1 = 0.33\mu F$ 和 $C_2 = 0.1\mu F$ 的电容,其目的是使稳压器在整个输入电压和输出电流变化范围内,提高其工作稳定性和改善瞬变响应。为了获得最佳的效果,电容器应选用频率特性好的陶瓷电容或钽电容为宜。另外为了进一步减小输出电压的波纹,一般在集成稳压器的输出端并入一个几百微法的电解电容。

　　② 确保不毁坏器件的措施

　　三端固定集成稳压器内部具有完善的保护电路,一旦输出发生过载或短路,可自动限制器件内部的结温不超过额定值。但若器件使用条件超出其规定的最大限制范围或应用电路设计处理不当,也会造成器件的损坏。例如,当输出端接比较大的电容时($C_o > 25\mu F$),一旦稳压器的输入端出现短路,输出端电容器上储存的电荷将通过集成稳压器内部调整管的发射极-基极 PN 结泄放电荷,因大容量电容器释放能量比较大,故也可能造成集成稳压器损坏。为防止这一点,一般在稳压器的输入和输出之间跨接一个二极管(见图 6-3),稳压器正常工作时,该二极管处于截止状态,当输入端突然短路时,二极管为输

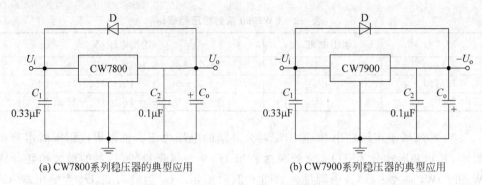

(a) CW7800系列稳压器的典型应用　　　　　(b) CW7900系列稳压器的典型应用

图 6-3　集成三端稳压器的典型应用

出电容器 C_o 提供泄放通路。

③ 稳压器输入电压值的确定

集成稳压器的输入电压虽然受到最大输入电压的限制,但为了使稳压器工作在最佳状态及获得理想的稳压指标,该输入电压也有最小值的要求。输入电压 U_i 的确定,应考虑如下因素:稳压器输出电压 U_o;稳压器输入和输出之间的最小压差 $(U_i-U_o)_{min}$;稳压器输入电压的纹波电压 U_{RIP},一般取 U_o、$(U_i-U_o)_{min}$ 之和的 10%;电网电压的波动引起的输入电压的变化 ΔU_i,一般取 U_o、$(U_i-U_o)_{min}$、U_{RIP} 之和的 10%。对于集成三端稳压器,$U_i-U_o=2\sim10V$ 具有较好的稳压输出特性。例如,对于输出为 5V 的集成稳压器,其最小输入电压 U_i 为

$$U_{imin} = U_o + (U_i-U_o)_{min} + U_{RIP} + \Delta U_i$$
$$= 5 + 2 + 0.7 + 0.77$$
$$\approx 8.5(V)$$

2. 三端可调集成稳压器

三端固定输出集成稳压器主要用于输出固定标准电压值的稳压电源中。虽然通过外接电路元件,也可构成多种形式的可调稳压电源,但稳压性能指标有所降低。集成三端可调稳压器是在三端固定集成稳压器基础上发展起来的生产量大、应用面广的产品,它既保留了三端稳压器的简单结构形式,又克服了固定式输出电压不可调的缺点,其稳压精度高、价格便宜,称为第二代三端式稳压器。这类稳压器是依靠外接电阻来调节输出电压的,为保证输出电压的精度和稳定性,要选择精度高的电阻,同时电阻要紧靠稳压器,防止输出电流在电阻连线上产生误差电压。

三端可调集成稳压器分为 CW317(正电压输出)和 CW337(负电压输出)两大系列,每个系列又有 100mA、0.5A、1.5A、3A 等品种,应用十分方便。就 CW317 系列与 CW7800 系列产品相比,在同样的使用条件下,静态工作电流 I_Q 从几十毫安下降到 $50\mu A$,电压调整率 S_U 由 0.1%/V 达到 0.02%/V,电流调整率 S_I 从 0.8% 提高到 0.1%。三端可调集成稳压器的产品分类见表 6-3。

CW317 系列、CW337 系列集成稳压器的引脚排列及封装形式如图 6-4 所示。

表 6-3 三端可调集成稳压器规格

特点	国产型号	最大输出电流/A	输出电压/V	对应国外型号
正压输出	CW117L/217L/317L	0.1	1.2~37	LM117L/217L/317L
	CW117M/217M/317M	0.5	1.2~37	LM117M/217M/317M
	CW117/217/317	1.5	1.2~37	LM117/217/317
	CW117HV/217HV/317HV	1.5	1.2~57	LM117HV/217HV/317HV
	W150/250/350	3	1.2~33	LM150/250/350
	W138/238/338	5	1.2~32	LM138/238/338
	W196/296/396	10	1.25~15	LM196/296/396
负压输出	CW137L/237L/337L	0.1	−1.2~−37	LM137L/2137L/337L
	CW137M/237M/337M	0.5	−1.2~−37	LM137M/237M/337M
	CW137/237/337	1.5	−1.2~−37	LM137/237/337

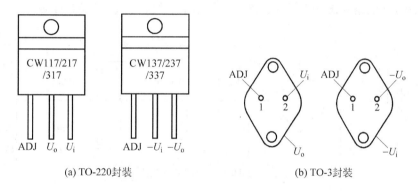

(a) TO-220封装　　　　　　　　(b) TO-3封装

图 6-4　三端可调集成稳压器引脚排列图

　　CW317、CW337 系列三端可调稳压器使用非常方便,只要在输出端上外接两个电阻,即可获得所要求的输出电压值。LM317 是三端可调输出电压集成稳压器的一种,它具有输出 1.5A 电流的能力,其典型应用的电路如图 6-5 所示。C_2 滤去 R_2 两端的纹波电压,接入 R_1 和 R_2 使输出电压可调,电压可调范围为 1.25~37V。输出电压的近似表达式为

$$U_o \approx U_{REF}\left(1+\frac{R_2}{R_1}\right)$$

式中:$U_{REF}=1.25\text{V}$。

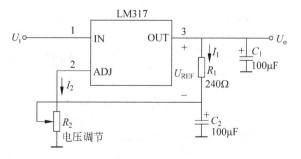

图 6-5　三端可调集成稳压器的典型应用

3．低压差三端稳压器

前述三端稳压器的缺点是输入、输出之间必须维持 2～3V 的电压差才能正常工作，这样的电压差在电池供电的装置中是不能使用的。另外，它们自身功耗大（4.5W），需加散热器。Microl 公司生产的三端稳压器 MIC29150，具有 3.3V、5V 和 12V 3 种电压，输出电流 1.5A，与 7805 封装相同，可以互换使用。该器件的主要特点是压差低，在 1.5A 输出时的压差典型值为 350mV，最大值为 600mV。该稳压器输入电压为 5.6V，输出电压为 5.0V，功耗仅为 0.9W，比 7805 的 4.5W 小得多，可以不用散热片。MIC29150 的使用与 7805 完全一样。

4．集成稳压器典型应用实例

（1）正、负对称固定输出的稳压电源

利用 CW7815 和 CW7915 集成稳压器，可以非常方便地组成 ±15V 输出、电流 1.5A 的稳压电源，其电路如图 6-6 所示。该电源仅用了一组整流电路，节约了成本。

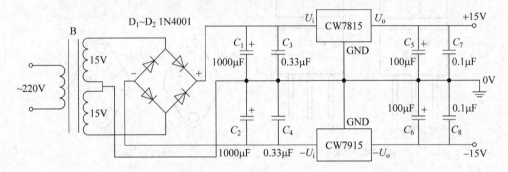

图 6-6　正、负对称固定输出的稳压电源

（2）从零伏开始连续可调的稳压电源

由于 CW317 集成稳压器的基准电压是 1.25V，且该电压在输出端和调整端之间，使图 6-5(a)所示的稳压电源输出只能从 1.25V 向上调起。如果实现从 0V 起调的稳压电源，可采用图 6-7 所示的电路。电路中的 R_2 不是直接接到 0V 上，而是接在稳压管 D_Z 的阳极上，若稳压管的稳压值取 1.25V，则调节 R_2，该电路的输出电压可从 0V 起调。稳压管 D_Z 也可用两只串联二极管代替，电阻 R_3 起限流作用。

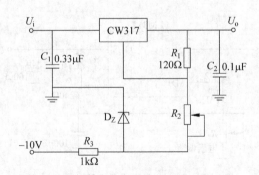

图 6-7　从 0V 起调的稳压电源

（3）跟踪式稳压电源

在有些情况下，有时要求某一电源能自动跟踪另一电源电压的变化而变化。利用两只 CW317 集成稳压器组成的跟踪式稳压电源如图 6-8 所示。

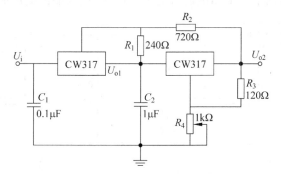

图 6-8　跟踪式稳压电源

第一级集成稳压器 IC_1 的调整端通过电阻 R_2 接到第二只集成稳压器 IC_2 的输出端，这就限定了 IC_2 集成稳压器的输入/输出电压差。该电压差为

$$U_{d2} = U_{o1} - U_{o2} = 1.25\left(1 + \frac{R_2}{R_1}\right)$$

在图示给定的参数下，$U_{d2} = 5\text{V}$。第二级集成稳压器的输出电压为

$$U_{o2} = 1.25\left(1 + \frac{R_4}{R_3}\right)$$

故第一级集成稳压器的输出电压为

$$U_{o1} = U_{d2} + U_{o2} = 5 + 1.25\left(1 + \frac{R_4}{R_3}\right)$$

可见，在调节电阻 R_4 改变第二级输出电压 U_{o2} 时，第一级输出电压 U_{o1} 自动跟踪 U_{o2} 的变化。

（4）恒流源电路

用三端固定输出集成稳压器组成的恒流源电路如图 6-9 所示，此时三端集成稳压器 CW7805 工作于悬浮状态，接在 CW7805 输出端和公共端之间的电阻 R 决定了恒流源的输出电流 I_o。从图中知，流过电阻 R 的电流为

$$I_R = \frac{5}{R}$$

流过负载 R_L 的电流为

$$I_o = I_R + I_Q = \frac{5}{R} + I_Q$$

式中：I_Q 为集成稳压器的静态工作电流。当电阻 R 较小，I_R 较大的情况下，I_Q 的影响可忽略不计。可见，调节电阻 R 的大小，可以改变恒流源电流的大小。

用三端可调集成稳压器 CW317 组成的恒流源电路如图 6-10 所示。由于集成可调稳压器 CW317 的调整端电流非常小，仅有 $50\mu\text{A}$ 左右，并且调整端电流又极其稳定，故该恒流源的电流恒定性及效率均比较高。该恒流源电路的输出电流为

$$I_o = \frac{1.25}{R}$$

若将电阻 R 用电位器代替,便可得到输出电流可调的恒流源。该恒流源的最小输出电流应大于 5mA,恒流源的最大输出电流将受到 CW317 最大输出电流的限制。

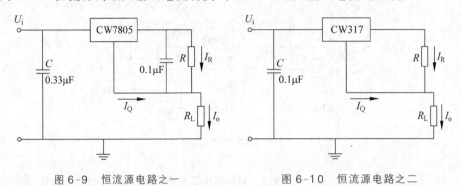

图 6-9　恒流源电路之一　　　　　图 6-10　恒流源电路之二

思考与练习

　　6-1-1　观察图 6-6 正、负对称固定输出的稳压电源,简述工作原理。
　　6-1-2　跟踪式稳压电源怎样产生的?

6.2　开关型稳压电源

6.2.1　串联开关型稳压电路

　　6.1 节所述的串联型稳压电源调整管工作在线性放大区,因此在负载电流较大时,调整管的集电极损耗相当大,电源效率较低,一般为 $40\%\sim60\%$,有时还要配备庞大的散热装置。为了克服上述缺点,可采用串联开关型稳压电路,电路中的串联调整管工作在开关状态,即调整管主要工作在饱和导通和截止两种状态。由于管子饱和导通时管压降 U_{CES} 和截止时管子的电流 I_{CEO} 都很小,管耗主要发生在状态转换过程中,电源效率可提高到 $80\%\sim90\%$,而且它的体积小、重量轻;其主要缺点是输出电压中所含纹波较大。由于优点突出,目前应用日趋广泛。

　　1. 开关型稳压电路的组成

　　开关型稳压电路原理框图如图 6-11 所示。它和串联反馈式稳压电路相比,电路增加了 LC 滤波电路以及产生固定频率的三角波电压发生器和比较器 C 组成的驱动电路,该三角波发生器与比较器组成的电路又称为脉宽调制电路(Pulse Width Modulation,PWM)。它由调整管、滤波电路(电感 L、电容 C 和续流二极管 D)、开关驱动电路(电压比较器)、取样电路、三角波发生电路、基准电压电路、比较放大电路等几部分组成。

　　2. 开关型稳压电路的工作原理

　　三角波发生器通过比较器产生一个方波 u_B,利用 u_B 去控制调整管的通断。当 u_B 为高电平时,调整管饱和导通,输入电压 U_i 经 T 加到二极管 D 的两端,三极管射极电压 U_e

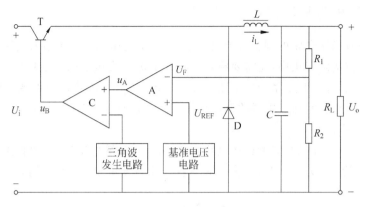

图 6-11 开关型稳压电路原理图

等于 U_i（忽略 T 的饱和压降），此时二极管 D 承受反向电压而截止，负载中有电流流过，电感 L 储存能量。当 u_B 为低电平时，T 由导通变为截止，滤波电感产生自感电动势，使二极管 D 导通，于是电感中储存的能量通过 D 向负载 R_L 释放，使负载 R_L 继续有电流通过，因而常称 D 为续流二极管。此时电压 U_e 等于 $-U_D$（二极管正向压降）。由此可见，虽然调整管处于开关工作状态，但由于二极管 D 的续流作用和 L、C 的滤波作用，输出电压是比较平稳的。

显然，在忽略滤波电感 L 的直流压降的情况下，输出电压的平均值为

$$U_o = \frac{t_{on}}{T}(U_i - U_{CES}) + (-U_D)\frac{t_{off}}{T} \approx U_i\frac{t_{on}}{T} = qU_i \qquad (6\text{-}3)$$

式中：$q = \dfrac{t_{on}}{T}$ 称为脉冲波形的占空比。对于图 6-11 的电路，当采样电压 $U_F < U_{REF}$ 时，占空比大于 50%；当 $U_F > U_{REF}$ 时，占空比小于 50%，因此改变 R_1 与 R_2 的比值可以改变输出电压的数值。

在闭环情况下，电路能自动地调整输出电压。u_A 与 u_B 占空比之间关系如图 6-12 所示。u_A 越大，u_B 的占空比越大。稳压调节过程就是在保持调整管周期 T 不变的情况下，通过改变调整管导通时间 t_{on} 来调节脉冲占空比，从而达到稳压的目的。这种电源又称为脉宽调制型开关电源。目前有多种脉宽调制型开关电源的控制器芯片，有的还将开关管也集成于芯片之中，且含有各种保护电路。

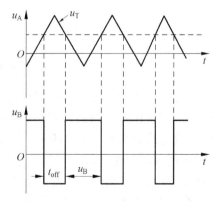

图 6-12 图 6-11 中 u_A 与 u_B 的波形

开关型稳压电源的最低开关频率 f_T 一般为 10～100kHz。f_T 越高，所需的 L、C 越小。这样，系统的尺寸和重量将会减小，成本将随之降低。另一方面，开关频率的增加将使开关调整管单位时间转换的次数增加，使开关调整管的管耗增加，而效率将降低。

6.2.2 并联开关型稳压电路

串联开关型稳压电路的调整管与负载串联,输出电压总是小于输入电压,故称为降压型稳压电路。在实际应用中,还需要将输入直流电源经稳压电路转换成大于输入电压的稳定的输出电压,称为升压型稳压电路。在这类电路中,开关管常与负载并联,故称为并联开关型稳压电路。它通过电感的储能作用,将感应电动势与输入电压相叠加后作用于负载,因而 $U_o > U_i$。

图 6-13 所示为并联开关型稳压电路中的换能电路,输入电压 U_i 为直流供电电压,晶体管 T 为开关管,u_B 为矩形波,电感 L 和电容 C 组成滤波电路,D 为续流二极管。

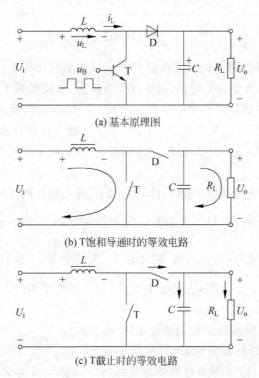

(a) 基本原理图

(b) T饱和导通时的等效电路

(c) T截止时的等效电路

图 6-13 换能电路的基本原理图及其等效电路

T 管的工作状态受 u_B 的控制,当 u_B 为高电平时,T 饱和导通,U_i 通过 T 给电感 L 充电储能,充电电流几乎线性增长;D 因承受反向电压而截止;滤波电容 C 向负载电阻放电,等效电路如图 6-13(b)所示。当 u_B 为低电平时,T 截止,L 产生感应电动势,其方向阻止电流的变化,因而与 U_i 同方向,两个电压相加后通过二极管 D 对 C 充电,等效电路如图 6-13(c)所示。因此无论 T 和 D 的状态如何,负载电流方向始终不变。

推导可得到输出电压的平均值为

$$U_o \approx \frac{1}{1-q} U_i$$

可见,当 u_B 的周期不变时,改变占空比 q,可以改变输出电压 U_o 的大小,并且占空比 q 越大,输出电压越高。

思考与练习

6-2-1 为什么开关电源可以提高电源效率?

6-2-2 查阅相关资料,了解开关电源的集中拓扑结构和工作原理。

6.3 逆变电源简介

逆变电源的原理是利用晶闸管电路把直流电转变成交流电,这种对应于整流的逆向过程,定义为逆变。例如,应用晶闸管的电力机车,当下坡时使直流电动机作为发电机制动运行,机车的位能转变成电能,反送到交流电网中去。又如,运转着的直流电动机,要使它迅速制动,也可让电动机作发电机运行,把电动机的动能转变为电能,反送到电网中去。把直流电逆变成交流电的电路称为逆变电路。在特定场合下,同一套晶闸管变流电路既可作整流,又能作逆变。变流器工作在逆变状态时,如果把变流器的交流侧接到交流电源上,把直流电逆变为同频率的交流电反送到电网去,叫有源逆变。如果变流器的交流侧不与电网连接,而直接接到负载,即把直流电逆变为某一频率或可调频率的交流电供给负载。

6.3.1 逆变的概念

逆变与整流相对应,是整流的反过程,就是把直流电变成交流电。逆变器(DC-AC)是利用晶闸管将直流电能转换成为所需频率的交流电能。同一套晶闸管电路可用以整流,也可用以逆变,统称为变流器或变流装置。把直流电变成某一频率的交流电反送到交流电源为有源逆变;将直流电变成某一频率或频率可调的交流电供给负载的为无源逆变。无源逆变通常作为变频用,因此也称变频器。变频电路分为交-交变频和交-直-交变频两种。交-直-交变频器的示意图如图 6-14 所示,它由整流器和逆变器两部分组成,先由整流器将 50Hz 的交流电源电压 u 整流成直流电压 U_D,然后再把此直流电压经逆变器逆变为所需频率 f_0 的交流电压 u_0。整流器可用二极管组成,但其输出 U_D 不能调节;若用晶闸管组成,则可以调节输出直流电压 U_D。逆变器由晶闸管组成,其输出电压 u_0 的幅值和频率可实现单独或同时调节。

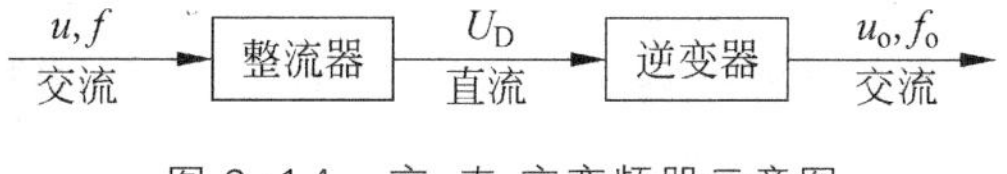

$$\xrightarrow[\text{交流}]{u,f} \boxed{\text{整流器}} \xrightarrow[\text{直流}]{U_D} \boxed{\text{逆变器}} \xrightarrow[\text{交流}]{u_0,f_0}$$

图 6-14 交-直-交变频器示意图

实现有源逆变有两个条件:外部条件,直流侧要有直流电源,其方向要使晶闸管承受正向电压,直流的输出电压大小由控制角 α 决定;内部条件,变流器工作在 $\alpha > 90°$ 区域,能保证晶闸管的大部分时间在电源的负半周导通,变流器的输出电压 $U_D < 0$。

变频器的用途很广。金属冶炼、热处理需要中频或者高频电源;搅拌、振动等设备需要低于 50Hz 的交流电源;交流电动机变频调速则要求频率可变的交流电源。这些变频电源,过去采用体积大、噪声大、效率低的变频机组来获得,现在已被体积小、重量轻、效率高的晶闸管变频装置所取代。

6.3.2 电压型单相桥式逆变电路

逆变电路的应用非常广泛。交流电动机调速用的变频器、不间断电源、感应加热电源等电力电子装置使用非常广泛,其电路的核心部分都是逆变电路。有人说,电力电子技术早期曾处在整流电路时代,后来则进入了逆变器时代,可见逆变电路在现实生产生活中的作用之大和应用之广泛。而 PWM 控制技术是逆变电路中应用最为广泛的技术,现在大量应用的逆变电路中,绝大部分都是 PWM 型逆变电路。为了对 PWM 型逆变电路进行分析,首先建立了逆变器控制所需的电路模型,采用 IGBT 作为开关器件,并对单相桥式电压型逆变电路和 PWM 控制电路的工作原理进行了分析,运用 Matlab 中的 Simulink 对电路进行了仿真,给出了仿真波形,并运用 Matlab 提供的功能模块对仿真波形进行了 FFT 分析(快速傅里叶分析)。通过仿真分析表明,运用 PWM 控制技术可以很好地实现逆变电路的运行要求。

图 6-15 所示是电压型单相桥式逆变电路。整流器输出电压 U_D,即逆变电路的输入电压。令晶闸管 T_1、T_3 和 T_2、T_4 轮流切换导通,则在负载上得到交流电压 u_o(矩形波电压),其幅值为 U_D;其频率 f_0 则由晶闸管切换导通的时间来决定。

$D_1 \sim D_4$ 为反馈二极管,与各个晶闸管反向并联。如果负载是电感性的,则 i_o 应滞后于 u_o。当 T_1、T_3 导通时,负载电流 i_o 的方向如图 6-16 所示;但当切换为 T_2、T_4 导通时,i_o 的方向尚未改变,此时可经过二极管 $D_2 \rightarrow$ 电源 $\rightarrow D_4$ 这一通路,将电感性能量由负载反馈回电源。如果是电阻性负载,i_o 和 u_o 同相,则二极管中不会有电流通过,它们不起作用。

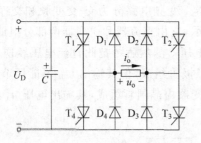

图 6-15 电压型单相桥式逆变电路

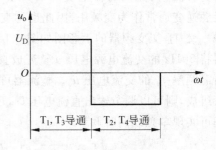

图 6-16 负载电流 i_o 的方向

需要指出的是,图 6-15 中所用的不是普通晶闸管,而是可关断晶闸管(Gate Turn-off Thyristor,GTO),这是一种具有自关断能力的快速功率开关元件。当其阳极和阴极间加正向电压时,在控制极加上正脉冲可使其导通;反之,加上负脉冲即可使其关断(截止)。如果在逆变器中采用普通晶闸管,需有复杂的换流电路,对可关断晶闸管而言,不需要换流电路。

当逆变电路作为三相负载(如三相交流电动机)的变频电源时,则应采用三相逆变电路。

思考与练习

6-3-1　查阅相关资料，了解电源逆变器的发展历程。

6-3-2　简述图 6-15 的工作原理。为什么二极管是这种接法？极性调换一下行不行？

习题

6-1　在图 6-17 所示稳压电路中，已知稳压管的稳定电压 U_Z 为 6V，最小稳定电流 I_{Zmin} 为 5mA，最大稳定电流 I_{Zmax} 为 40mA；输入电压 15V，波动范围为 $\pm10\%$；限流电阻为 200Ω。

（1）电路是否可以空载？为什么？

（2）作为稳压电路的指标，负载电流 I_L 的范围为多少？

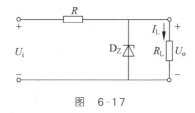

图　6-17

6-2　在图 6-18 所示的整流滤波电路中，已知 $U_2=20V$，求下列情况下 A、B 两点间的电压：(1)电路正常工作；(2)电容 C 开路；(3)负载 R_L 开路；(4)二极管 D_1 开路。

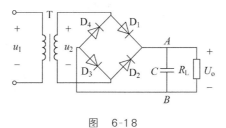

图　6-18

6-3　在图 6-19 所示串联型直流稳压电路中，$U_Z=6.7V$，求输出电压的调节范围。若要求最大输出电流为 500mA，试确定取样电阻 R_3 的值。

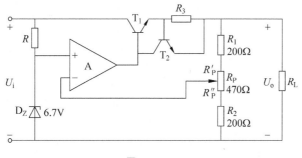

图　6-19

6-4 求图 6-20 所示电路的输出电压值和负载电阻 R_L 的最小值。

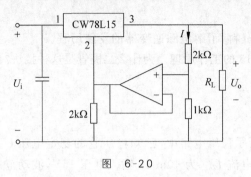

图 6-20

6-5 图 6-21 所示电路为用 CW317 组成的可调恒流源电路。当 R_1 为 1～100Ω 时，求恒流电流 I_o 的变化范围（设 $I_{adj} \approx 0$）。当 R_L 用 1.5V 的待充电电池代替，充电电流为 50mA 时，求电池的等效电阻，并确定 R_1 的值。

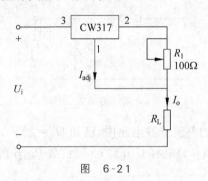

图 6-21

下篇

数字电路与EDA技术

数字逻辑基础

数字电路是以数字量为研究对象的电子电路。本章主要讨论数字电子技术的基础理论知识,包括计数体制、逻辑代数及其化简。同时还给出了逻辑函数的概念、表示方法及相互转换。

7.1 数字系统与编码

7.1.1 数字与模拟

电子电路中的信号可分为两类:一类在时间和幅度上都是连续的,称为模拟信号,如图 7-1 所示,例如电压、电流、温度、声音等。传送和处理模拟信号的电路称为模拟电路;另一类在时间和幅度上都是离散的,称为数字信号,如图 7-2 所示,例如计时装置的时基信号、灯光闪烁等信号都属于数字信号。传送和处理数字信号的电路称为数字电路。

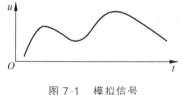

图 7-1 模拟信号

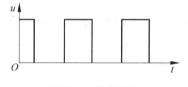

图 7-2 数字信号

数字电路与模拟电路相比具有以下特点。

(1) 数字电路的工作信号是离散的数字信号。数字信号常用 0、1 二元数值表示。

(2) 数字电路中,半导体器件均工作在开关状态,即工作在截止区和饱和区。

(3) 数字电路研究的主要问题是输入、输出之间的逻辑关系。

(4) 数字电路的主要分析工具是逻辑代数。

7.1.2 数制及其转换

数制指计数的方法,日常生活中最常用的是十进制计数,而在数字电路和计算机中最常用的是二进制、八进制和十六进制。

1．数制

（1）十进制数

十进制数的每一位都采用 0～9 十个数码中的任何一个来表示，十进制的计数基数是 10，超过 9 就必须用多位数来表示。其相邻的低位和高位间的运算关系是"逢十进一"，即

$$9 + 1 = 10$$

各数码处在不同数位时，代表的数值是不同的。例如：

$$5555 = 5 \times 10^3 + 5 \times 10^2 + 5 \times 10^1 + 5 \times 10^0$$

式中：10^3、10^2、10^1、10^0 称为十进制数各数位的权或位权，都是 10 的幂。因此，任意一个十进制数都可以表示为各个数位上的数码与其对应的权的乘积之和，称为权展开式，用通式可表示为

$$(N)_{10} = a_{n-1} \times 10^{n-1} + a_{n-2} \times 10^{n-2} + \cdots + a_1 \times 10^1 + a_0 \times 10^0$$
$$+ a_{-1} \times 10^{-1} + a_{-2} \times 10^{-2} + \cdots + a_{-m} \times 10^{-m}$$
$$= \sum_{m}^{n-1} a_i \times 10^i$$

式中：a_i 为 0～9 中的任一数码；10 为进制的基数；10 的 i 次幂为第 i 位的权；m、n 为正整数，n 为整数部分的位数，m 为小数部分的位数。

（2）二进制数

二进制计数体制中只有 0 和 1 两个数码，其基数是 2，运算规律是"逢二进一"，即

$$1 + 1 = 10$$

二进制数同样也可按权展开，用通式可表示为

$$(N)_2 = \sum_{m}^{n-1} b_i \times 2^i$$

例如：

$$(101.01)_2 = 1 \times 2^2 + 0 \times 2^1 + 1 \times 2^0 + 0 \times 2^{-1} + 1 \times 2^{-2} = (5.25)_{10}$$

上式中用下标 2 和 10 分别表示括号里的数是二进制数和十进制数。

（3）八进制数

八进制数有 0～7 八个数码，计数基数是 8，运算规律是"逢八进一"，即

$$7 + 1 = 10$$

八进制数中每个数位的权都是 8 的幂。例如：

$$(207.04)_8 = 2 \times 8^2 + 0 \times 8^1 + 7 \times 8^0 + 0 \times 8^{-1} + 4 \times 8^{-2} = (135.0625)_{10}$$

（4）十六进制数

二进制数在计算机系统中处理很方便，但当位数较多时，书写及记忆都比较难，为了减少位数，通常将二进制数用十六进制来表示，它是计算机系统中除二进制数之外使用较多的进制。十六进制中共有 0～9、A(10)、B(11)、C(12)、D(13)、E(14)、F(15)十六个不同的数码，计数基数是 16，运算规律是"逢十六进一"，即

$$F + 1 = 10$$

十六进制数中每个数位的权都是 16 的幂。例如：

$$(D8.A)_{16} = 13 \times 16^1 + 8 \times 16^0 + 10 \times 16^{-1} = (216.625)_{10}$$

2．数制转换

（1）十进制数与二进制数的相互转换

① 二进制数转换成十进制数。二进制数转换成十进制数的方法是按权展开，再求加权系数之和。

【例 7-1】 将二进制数$(1101010)_2$转换成十进制数。

解：
$$(1101010)_2 = 1 \times 2^6 + 1 \times 2^5 + 0 \times 2^4 + 1 \times 2^3 + 0 \times 2^2 + 1 \times 2^1 + 0 \times 2^0$$
$$= 2^6 + 2^5 + 2^3 + 2^1$$
$$= 64 + 32 + 8 + 2$$
$$= (106)_{10}$$

② 十进制数转换为二进制数。十进制数转换为二进制数时，对整数部分可采用"除 2 取余、逆序排列"法，对小数部分可采用"乘 2 取整、顺序排列"法。

【例 7-2】 将十进制数$(44.375)_{10}$转换成二进制数。

解：可将$(44.375)_{10}$的整数部分和小数部分分别进行转换，步骤如下。

整数部分　　　　　　　　小数部分

$$
\begin{array}{r|l}
2 & 44 \\
2 & 22 \quad \cdots\cdots\cdots \quad 0 = K_0 \\
2 & 11 \quad \cdots\cdots\cdots \quad 0 = K_1 \\
2 & 5 \quad \cdots\cdots\cdots \quad 1 = K_2 \\
2 & 2 \quad \cdots\cdots\cdots \quad 1 = K_3 \\
2 & 1 \quad \cdots\cdots\cdots \quad 0 = K_4 \\
& 0 \quad \cdots\cdots\cdots \quad 1 = K_5 \\
\end{array}
$$

余数　　低位　　高位

$$
\begin{array}{l}
0.375 \\
\underline{\times \quad 2} \\
0.750 \quad \cdots\cdots\cdots \quad 0 = K_{-1} \\
0.750 \\
\underline{\times \quad 2} \\
1.500 \quad \cdots\cdots\cdots \quad 1 = K_{-2} \\
0.500 \\
\underline{\times \quad 2} \\
1.000 \quad \cdots\cdots\cdots \quad 1 = K_{-3} \\
\end{array}
$$

整数　　高位　　低位

故$(44.375)_{10} = (101100.011)_2$。

（2）十进制数与其他进制数的相互转换

十进制数和其他进制数的相互转换与十进制数和二进制数的相互转换方法完全类似。

当十进制数转换为其他进制数时，可将十进制数分为整数和小数两部分进行。整数部分的转换采用"除基取余，逆序排列"法。小数部分的转换采用"乘基取整，顺序排列"法。

当其他进制数转换为十进制数时，可将其他进制数按加权系数展开式展开，求得的和即为相应的十进制数。

（3）二进制数与八进制数的相互转换

① 二进制数转换为八进制数。二进制数转换为八进制数时,可将二进制数由小数点开始,整数部分向左,小数部分向右,每 3 位分成一组,不够 3 位补零,则每组二进制数便是一位八进制数。

【例 7-3】 将二进制数 $(1101010.1101)_2$ 转换为八进制数。

解: $(1101010.1101)_2 = (001,101,010.110,100)_2 = (152.64)_8$

② 八进制数转换为二进制数。八进制数转换为二进制数时,只要将每位八进制数用 3 位二进制数表示即可。

【例 7-4】 将八进制数 $(207.04)_8$ 转换为二进制数。

解: $(207.04)_8 = (010,000,111.000,100)_2$

（4）二进制数与十六进制数的相互转换

① 二进制数转换为十六进制数。二进制数转换为十六进制数时,只要将二进制数的整数部分自右向左每四位一组,不足四位时在左边补零;小数部分则自左向右每四位一组,最后不足四位时在右边补零。再把每四位二进制数对应的十六进制数写出来即可。

【例 7-5】 将二进制数 $(1101010.1101)_2$ 转换为十六进制数。

解: $(1101010.1101)_2 = (0110,1010.1101)_2 = (6A.D)_{16}$

② 十六进制数转换为二进制数。十六进制数转换为二进制数时正好与此相反,只要将每位的十六进制数对应的四位二进制写出来就行了。

在数制使用时,常将各种数制用简码来表示:如十进制数用 D 表示或省略;二进制用 B 来表示;八进制用 O 来表示;十六进制数用 H 来表示。如:十制数 123 表示为 123D 或者 123;二进制数 1011 表示为 1011B;八进制数 173 表示为 173O;十六进制数 3A4 表示为 3A4H。

7.1.3 码制及常用编码

数码不但可以用来表示数量的大小,还可以用来表示不同的事物。当用数码作为代号表示事物的不同时,称其为代码。一定的代码有一定的规则,这些规则称为码制。给不同事物赋予一定代码的过程称为编码。

日常生活中,人们习惯于十进制数码,而数字系统只能对二进制代码进行处理,这就需要用四位二进制数来表示一位十进制数,这种用来表示十进制数的四位二进制代码称为二-十进制代码(Binary Coded Decimal),简称 BCD 码。由于四位二进制数有 $2^4 = 16$ 种组合方式,可任选其中 10 种来表示 0～9 这十个数码,因此编码方案很多。常见的 BCD 码有以下几种。

1. 8421 码

8421 码是 BCD 码中使用最多的一种有权码(每位均有固定权值),其权值由高到低依次为 $8(2^3)$、$4(2^2)$、$2(2^1)$、$1(2^0)$,故称 8421BCD 码。8421BCD 码的特点是,如果将代码看成一个四位二进制数,则它的数值正好等于它所代表的十进制数的大小。即假设 8421 码为 $a_3a_2a_1a_0$,则其表示的十进制数为

$$8a_3 + 4a_2 + 2a_1 + 1a_0$$

【例 7-6】 将 $(35)_{10}$ 和 $(79.4)_{10}$ 分别用 8421 码表示。

解： $(35)_{10} = (0011\ 0101)_{8421}$

$(79.4)_{10} = (0111\ 1001.0100)_{8421}$

2. 2421 码

2421 码也是一种有权码,其权值由高到低依次为 2、4、2、1,假设 2421 码为 $a_3a_2a_1a_0$,则其表示的十进制数为

$$2a_3 + 4a_2 + 2a_1 + 1a_0$$

3. 5421 码

5421 码也是一种有权码,其权值由高到低依次为 5、4、2、1,假设 5421 码为 $a_3a_2a_1a_0$,则其表示的十进制数为

$$5a_3 + 4a_2 + 2a_1 + 1a_0$$

4. 余 3 码

余 3 码各位没有固定的权值,是一种无权代码。它是在相应的 8421 码加 0011 得到的,因此叫做余 3 码。

5. 格雷(Gray)码

格雷码也叫循环码,它也是一种无权码。格雷码的特点是,任何两个相邻的代码只有一位不同,其他位都相同。

这几种常用的二-十进制编码如表 7-1 所示。

表 7-1　几种常用的二-十进制编码

十进制数	8421 码	2421 码	5421 码	余 3 码	格雷码
0	0000	0000	0000	0011	0010
1	0001	0001	0001	0100	0110
2	0010	0010	0010	0101	0111
3	0011	0011	0011	0110	0101
4	0100	0100	0100	0111	0100
5	0101	1011	1000	1000	1100
6	0110	1100	1001	1001	1101
7	0111	1101	1010	1010	1111
8	1000	1110	1011	1011	1110
9	1001	1111	1100	1100	1010

此外,国际上还有一些专门处理字母、数字字符的二进制代码,如 ISO 码、ASCII 码等。读者可参阅有关书籍。

思考与练习

7-1-1　什么是数字信号?数字电路的特点有哪些?

7-1-2　写出 4 位二进制数、4 位八进制数、4 位十六进制数的最大数,与它们等值的十进制数各为多少?

7-1-3　怎样将十进制数转换为二进制数、八进制数和十六进制数？整数部分和小数部分的转换有何不同？

7-1-4　将二进制数、八进制数和十六进制数转换为十进制数的方法是什么？

7-1-5　什么是编码？什么是BCD码？8421码、2421码、余三码和格雷码各有何特点？

7-1-6　十进制数25用8421BCD码表示为_____。

　　A. 10 101　　　　B. 0010 0101　　　C. 100101　　　D. 10101

7-1-7　在数字系统中为什么要采用二进制？

7.2　逻辑关系与逻辑代数

　　数字电路主要研究电路输出与输入之间的逻辑关系，因此数字电路又称逻辑电路，其研究工具是逻辑代数（布尔代数或开关代数）。逻辑代数与普通代数都由字母来代替变量，但逻辑代数与普通代数的概念不同，它不表示数量大小之间的关系，而是描述客观事物一般逻辑关系的一种数学方法。逻辑变量的取值只有两种，即逻辑0和逻辑1，它们不表示数量的大小，而表示两种对立的逻辑状态，如开关的通与断、电位的高与低、灯的亮与灭等。0和1称为逻辑常量。

7.2.1　与、或、非三种基本逻辑运算关系

　　在逻辑代数中有三种基本的逻辑运算关系：与（AND）、或（OR）、非（NOT）。

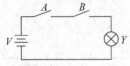

图 7-3　指示灯控制电路

1. 与运算

　　只有当决定事件（Y）发生的所有条件（$A,B,C,\cdots$）均满足时，事件（Y）才能发生，这种因果关系称为"与"逻辑运算。表达式为

$$Y = ABC\cdots$$

　　例如，在图 7-3 所示电路中，两个开关串联控制一个指示灯。显然，只有当两个开关都接通时，灯才能亮，否则，灯灭。该电路的与逻辑关系如表 7-2 所示。

　　如果用 1 表示开关闭合和灯亮，用 0 表示开关断开和灯灭，则电路中指示灯 Y 和开关 A、B 之间的关系如表 7-3 所示，这种反映逻辑关系的表格称为逻辑真值表。

表 7-2　与逻辑关系表

开关 A	开关 B	灯 Y
断	断	灭
断	通	灭
通	断	灭
通	通	亮

表 7-3　与逻辑真值表

A	B	Y
0	0	0
0	1	0
1	0	0
1	1	1

　　在逻辑代数中，与逻辑运算又叫逻辑乘，两变量的与运算可用逻辑表达式表示为

$$Y = A \cdot B \quad 或 \quad Y = AB$$

读作"Y 等于 A 与 B"。意思是：若 A、B 均为 1，则 Y 为 1；否则 Y 为 0。与运算规则

可以归纳为"有 0 出 0,全 1 为 1"。

实现"与"逻辑关系的电路叫做与门电路。由分离元件组成的二极管与门电路如图 7-4(a)所示,图 7-4(b)和图 7-4(c)为逻辑符号。图中 A、B 为信号的输入端,Y 为信号的输出端。

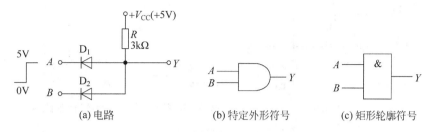

图 7-4 与逻辑门电路及符号

对二极管组成的与门电路分析如下。

(1) A、B 都是低电平,$u_A = u_B = 0V$,二极管 D_1、D_2 都导通,若忽略二极管正向导通压降,则 $u_Y \approx 0V$。Y 输出为低电平。

(2) A 是低电平,B 是高电平,$u_A = 0V$,$u_B = 5V$,二极管 D_1 导通,二极管 D_2 截止,则 $u_Y \approx 0V$。Y 输出为低电平。

(3) A 是高电平,B 是低电平,$u_A = 5V$,$u_B = 0V$,二极管 D_2 导通,二极管 D_1 截止,则 $u_Y \approx 0V$。Y 输出为低电平。

(4) A、B 都是高电平,$u_A = u_B = 5V$,二极管 D_1、D_2 都截止,$u_Y \approx 5V$,则 Y 输出为高电平。

因此,该电路实现的是与逻辑关系:输入有低,输出为低;输入全高,输出为高。所以它是一种与门。

2.或运算

当决定事件发生的条件具备一个或一个以上时,事件就发生;只有当所有条件均不具备时,事件才不会发生。这种因果之间的关系就是"或"逻辑的运算关系。例如,在图 7-5 所示的电路中,只要开关 A、B 中任意一个接通或者两个都接通,灯就亮;只有当开关 A、B 均断开时,灯才不亮。由此可得或逻辑关系表如表 7-4 所示,或逻辑真值表如表 7-5 所示。

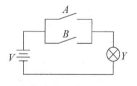

图 7-5 或逻辑关系电路

表 7-4 或逻辑关系表

开关 A	开关 B	灯 Y
断	断	灭
断	通	亮
通	断	亮
通	通	亮

表 7-5 或逻辑真值表

A	B	Y
0	0	0
0	1	1
1	0	1
1	1	1

在逻辑代数中,或逻辑运算又叫逻辑加,两变量的或运算可用逻辑表达式表示为

$$Y = A + B$$

读作"Y 等于 A 或 B",意思是：若 A、B 均为 0,则 Y 为 0；否则 Y 为 1。或运算规则可以归纳为"全 0 出 0,有 1 为 1"。

在数字电路中,实现或逻辑关系的逻辑电路称为或门,由二极管组成的或门电路如图 7-6(a)所示,逻辑符号如图 7-6(b)、(c)所示。

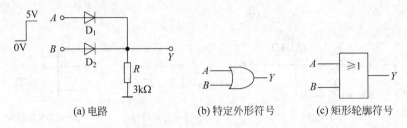

图 7-6　或逻辑门电路符号

电路功能分析如下。

(1) A、B 都是低电平,$u_A = u_B = 0$V,二极管 D_1、D_2 都截止,则 $u_Y = 0$V,Y 输出为低电平。

(2) A 是低电平,B 是高电平,$u_A = 0$V,$u_B = 5$V,二极管 D_2 导通,二极管 D_1 截止,则 $u_Y \approx 5$V,Y 输出为高电平。

(3) A 是高电平,B 是低电平,$u_A = 5$V,$u_B = 0$V,二极管 D_1 导通,二极管 D_2 截止,则 $u_Y \approx 5$V,Y 输出为高电平。

(4) A、B 都是高电平,$u_A = u_B = 5$V,二极管 D_1、D_2 都导通,则 $u_Y \approx 5$V,Y 输出为高电平。

因此,该电路实现的是或逻辑关系：输入有高,输出为高；输入全低,输出为低。所以它是一种或门。

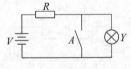

图 7-7　非逻辑关系电路

3. 非运算

非运算关系是,当条件具备时,事件不发生；当条件不具备时,事件能发生。即某事件发生与否,仅取决于一个条件,而且是对该条件的否定。

例如,在图 7-7 所示电路中,当开关 A 接通时,灯 Y 不亮；而当开关 A 断开时,灯亮。由此可得非逻辑关系表和真值表如表 7-6 和表 7-7 所示。

<table>
<tr><td colspan="2">表 7-6　非逻辑关系表</td><td colspan="2">表 7-7　非逻辑真值表</td></tr>
<tr><td>开关 A</td><td>灯 Y</td><td>A</td><td>Y</td></tr>
<tr><td>断</td><td>亮</td><td>0</td><td>1</td></tr>
<tr><td>通</td><td>灭</td><td>1</td><td>0</td></tr>
</table>

在逻辑代数中,非逻辑运算又称逻辑反。非逻辑关系的表达式为

$$Y = A' \quad \text{或} \quad Y = \overline{A}$$

读作"Y 等于 A 非",意思是:若 A 为 0,则 Y 为 1;若 A 为 1,则 Y 为 0。非逻辑运算规则可以归纳为"有 0 出 1,是 1 为 0"。

逻辑非的运算符号尚无统一标准,采用"′"便于计算机输入,本书以后将采用该符号。

实现非逻辑关系的电路称为非门,因为它的输入与输出之间是反相关系,故又称为反相器(Inverter)。三极管反相器电路如图 7-8(a)所示,逻辑符号如图 7-8(b)、(c)所示。

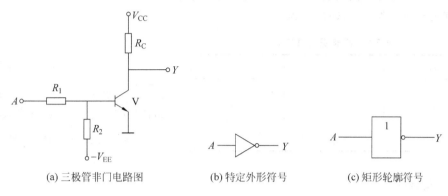

| (a) 三极管非门电路图 | (b) 特定外形符号 | (c) 矩形轮廓符号 |

图 7-8 非门电路及符号

当输入信号为低电平,即 $u_A = 0\text{V}$ 时,三极管 T 在基极偏置电源 $-V_{EE}$ 的作用下发射结处于反向偏置,三极管充分截止,$i_B = 0$,$i_C = 0$,输出电压 $u_Y = V_{CC} = 5\text{V}$,输出为高电平;当输入信号为高电平,即 $u_A = 5\text{V}$ 时,它与基极偏置电源 $-V_{EE}$ 的共同作用下产生足够的基极电流,三极管饱和导通,$u_Y = U_{CES} = 0.3\text{V}$,输出低电平,实现了非逻辑关系。

7.2.2 常用复合逻辑关系

实际的逻辑问题往往比与、或、非复杂得多,不过它们都可以用与、或、非的组合来实现。最常用的复合逻辑运算主要包括:与非(NAND)、或非(NOR)、与或非(AND-NOR)、异或(XOR)、同或(XNOR)等。

1. 与非

与非逻辑运算是由与、非两种基本运算按照"先与后非"的顺序复合而成的。两变量与非逻辑的逻辑表达式为

$$Y = (AB)' \quad \text{或} \quad Y = \overline{AB}$$

两变量与非逻辑真值表如表 7-8 所示。逻辑符号如图 7-9 所示。对于与非逻辑,只有当其全部输入为 1 时,输出才为 0。

表 7-8 与非逻辑真值表

A	B	Y
0	0	1
0	1	1
1	0	1
1	1	0

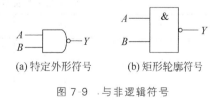

| (a) 特定外形符号 | (b) 矩形轮廓符号 |

图 7-9 与非逻辑符号

2．或非

或非逻辑运算是由或、非两种基本运算按照“先或后非”的顺序复合而成的。两变量或非逻辑的逻辑表达式为

$$Y=(A+B)' \quad 或 \quad Y=\overline{A+B}$$

两变量或非逻辑真值表如表 7-9 所示，逻辑符号如图 7-10 所示。对于或非逻辑，只有当其全部输入为 0 时，输出才为 1。

表 7-9　或非逻辑真值表

A	B	Y
0	0	1
0	1	0
1	0	0
1	1	0

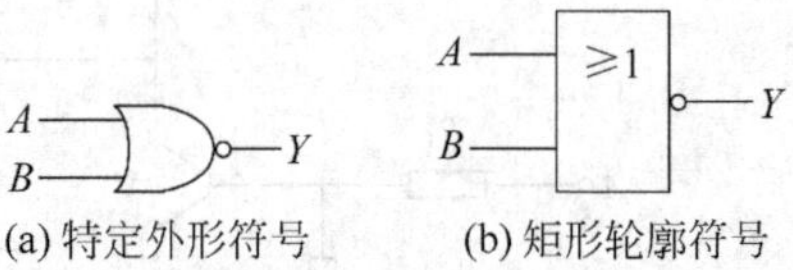

A
B
Y
≥1
(a) 特定外形符号
(b) 矩形轮廓符号

图 7-10　或非逻辑符号

3．与或非

与或非逻辑运算是由与、或、非三种基本运算按照“先与后或再非”的顺序复合而成的。有四个输入端的与或非逻辑表达式为

$$Y=(AB+CD)' \quad 或 \quad Y=\overline{AB+CD}$$

其逻辑符号如图 7-11 所示。

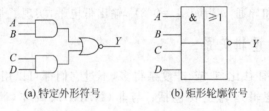

A
B
C
D
Y
&
≥1
(a) 特定外形符号
(b) 矩形轮廓符号

图 7-11　与或非逻辑符号

4．异或

异或是一种二变量逻辑运算，当两个变量不同时，输出为 1；当两个变量相同时，输出为 0，即“不同为 1，相同为 0”。异或逻辑的表达式为

$$Y=AB'+A'B=A\oplus B$$

其中，“$\oplus$”是异或逻辑的运算符号，读作“异或”。

异或逻辑运算的真值表如表 7-10 所示，逻辑符号如图 7-12 所示。

表 7-10　异或逻辑真值表

A	B	Y
0	0	0
0	1	1
1	0	1
1	1	0

A
B
Y
=1
(a) 特定外形符号
(b) 矩形轮廓符号

图 7-12　异或逻辑符号

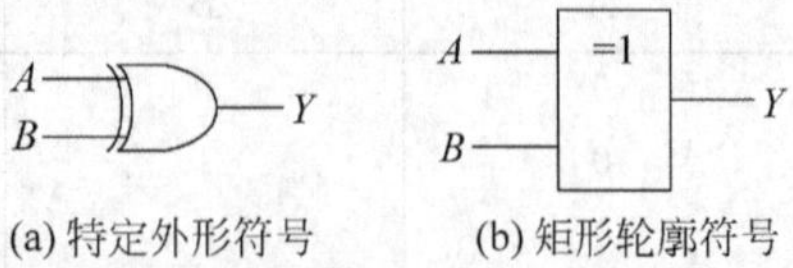

5. 同或

同或也是一种二变量逻辑运算,当两个变量相同时,输出为 1;当两个变量不同时,输出为 0,即"相同为 1,不同为 0"。同或逻辑的表达式为

$$Y = AB + A'B' = A \odot B$$

其中,"$\odot$"是同或逻辑的运算符号,读作"同或"。

同或逻辑运算的真值表如表 7-11 所示,逻辑符号如图 7-13 所示。

表 7-11 同或逻辑真值表

A	B	Y
0	0	1
0	1	0
1	0	0
1	1	1

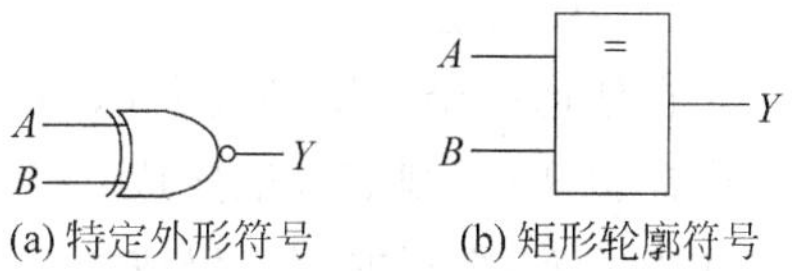

(a) 特定外形符号　　(b) 矩形轮廓符号

图 7-13　同或逻辑符号

由异或、同或逻辑运算的真值表不难发现,在相同的输入下,二者的输出正好相反,即二者互为非逻辑关系,即

$$A \odot B = (A \oplus B)'$$

因此,同或也经常称作异或非。

7.2.3　逻辑代数的公式和定理

1. 逻辑代数的基本公式

逻辑代数中有 10 个基本公式,如表 7-12 所示。逻辑运算的基本公式是化简逻辑函数、分析和设计逻辑电路的基础,要牢固掌握。

表 7-12　逻辑代数的基本公式

公式名称	公式1	公式2
0-1 律	$A \cdot 0 = 0$	$A + 1 = 1$
自等律	$A \cdot 1 = A$	$A + 0 = A$
重叠律	$A \cdot A = A$	$A + A = A$
互补律	$A \cdot A' = 0$	$A + A' = 1$
交换律	$A \cdot B = B \cdot A$	$A + B = B + A$
结合律	$A \cdot (B \cdot C) = (A \cdot B) \cdot C$	$A + (B + C) = (A + B) + C$
分配律	$A \cdot (B + C) = AB + AC$	$A + (B \cdot C) = (A + B) \cdot (A + C)$
吸收律	$A(A + B) = A$	$A + AB = A$
反演律	$(AB)' = A' + B'$	$(A + B)' = A' \cdot B'$
还原律	$(A')' = A$	

其中,反演律也叫摩根(Morgon)定律,是数字逻辑变换中经常要用到的定律,应重点掌握。反演律说明了如何利用非运算实现与、或运算之间的变换,该定律还可以推广为多

变量的形式,如

$$(ABCD)' = A' + B' + C' + D'$$
$$(A + B + C + D)' = A'B'C'D'$$

以上各公式可以采用列真值表的方法予以证明。只要在输入变量的各种取值组合下,等号两边的函数值相等,等式就成立。

2．逻辑代数的基本定理

逻辑代数有三个重要的定理:代入定理、对偶定理和反演定理。

(1) 代入定理

在任何一个逻辑等式中,如果以某个逻辑变量或逻辑函数同时取代等式两端的任何一个逻辑变量,则等式依然成立。这个定理称为代入定理。例如,在反演律中用 BC 代替等式中的 B,则新的等式仍成立。即

$$(ABC)' = A' + (BC)' = A' + B' + C'$$

(2) 对偶定理

若将逻辑函数 Y 中的"·"变为"+","+"变为"·";"0"变为"1","1"变为"0";而变量保持不变,那么得到的新逻辑函数表达式称为函数 Y 的对偶式,用 Y^D 表示,即 Y 和 Y^D 互为对偶式。

对偶定理的内容是:如果两个逻辑函数表达式相等,它们的对偶式也一定相等。

表 7-12 基本定律中的定律 1 和定律 2 是互为对偶式。

(3) 反演定理

如果将逻辑函数表达式 Y 中的"·"变为"+","+"变为"·";"0"变为"1","1"变为"0";原变量变为反变量,反变量变为原变量,那么新得到的逻辑函数表达式就是函数 Y 的反函数 Y',这一定理称为反演定理。利用反演定理可以方便地求得一个函数的反函数。

【例 7-7】 已知函数 $Y_1 = A(B+C) + CD$,$Y_2 = ((AB'+C)' + D)' + C$,求 Y_1' 和 Y_2'。

解:利用反演定理可得

$$Y_1' = (A' + B'C')(C' + D')$$
$$Y_2' = (((A'+B)C')'D')' \cdot C'$$

使用反演定理时,应注意以下两点:①要保持原函数中运算符号的优先顺序不变,即要先括号,然后与,最后或;②不属于单个变量上的非号要保留不变。

7.2.4 逻辑函数的表达方式及相互转换

1．逻辑函数的表达方式

逻辑函数常用的表示方法有五种:逻辑真值表,逻辑函数表达式,逻辑图,波形图、卡诺图及硬件描述语言(第 8 章讲述)。

逻辑真值表是将输入变量的各种取值和对应的函数值排列在一起组成的表格,它能够直观明了地反映变量取值和函数值的对应关系,逻辑函数的真值表具有唯一性。将实际问题抽象为逻辑问题时往往首选真值表描述方法。在列写真值表时,n 个变量可以

有 2^n 个取值组合,这些组合按照二进制递增或递减的顺序排列较好,这样不易遗漏或重复。

逻辑函数表达式是描述输入逻辑变量与输出逻辑变量之间逻辑函数关系的代数式,是一种用与、或、非等逻辑运算符号组合起来的表达式。逻辑函数的表达式不是唯一的,可以有多种形式,并且能互相转换。逻辑函数的特点是:简洁、抽象,便于化简和转换。

将逻辑函数表达式中各变量间的与、或、非等运算关系用相应的逻辑符号表示出来,就是函数的逻辑图。逻辑图表示法的优点是:逻辑图与数字电路的器件有明显的对应关系,便于制作实际电路。缺点是不能直接进行逻辑推演和变换。

反映输入和输出波形变化规律的图形,称为波形图,也称为时序图。波形图的优点是,能直观反映变量与时间的关系和函数值变化的规律,它与实际电路中的电压波形相对应。

2．不同表达方式的相互转换

任何一个具体的因果关系都可以用一个逻辑函数来描述,同一逻辑函数可以用几种不同的方式来表示,这几种表示方法之间必然可以相互转换,下面举例说明。

假设举重比赛规定:在一名主裁判和两名副裁判中,必须有两人以上(而且其中一人必须为主裁判)认定运动员动作合格,试举才算成功。举重裁判电路如图 7-14 所示,比赛时主裁判掌握着开关 A,两名副裁判分别掌握着开关 B 和 C。当运动员举起杠铃时,裁判认为动作合格就合上开关(用 1 表示),否则不合(用 0 表示)。显然,灯亮表示试举成功(用 1 表示),灯不亮表示试举不成功(用 0 表示)。于是可列出举重裁判电路的真值表如表 7-13 所示。

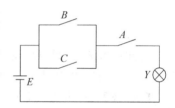

图 7-14　举重裁判电路图

表 7-13　举重裁判电路的真值表

A	B	C	Y
0	0	0	0
0	0	1	0
0	1	0	0
0	1	1	0
1	0	0	0
1	0	1	1
1	1	0	1
1	1	1	1

根据真值表,如何得到逻辑函数表达式呢? 一般方法步骤为:将真值表中输出为 1 对应的取值组合乘积项相加,写成"与或式"然后化简即可。乘积项中变量为 1 的用原变量表示,为 0 的用反变量表示。输出有几行为 1 就有几项相加。

于是,由举重裁判电路的真值表可写成辑函数表达式:
$$Y = AB'C + ABC' + ABC = A(B + C)$$

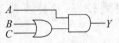

图 7-15　举重裁判电路的逻辑图

把相应的逻辑关系用逻辑符号和连线表示出来即可得到逻辑图。举重裁判电路的逻辑图如图 7-15 所示。

举重裁判关系中，当给定 A、B、C 的输入波形后，对每一组不同取值，可代入表达式计算得到输出结果，或根据真值表画出输出函数 Y 的波形，如图 7-16 所示。

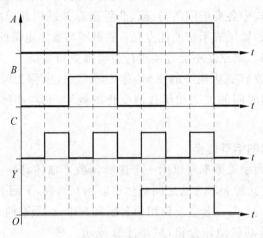

图 7-16　举重裁判电路的波形图

已知逻辑图，要想写出逻辑表达式，则从逻辑图的输入端到输出端逐级写出每个逻辑符号对应的表达式，即得到最终的逻辑函数式。

【**例 7-8**】　写出如图 7-17 所示逻辑图的逻辑函数表达式。

解：由输入到输出逐级写出各逻辑符号对应的逻辑表达式，如图 7-18 所示。

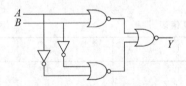
　　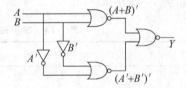

图 7-17　例 7-8 的逻辑图　　　　图 7-18　逐级写出各逻辑符号对应的逻辑表达式

由图可见，输出逻辑函数表达式为

$$Y = ((A+B)' + (A'+B')')' = (A+B)(A'+B') = AB' + A'B$$

思考与练习

7-2-1　现实生活中存在大量的与、或、非逻辑关系的事例，各举出一例。

7-2-2　两个变量的同或运算和异或运算是什么关系？多个变量的异或运算和运算顺序有关系吗？举例说明。

7-2-3　逻辑代数中哪些运算规则和普通代数是相同的？哪些是不同和需要特别记住的？

7-2-4　使用反演定理时，应如何处理变换的先后顺序和式中所有的非运算符号？

7-2-5 逻辑函数的表达方法有哪些? 如何进行相互转换?

7-2-6 设 A、B、C 为逻辑变量,则①若 $A+B=A+C$,那么 $B=C$ 吗? ②若 $AB=AC$,$B=C$ 吗? ③若 $A+B=A+C$ 且 $AB=AC$,问 $B=C$ 吗?

7.3 逻辑函数的化简

7.3.1 逻辑函数的公式化简法

在逻辑电路设计中,对逻辑函数化简具有十分重要的意义。逻辑函数表达式越简单,实现该函数所用的逻辑元件就越少,电路的可靠性就越高。一般情况下,都将逻辑函数化为最简与或表达式。最简与或表达式应遵循乘积项最少,且每个乘积项的变量数最少的原则。常用的公式化简方法如表 7-14 所示。

表 7-14 常用公式化简法

名 称	所 用 公 式	方 法 说 明
并项法	$AB+AB'=A$	将两项合并成一项,且消去一个因子
吸收法	$A+AB=A$	将多余的乘积项 AB 吸收掉
消因子法	$A+A'B=A+B$	消去乘积项中多余的因子
消项法	$AB+A'C+BC=AB+A'C$ $AB+A'C+BCD=AB+A'C$	消去多余的乘积项
配项法	$A+A=A$ $A+A'=1$	重复写入某项,再与其他项配合进行化简或在某一项上乘以 $(A+A')$ 将一项拆成两项,再与其他项配合进行化简

下面通过几个例子对上述方法加以说明。

【例 7-9】 将下列逻辑函数化成最简与或表达式。

$$Y_1 = A(B'CD)' + AB'CD$$
$$Y_2 = AB + ABC' + ABD + AB(C' + D')$$
$$Y_3 = AC + AB' + (B+C)'$$
$$Y_4 = AB' + B + A'B$$
$$Y_5 = AB' + BC' + A'B + AC$$

解:$Y_1 = A(B'CD)' + AB'CD$

$\quad = A((B'CD)' + B'CD) = A$ 并项

$\quad Y_2 = AB + ABC' + ABD + AB(C'+D')$

$\quad = AB[1 + C' + D + (C'+D')] = AB$ 吸收

$\quad Y_3 = AC + AB' + (B+C)'$

$\quad = AC + AB' + B'C' = AC + B'C'$ 消项

$\quad Y_4 = AB' + B + A'B$

$\quad = A + B + A'B = A + B$ 消因子法

$$
\begin{aligned}
Y_5 &= AB' + BC' + A'B + AC \\
&= AB' + BC' + A'B + AC + AC' \qquad\qquad \text{配项吸收} \\
&= AB' + BC' + A'B + A \\
&= A + BC' + A'B \qquad\qquad\qquad\quad\ \text{消因子吸收} \\
&= A + B + BC' \\
&= A + B
\end{aligned}
$$

对逻辑函数用公式化简时,没有固定的方法可遵循,有时要灵活、综合,甚至重复地使用某些公式,才能将函数化为最简的形式。能否尽快将函数化为最简形式,取决于对公式的熟练程度及应用技巧。

7.3.2 使用卡诺图化简逻辑函数

在应用公式法对逻辑函数进行化简时,不仅要求对公式能熟练应用,而且对最后结果是不是最简要进行判断,遇到较复杂的逻辑函数时,此方法有一定难度。下面介绍的卡诺图化简法,只要掌握了其要领,化简逻辑函数非常方便。

1. 逻辑函数的最小项及其表达式

（1）最小项的定义与性质

在 n 变量逻辑函数的与或表达式中,若每个乘积项都包含有 n 个因子,而且每个因子仅以原变量或反变量的形式在该乘积项中出现一次,这样的乘积项称为 n 变量逻辑函数的最小项。每个乘积项都是最小项形式的表达式称为逻辑函数的最小项表达式。

例如,A、B、C 三个逻辑变量构成的最小项有 $A'B'C'$、$A'B'C$、$A'BC'$、$A'BC$、$AB'C'$、$AB'C$、ABC'、ABC 共 8 个,即三变量共有 2^3 个最小项。一般,n 变量共有 2^n 个最小项。

为了方便起见,最小项常用 m_i 的形式表示。其中,m 代表最小项,i 表示最小项的编号。i 是 n 变量取值组合排成二进制所对应的十进制数,变量以原变量出现视为 1,以反变量出现视为 0。例如,$A'B'C$ 记为 m_1,$A'BC$ 记为 m_3 等。

三变量所有最小项的真值表如表 7-15 所示。

表 7-15　三变量所有最小项的真值表

变量	m_0	m_1	m_2	m_3	m_4	m_5	m_6	m_7
ABC	$A'B'C'$	$A'B'C$	$A'BC'$	$A'BC$	$AB'C'$	$AB'C$	ABC'	ABC
000	1	0	0	0	0	0	0	0
001	0	1	0	0	0	0	0	0
010	0	0	1	0	0	0	0	0
011	0	0	0	1	0	0	0	0
100	0	0	0	0	1	0	0	0
101	0	0	0	0	0	1	0	0
110	0	0	0	0	0	0	1	0
111	0	0	0	0	0	0	0	1

由表 7-15 可以归纳出最小项的性质：①对于输入变量的任何一组取值，有且只有一个最小项的值为 1；②对于变量的任一组取值，任意两个最小项的乘积为 0；③全体最小项之和为 1。

注意：不说明变量数目的最小项是没有意义的，例如，对于三变量逻辑函数而言，ABC 的组合是一个最小项，而对于四变量的逻辑函数来说，ABC 就不是最小项。

（2）逻辑函数的最小项表达式

任何一个逻辑函数表达式都可以转化为最小项之和的形式。方法是，先将逻辑函数写成与或表达式，然后在不是最小项的乘积项中乘以 $(X+X')$ 补齐所缺变量因子即可。

【例 7-10】 将逻辑函数 $Y(A,B,C)=AB+A'C$ 转换成最小项表达式。

解：$Y(A,B,C)=AB+A'C=AB(C+C')+A'C(B+B')$

$$=ABC+ABC'+A'BC+A'B'C$$

$$=m_7+m_6+m_3+m_1$$

【例 7-11】 将逻辑函数 $Y=AB+(AB+A'B'+C')'$ 转换成最小项表达式。

解：$Y=AB+(AB)'\cdot(A'B')'\cdot C=AB+(A'B')'\cdot C$

$$=AB+(A+B)C=AB+AC+BC$$

$$=AB(C+C')+AC(B+B')+BC(A+A')=ABC+ABC'+AB'C+A'BC$$

$$=m_7+m_6+m_5+m_3$$

$$=\sum m(3,5,6,7)$$

2．逻辑函数的卡诺图表示法

（1）最小项的卡诺图

只有一个因子不同的两个最小项具有逻辑相邻性，称为逻辑相邻项。例如，三变量 A、B、C 的两个最小项 ABC' 与 $AB'C'$ 就是逻辑相邻的。逻辑相邻项可以合并消去不相同的变量，如

$$ABC'+AB'C'=AC'(B+B')=AC'$$

卡诺图是逻辑函数的图形表示法，它把 n 变量的全部最小项各用一个小方格表示出来，并使具有逻辑相邻性的最小项在几何位置上也相邻地排列起来，因此卡诺图也叫最小项方格图。卡诺图最早是由美国工程师卡诺提出来的，故称为卡诺图。

二变量的卡诺图如图 7-19 所示。图中第一行表示 A'，第二行表示 A；第一列表示 B'，第二列表示 B。这样四个小方格就由四个最小项分别对号占有，行、列符号的与逻辑形式就是相交的最小项。

三变量、四变量的卡诺图分别如图 7-20、图 7-21 所示。

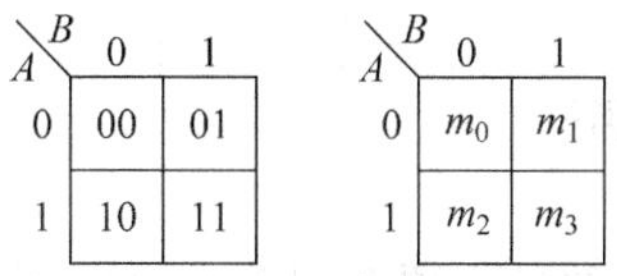

A\\B	0	1
0	00	01
1	10	11

A\\B	0	1
0	m_0	m_1
1	m_2	m_3

A\\BC	00	01	11	10
0	000	001	011	010
1	100	101	111	110

A\\BC	00	01	11	10
0	m_0	m_1	m_3	m_2
1	m_4	m_5	m_7	m_6

图 7-19 二变量的卡诺图 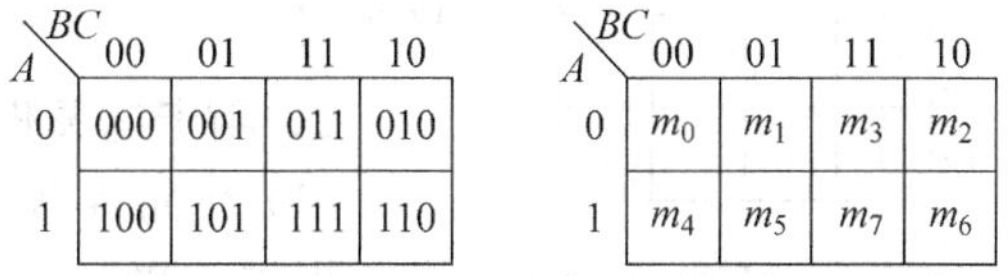   图 7-20 三变量的卡诺图

CD \ AB	00	01	11	10
00	0000	0001	0011	0010
01	0100	0101	0111	0110
11	1100	1101	1111	1101
10	1000	1001	1011	1010

CD \ AB	00	01	11	10
00	m_0	m_1	m_3	m_2
01	m_4	m_5	m_7	m_6
11	m_{12}	m_{13}	m_{15}	m_{14}
10	m_8	m_9	m_{11}	m_{10}

图 7-21　四变量的卡诺图

掌握卡诺图的构成特点,就能方便地从标注在表格旁边的 AB、CD 的"0"、"1"值直接写出某个小方格对应的最小项内容。例如,在四变量卡诺图中,第四行第二列相交的小方格。表格第四行的"AB"标为"10",应记为 AB',第二列的"CD"标为"01",记为 $C'D$,所以该小方格对应的最小项为 $AB'C'D$。

注意:为了确保卡诺图中小方格所表示的最小项在几何上相邻时,在逻辑上也有相邻性,两侧标注的数码不能从小到大依次排列,而必须以图中的次序排列。

除几何相邻的最小项有逻辑相邻的性质外,图中每一行或每一列两端的最小项也具有逻辑相邻性,因此,卡诺图可看成一个上下左右闭合的图形。

卡诺图形象、直观地反映了最小项之间的逻辑相邻关系,但变量增多时,卡诺图会变得更为复杂。当变量的个数在五个或以上时,就不能仅用二维空间的几何相邻来代表其逻辑相邻,故一般较少使用。

(2) 逻辑函数的卡诺图表示

既然任何逻辑函数式都可以表达成最小项形式,而最小项又可以表示在卡诺图中,故逻辑函数可用卡诺图表示。方法是:把逻辑函数式转换成最小项表达式,然后在卡诺图上与这些最小项对应的方格内填1,其余填0(也可以不填),就得到了表示这个逻辑函数的卡诺图。任一逻辑函数的卡诺图是唯一的。

【例 7-12】 用卡诺图表示三变量逻辑函数 $Y = A'B'C'D + A'BD' + ACD + AB'$。

解: 先将 Y 展开成最小项表达式:

$$Y = A'B'C'D + A'BCD' + A'BC'D' + ABCD + AB'CD$$
$$+ AB'CD' + AB'C'D + AB'C'D'$$

再画出四变量卡诺图,在逻辑函数 Y 包含的最小项方格中填1,其他方格填 0 或不填,如图 7-22 所示。

如果已知一个逻辑函数的真值表,也可直接填出该函数的卡诺图。只要把真值表中输出为 1 的那些最小项填上 1 就行了。真值表中输出为 0 的那些最小项可以填上 0,也可以不填。

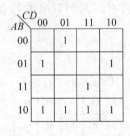

CD \ AB	00	01	11	10
00		1		
01	1			1
11			1	
10	1	1	1	1

图 7-22　例 7-12 的逻辑
函数卡诺图

3. 用卡诺图化简逻辑函数

(1) 化简依据

由于卡诺图中几何相邻的最小项在逻辑上也有相邻性,而逻辑相邻的两个最小项只有一个因子不同,根据互补律

$A+A'=1$ 可知,将逻辑相邻的最小项合并可以消去互补因子,留下公共因子。这就是卡诺图化简法的依据。

相邻最小项的合并规律是:2 个相邻的最小项可合并为一项,消去一个变量;4 个相邻的最小项可合并为一项,消去 2 个变量;8 个相邻的最小项可合并为一项,并消去 3 个变量。消去的是包围圈中发生过变化的变量,而保留下的是包围圈内保持不变的变量,如图 7-23 所示。

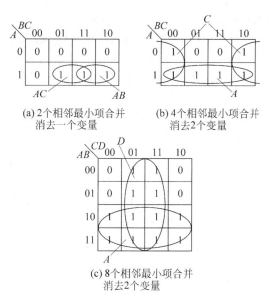

(a) 2个相邻最小项合并　　　　(b) 4个相邻最小项合并
消去一个变量　　　　　　消去2个变量

(c) 8个相邻最小项合并
消去2个变量

图 7-23　相邻最小项的合并规律

(2) 化简步骤

用卡诺图化简逻辑函数的步骤如下:

① 将逻辑函数化成最小项之和的形式(有时可以跳过)。

② 用卡诺图表示逻辑函数。

③ 对可以合并的相邻最小项(填 1 的方格)画出包围圈。

④ 消去互补因子,保留公共因子,写出每个包围圈合并后所得的乘积项。

用卡诺图化简时,为了保证结果的最简化和正确性,在选取可合并的最小项即画包围圈时,应遵循以下几个原则。

① 每个包围圈只能包含 2^n 个填 1 的小方格,而且必须是矩形或正方形。

② 包围圈能大勿小。包围圈越大,消去的变量就越多,对应乘积项的因子就越少,化简的结果越简单。

③ 包围圈个数越少越好。因个数越少,乘积项就越少,化简后的结果就越简单。

④ 画包围圈时,最小项可以被重复包围,但每个包围圈中至少应有一个最小项是单独属于自己的,以保证该化简项的独立性。

⑤ 包围圈应把函数的所有最小项圈完。

(3) 举例

用卡诺图化简逻辑函数比公式法形象、直观,便于掌握。所以,对逻辑变量较少(五变量以下)的逻辑函数化简时,用卡诺图法较为容易。下面,结合例题介绍一些化简技巧。

【例7-13】 化简逻辑函数 $Y(A,B,C,D) = \sum m(2,5,9,11,12,13,14,15)$。

解:Y 给出的是最小项之和的形式,可以直接填写卡诺图,画包围圈时可按以下步骤进行。

① 先圈孤立的最小项。

② 依次将只有一种画法的最小项圈出来。

③ 最后用尽可能大的圈覆盖未被圈过的最小项。

化简过程如图 7-24 所示。这样,总共画出了 4 个包围圈,原来是 8 个最小项之和的逻辑函数 Y,现在就合并成了 4 项,写出每个包围圈合并后的乘积项,得最简与或式为

$$Y = AB + AD + BC'D + A'B'CD'$$

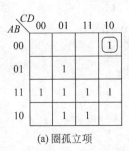 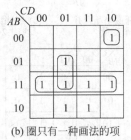 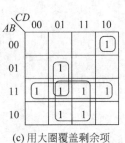

(a) 圈孤立项　　　　(b) 圈只有一种画法的项　　　(c) 用大圈覆盖剩余项

图 7-24　例 7-13 的卡诺图

【例7-14】 化简逻辑函数 $Y = AB' + ABC + A'C'D + A'B'D$

解:① 先将函数化为最小项之和的形式。

$$\begin{aligned}
Y &= AB' + ABC + A'C'D + A'B'D \\
&= AB'CD + AB'CD' + AB'C'D + AB'C'D' + ABCD + ABCD' \\
&\quad + A'BC'D + A'B'C'D + A'B'CD + A'B'C'D' \\
&= \sum m(1,3,5,8,9,10,11,14,15)
\end{aligned}$$

② 画出四变量函数的卡诺图,并填入最小项,如图 7-25 所示。

③ 正确画出包围圈,如图 7-25 所示。

④ 合并最小项,写出函数的最简与或式。

$$Y = AB' + AC + B'D + A'B'D。$$

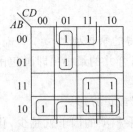

图 7-25　例 7-14 的卡诺图

【例7-15】 化简逻辑函数 $Y = AB' + BC' + B'C + A'B$。

解:将逻辑函数转换为最小项表达式比较烦琐,这里给出由逻辑函数的与或式直接填写卡诺图的方法。因为 Y 的 4 个乘积项中只要有一项为 1,Y 就等于 1。其中 $AB' = 1$ 的条件是:只要 $A = 1$ 且 $B = 0$,而与 C 无关。因此,在卡诺图中,凡是 $A = 1$,同时 $B = 0$ 的小方格内都应填入 1。其他乘积项也按类似方法处理,可得到 Y 的卡诺图。画出包围圈,如图 7-26(a) 所示,合并最小项,可写出函数的最简与或式为

$$Y = AB' + BC' + A'C$$

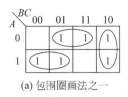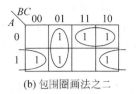

(a) 包围圈画法之一   (b) 包围圈画法之二

图 7-26 例 7-15 的卡诺图

包围圈也可以如图 7-26(b)所示画出,则逻辑函数的最简与或式为

$$Y = AC' + B'C + A'B$$

本例说明,逻辑函数的最简表达式可能不是唯一的,那么实现这一函数的逻辑电路也同样不是唯一的。

对于逻辑函数 Y 的任一组变量取值,如果 $Y=1$,则 $Y'=0$;若 $Y=0$,则 $Y'=1$。显然 Y' 的卡诺图就是将 Y 的卡诺图中的 1 变为 0,0 变为 1。所以,直接对 Y 卡诺图中的 0 画包围圈,可以求得 Y' 的最简表达式;反之,对 Y' 卡诺图中的 0 画包围圈,可以求得 Y 的最简表达式。

【例 7-16】 化简 $Y = (AC' + BD + A'BC)'$。

解:先将 Y 转换成与或式化简是比较烦琐的,而填写 $Y' = AC' + BD + A'BC$ 的卡诺图比较容易。因此,先画出 Y' 卡诺图如图 7-27 所示,对其中的 0 画包围圈即可求得 Y 的最简与或表达式为

$$Y = A'B' + A'C'D' + ACD' + B'C$$

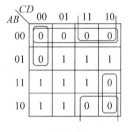

图 7-27 例 7-16 的卡诺图

4. 具有无关项的逻辑函数及其化简

(1) 逻辑函数中的无关项

在有些逻辑函数中,输入变量的取值不是任意的,对某些取值要加以限制。例如,电机的正转、反转和停止可用 A、B、C 三个变量来表示,并规定 $A=1$ 表示电机正转,$B=1$ 表示电机反转,$C=1$ 表示电机不转,则 $A'B'C'$、$A'BC$、$AB'C$、ABC' 和 ABC 这 5 个最小项根本不可能出现。这种主观上不允许出现或客观上不会出现的变量取值组合所对应的最小项称为约束项(Constraint Term)。

另一种情况是,对于输入变量的某些取值,函数值为 1 或为 0 均可,不影响电路的功能。例如,用二进制码表示十进制数时,$ABCD = 0000 \sim 1001$ 代表 $0 \sim 9$,而 $ABCD = 1010 \sim 1111$ 没有采用,当 $ABCD$ 的取值一旦为 $1010 \sim 1111$ 时,人们对函数值为 1 还是为 0 并不关心,这种对电路功能无影响的最小项称为任意项。

约束项和任意项统称为无关项(Don't Care Term)。无关是指这些最小项对函数的最终结果无关紧要,可以写入逻辑函数,也可以不写入。无关项在真值表或卡诺图中用×(或 d,ϕ)表示,无关项在表达式中一般采用全体无关项的和恒为零的形式表示。例如上述电机示例的无关项可表示为

$$\sum m_d(0,3,5,6,7) = 0 \quad \text{或} \quad \sum m_\times(0,3,5,6,7) = 0$$

（2）利用无关项化简逻辑函数

由于无关项要么不在逻辑函数中出现，要么出现时取值是 1 还是为 0 对逻辑函数的结果没有影响，因此对具有无关项的逻辑函数化简时，无关项既可取 0，也可取 1，化简时的具体步骤如下。

① 将函数式中最小项在卡诺图对应的小方格内填 1，无关项在对应的小方格内填×，其余位置补 0 或空着。

② 画包围圈时，无关项看成是 1 还是 0，以使包围圈的个数最少、圈最大为原则。

③ 圈中必须至少有一个有效的最小项，不能全是无关项。

【例 7-17】　化简 $Y = A'BC' + AB'C' + ABC'$，约束项是 $A'BC$ 和 ABC。

解：填写 Y 的卡诺图，并在对应于无关项的位置填×，如图 7-28 所示。

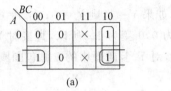 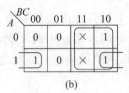

图 7-28　例 7-17 的卡诺图

如果只对 1 画包围圈，化简的结果为

$$Y = AC' + BC'$$

如果对 1 和×同时画包围圈，则化简的结果为

$$y = AC' + B$$

显然，y 比 Y 更简单，这两个函数是否相等呢？可以把 Y 和 y 的真值表列在一起比较一下，发现只有涂阴影的两行，Y 和 y 的函数值是不同的，如表 7-16 所示。而这两组正是无关项对应的取值，其他都一样。即只要 A、B、C 遵守约束（即不出现 011 和 111），Y 和 y 是一样的。

表 7-16　例 7-17 的真值表

A	B	C	Y	y
0	0	0	0	0
0	0	1	0	0
0	1	0	1	1
0	1	1	0	1
1	0	0	1	1
1	0	1	0	0
1	1	0	1	1
1	1	1	0	1

【例 7-18】　化简 $Y = \sum m(3,6,7,9) + \sum m_d(10,11,12,13,14,15)$。

解：填写卡诺图如图 7-29 所示。合并最小项时，并不一定把所有的"×"都圈起来，

需要时就圈,不需要时就不圈。合并化简得

$$Y = AD + BC + CD$$

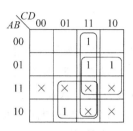

图 7-29 例 7-18 的卡诺图

思考与练习

7-3-1 逻辑函数化简的意义何在? 如何衡量逻辑函数是否最简?

7-3-2 卡诺图化简逻辑函数的基本原理是什么?

7-3-3 卡诺图两侧变量取值的标注次序应遵守什么规则?

7-3-4 卡诺图化简逻辑函数时画包围圈的原则有哪些?

7.4 逻辑门电路

7.4.1 TTL 集成门电路

TTL(Transistor-Transistor Logic)门电路因输入级和输出级都采用晶体三极管而得名。按照国际通用标准,根据工作温度不同,TTL 电路分为 54 系列($-55 \sim 125℃$)和 74 系列($0 \sim 70℃$);根据工作速度和功耗不同,TTL 电路又分为标准系列、高速(H)系列、肖特基(S)系列和低功耗肖特基(LS)系列。

国产 TTL 电路各系列的典型性能如表 7-17 所示。从表中可以看出,各系列之间的主要差别在于电路的平均传输时间、平均功耗和最高工作频率等参数的不同,而其他电参数和引脚彼此兼容;LS 系列与标准系列相比较,不仅速度较高而且功耗也很低,现已成为整个 TTL 电路的发展方向。

表 7-17 国产 TTL 电路各系列的典型性能表

系 列	主 要 参 数		
	平均传输延迟时间 t_{pd}/ns	平均功耗 P_D/mW	最高工作频率 f_{osc}/MHz
54/74	10	10	35
54/74H	6	22	50
54/74S	3	19	125
54/74/LS	5	2	45

上述 TTL 电路的各个系列中都包含了各类门电路、各类触发器等小规模集成电路。其中,与非门电路是这些集成电路的基础和核心。下面介绍 TTL 与非门的电路结构、工作原理及主要参数。

(1) 电路结构与工作原理

TTL 与非门的基本电路如图 7-30(a)所示。它由输入级、中间级和输出级三部分组成。输入级由多发射极三极管 T_1 和基极电阻 R_1 组成,它的等效电路如图 7-30(b)所示,可看作发射极独立而基极和集电极分别并联在一起的三极管,输入级完成与逻辑功能。中间级由 T_2 和 R_2、R_3 组成,它是输出级的驱动电路,可将单端输入信号转变为互补的双端输出信号。输出级由 T_3、T_4、T_5 和电阻 R_4、R_5 组成推拉式输出结构,具有较强的带负载能力。

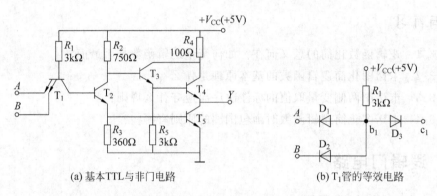

(a) 基本TTL与非门电路　　　　　　(b) T_1管的等效电路

图 7-30　基本 TTL 与非门电路及 T_1 管的等效电路

TTL 与非门的工作原理分析如下:

① 当 A、B 两端有一个输入为低电平 0.3V 时,T_1 的发射结导通,其基极电压等于输入低电压加上发射结正向压降,即

$$u_{B1} = 0.3 + 0.7 = 1.0(V)$$

此时 u_{B1} 作用于 T_1 的集电结和 T_2、T_5 的发射结上,所以 T_2、T_5 都截止。由于 T_2 截止,V_{CC} 通过 R_2 向 T_3 提供基极电流,使 T_3 和 T_4 导通,其电流流入负载。输出电压为

$$u_o \approx V_{CC} - u_{BE3} - u_{BE4} = 5 - 0.7 - 0.7 = 3.6(V)$$

实现了输入有低,输出为高的逻辑关系。

② 当 A、B 两端均输入高电平 3.6V 时,电源 V_{CC} 通过 R_1 和 T_1 集电结向 T_2、T_5 提供基极电流,使 T_2、T_5 饱和导通,输出为低电平,即

$$u_o \approx U_{CES} \approx 0.3V$$

此时,$u_{B1} = u_{BC1} + u_{BE2} + u_{BE5} = 0.7 + 0.7 + 0.7 = 2.1(V)$,显然,这时 T_1 的发射结处于反向偏置,而集电结处于正向偏置。所以 T_1 处于发射结和集电结倒置使用的放大状态。由于 T_2、T_5 饱和,输出 $U_{CES} = 0.3V$,故可估算出 u_{C2} 的值为

$$u_{C2} = U_{CES2} + u_{B5} = 0.3 + 0.7 = 1.0(V)$$

由于 $u_{B4} = u_{C2} = 1.0V$,作用于 T_3 和 T_4 的发射结的串联支路的电压为

$$u_{C2} - u_O = 1.0 - 0.3 = 0.7(V)$$

所以，T_3 和 T_4 均截止。此时，电路实现了输入全高，输出为低的逻辑关系。

综合以上两点，说明图 2-9(a)所示电路完成了与非逻辑功能，是与非门电路。

（2）主要参数

要正确选择和使用门电路，必须掌握它的外部特性及反映门电路性能的有关参数。TTL 与非门的外特性及有关参数具有很强的代表性。

TTL 与非门的电压传输特性如图 7-31 所示，它是输出电压 u_o 随输入电压 u_i 变化的关系。随着 u_i 从 0 逐渐增大，u_o 的变化过程可分为 4 个阶段：截止区（AB 段）、线性区（BC 段）、转折区（CD 段）、饱和区（DE 段）。

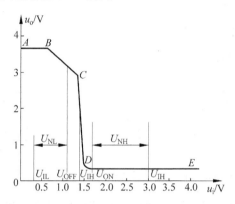

图 7-31 基本 TTL 与非门的电压传输特性曲线

① 输出高电平电压 U_{OH} 和输出低电平电压 U_{OL}。

当 $u_i < 0.6\text{V}$ 时，输出电压 $u_o = U_{OH} = 3.6\text{V}$，即图中的 AB 段。当 $0.6\text{V} \leqslant u_i < 1.3\text{V}$ 时，u_o 随 u_i 的增加而线性地减少，即图中的 BC 段。当 u_i 增至 1.4V 左右时，输出迅速转为低电平，即 CD 段。$u_i > 1.4\text{V}$ 后，输出低电平基本不变，$u_o = U_{OL} = 0.3\text{V}$，即 DE 段。一般通用的 TTL 与非门，其 $U_{OH} \geqslant 2.4\text{V}$，$U_{OL} \leqslant 0.4\text{V}$。

② 关门电平 U_{OFF} 和开门电平 U_{ON}。

输出电压 $u_o = 0.9U_{OH}$ 时的输入电压称为关门电平电压 U_{OFF}。图 7-31 中，$U_{OFF} \approx 1.1\text{V}$。当 $u_i \leqslant U_{OFF}$ 时门肯定是"关"的。关门电平 U_{OFF} 与输入低电平之差表征了输入为低电平时的抗干扰能力，称为低电平噪声容限，用 U_{NL} 表示。即

$$U_{NL} = U_{OFF} - U_{IL}$$

当 $U_{OFF} = 1.1\text{V}$，$U_{IL} = 0.3\text{V}$ 时，$U_{NL} = 0.8\text{V}$。

在保证输出为低电平时所允许的最小输入高电平值称为开门电平 U_{ON}。当 $u_i \geqslant U_{ON}$ 时，门肯定是"开"的。在图 7-31 中，$U_{ON} \approx 1.6\text{V}$。输入高电平与开门电平 U_{ON} 之差表征了输入为高电平时的抗干扰能力，称为高电平噪声容限，用 U_{NH} 表示。即

$$U_{NH} = U_{IH} - U_{ON}$$

当 $U_{ON} = 1.6\text{V}$、$U_{IH} = 3\text{V}$ 时，$U_{NL} = 1.4\text{V}$。

③ 阈值电压 U_{TH}。

转折区所对应的输入电压（准确地说是转折区中点所对应的输入电压）是输出管 T_5 截止与导通的分界线，称为阈值电压（Threshold Voltage），用 U_{TH} 表示。在近似分析中，

当 $u_i \geqslant U_{TH}$ 时,就认为与非门饱和,输出低电平;当 $u_i < U_{TH}$ 时,就认为与非门截止,输出为高电平。在图 7-31 中,$U_{TH}=1.4V$,这是一个很重要的参数。

④ 输入端负载电阻。

在实际使用门电路时,有时需要在输入端与地(或者输入端与信号的低电平)之间接入电阻 R_i,这时的等效电路如图 7-32 所示。

由于输入电流流过 R_i 时,必然会在 R_i 上产生压降而形成输入端电位 u_i,且 R_i 越大,u_i 也越高。输入电压 u_i 随输入端电阻 R_i 变化的关系曲线称为负载特性。TTL 与非门的输入端负载特性如图 7-33 所示。

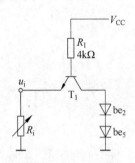

图 7-32 TTL 门电路输入端接电阻时的等效电路　图 7-33 TTL 与非门输入端的负载特性

由图 7-33 可见,当 $R_i \leqslant R_{OFF}$ 时,u_i 较小,与非门输出高电平。当 $R_i \geqslant R_{ON}$ 时,u_i 保持 1.4V 不变,满足 $u_i \geqslant U_{TH}$,与非门饱和,输出低电平。由此可见,输入端外接电阻的大小,可以影响门电路的工作状态。通常把 R_{OFF} 称为关门电阻,典型值为 $0.7 \sim 0.8k\Omega$。把 R_{ON} 称为开门电阻,典型值为 $2k\Omega$。

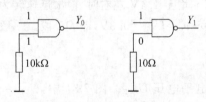

图 7-34 输入电阻对与非门逻辑
功能的影响

在图 7-34 所示的两个 TTL 与非门电路中,仅仅因为两个与非门所接的输入电阻不同,导致输出结果不同,$Y_0=0$,$Y_1=1$。

⑤ 输入电流。

与非门输入端为高电平时的输入电流 I_{IH} 很小,通常在 $40\mu A$ 以下,其典型值为 $10\mu A$。该电流通常是由前级门流出的,对前级门是一种"拉电流"负载。

当输入为低电平时,输入电流 I_{IL} 实际上是从输入端流出进入前级门的,对前级门是一种"灌电流"负载。$u_i=0$ 时的输入电流称为输入短路电流 I_{IS}。测试时,被测的输入端接地,其他输入端悬空。I_{IL} 通常在 1.5mA 左右。

⑥ 扇出系数 N_o。

扇出系数 N_o 是反映与非门带载能力的一个重要参数,与非门在灌电流(输出低电平)状态下驱动同类门输入端的个数即 N_o。

$$N_o = I_{OLmax} / I_{IL}$$

式中:I_{OLmax} 为输出端最大允许灌电流;I_{IL} 是一个负载门输入端灌入本级的电流(1.5mA左右)。N_o 越大越好,一般产品规格要求 $N_o \geqslant 8$。

⑦ 平均传输延迟时间 t_{PD}。

若在门电路的输入端加一个理想的矩形波,在输出端得到的脉冲不但要比输入脉冲滞后,而且波形的边沿也要变坏。主要原因是 TTL 电路中,二极管和三极管的状态转换都需要一定的时间。TTL 与非门的传输时间波形如图 7-35 所示。

通常规定:把从输入电压正跳变开始到输出电压下降为 1.5V 这一段时间称为导通传输时间 t_{PHL};从输入电压负跳变开始到输出电压上升到 1.5V 这一段时间叫做截止传输时间 t_{PLH}。平均传输延迟时间 t_{PD} 为

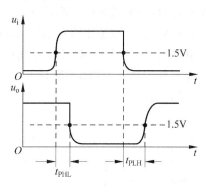

$$t_{PD} = \frac{t_{PHL} + t_{PLH}}{2}$$

t_{PD} 是表明与非门开关速度的重要参数。t_{PD} 越小,说明它的工作速度越快,TTL 与非门的 t_{PD} 大约为 30ns。

图 7-35　TTL 与非门的传输时间波形

TTL 门电路除了与非门,还有非门、与门、或门、或非门和异或门等多种常见类型。尽管它们的逻辑功能各异,但输入端和输出端的电路结构和与非门基本相同,它们的特性和参数也类似。

7.4.2　CMOS 集成门电路

MOS 管依据参与导电的载流子分为两种类型,电子参与导电的称为 NMOS 管,空穴参与导电的称为 PMOS 管;NMOS 管和 PMOS 管又都有增强型和耗尽型两类。其中增强型 NMOS 管和 PMOS 管的符号分别如图 7-36(a)和(b)所示。N 沟道箭头向里,P 沟道箭头向外。

由 NMOS 管和 PMOS 管一起组成的电路称为 CMOS(互补 MOS)电路,CMOS 电路中只使用增强型 MOS 管,增强型 MOS 管的开关特性已在第 4 章讨论过,不再重复。

1．CMOS 反相器

CMOS 反相器逻辑电路如图 7-37 所示。它是由一个增强型 PMOS 管 T_P 和一个增强型 NMOS 管 T_N 构成互补型 MOS 逻辑门。T_P 和 T_N 的参数要尽量做得一致,且两个管的栅极接在一起作为反相器的输入端,漏极接在一起作为输出端。工作时 T_P 的源极接电源的正端,T_N 的源极接地。电源需大于两管开启电压绝对值之和,即

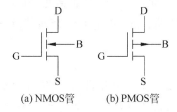

(a) NMOS管　　(b) PMOS管

图 7-36　增强型 MOS 管符号

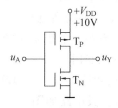

图 7-37　CMOS 反相器逻辑电路

$$V_{DD} > |U_{TP}| + U_{TN}$$

式中：U_{TP} 为 PMOS 管 T_P 的开启电压；U_{TN} 为 NMOS 管 T_N 的开启电压；V_{DD} 为电源电压，通常取 5V，以便与 TTL 门电路兼容。

当输入 u_A 为高电平 5V 时，对 T_P 管而言，栅极和源极之间的电压 $U_{GSP}=0V$，所以 T_P 截止，源极与漏极之间呈高阻状态；对 T_N 管而言，$U_{GSN}=+V_{DD}$，T_N 导通，漏极和源极之间呈低阻状态，所以输出为低电平，即 $u_Y=0V$。当输入信号为低电平 0V 时，$U_{GSP}=-V_{DD}$，PMOS 管 T_P 导通，NMOS 管 T_N 的 $U_{GSN}=0V$，T_N 截止，所以输出为高电平，即 $u_Y=V_{DD}$。因此实现逻辑非的功能，即 $Y=A'$。

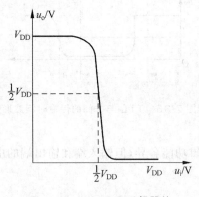

图 7-38　CMOS 反相器的
电压传输特性

CMOS 反相器具有下述特点。

(1) 抗干扰能力强。CMOS 反相器的电压传输特性如图 7-38 所示，特性曲线在转折区的变化率很大，更接近于理想的开关特性。阈值电压为 $U_{TH}=\frac{1}{2}V_{DD}$，使高低电平噪声容限都比较大，可达电源电压的 45% 左右，而且抗干扰能力随电源电压提高而增强。因此，CMOS 适用于要求抗干扰能力高的场合。

(2) CMOS 反相器输入阻抗高，具有更大的扇出系数。通常，一个输出端可带 50 个同类门电路。

(3) CMOS 反相器功耗很小，主要决定于动态功耗。因为 CMOS 反相器处于静态（输出电平稳定）时，无论输出高电平还是低电平，总有一个管子截止，电源向反相器提供的漏电流很小，故静态功耗很低（μW 数量级）。但在动态转换（输出高、低电平变化）时，存在两管同时导通的情况，尽管时间非常短暂，但通过的电流比较大，因此，CMOS 反相器的总功耗决定于动态功耗。

(4) CMOS 反相器的电源电压范围较宽（3～18V），温度适应范围（−40～85℃）大，抗辐射性能良好。这些特性使 CMOS 电路非常适合工作于恶劣的环境中。

2. 其他 CMOS 门电路

(1) CMOS 与非门

CMOS 与非门电路如图 7-39 所示。两个驱动管 T_{N1}、T_{N2} 是 N 沟道增强型 MOS 管，两个负载管 T_{P1}、T_{P2} 是 P 沟道增强型 MOS 管。驱动管串联，负载管并联。当输入端 A、B 中有一个为低电平时，该输入端对应的 PMOS 管导通，NMOS 管截止，输出为高电平；只有当输入端 A、B 都是高电平时，两个 NMOS 管都导通，两个 PMOS 管都截止，输出为低电平。电路具有与非的逻辑功能，即 $Y=(AB)'$。

(2) CMOS 或非门

由 CMOS 反相器增加一个串联的 PMOS 负载管和一个并联的 NMOS 驱动管就构成了 CMOS 或非门，其电路如图 7-40 所示。输入端 A、B 只要有一个为高电平时，该输入端所对应的 NMOS 管导通，PMOS 管截止，输出为低电平；只有当 A、B 全为低电平时，两个并联的 NMOS 管都截止，两个串联的 PMOS 管都导通，输出为高电平。因此，该电路

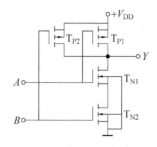

图 7-39 CMOS 与非门电路

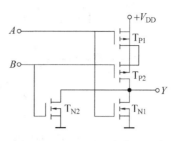

图 7-40 CMOS 或非门电路

具有或非逻辑功能。

显然,N 个输入端的或非门必须有 N 个 NMOS 管并联和 N 个 PMOS 管串联。CMOS 或非门不存在输出低电平随输入端数目而增加的问题,因此,在 CMOS 电路中或非门结构用得最多。

7.4.3 OC 门和三态门

1. OC 门

集电极开路(Open Collector)与非门简称 OC 门,主要用于解决上述普通与非门的输出端不能直接并联以实现"线与"逻辑功能的问题。因为,如果将两个门电路的输出端连接在一起,如图 7-41 所示。当一个门的输出处于高电平,而另一个门的输出为低电平时,将会产生很大的电流,有可能导致器件损坏,无法形成有用的线与逻辑关系。

OC 门是将推拉式输出级改为集电极开路的三极管结构,其电路和符号如图 7-42 所示。

将 OC 门输出连在一起时,通过一个电阻外接电源,可以实现"线与"逻辑关系。即只要并联的几个门中有一个输出为低电平,则所有连接在一起的输出都是低电平;只有所有门的输出都是高电平时,输出才是高电平。两个 OC 门并联时的连接方式如图 7-43 所示。

在这种电路中,只要电阻的阻值和外电源电压的数值选择得当,就能做到既保证输出的高、低电平符合要求,而且输出三极管的负载电流又不至于过大。

其他类型的 TTL 门电路同样可以做成集电极开路的形式,不管是哪种门电路,只要输出级三极管的集电极是开路的,就都允许接成"线与"形式。

OC 门除了可以实现多门的线与逻辑关系外,还可用于直接驱动较大电流的负载,如继电器、脉冲变压器、指示灯等,也可以通过改变外接电源来改变输出高电平,实现电平转换。

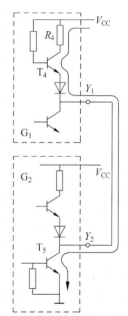

图 7-41 推拉式输出级并联的情况

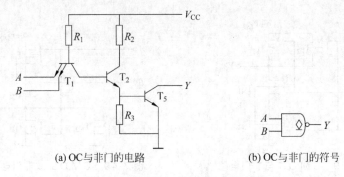

(a) OC与非门的电路   (b) OC与非门的符号

图 7-42 OC 与非门的电路和符号

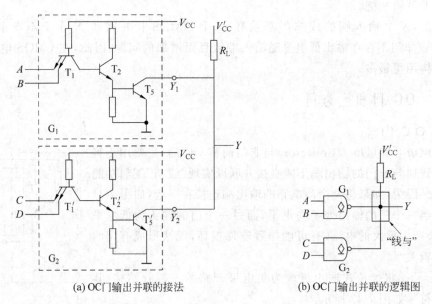

(a) OC门输出并联的接法   (b) OC门输出并联的逻辑图

图 7-43 OC 门输出并联的接法及逻辑图

2. 三态(TS)门

利用 OC 门虽然可以实现线与功能,但外接电阻 R_L 的选择要受到一定的限制而不能取得太小,因此影响了工作速度。同时它省去了有源负载,使带负载能力下降。为保持推拉式输出级的优点,同时还能作线与连接,人们又开发了一种三态输出(Three-State Output,TS 门)与非门,它的输出除了具有一般与非门的两种状态外,还可以呈现高阻状态(也称开路状态或禁止状态),即第三状态,三态门的名称由此而来。

一个简单的三态门电路如图 7-44(a)所示,逻辑符号如图 7-44(b)所示。三态门是由一个与非门和一个二极管构成的,其中 EN 为使能控制端,A、B 为数据输入端。

当 EN 为高电平时,二极管 D 截止,三态门的输出状态完全取决于数据输入端,即 $Y=(AB)'$,这种状态称为三态门的工作状态。

当 EN 为低电平时,三极管 T_2、T_5 截止,同时,由于二极管 D 的导通将 U_{B4} 钳位在 1V 左右,使 T_4 也截止。这时从输出端看进去,电路处于高阻状态,这就是三态门的第三状态。

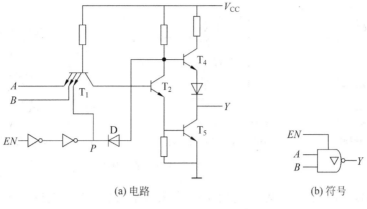

(a) 电路　　　　　　　　(b) 符号

图 7-44　三态与非门电路

图 7-44 所示电路中，当 $EN=1$ 时电路为工作状态，所以称控制端为高电平有效。三态门的控制端也可以是低电平有效，即 EN 为低电平时，三态门为工作状态；EN 为高电平时，三态门为高阻状态。其电路图及逻辑符号如图 7-45 所示。

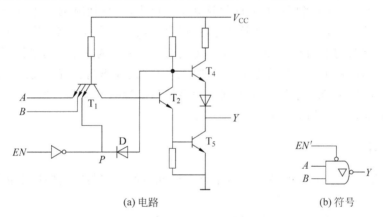

(a) 电路　　　　　　　　(b) 符号

图 7-45　使能端为低电平有效的三态门

其他逻辑功能的门电路也有三态门，三态门还可以使用 CMOS 电路来实现，如图 7-46(a) 所示是 CMOS 三态反相器电路图，图 7-46(b) 是三态反相器的电路符号。

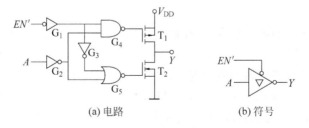

(a) 电路　　　　　　　　(b) 符号

图 7-46　使能端为低电平有效的三态反相器

三态门的应用比较广泛，在图 7-47 所示电路中，举例说明了三态门的三种应用。

(1) 用作数据选择器

在图 7-47(a) 中，当 $EN'=0$ 时，三态反相器 G_1 工作，G_2 禁止，此时 $Y=A'$；当 $EN'=1$

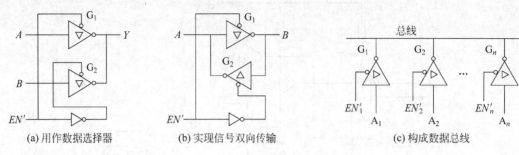

(a) 用作数据选择器　　　　(b) 实现信号双向传输　　　　(c) 构成数据总线

图 7-47　三态门三种应用的连接方式

时,三态反相器 G_2 工作,G_1 禁止,此时 $Y=B'$,实现了二选一数据选择功能。

(2) 实现信号双向传输

在图 7-47(b)中,当 $EN'=0$ 时,门 G_1 工作,G_2 禁止,使信号向右传送,即 $B=A'$；当 $EN'=1$ 时,G_2 工作,G_1 禁止,使信号向左传送,即 $A=B'$。实现了信号的双向传输。

(3) 构成数据总线 E_1'

在图 7-47(c)中,让各门的控制端轮流处于低电平,即任何时刻只让一个三态门处于工作状态,而其余三态门均处于高阻状态,这样总线就会轮流接受各三态门的输出。

本节以 TTL 与非门和 CMOS 反相器为例简单介绍了两种电路的工作原理及外部特性。总的来说,两种集成系列器件中都有非门、与非门、或非门、与门、或门、异或门、同或门、三态门 OC 门或 OD 门等,两种系列同种逻辑门的逻辑功能是一样的,只是外部特性有区别,使用时可参阅相关资料。

思考与练习

7-4-1　TTL 与非门的输入噪声容限是怎样规定的? 它与电路的抗干扰能力有什么关系?

7-4-2　CMOS 门电路和 TTL 门电路各有哪些特点?

7-4-3　三态门和 OC 门的特点各是什么? 它们各有什么用途?

习题

7-1　将下列十进制数转换为二进制数。

(1) 36　(2) 127　(3) 5.75

7-2　将下列二进制数转换为十进制数。

(1) $(10011)_2$　(2) $(10101)_2$　(3) $(11010.11)_2$

7-3　将下列各数转换为等值的二进制数。

(1) $(19.77)_{10}$　(2) $(175)_8$　(3) $(EC4)_{16}$

7-4　将下面的 8421BCD 码和十进制数互相转换。

(1) $(19.7)_{10}$　(2) $(316)_{10}$　(3) $(100101111000)_{8421BCD}$　(4) $(011001010000)_{8421BCD}$

7-5　一个电路有三个输入端 A、B、C,当其中有两个输入端有 1 信号时,输出 Y 有信号,试列出真值表,写出 Y 的函数式。

7-6 用真值表证明下列恒等式。

(1) $A \oplus 0 = A$ (2) $A \oplus 1 = A'$ (3) $(A \oplus B) \oplus C = A \oplus (B \oplus C)$

7-7 利用基本定律和运算规则证明下列恒等式。

(1) $ABC + AB'C + ABC' = AB + AC$

(2) $(AB + A'C')' = AB' + A'C$

(3) $(A + B + C)(A' + B' + C') = AB' + A'C + BC'$

7-8 写出下列函数的对偶式及反函数。

(1) $Y = A(B + C)$

(2) $Y = AB + (C + D)'$

(3) $Y = AB' + BC' + C(A' + D)$

(4) $Y = A + (B' + (CD)')' + ((ADB)')'$

7-9 利用逻辑代数化简下列逻辑函数,并画出逻辑图(用与非门和非门实现)。

(1) $Y = AB' + A'B + A$

(2) $Y = AB + A'B + AC + BC'$

(3) $Y = (A' + B)(B' + C)(C' + D)(D' + A)$

(4) $Y = (A \oplus B)'(B \oplus C')$

(5) $Y = (AB + B'C + AC)'$

7-10 将下列各函数式化为最小项之和的形式。

(1) $Y = AB'C + BC' + AC$

(2) $Y = (A + B)(AC + D)$

(3) $Y = BC + ((AB)' + C' + D')'$

7-11 用卡诺图化简法将下列函数化为最简与或表达式。

(1) $Y = ABC + ABD + C'D' + AB'C + A'CD' + AC'D$

(2) $Y = A'B' + BC' + A' + B' + ABC$

(3) $Y = AB'C' + A'B' + A'D + C + BD$

(4) $Y(A, B, C) = \sum (m_1, m_3, m_5, m_7)$

(5) $Y(A, B, C, D) = \sum (m_0, m_1, m_2, m_5, m_8, m_9, m_{10}, m_{12}, m_{13})$

7-12 化简下列逻辑函数(方法不限,最简逻辑式形式不限)。

(1) $Y = AB' + A'C + C'D' + D$

(2) $Y = A'(CD' + C'D) + BC'D + AC'D + A'CD'$

(3) $Y = AB'D + A'B'C'D + B'CD + (AB' + C)'(B + D)$

7-13 用卡诺图将下列具有约束项的逻辑函数化为最简与或式。

(1) $Y(A, B, C, D) = \sum m(0, 1, 2, 3, 6, 8) + \sum m_d(10, 11, 12, 13, 14, 15)$

(2) $Y(A, B, C, D) = \sum m(3, 6, 8, 9, 11, 12) + \sum m_d(0, 1, 2, 13, 14, 15)$

(3) $Y(A, B, C, D) = ABC' + A'BD$,约束条件为 $AB' + AC = 0$

EDA 技术基础

EDA(Electronic Design Automation)技术是指以硬件描述语言作为系统逻辑功能描述的主要方式,以计算机、EDA 工具软件和实验开发系统为开发环境,以大规模可编程逻辑器件为设计载体,以专用集成电路、单片电子系统设计为应用方向的电子产品自动化设计过程,它代表着现代电子设计的发展方向。

利用 EDA 技术实现数字电路的仿真和设计简单易行,只需要对所设计系统的逻辑功能进行描述,然后利用 EDA 软件进行设计输入、编译、仿真和下载即可。本章首先介绍 VHDL 的程序结构、语言要素和常用语句;然后介绍 EDA 软件的使用方法。根据不同的情况,本章既可作为教学内容进行讲解,也可让学生进行自学。

8.1 硬件描述语言 VHDL

硬件描述语言 HDL(Hardware Description Language)专用于描述硬件电路系统的逻辑功能或结构。VHDL(Very High Speed Integrated Circuit Hardware Description Language)是其中一种最常用的语言,符合 IEEE 标准。与计算机编程语言(如 C 语言)有相同之处,但也有很大区别。

8.1.1　VHDL 程序结构

VHDL 程序可由库(Library)、程序包(Package)、实体(Entity)、结构体(Architecture)和配置(Configuration) 5 个部分组成,如图 8-1 所示。其中实体和结构体是不可缺少的基本组成部分,可以构成最简单的 VHDL 文件。库声明也经常用到,而程序包和配置则可有可无,设计者可根据需要选用。

VHDL 程序在对任何电路进行描述时,都是将其分成内、外两个部分,外面的部分称为可视部分,用实体来说明电路的端口特性;里面的部分称为不可视部分,由结构体采用功能描述语句来说明其内部功能或电路组成。这种将设计分成内、外两部分的概念是VHDL 系统设计的基本点。

1. VHDL 程序举例

【例 8-1】　设计一个 2 选 1 数据选择器,实现 s=0 时,输出 y=a;s=1 时,输出 y=b

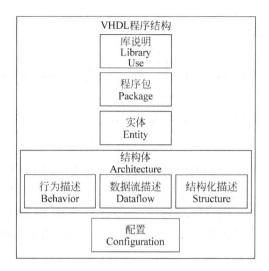

图 8-1 V H D L 程序结构

的逻辑功能。

解：把 a、b、s 作为输入信号，y 作为输出信号，则可写出实现上述功能的 VHDL 代码。

```
ENTITY mux21 IS
    PORT (a, b: IN BIT;
            s: IN BIT;
            y: OUT BIT);
END ENTITY mux21;
ARCHITECTURE one OF mux21 IS
BEGIN
    y< = a WHEN s = '0' ELSE
        b;
END ARCHITECTURE one;
```

2 选 1 数据选择器的 VHDL 描述由以下两部分组成。

（1）以关键词 ENTITY 引导，END ENTITY mux21 结尾的语句部分，称为实体。它的功能是对设计实体进行外部接口描述，相当于把整个设计看成一个封装好的元器件，实体仅用来说明设计单元的输入、输出接口信号或引脚，它是设计实体对外的一个通信界面，如图 8-2 所示。

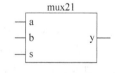

图 8-2 m u x 2 1 的实体

（2）以关键词 ARCHITECTURE 引导，END ARCHITECTURE one 结尾的语句部分，称为结构体。结构体负责描述所设计实体的内部逻辑功能或电路结构。图 8-3 是此结构体的原理图表达，二者的功能本质上是一致的。

结构体中逻辑功能的描述是用 WHEN-ELSE 结构的并行语句来实现的。它的含义是，当满足条件 s＝'0'（即 s 为低电平）时，a 输入端的信号传送至 y，否则（即 s 为高电平），b 输入端的信号传送至 y。

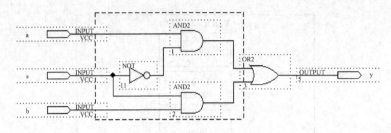

图 8-3 mux21 的结构体

经过编译综合后,可得到实现相应功能的逻辑电路。图 8-2 是程序对应的逻辑符号图,图中的 a 和 b 是两个数据输入端的端口名,s 为选择控制信号的端口名,y 为输出端口名。"mux21"是设计者为此电路取的名字。图 8-3 是获得的多路选择器的门级电路图。

图 8-4 所示是 2 选 1 多路选择器 mux21 的仿真波形,从中不难看出 2 选 1 多路选择器的 VHDL 描述的正确性。

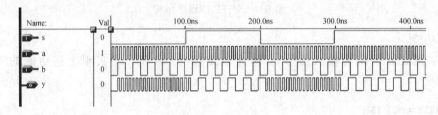

图 8-4 mux21 的仿真波形

2. VHDL 程序约定

(1) 语句结构描述中方括号"[ ]"内的描述语句不是必需的,可根据需要选择。

(2) VHDL 的编译器和综合器对程序文字的大小写是不加区分的,但为了便于阅读和分辨,建议将 VHDL 基本语句中的关键词以大写方式表示,而由设计者添加的内容以小写方式来表示。如实体的结尾可写为"END ENTITY mux21",其中的 mux21 就是设计者取的实体名。

(3) 程序中双横线"--"后面的文字是对程序的注释和说明,不参加编译和综合。注释文字一行写不完需要另起一行时,也要以"--"引导。

(4) 为了便于程序的阅读和调试,书写和输入程序时,可以使用层次缩进格式,同一层次的对齐,低一层次的缩进两个字符。

3. 实体

实体(ENTITY)部分的语句结构如下:

```
ENTITY 实体名 IS
    [GENERIC( 类属表 ); ]
    PORT ( 端口表 );
END [ENTITY] 实体名;
```

实体部分必须按照这一结构来编写,即以"ENTITY 实体名 IS"开始,以"END [ENTITY]实体名;"结束,内部包含类属说明(可选项)和端口说明。其中的实体名由设计者自己添加。

（1）类属说明的格式如下：

GENERIC（常数名：数据类型[:= 设定值]；

　　　　...

　　　　常数名：数据类型[:= 设定值]）；

（2）PORT 端口说明的一般书写格式如下：

PORT（端口名[,端口名]：端口模式　　数据类型；

　　　　...

　　　　端口名[,端口名]：端口模式　　数据类型）；

其中的端口名是设计者为实体的每一个对外信号所取的名字；端口模式用来说明信号方向，共有 IN、OUT、BUFFER、INOUT 四种，它们对应的引脚符号如图 8-5 所示，含义说明见表 8-1。

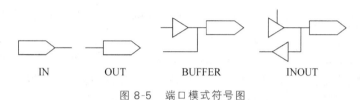

IN　　　　　　OUT　　　　　BUFFER　　　　INOUT

图 8-5　端口模式符号图

表 8-1　端口模式说明

端 口 模 式	端口模式说明（以设计实体为准）
IN	输入，只读型
OUT	输出，仅在实体内部向其赋值
BUFFER	缓冲输出，可以赋值也可以读，但读到的值是其内部对它的赋值
INOUT	双向，可以读或向其赋值

数据类型是指端口数据的表达格式。常用的数据类型有 BIT（位）、BIT_VECTOR（位矢量）和 STD_LOGIC（工业标准逻辑）、STD_LOGIC_VECTOR（工业标准逻辑矢量）。后者是在 IEEE 库的 STD_LOGIC_1164 程序包中对数据类型的定义，因此，在例 8-2 中，要使用这样的数据类型，就要先打开相应的库和程序包。图 8-6 是 nand2 对应的原理图。

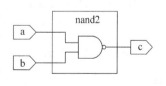

图 8-6　nand2 对应的原理图

【例 8-2】 使用 STD_LOGIC 数据类型实例。

```
LIBRARY IEEE;                        -- 打开 IEEE 库
USE IEEE.STD_LOGIC_1164.ALL;         -- 调用库中 STD_LOGIC_1164 程序包的所有内容
ENTITY nand2 IS
    PORT (a,b: IN STD_LOGIC;         -- 输入 a,b 是 STD_LOGIC 数据类型
        c: OUT STD_LOGIC);
END nand2;
ARCHITECTURE behav OF nand2 IS
```

```
BEGIN
        c<=·a NAND b;                    --将a和b与非的结果赋给c
END ARCHITECTURE behav;
```

4．结构体

对一个电路系统，实体是针对系统的外部接口描述，这一部分如同是一个"黑盒"，描述时并不需要考虑实体内部的具体细节。因为实体内部结构或电路功能的描述是由结构体（ARCHITECTURE）完成的。如果实体代表一个电路的符号，则结构体描述这个符号的内部行为。结构体的语句格式如下：

```
ARCHITECTURE 结构体名 OF 实体名 IS
    [说明语句; ]
BEGIN
    功能描述语句;
END [ARCHITECTURE]结构体名;
```

结构体（Architecture）
说明语句

功能描述语句结构
块语句(Block)
进程语句(Process)
信号赋值语句
子程序调用语句
元件例化语句

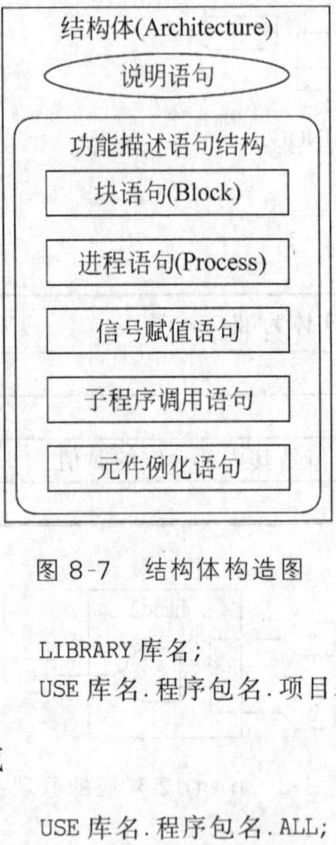

图 8-7　结构体构造图

结构体内部构造的描述层次和功能描述内容可以用图 8-7 来说明。

可选项说明语句是对结构体的功能描述语句中将要用到的信号（Signal）、数据类型（Type）、常数（Constant）、元件（Component）、函数（Function）和过程（Procedure）等加以定义说明。功能描述语句包含 5 种不同类型且以并行方式工作的语句，并行工作方式是区别于计算机语言的根本特征。这些语句内部可以是并行运行的逻辑描述语句，也可以是顺序运行的逻辑描述语句。即这 5 种语句本身是并行语句，但它们内部的语句并不一定是并行语句。

5．库（LIBRARY）和程序包

库和程序包的语句格式如下：

```
LIBRARY 库名;
USE 库名.程序包名.项目名;    -- 调用指定库中的特定程序包内所选定的项目
```

或

```
    USE 库名.程序包名.ALL;    -- 调用指定库中的特定程序包内所有的内容
```

8.1.2　VHDL 语言要素

VHDL 的语言要素是编程语句的基本单元，准确无误地理解和掌握 VHDL 语言要素的基本含义和用法，对于正确地完成 VHDL 程序设计十分重要。

1．标识符

标识符（Identifiers）用来定义常数、变量、信号、端口、子程序或参数的名字，应遵守以下规则。

（1）必须以英文字母开头。

（2）只能由英文字母、数字（0～9）及下划线（ _ ）组成。

（3）最后一个字符不能是下划线。

（4）不能含有两个连续的下划线。

（5）保留字或关键词不能用作短标识符。

需要说明的是，EDA 工具在综合、仿真时不区分短标识符的大小写。

下面是合法的标识符。

```
multi_screens,Multi_screens,Multi_Screens,MULTI_SCREENS,State2
```

下面是不合法的标识符。

```
_Decoder_1              -- 起始为非英文字母
2FFT                    -- 起始为数字
Sig_#N                  -- 符号"#"不能成为标识符的构成
Not-Ack                 -- 符号"-"不能成为标识符的构成
RyY_RST_                -- 标识符的最后一个字符不能是下划线"_"
Date__BUS               -- 标识符中不能有双下划线
return                  -- 关键词
```

VHDL 的保留字列于表 8-2 中，它们不能用作标识符。在程序书写时，一般要求用字母大写或黑体，使程序易于阅读，易于检查错误。

表 8-2　VHDL 的保留字

ABS	DOWNTO	LIBRARY	POSTPONED	SRL
ACCESS	ELSE	LINKAGE	PROCEDURE	SUBTYPE
AFTER	ELSIF	LITERAL	PROCESS	THEN
ALIAS	END	LOOP	PURE	TO
ALL	ENTITY	MAP	RANGE	TRANSPORT
AND	EXIT	MOD	RECORD	TYPE
ARCHITECTURE	FILE	NAND	REGISTER	UNAFFECTED
ARRAY	FOR	NEW	REJECT	UNITS
ASSERT	FUNCTION	NEXT	REM	UNTIL
ATTRIBUTE	GENERATE	NOR	REPORT	USE
BEGIN	GENERIC	NOT	RETURN	VARIABLE
BLOCK	GROUP	NULL	ROL	WAIT
BODY	IF	OF	ROR	WHEN
BUFFER	GUARDED	ON	SELECT	WHILE
BUS	IMPURE	OPEN	SEVERITY	WITH
CASE	IN	OR	SHARED	XNOR
COMPONENT	INERTIAL	OTHERS	SIGNAL	XOR
CONFIGURATION	INOUT	OUT	SLA	
CONSTANT	IS	PACKAGE	SLL	
DISCONNECT	LABEL	PORT	SRA	

2．下标名和下标段名

下标名用于指示数组型变量或信号的某一元素，而下标段名则用于指示数组型变量或信号的某一段元素，其语句格式如下：

数组类型信号名或变量名(表达式 1 [TO/DOWNTO 表达式 2])；

TO 表示数组下标序号由低到高，如"2 TO 7"；DOWNTO 表示数组下标序号由高到低，如"7 DOWNTO 2"。下面是下标名和下标段名的使用示例。

```
SIGNAL a, b, c: BIT_VECTOR (0 TO 7);
z <= b(3);                           --3 是可计算型下标表示
c(0 TO 3)<= a(4 TO 7);               -- 以段的方式进行赋值
```

3．数据对象

在 VHDL 中，数据对象包括信号、变量和常量 3 种。

（1）信号（SIGNAL）

信号用来描述硬件电路系统元器件之间的互连作用，类似于电路中的连接线。信号通常在结构体、程序包和实体说明中使用，定义格式如下：

SIGNAL 信号名[,信号名…]: 数据类型[:= 初始值]；

例如：

```
SIGNAL sys_clk:BIT := '0';           -- 系统时钟
SIGNAL sys_busy:BIT := '1';          -- 系统总线状态
SIGNAL count:BIT_VECTOR(7 DOWNTO 0); -- 计数器宽度
```

对定义了数据类型的信号进行赋值的语句格式如下：

目标信号名<= 表达式；

表达式可以是一个运算表达式，也可以是变量、信号或常量。符号"<="表示有延迟的赋值操作，延迟时间决定于实际所用芯片的延迟特性，就像实际电路中信号的传递过程一样。通常不需要设置信号的初始值，即便设置也仅在行为仿真中有效。

（2）变量（VARIABLE）

变量主要用于对暂时数据进行局部存储，它是一个局部量，只能用在进程和子程序中。定义变量的语法格式如下：

VARIABLE 变量名[,变量名…]: 数据类型[:= 初始值]；

例如：

```
VARIABLE a: INTEGER;                 -- 定义 a 为整数型变量
VARIABLE b, c: INTEGER := 2;         -- 定义 b 和 c 也为整数型变量,初始值为 2
```

变量赋值语句的语法格式如下：

目标变量名 := 表达式；

用来给变量赋值的"：＝"是立即赋值符号,也可用于给任何对象赋初值(包括变量、信号和常量等)。

例 8-3 表达了变量不同的赋值方式,请注意它们数据类型的一致性。

【例 8-3】　变量不同的赋值方式。

```
VARIABLE a, b: BIT_VECTOR (0 TO 7);
a := b;
a := "10101011";                      -- 位矢量赋值,a 的数据类型是位矢量
a(3 TO 6) := ('1','1','0','1');        -- 段赋值
a(0 TO 5) := b(2 TO 7);
a(7) := '0';                           -- 位赋值
```

例 8-3 中 a 和 b 是以变量数组的方式定义的,它们都是 8 位宽,即分别含有 8 个单变量 a(0)、a(1)、…、a(7) 和 b(0)、b(1)、…、b(7),赋值方式也可以是多种多样的。

（3）常量（CONSTANT）

常量是指在设计实体中不会发生变化的值,它的定义和设置主要是为了使设计实体中的常数更容易阅读和修改。常量说明的一般格式如下:

CONSTANT 常量名[,常量名…]: 数据类型 := 表达式;

例如：

```
CONSTANT pi: REAL := 3.14;          -- pi 是实数常量,进行实数赋值
CONSTANT VCC: REAL := 3.3;          -- VCC 也是实数常量,也进行实数赋值
CONSTANT delay: TIME := 25ns;       -- delay 是时间类型常量,赋值也是时间
```

注意：常量被赋值以后的值将不再改变,常量数据类型必须与表达式的数据类型一致。

4．数据类型

VHDL 是一种强类型语言,要求每一个常数、变量、信号、函数以及设定的各种参量都必须有一个确定的数据类型,只有相同数据类型的量才能相互传递和作用,不同的数据类型不能直接代入。相同的类型,位长不同也不能代入。否则,EDA 工具在编译、综合时会报告类型错误。

VHDL 的数据类型可以分成标准数据类型和用户自定义数据类型两大类。

（1）标准数据类型

标准数据类型是 VHDL 最常用、最基本的数据类型,能从 STANDARD 和 STD_LOGIC_1164 等程序包中随时调用。其中标准 STANDARD 中定义的标准数据类型可直接使用,不必通过 USE 语句做显式说明。标准数据类型包括以下几种。

① 布尔（BOOLEAN）数据类型：只有真（TRUE）、假（FALSE）两种取值,没有数量多少的概念,不能进行算术运算,只能用于关系运算和逻辑判断。布尔量的初始值一般赋值为 FALSE。

② 字符（CHARACTER）：字符要加单引号,如'B'、'b'、'1'、'2'等。字符量区分大小写,如'A'、'a'、'B'、'b',都认为是不同的字符。STANDARD 程序包中定义的字符是 128 个

ASCII 字符,包括 A~Z、a~z、0~9、空格及一些特殊字符等。字符'1'、'2'仅是符号,不表示数值大小。

③ 字符串(STRING):字符串要加双引号,例如"VHDL"、"STRING"、"MULTI_ SCREEN COMPUTER"等。字符串常用于程序的提示和说明等。

④ 整数(INTEGER):VHDL 的整数范围从 $-(2^{31}-1)$ 到 $(2^{31}-1)$,即从 -2147493647 到 2147493647,可用多种进制来表示。整数不能用于逻辑运算,只能用于算术运算。不能看作矢量,不能单独对某一位操作。整数在使用时通常要加上范围约束,如下所示。

```
VARIABLE A: INTEGER RANGE -128 TO 128;
```

⑤ 实数(REAL):VHDL 的实数范围从 $-1.0E+38$ 到 $+1.0E+38$,书写时一定要有小数。

⑥ 位(BIT):位的取值只能是用带单引号的'0'、'1'来表示。

⑦ 位矢量(BIT_VECTOR):位矢量是加双引号的一组位数据,如"100010"。使用位矢量必须注明位宽和排列方式,如语句"SIGNAL a: BIT_VECTOR (7 DOWNTO 0);"说明信号 a 被定义为一个具有 8 位位宽的矢量,它最左边的位是 a(7),最右边的位是 a(0)。

⑧ 时间(TIME):完整的时间类型包含整数和物理量单位两部分,整数和单位之间至少要留一个空格,如 16ns、3ms。时间类型一般用于仿真,而不用于逻辑综合。

⑨ 自然数(NATURAL)和正整数(POSITIVE):自然数和正整数是整数的子集。自然数是大于等于 0 以上的整数。正整数是大于 0 的整数。两者的范围是不同的。

⑩ 错误等级(SEVERITY LEVEL):错误等级常用于表示电子系统的工作状态。错误等级分为 NOTE、WARNING、ERROR、FAILURE,即注意、警告、错误、失败 4 个等级。

另外,在 IEEE 库的 STD_LOGIC_1164 程序包中,定义了两个非常重要的数据类型:标准逻辑位(STD_LOGIC)和标准逻辑位矢量(STD_LOGIC_VECTOR)。例 8-4 是对标准逻辑位(STD_LOGIC)的定义。

【例 8-4】 对 STD_LOGIC 数据类型的定义。

```
TYPE STD_LOGIC IS
( 'U',              -- 未初始化的
'X',                -- 强迫未知
'1',                -- 强 1
'0',                -- 强 0
'Z',                -- 高阻态
'W'                 -- 弱未知
'L',                -- 弱 0
'H',                -- 弱 1
'-');               -- 可忽略值
```

由此可见,STD_LOGIC 数据类型共有 9 种取值,并非只有 0 和 1 两种取值。

STD_LOGIC_1164 程序包中对 STD_LOGIC_VECTOR 数据类型的定义如下:

```
TYPE STD_LOGIC_VECTOR IS ARRAY (NATURAL RANGE < >) OF STD_LOGIC;
```

显然,STD_LOGIC_VECTOR 是定义在 STD_LOGIC_1164 程序包中的标准一维数组,数组中每个因素的数据类型都是以上定义的标准逻辑位 STD_LOGIC。

使用以上两种数据类型前,需加入下面的语句,否则会出错。

```
LIBRARY IEEE;
USE IEEE.STD_LOGIC_1164.ALL;
```

(2) 用户自定义数据类型

VHDL 允许用户自己定义新的数据类型和子类型。由用户定义的数据类型可以有枚举类型、整数类型、数组类型和记录类型等。用户定义数据类型时规范的书写格式如下:

```
TYPE 数据类型名[,数据类型名] IS 数据类型定义[OF 基本数据类型];
SUBTYPE 子类型 IS 基本数据类型 RANGE 约束范围;
```

① 枚举类型(ENUMERATED TYPE)。枚举类型,顾名思义就是把类型中的各个元素一一列举出来,方便、直观,提高了程序的可阅读性。枚举类型规范的书写格式如下:

```
TYPE 数据类型名 IS (元素 1,元素 2,... );
```

例 8-4 就是利用枚举类型定义 STD_LOGIC 数据类型的一个实例。例 8-5 和例 8-6 是另外两个例子。

【例 8-5】 对 PCI 总线状态机变量的定义。

```
TYPE PCI_BUSstate IS (idle, busbusy, write, read, backoff);
```

【例 8-6】 对位 bit 类型的定义。

```
TYPE bit IS ('0', '1');
```

② 整数类型(INTEGER TYPES)实数类型(REAL TYPES)。整数类型和实数类型在 VHDL 语言标准中已定义,而用户自己再定义是因为出自设计者的特殊用途。在七段数码管控制设计中,每组数码管组成一个数据序列,这组数码管表示的数据范围是整数的一个子集。设显示数码管是由 4 位组成的,则其数据类型的书写方式如下:

```
TYPE digit IS INTEGER RANGE 0 TO 9999;
```

但是对每一位数码管而言,其数据类型的书写方式如下:

```
TYPE digit IS INTEGER RANGE 0 TO 9;
```

这个数据类型用于每个数码管的控制电路设计,前面那个整数类型用于 4 位数据的控制电路设计,各自用于不同的用途。但这两个类型说明都是整数类型的子集。

由上述分析可以总结出,整数类型和实数类型用户定义的一般格式如下:

```
TYPE 数据类型名 IS 数据类型定义 约束范围;
```

③ 数组(ARRAY)类型。将相同类型的数据集合在一起所形成的数据类型称为数组类型。数组类型在总线定义及 ROM、RAM 等设计中应用。限定性数组定义的语句格式

如下：

> TYPE 数组名 IS ARRAY(数组范围)OF 数据类型；

例如：

> TYPE stb IS ARRAY (0 TO 8) OF STD_LOGIC；

④ 记录类型（RECORD TYPES）。将不同类型的数据组织在一起形成的数据类型叫记录。记录用于描述总线、通信协议很方便，记录也适用于仿真。记录的规范书写格式如下：

> TYPE 记录类型名 IS RECORD
> 元素名：元素数据类型；
> 元素名：元素数据类型；
> …
> END RECORD[记录类型名]；

【例 8-7】 用记录类型定义一个微处理器的命令信息表。

```
TYPE regname IS (AX, BX, CX, DX);          -- regname 是枚举类型的数据类型名
TYPE operation IS RECORD                    -- operation 是记录类型
    Memonic: STRING (1 TO 10);              -- 记录中的 Memonic 元素是字符串
    Opeode: BIT_VECTOR (3 DOWNTO 0);        -- 记录中的 Opeode 元素是位矢量
    Op1, op2, res: regname;                 -- 记录中的 Op1, op2, res 是枚举类型
END RECORD;
VARIABLE instr1, instr2: operation;         -- 定义 instr1、instr2 的数据类型是记录类型
…
instr1 := ("ADD AX, BX", "0001", AX, BX, AX);       -- 给记录中的各个元素分别赋值
instr2 := ("ADD AX, BX", "0010", OTHERS = > BX);    -- 记录中 Op1, op2, res 元素均赋值 BX
VARIABLE instr3: operation;
…
instr3.Memonic := "MUL AX,BX";              -- 从记录中提取元素用"记录名.元素名"的方式
instr3.Op1 := AX;
```

5．操作符

VHDL 的算术或逻辑运算表达式由操作数（Operands）和操作符（Operators）组成，其中操作数是各种运算的对象，而操作符则规定运算的方式。VHDL 的操作符有 4 类，即逻辑操作符（Logical Operator）、关系操作符（Relational Operator）、算术操作符（Arithmetic Operator）和符号操作符（Sign Operator），如表 8-3 所示。

（1）逻辑操作符

逻辑运算符左右两边操作数的数据类型及位宽必须相同。逻辑运算的顺序是先做括号里的运算，再做括号外的运算，而不是像 C 语言那样自左至右进行运算。当 VHDL 逻辑式中的运算符只有 OR、AND 或 XOR 中的一种时，逻辑运算不需加括号；否则，都需要用括号说明运算顺序。例如：

```
a<= b AND c AND d AND e;            -- 只有 AND 运算不需加括号
a<= b OR c OR d OR e;               -- 只有 OR 运算不需加括号
```

a<= (b AND c) OR (d AND e)　　　　　 -- 有 AND、OR 两种运算,要加括号

a<= (b NAND c) NAND e　　　　　　　 -- NAND 运算要用括号说明运算顺序

a<= (b AND c) OR (NOT d AND e)　　　 -- 有多种运算符号,要加括号说明运算顺序

表 8-3　VHDL 操作符列表

类 型		操作符	功 能	操作数数据类型
算术操作符	求和	+	加法	整数、实数、物理量
		−	减法	整数、实数、物理量
	并置	&	并置	一维数组
	求积	*	乘法	整数和实数(包括浮点数)
		/	除法	整数和实数(包括浮点数)
		REM	取余	整数
		MOD	求模	整数
	混合	**	指数运算	整数
		ABS	取绝对值	整数
	移位	SLL	逻辑左移	BIT 或布尔型一维数组
		SRL	逻辑右移	BIT 或布尔型一维数组
		SLA	算术左移	BIT 或布尔型一维数组
		SRA	算术右移	BIT 或布尔型一维数组
		ROL	逻辑循环左移	BIT 或布尔型一维数组
		ROR	逻辑循环右移	BIT 或布尔型一维数组
逻辑操作符		AND	与	BIT、BOOLEAN、STD_LOGIC
		OR	或	BIT、BOOLEAN、STD_LOGIC
		NOT	非	BIT、BOOLEAN、STD_LOGIC
		NAND	与非	BIT、BOOLEAN、STD_LOGIC
		NOR	或非	BIT、BOOLEAN、STD_LOGIC
		XOR	异或	BIT、BOOLEAN、STD_LOGIC
		XNOR	同或	BIT、BOOLEAN、STD_LOGIC
关系操作符		=	等于	任何数据类型
		/=	不等于	任何数据类型
		>	大于	枚举和整数类型及对应的一维数组
		<	小于	枚举和整数类型及对应的一维数组
		>=	大于等于	枚举和整数类型及对应的一维数组
		<=	小于等于	枚举和整数类型及对应的一维数组
符号操作符		+	正	整数
		−	负	整数

(2) 算术操作符

① 并置运算符"&"。并置运算符"&"用于位的连接形成位矢量;或用于位矢量的连接,从而构成更大的位矢量。例如:

DATA_C <= D0 & D1 & D2 & D3;　　　 -- 用并置符连接法构成 4 位位矢量

SIGNAL A: STD_LOGIC_VECTOR (0 TO 3);　 -- 定义信号 A 为 4 位位矢量

DATA_E <= A & DATA_C;　　　　　　　 -- DATA_E 为一个 8 位的位矢量

② 移位操作符。移位操作符仅用于 BIT 或 BOOLEAN 类型的一维数组。执行逻辑左移 SLL 时,数据左移,右端空位填充'0';执行逻辑右移 SRL 时,数据右移,左端空位置填充'0';逻辑循环左移 ROL 和右移 ROR 是自循环方式;执行算术左移 SLA 和右移 SRA 时,其移空位用最初的首位来填补。

移位操作符的语句格式如下:

标识符 移位操作符 移位位数;

例如:

```
VARIABL shifta: STD_LOGIC_VECTOR (3 DOWNTO 0) := ('1','0','1','1');
shifta SLA 1;                   -- ('0','1','1','1')
shifta SLA 3;                   -- ('1','1','1','1')
shifta SLA - 3;                 -- 等于 shifta SRA 3
```

③ 关系操作符。关系运算符可将两个操作数进行数值比较,并将结果以 BOOLEAN 类型(即 TRUE 或 FALSE)的数据表示出来。符号"<="有"信号赋值"和"小于或等于"两种含义,要根据上下文判断。

【例 8-8】 关系运算符的应用举例。

```
SIGNAL a STD_LOGIC_VECTOR (3 DOWNTO 0);
SIGNAL b STD_LOGIC_VECTOR (3 DOWNTO 0);
a <= "1010";                    -- 将 10 代入 a,代入赋值符
b <= "0111";                    -- 将 7 代入 b,代入赋值符
IF (a > b) THEN                 -- 关系比较符
  c <= "0000";                  -- 代入赋值符
ELSE
  c <= "1111";                  -- 代入赋值符
END IF;
```

④ 操作符的运算优先级。各种运算操作符的优先级如表 8-4 所示。

表 8-4　运算符的优先级

运　算　符	优　先　级
NOT,ABS,**	高 ↑ 低
*,/,MOD,REM	
+(正),-(负)	
+(加),-(减),&	
SLL,SRL,SLA,SRA,ROL,ROR	
=,/=,>,<,>=,<=	
AND,OR,NAND,NOR,XOR,XNOR	

8.1.3　VHDL 顺序语句

VHDL 顺序语句与计算机 C 语言有很多相似之处,也是按照语句的书写顺序来执行,前面语句的执行结果可能直接影响后面语句的执行。顺序语句只能出现在进程和子

程序中,本书只涉及进程。顺序语句主要有 IF 语句、CASE 语句、LOOP 语句、NEXT 语句、EXIT 语句、空操作语句(NULL)等。

1. IF 语句

IF 语句是一种条件语句,它根据语句中所设置的一种或多种条件,有选择地执行指定的顺序语句。IF 语句的语句结构有以下 3 种。

(1) 用于门闩控制的 IF 语句

```
IF 条件句 THEN                  -- 条件句应为布尔表达式
    顺序语句;                   -- 条件成立时执行该顺序语句
END IF;                        -- 条件不成立时跳过顺序语句结束
```

(2) 用于二选一控制的 IF 语句

```
IF 条件句 THEN                  -- 第二种 IF 语句,用于二选一控制
    顺序语句 1;                 -- 条件成立时执行该顺序语句
ELSE
    顺序语句 2;                 -- 条件不成立时执行第 2 个顺序语句
END IF;
```

(3) 用于多选择控制的 IF 语句

```
IF 条件句 1 THEN                -- 第三种 IF 语句,用于多选择控制
    顺序语句 1;                 -- 条件 1 成立时执行该顺序语句 1
ELSIF 条件句 2 THEN             -- 条件 2 成立时执行该顺序语句 2
    顺序语句 2;
      ⋮
ELSE
    顺序语句 n;                 -- 条件都不成立时执行该顺序语句 n
END IF;
```

2. CASE 语句

CASE 语句以一个多值表达式为条件式,根据其不同取值选择多项顺序语句中的一项执行,实现多路分支,故适用于两路或多路分支判断结构。CASE 语句的结构如下:

```
[标号: ] CASE 多值表达式 IS
        WHEN 选择值 => 顺序语句;
        WHEN 选择值 => 顺序语句;
        …
        END CASE[标号];
```

执行 CASE 语句时,首先计算表达式的值,然后根据条件句中与之相同的选择值,执行对应的顺序语句,最后结束 CASE 语句。表达式可以是一个整数类型或枚举类型的值,也可以是由这些数据类型的值构成的数组。

选择值可以有 4 种不同的表达方式。

(1) 单个普通数值,如 4。

(2) 数值选择范围,如(2 TO 4),表示取值为 2、3 或 4。

（3）并列数值，如 3|5，表示取值为 3 或者 5。

（4）混合方式，以上 3 种方式的混合。

使用 CASE 语句需注意以下几点。

（1）条件句中的选择值必须在表达式的取值范围内。

（2）选择值不能有遗漏，即所有 WHEN 后面的选择值应完整覆盖 CASE 语句中表达式的取值，否则最后必须用"WHEN OTHERS＝＞顺序语句；"来结束。这一点对于定义为 STD_LOGIC 和 STD_LOGIC_VECTOR 数据类型的值尤为重要，因为这些数据对象的取值除了 1 和 0 以外，还可能有其他的取值，如高阻态 Z、不定态 X 等。

（3）各选择值不能重复。

（4）条件句中的"＝＞"不是操作符，它只相当于"THEN"的作用。

例 8-9 给出了在 CASE 语句使用过程中容易发生的几种错误。

【例 8-9】 使用 CASE 语句容易发生的错误。

```
SIGNAL value: INTEGER RANGE 0 TO 15;
SIGNAL out1: STD_LOGIC;
  …
  CASE value IS
  END CASE;                             --缺少以 WHEN 引导的条件句
  …
  CASE value IS
    WHEN 0 = > out1 < = '1';
    WHEN 1 = > out1 < = '0';
  END CASE;                             -- 未包括 value2~15 的值
  …
  CASE value IS
    WHEN 0 TO 10  = > out1 < = '1';
    WHEN 5 TO 15  = > out1 < = '0';
  END CASE;                             -- 选择值中 5~10 的值有重叠
```

例 8-10 是一个用 CASE 语句描述的 4 选 1 多路选择器的 VHDL 程序。

【例 8-10】 CASE 语句应用实例。

```
LIBRARY IEEE;                           -- 打开 IEEE 库
USE IEEE.STD_LOGIC_1164.ALL;            -- 调用定义 STD_LOGIC 数据类型的程序包
ENTITY mux41 IS                         -- 实体部分描述端口信号
  PORT (s1, s2: IN STD_LOGIC;
      a, b, c, d: IN STD_LOGIC;
            z: OUT STD_LOGIC);
END ENTITY mux41;
ARCHITECTURE activ OF mux41 IS          -- 结构体描述电路功能
    SIGNAL s: STD_LOGIC_VECTOR (1 DOWNTO 0);  -- 定义信号
BEGIN
    s < = s1&s2;
    PROCESS (s1 ,s2 ,a ,b ,c ,d)        -- 进程中才可以使用顺序语句
    BEGIN
      CASE s IS                         -- 用 CASE 语句描述选择功能
      WHEN "00"  = > z < = a;
      WHEN "01"  = > z < = b;
```

```
        WHEN "10" => z <= c;
        WHEN "11" => z <= d;
        WHEN OTHERS => z <= 'x';
        END CASE;
    END PROCESS;
END activ;
```

注意例 8-10 中的第 5 个条件句是必需的,因为对于定义为 STD_LOGIC_VECTOR 数据类型的 s,在 VHDL 综合过程中,它可能的选择值除了 00、01、10 和 11 外,还可以有其他定义于 STD_LOGIC 的选择值。此例的逻辑图如图 8-8 所示。

3. LOOP 语句

LOOP 是循环语句,它可以使所包含的一组顺序语句被循环执行,其执行次数可由设定的循环参数决定。LOOP 语句的表达方式有 3 种。

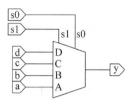

图 8-8　4 选 1 多路选择器

(1) 单个 LOOP 语句

语句格式:

```
[LOOP 标号:] LOOP
            顺序语句;
            END LOOP [LOOP 标号];
```

这种循环语句往往需要引入其他控制语句(如 EXIT 语句)后,它的循环方式才能确定,例如:

```
L2: LOOP
        a := a + 1;
        EXIT L2 WHEN a > 10;          -- 当 a 大于 10 时跳出循环
        END LOOP L2;
```

此程序的循环方式由 EXIT 语句确定,当 a>10 时结束循环,不再执行 a:=a+1,程序跳到循环结束处。

(2) FOR_LOOP 语句

语句格式:

```
[LOOP 标号:] FOR 循环变量 IN 循环次数范围 LOOP
            顺序语句;
            END  LOOP[LOOP 标号];
```

FOR 后的循环变量是一个临时变量,它由 LOOP 语句自动定义,不必事先定义。使用时应当注意,在 LOOP 语句范围内不要再使用其他与此同名的标识符。循环次数范围规定了 LOOP 语句中的顺序语句被执行的次数。循环变量从循环次数范围的初值开始,每执行完一次顺序语句后递增 1,直至达到循环次数范围指定的最大值。

【例 8-11】 LOOP 语句实例。

```
ENTITY LOOP_stmt IS
    PORT ( a: IN BIT_VECTOR (0 TO 3);
```

```
          out1: OUT BIT_VECTOR (0 TO 3));
END LOOP_stmt;
ARCHITECTURE example OF LOOP_stmt IS
BEGIN
   PROCESS (a)                              -- 顺序语句要放在进程中使用
      VARIABLE b: BIT;
   BEGIN
   b := '1';
      FOR i IN 0 TO 3 LOOP                  -- FOR _LOOP 语句中的循环变量可直接使用
         b := a(3 - i) AND b;               -- 给变量赋值
         out1(i)< = b;                      -- 给信号赋值
      END LOOP;
   END PROCESS;
END example;
```

（3）WHILE_LOOP 语句

语句格式：

```
[标号: ] WHILE 循环控制条件 LOOP
            顺序语句;
         END LOOP[标号];
```

WHILE_LOOP 语句是给出循环执行顺序语句的条件，当条件满足时继续循环执行顺序语句；条件不满足时跳出循环，执行"END LOOP"后的语句。

【例 8-12】 WHILE_LOOP 语句实例。

```
ENTITY while_stmt IS
   PORT ( a: IN BIT VECTOR(0 TO 3);
          out1: OUT BIT VECTOR(0 TO 3));
END while stmt;
ARCHITECTURE example OF while_stmt IS
BEGIN
   PROCESS (a)
      VARIABLE b: BIT;
      VARIABLE i: INTEGER;
   BEGIN
      i := 0;                               -- WHILE_LOOP 语句中用到的变量需预先定义
      b := '1';
      WHILE i < 4 LOOP
         b := a(3 - i) AND b;
         out1(i)< = b;
            i := i + 1;
      END LOOP;
   END PROCESS;
END example;
```

例 8-11 和例 8-12 对应的逻辑电路均如图 8-9 所示。

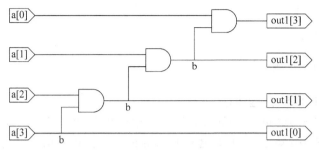

图 8-9　例 8-11 和例 8-12 对应的逻辑电路

4. NEXT、EXIT 和 NULL 语句

EXIT 语句与 NEXT 语句都是 LOOP 语句的内部循环控制语句。不同的是，EXIT 语句的转跳方向是 LOOP 循环语句的结束处，而 NEXT 语句的转跳方向是 LOOP 循环语句的起始处。NEXT 语句的格式有以下 3 种。

```
NEXT;                              -- 第一种
NEXT LOOP 标号;                    -- 第二种
NEXT [LOOP 标号] WHEN 条件表达式;   -- 第三种
```

EXIT 语句的格式与 NEXT 语句格式完全相似。

```
EXIT;                              -- 第一种
EXIT LOOP 标号;                    -- 第二种
EXIT [LOOP 标号] WHEN 条件表达式;   -- 第三种
```

NULL 是空操作语句，它唯一的功能就是使程序进入下一语句的执行。例如，在 CASE 语句中可用 NULL 排除一些不用的条件，如下所示。

```
CASE opcode IS
   WHEN "001" => tmp := rega AND regb;
   WHEN "101" => tmp := rega OR regb;
   WHEN "110" => tmp := rega XOR regb;
   WHEN OTHERS => NULL;
END CASE;
```

8.1.4　VHDL 并行语句

并行语句是最具有 VHDL 特色的语句，VHDL 程序的结构体就是由若干并行语句直接构成的。并行语句的执行是同步进行的，或者说是并行运行的，与书写顺序无关。而并行语句的内部则可以包含并行语句，也可以包含顺序语句。并行语句之间可以有信息往来，也可以独立、互不相关。

并行语句主要有进程语句、并行信号赋值语句、块语句、元件例化语句、生成语句和子程序调用语句等。并行语句在结构体中的使用格式如下：

```
ARCHITECTURE 结构体名 OF 实体名 IS
    说明语句
```

```
BEGIN
    并行语句 1;
    [并行语句 2; ]
    …
END ARCHITECTURE 结构体名;
```

1. PROCESS 进程语句

进程(PROCESS)语句是 VHDL 程序中使用最频繁,也最具有 VHDL 特点的语句。它提供了一种用算法(顺序语句)描述硬件行为的方法。进程语句具有并行和顺序双重性,进程在结构体中相对于其他语句是并行的,但每一个进程的内部却由一系列顺序语句构成。一个结构体中可以有多个并行运行的进程语句,进程与结构体中的其余部分进行信息交流是靠信号完成的。

PROCESS 语句的格式如下:

```
[进程标号: ] PROCESS[(敏感信号表)][IS]
    [进程说明语句]
BEGIN
    顺序语句
END PROCESS[进程标号];
```

进程中的敏感信号表用来描写进程赖以启动的信号,任何一个信号的改变都将启动 PROCESS 进程顺序执行一遍,执行完成后,就返回到进程开始处,等待敏感量的新变化引发再一次执行,如此周而复始,循环无穷。说明语句用来定义该进程内用到的数据类型、常量和变量等,但不能定义信号。顺序语句用于描述电路的行为,行为的结果需要通过信号才能传递到进程以外。

例 8-11 和例 8-12 都是用进程语句来完成电路行为描述的实例。

2. 并行信号赋值语句

并行信号赋值语句有三种形式:简单信号赋值语句、条件信号赋值语句和选择信号赋值语句。一个信号赋值语句相当于一条缩写的进程语句,这意味着表达式中任何信号的变化都将启动相应的赋值操作,而这种启动完全是独立于其他语句的。

(1) 简单信号赋值语句

语句格式:

赋值目标信号<= 表达式;

(2) 条件信号赋值语句

语句格式:

```
赋值目标信号 <= 表达式 1 WHEN 赋值条件 1 ELSE
                表达式 2 WHEN 赋值条件 2 ELSE
                ⋮
                表达式 n;
```

用于结构体中的条件信号赋值语句与进程中的 IF 语句功能相同,执行时按书写的先后顺序逐项测定,一旦发现赋值条件成立,立即将对应表达式的值赋给目标信号。

（3）选择信号赋值语句

语句格式：

WITH 选择表达式 SELECT
赋值目标信号<= 表达式 1 WHEN 选择值 1,
 表达式 2 WHEN 选择值 2,
 ⋮
 表达式 n WHEN 选择值 n;

结构体中选择信号赋值语句的功能与进程中 CASE 语句的功能相似。每当选择表达式的值发生变化时，将启动此语句对各子句的选择值进行测试对比，当发现有满足条件的子句时，就将此子句表达式中的值赋给赋值目标信号。选择赋值语句不允许有条件重叠的现象，也不允许存在条件涵盖不全的情况。

【例 8-13】 一个简化的指令译码器，对应于由 a、b、c 三个位构成的不同指令码，将输入的 data1 和 data2 进行不同的逻辑操作，并将结果从 dataout 输出，如图 8-10 所示。

```
LIBRARY IEEE;
USE IEEE.STD_LOGIC_1164.ALL;
USE IEEE.STD_LOGIC_UNSIGNED.ALL;
ENTITY decoder IS
    PORT ( a, b, c: IN STD_LOGIC;
        data1, data2: IN STD_LOGIC;
            dataout: OUT STD_LOGIC);
END decoder;
ARCHITECTURE concunt OF decoder IS
    SIGNAL instruction: STD_LOGIC_VECTOR(2 DOWNTO 0);
BEGIN
    instruction<= c&b&a;
    WITH instruction SELECT
        dataout<= data1 AND data2 WHEN "000",
            data1 OR data2 WHEN "001",
            data1 NAND data2 WHEN "010",
            data1 NOR data2 WHEN "011",
            data1 XOR data2 WHEN "100",
            data1 XNOR data2 WHEN "101",
            'Z'          WHEN OTHERS;
END concunt;
```

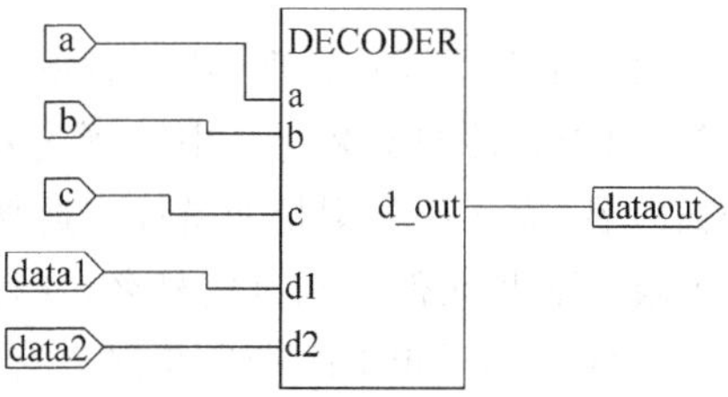

图 8-10 指令译码器 DECODER

注意：选择信号赋值语句的每一子句结尾是逗号，最后一句是分号；而条件赋值语句每一子句的结尾没有任何标点，只有最后一句有分号。

3．元件例化语句

将预先设计好的电路定义成一个元件（COMPONENT），然后利用元件例化语句将它与当前设计电路的指定信号相连接，从而为当前设计电路引入一个新的低一级的设计层次。在这里，当前设计电路相当于一个较大的电路系统，所定义的元件相当于一个要插在这个电路系统板上的芯片，而当前设计实体中指定的信号则相当于这块电路板上准备接受此芯片的一个插座。元件例化语句提供了在 VHDL 设计中采用自上而下层次化设计的一种重要途径,也提供了重复利用设计库已有资源的机制。

元件例化可以是多层次的,在一个设计实体中被调用安装的元件也可以是一个较低层次的当前设计实体,这个较低层次的当前设计实体也可以调用其他元件,以便构成更低层次的电路模块。调用的元件可以是已设计好的一个 VHDL 设计实体,也可以是来自元件库中的元件。

(1) 元件例化语句的构成

元件例化语句由元件声明和元件例化两部分组成,缺一不可。它们的语句格式分别如下:

```
-- 元件声明部分
COMPONENT 元件名
[GENERIC(类属表); ]                    -- 多数没有该部分
PORT(端口名表);                        -- 调用元件的端口信息
END COMPONENT [元件名];
-- 元件例化部分
例化名: 元件名 [GENERIC MAP (类属关联表); ]  -- 多数没有类属表
PORT MAP ([端口名 =>]连接端口名,...);    -- 说明调用元件与当前电路的连接关系
```

第一部分是元件声明,用于说明调用元件的名称及端口信息。第二部分为元件例化语句,用于元件的安装。其中的例化名是必需的,它类似于标在当前系统(电路板)中的一个插座名,而元件名则是准备插入此插座的元件名。PORT MAP 是端口映射的意思,其中的端口名指元件的端口信号名,连接端口名则是当前系统中信号名。

元件例化语句中的端口映射表有两种表达方式。一种是名字关联方式,即用关联(连接)符号"=>"把例化元件的端口名和当前系统的连接信号相对应。另一种是位置关联方式,只要列出当前系统的信号名即可,但其排列顺序与元件的端口名排列顺序要一一对应。

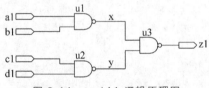

图 8-11 ord41 逻辑原理图

【例 8-14】 元件例化语句。

(2) 元件例化语句的应用

以下是元件例化语句的应用示例。例 8-14 中首先完成了一个 2 输入与非门的设计,然后利用元件例化产生了如图 8-11 所示的由 3 个相同的与非门连接而成的电路。

```
LIBRARY IEEE;
USE IEEE.STD_LOGIC_1164.ALL;
ENTITY nd2 IS
    PORT (a, b: IN STD_LOGIC;
            c: OUT STD_LOGIC);
END nd2;
ARCHITECTURE nd2behv OF nd2 IS
BEGIN
    c <= a NAND b;
END nd2behv;

LIBRARY IEEE;
```

```
USE IEEE.STD_LOGIC_1164.ALL;
ENTITY ord41 IS
    PORT (a1, b1, c1, d1: IN STD_LOGIC;
                     z1: OUT STD_LOGIC);
END ord41;
ARCHITECTURE ord41behv OF ord41 IS
    COMPONENT nd2
      PORT (a, b: IN STD_LOGIC;
              c: OUT STD_LOGIC);
    END COMPONENT;
    SIGNAL x, y: STD_LOGIC;
BEGIN
    u1:nd2 PORT MAP(a1,b1,x);                  -- 位置关联方式
    u2:nd2 PORT MAP(a=>c1,c=>y,b=>d1);        -- 名字关联方式
    u3:nd2 PORT MAP(x,y,c=>z1);               -- 混合关联方式
END ARCHITECTURE ord41behv;
```

4. GENERATE 生成语句

GENERATE 语句具有复制作用,可用来描述具有多个相同结构的规则设计,以简化程序。

生成语句的语句格式有以下两种。

(1) [标号:]FOR 循环变量 IN 取值范围 GENERATE
    [说明];
     并行语句;
   END GENERATE [标号];

(2) [标号:]IF 条件 GENERATE
    [说明];
     并行语句;
   END GENERATE[标号];

这两种语句格式都由三部分组成: ①用 FOR 语句或 IF 语句构成的用于规定并行语句复制方式的生成方式;②可选项说明部分,用于对元件数据类型、子程序、数据对象做一些局部说明;③用来复制的基本单元——并行语句。

FOR-GENERATE 语句用于设计规则体,IF-GENERATE 语句用于设计不规则体,描述结构中的特殊情况。由于生成语句是并发性的,所以 IF 语句结构中不能含有 ELSE 语句。

【例 8-15】 利用 FOR-GENERATE 语句的设计示例。

```
...
COMPONENT comp
    PORT (input: IN STD_LOGIC;
          output: OUT STD_LOGIC);
END COMPONENT;
```

```
SIGNAL a, b: STD_LOGIC_VECTOR (0 TO 7);
…
gen: FOR i IN 0 TO 7 GENERATE
  u1: comp PORT MAP( input = >a(i), output = >b(i));
END GENERATE gen;
…
```

例 8-15 生成语句产生的 8 个相同的电路模块,如图 8-12 所示。

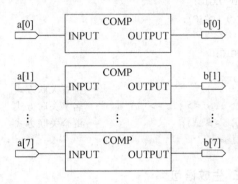

图 8-12　生成语句产生的 8 个相同的电路模块

思考与练习

8-1-1　VHDL 的程序结构由几部分组成? 各部分的功能是什么?

8-1-2　简述实体(ENTITY)描述与原理图的关系,结构体描述与原理图的关系。

8-1-3　说明端口模式 BUFFER 与 INOUT 有何异同点?

8-1-4　试说明数据对象中信号与变量的异同处,常量与类属参量间的异同处。

8-1-5　判断下列 VHDL 的文字或标识符是否合法,如果有误则指出原因。

(1) 16#0FA#　(2) 10#12F#　(3) 8#789#　(4) 8#356#

(5) 2#0101010#　(6) 74HC245　(7) CLR/RESET　(8) D100%

8-1-6　简述 VHDL 语言操作符的优先级。

8-1-7　判断下面说明是否正确。

(1) 只有"信号"可以描述实际硬件电路,"变量"则只能用在算法的描述中,而不能最终生成实际的硬件电路;"信号"具有延迟特性,而变量则没有。

(2) 记录类型中可以含有不同数据类型的数据对象。

(3) 任何同类型的元素都可以用数组形式存放。

(4) 实体中所定义的端口也是一种信号。

(5) 一条并行赋值语句就等效为一个进程。

(6) 只要在一个逻辑式中有两个逻辑运算符,就必须加括号。

(7) 选择值表达方式中"2 TO 4"和"2|4"的表达意义是一样的。

8-1-8　比较 CASE 语句与 WITH_SELECT 语句,叙述它们的异同点。

8.2 EDA 工具软件 MAX＋plus Ⅱ

EDA 工具在 EDA 技术应用中占据极其重要的位置,EDA 的核心是利用计算机完成电子设计全过程自动化,因此,基于计算机环境的 EDA 软件的支持是必不可少的。MAX＋plus Ⅱ 是美国 Altera 公司自行开发的一款用于 FPGA/CPLD 的工具软件,该软件集设计输入、仿真和编程下载功能于一体,界面友好,简单易学,适于初学者使用。

8.2.1 MAX+plus Ⅱ 的设计流程

MAX＋plus Ⅱ 可接受对一个电路的图形描述(电路图)或文本描述(硬件描述语言),通过编辑、编译、仿真、综合、编程下载等一系列过程,将用户所设计的电路原理图或电路描述转变为 FPGA/CPLD 内部的基本逻辑单元,写入 FPGA/CPLD 中,从而在硬件上实现用户所设计的电路。FPGA/CPLD 是一种可编程逻辑器件,有关知识在第 11 章介绍。

利用 MAX＋plus Ⅱ 对 FPGA/CPLD 进行开发设计的流程如图 8-13 所示,该流程对于目前流行的 EDA 软件具有通用性。下面分别介绍各设计模块的功能特点。

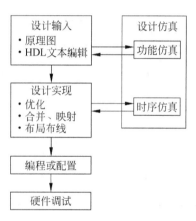

图 8-13　基于 FPGA/CPLD 的开发设计流程

1. 设计输入

将要设计的电路用 EDA 开发软件要求的某种形式表达出来,并输入计算机,这就是设计输入。设计输入是在 EDA 软件平台上对可编程器件进行开发的最初步骤。设计输入主要有原理图输入和 VHDL 文本输入法两种。

原理图是由逻辑器件(符号)和连接线构成,特别适合用来描述接口和连接关系。逻辑器件可以是 EDA 软件库中自带的功能模块,如与门、非门、或门、触发器以及各种含 74 系列器件功能的宏功能块或类似于 IP 的功能块,也可以是设计者曾经设计好的电路单元。

VHDL 文本输入方式与传统的计算机软件语言的输入编辑基本一致,其逻辑描述能力强,适合描述计数器、译码器、比较器和状态机等的逻辑功能,在描述复杂设计时,非常简洁,具有很强的逻辑描述和仿真功能,克服了原理图输入法存在的弊端,为 EDA 技术的应用和发展开辟了一个广阔的天地。

2. 设计实现

设计实现主要由 EDA 开发工具依据设计输入文件自动生成用于器件编程、波形仿真等所需的数据文件。此过程对于开发系统是核心部分,但对于用户,几乎是自动化的,用户无须做过多的工作。

3．设计仿真

在编程下载前，必须利用 EDA 工具对设计的结果进行模拟测试，即仿真。更具体地说，仿真就是让计算机根据一定的算法和一定的仿真库对 EDA 设计进行模拟，以验证设计，排除错误。仿真是 EDA 设计过程中的重要步骤。设计仿真包括功能仿真和时序仿真两部分，对初学者设计的简单系统只需要进行时序仿真即可。

4．编程或配置

把 EDA 软件生成的下载或配置文件，通过编程器或编程电缆向 FPGA/CPLD 进行下载，从而完成最终硬件设计。

8.2.2　原理图输入设计示例

能实现两个 1 位二进制数相加并考虑低位进位的加法运算电路称为全加器，其输入输出关系可用如表 8-5 所示的真值表表示。它的输出是本位和 S 及进位输出 CO。

表 8-5　全加器真值表

输　　入			输　　出	
CI	A	B	S	CO
0	0	0	0	0
0	0	1	1	0
0	1	0	1	0
0	1	1	0	1
1	0	0	1	0
1	0	1	0	1
1	1	0	0	1
1	1	1	1	1

由真值表得出：

$$S = A \oplus B \oplus C_i$$
$$C_o = AB + BC + CA$$

可见，要实现全加器功能，需要两个异或门 xor、三个 2 输入与门 and2 和一个 3 输入或门 or3。这些基本逻辑门在 MAX+plus Ⅱ 的元件库中均可找到。下面用原理图输入法在 MAX+plus Ⅱ 中完成全加器设计，方法步骤如下。

1．为本项工程设计建立文件夹

任何一项设计都可以看成一项工程（Project），首先要为此工程建立一个文件夹，用于放置与此工程相关的所有文件，此文件夹将被默认为工作库（Work Library），通常要将不同的设计项目放在不同的文件夹中。例如，假设本项设计的文件夹取名为 example，路径为 E:\example，要注意的是，文件夹名不能用中文，且不可含有空格。

2．输入设计项目原理图并存盘

（1）打开 MAX+plus Ⅱ，选择菜单 File|New 选项，或单击工具栏中的按钮 ⬜，出现

如图 8-14 所示的 New 对话框,选中 Graphic Editor file 单选按钮,单击 OK 按钮,进入图形编辑器(Graphic Editor)。

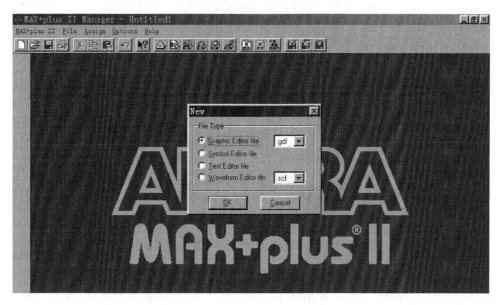

图 8-14   新建一个图形设计文件

(2) 保存。选取 File|Save 选项,或单击工具栏中的按钮 ,在弹出的对话框中输入文件名 adder. gdf,并选取 e:\example 路径,如图 8-15 所示,然后单击 OK 按钮即可。

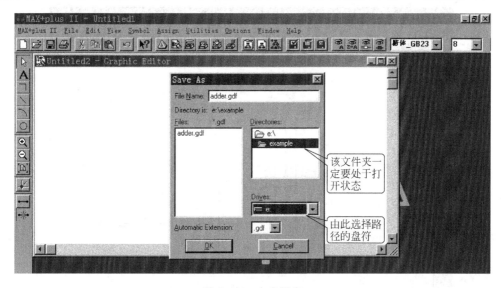

图 8-15   存盘视窗

(3) 调用元件。在图形编辑器中的欲放置元件的位置右击,在弹出的快捷菜单中选择 Enter Symbol 选项;或在图形编辑器中直接双击,均可进入元件输入对话框,即 Enter Symbol 对话框,见图 8-16。

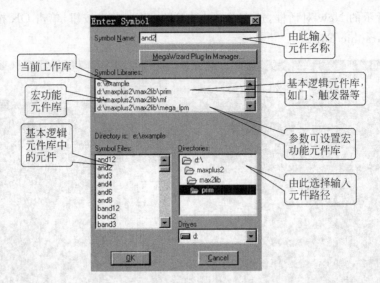

图 8-16　元件输入对话框

　　双击元件库中的 d:\maxplus2\max2lib\prim 项（这里 MAX＋plusⅡ安装在 D 盘），在 Symbol Files 列表框中即可看到基本逻辑元件库 prim 中的所有元件，其中大部分是 74 系列元器件。从中找到元件 and2，单击 OK 按钮，and2 便进入原理图编辑窗口中。再用同样的方法将设计全加器需要用到的 xor、or3、input 和 output 全部调入原理图编辑器，排列好位置并正确连线，最后更改输入和输出的引脚名称。得到如图 8-17 所示的电路图。

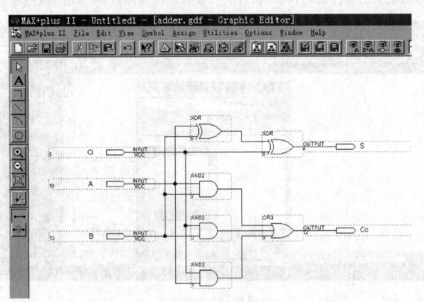

图 8-17　全加器的电路原理图

3．将设计项目设置成工程文件（PROJECT）

　　为了使 MAX＋plusⅡ能对输入的设计项目进行编译、仿真、编程下载等各项处理，必须将设计文件设置成 Project。如果设计文件由多个底层文件组成,应该将顶层文件设置成 Project。单独对某一底层文件进行编译、仿真和测试时,也必须将其设置成 Project。为此,可通过两种途径来实现。

(1) 如图 8-18 所示,选择 File|Project|Set Project to Current File 命令,即将当前设计文件设置成 Project。选择此项后可以看到标题栏显示出所设文件的路径,如图 8-19 所示。这一点特别重要,在以后的设计中应该特别注意此路径的指向是否正确。

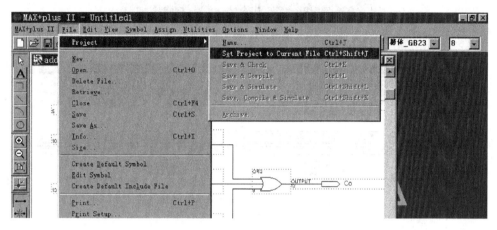

图 8-18　将当前设计文件设置成 Project

图 8-19　标题栏显示出所设文件的路径

(2) 如果设计文件未打开,可如图 8-18 所示,选择 File|Project|Name 命令,然后在弹出的 Project Name 对话框中找到 E:\example 目录,在其 File 小窗中双击 adder.gdf 文件,此时就选定此文件为本次设计的工程文件了。

4．选择目标器件并编译

为了获得与目标器件对应的、精确的时序仿真文件,在对文件编译前必须选定最后实现本项目的目标器件,在 MAX+plusⅡ环境中需选 Altera 公司的 FPGA 或 CPLD。

首先,选择 Assign|Device 选项,打开的对话框如图 8-20 所示。在下拉列表框 Device Family 中选择器件系列,首先应该在此下拉列表框中选定目标器件对应的系列名,如 EPM7128S 对应的是 MAX7000S 系列;EPF10K10 对应的是 FLEX10K 系列等。为了选择 EPF10K10LC84-3 器件,应取消选中该列表框下方的 Show Only Fastest Speed Grades 复选框,以便显示出所有速度级别的器件。完成选择后,单击 OK 按钮。

最后启动编译器。选择 MAX+plusⅡ|Compiler 选项,弹出如图 8-21 所示的编译器(Compiler)窗口,本编译器的功能包括网表文件提取、设计文件排错、逻辑综合、逻辑分割、适配、时序仿真文件提取、编程下载文件装配等。单击 Start 按钮开始编译。如果发现有错误,排除错误后再次编译。

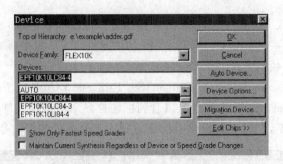

图 8-20　选择器件的 Device 对话框

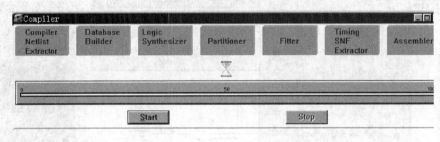

图 8-21　编译器(Compiler)窗口

5.时序仿真

编译通过的设计项目是否能完成预期的逻辑功能,可以通过逻辑仿真来验证,具体步骤如下:

(1) 建立波形测试文件。选择 File|New 选项,再选中图 8-14 中的 New 对话框中的 Waveform Editor file 单选按钮,单击 OK 按钮,打开波形编辑窗口 Waveform Editor。

(2) 输入信号节点。在如图 8-22 所示的波形编辑窗口中选择 Node|Enter Nodes from SNF 选项,会弹出 Enter Nodes from SNF 对话框,如图 8-23 所示。单击 List 按钮,会在左列表框 Available Nodes & Groups 中列出本设计中的所有信号节点。设计者可选中需要观察的信号波形,利用中间的"=>"按钮,将它选到右边的列表框中,选择完毕后,单击 OK 按钮即可。

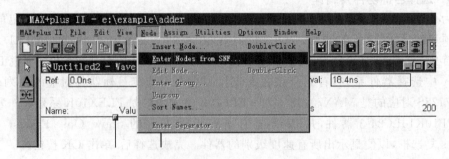

图 8-22　打开波形编辑器并从 SNF 文件中输入信号节点

(3) 设置仿真参数。在设置输入信号的测试电平之前,要设定相关的仿真参数。首先选择 Options|Snap to Grid 选项,以消去前面的"√",如图 8-24 所示,目的是能够任意

设置输入电平位置,或设置输入时钟信号的周期。

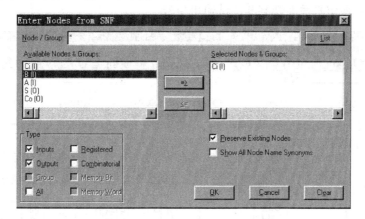

图 8-23　选择需要观察的信号节点

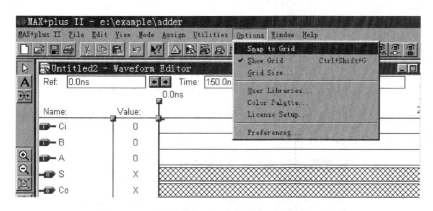

图 8-24　取消 Snap to Grid 前面的"√"

（4）设定仿真时间。如图 8-25 所示,选择 File|End Time 选项,在弹出的对话框中输入适当的仿真时间,例如可选择 $30\mu s$ 以便有足够长的观察时间。

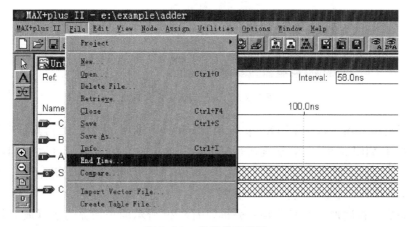

图 8-25　设定仿真时间

（5）设置输入信号波形。如图 8-26 所示，利用功能键为设计项目的输入信号添加上适当的波形，以便仿真后能观察和测试输出信号。

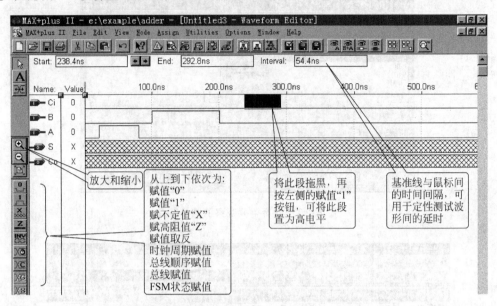

图 8-26　为设计项目的输入信号添加适当波形

（6）波形文件存储。选择 File | Save 选项，由于图 8-27 所示保存窗口中的波形文件名是默认的，可以直接按 OK 按钮。

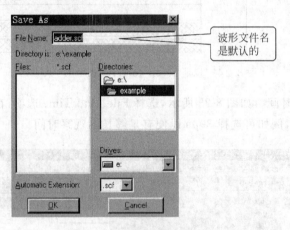

图 8-27　保存仿真波形文件

（7）运行仿真器。选择 MAX＋plus Ⅱ | Simulator 选项，在弹出的仿真器对话框中单击 Start 按钮，如图 8-28 所示，仿真运行完成后会弹出一个信息提示对话框，单击"确定"按钮后再单击 Open SCF 按钮，可以查看仿真后的时序波形，如图 8-29 所示。为了观察初始波形，应将最下方的滑块拖向最左侧。

（8）观察分析波形。对照表 8-5，分析如图 8-29 所示的全加器的仿真波形是否正确。还可以进一步了解信号的延时情况。图 8-29 中的竖线是测试参考线，左上方 Ref 框内标

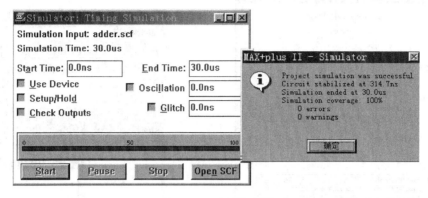

图 8-28　运行仿真器

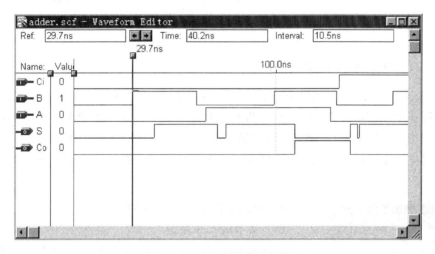

图 8-29　全加器的仿真波形

出的数字 29.7ns 是此线所在的位置,它与鼠标指针间的时间差显示在窗口右上方的
Interval 矩形框中。由图 8-29 可见,输入与输出波形间有一个小的延时量,约为 10.5ns。

(9) 延时精确测量。为了精确测量全加器的输入与输出波形间的延时,可选择 MAX+
plusⅡ|Timing Analyzer 选项,在弹出的分析器窗口中单击 Start 按钮,延时信息即刻显
示在延迟矩阵(Delay Matrix)中,如图 8-30 所示,其中左列是输入信号,上排是输出信号,
二者相交的方格内显示的就是相应输入与输出信号间的延迟时间。本例显示的延时量是
针对 EPF10K10LC84-3 的。

(10) 元件包装入库。选择 File|Open 选项,在打开的 Open 对话框中选择 Graphic
Editor File 选项,然后选择 adder. gdf,重新打开全加器设计文件,然后选择 File|Create
Default Symbol 选项,便将当前文件变成了一个包装好的单一元件(Symbol),并存放在
工程路径指定的目录中以备后用。这时如果在原理图编辑器中输入元件,便会看到
adder 这个元件了,如图 8-31 所示。

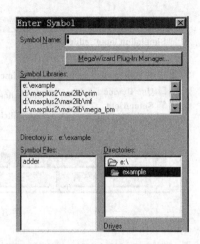

图 8-30 延时时序分析窗   图 8-31 在工程路径中有了 adder 元件

8.2.3 VHDL 输入设计示例

本节将引导读者完成一个十六进制计数译码器的工程设计,并在 EDA 实验系统上进行验证。本设计示例由一个 4 位二进制计数器和一个 7 段 LED 译码器作为底层文件,两者共同形成顶层文件后,再进行引脚锁定和下载。与原理图输入方法一样,首先应该为此工程建立好工作库目录,以便工程存储。在此可建立文件夹 e:\myname\guide 为工作库。

图 8-32 New 对话框

1. 创建源程序 cnt4.vhd

(1) 文本输入并保存

程序 cnt4.vhd 是 4 位二进制计数器的 VHDL 源程序。选择 File|New 选项,出现如图 8-32 所示的对话框,选中 Text Editor file 单选按钮,单击 OK 按钮。然后在出现的 Untitled1-Text Editor 文本编辑窗口中输入以下程序。

【程序 8-1】 文件名:CNT4.VHD。

```
LIBRARY IEEE;
USE IEEE.STD_LOGIC_1164.ALL;
USE IEEE.STD_LOGIC_UNSIGNED.ALL;
ENTITY cnt4 IS
    PORT (CLK:IN STD_LOGIC;
        Q: BUFFER STD_LOGIC_VECTOR (3 DOWNTO 0));
END;
ARCHITECTURE one OF cnt4 IS
BEGIN
    PROCESS (CLK)
    BEGIN
        IF CLK'EVENT AND CLK = '1' THEN
```

```
        Q <= Q + 1 ;
    END IF ;
  END PROCESS ;
END ;
```

输入完毕后,选择 File|Save 选项,出现如图 8-33 所示的对话框。首先在 Directories 目录框中选择存放文件的目录:e:\myname\guide,在 File Name 框中输入文件名 cnt4.vhd, 然后单击 OK 按钮,就把输入的文件放在目录 e:\myname\guide 中了。当然,为了防止 输入文件的意外丢失,也可在程序输入过程中随时进行存盘操作。存盘时请一定要注意 两点:①VHDL 文件的扩展名必须为.vhd;②VHDL 程序保存的文件名必须与实体名 一致,如 cnt4.vhd(在原理图输入设计方法中,保存的文件名可以是任意的)。

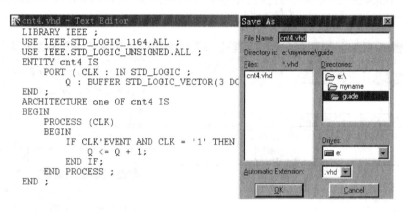

图 8-33　保存 cnt4.vhd

(2) 将当前设计设定为工程

选择 File|Project|Set Project to Current File 选项,当前设计即可被指定为工程。也可 以通过选择 File|Project|Name 选项,在弹出的 Project Name 框中指定 e:\myname\guide 下的 cnt4.vhd 为当前工程。由图 8-34 可以看到,选定的工程会出现在 MAX＋pusⅡ主 窗口的左上方,这个路径指向很重要,在对工程进行编译下载等操作时,一定要注意指示 出的当前工程是否正确。

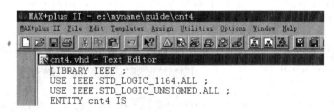

图 8-34　设置当前设计为工程

设定某项 VHDL 设计为工程时应注意以下三个问题。

① 如果设计项目由多个 VHDL 组成,应先把各个底层文件设置成工程,进行编译、 综合、仿真和测试,确认正确无误后以备使用。

② 最后将顶层文件(要和底层的文件存在同一目录中)设置为工程,统一处理,这时

顶层文件能根据元件例化语句自动调用底层设计文件。

③ 当设定顶层文件为工程后,底层设计文件原来设定的元件型号和引脚锁定信息自动失效。元件型号的选定和引脚锁定情况始终以工程文件的设定为准,同样,仿真结果也是针对工程文件的,所以在最后的顶层文件处理时,仍然应该对它重新设定器件型号和引脚锁定。如果需要对特定的底层文件进行仿真,只能再次将底层文件设定为工程,进行功能测试或时序仿真。

(3) 编译、选择 VHDL 版本号和排错

选择 MAX+plusⅡ|Compiler 选项,出现编译窗口后,可以根据自己输入的 VHDL 程序规范选择 VHDL 的版本号,在如图 8-35 所示界面下选择 Interfaces|VHDL Netlist Reader Settings 选项,在弹出的窗口中选择 VHDL 1987 或 VHDL 1993,再单击 OK 按钮即可。选定的版本号在以后编译时是默认的,可省略这一步。

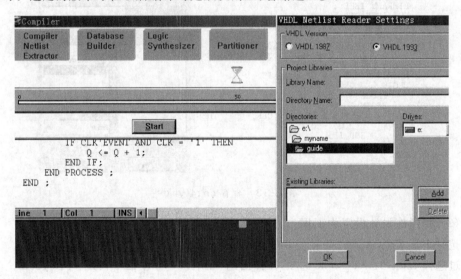

图 8-35　选择 VHDL 编译版本号

单击图 8-35 中的 Start 按钮,启动编译器进行编译。如果程序中有错误,编译运行将被打断,在弹出的信息窗口中,会显示程序中的错误和警告信息,如图 8-36 所示。单击"确定"按钮,对错误信息进行分析、排错,直到编译通过为止。

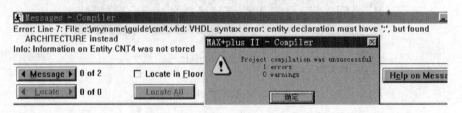

图 8-36　编译器的错误信息

例如,本例中的错误是实体结束语句没有加分号";",双击错误信息光标便会自动定位在 VHDL 程序中的错误之处,纠正后要再次编译。注意,排错时要从最前面的错误开

始做起。

如果错将设计文件存在了根目录下,并将其设定成工程,由于没有了工作库,报告的错误信息是 Can't open VHDL "WORK"。

(4) 时序仿真

选择 File|New 选项,再选中图 8-32 中的 Waveform Editor file 单选按钮,单击 OK 按钮,打开波形编辑窗口 Waveform Editor,再选择 Node|Enter Nodes from SNF 选项,在弹出的 Enter Nodes from SNF 对话框中,单击 List 按钮,左边的列表框将立即列出所有可以选择的信号节点,其中有单信号形式的,也有总线形式的,设计者可选中需要观察的信号波形,单击"=>"按钮,将它们选到右边的列表框中,见图 8-37。选择完毕后,单击 OK 按钮即可看到选中的信号出现在波形编辑器中。

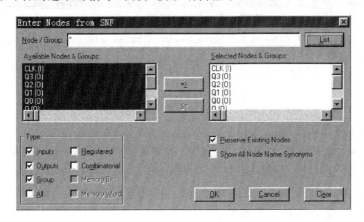

图 8-37　选择信号节点

选择 Option|Snap to Grid 选项,将其前面的"√"去掉,以便改变时钟信号的周期。选择 File|End Time 选项,设定仿真时间,例如 $1\mu s$。接着设置 CLK 时钟信号。单击 CLK 信号的 Value 区域,可以将 CLK 选中,这时 CLK 的波形区域全部变成黑色。单击集成环境窗左边上的时钟按钮 ▨(倒数第 4 个),出现如图 8-38 所示的对话框,用于设置时钟信号,本例中可选取时钟周期为 50.0nm,单击 OK 按钮,在波形编辑窗口中即可看到设置好的时钟信号。单击集成环境窗左边上的缩小显示按钮 ▨ 能够浏览波形全貌。

图 8-38　设置 CLK 时钟信号

选择 File|Save 选项,将波形文件存在以上的同一目录中,文件取名默认为 CNT4.scf (以上出现的 SNF 是仿真外表文件,只有在编译综合后才会产生)。

注意:波形观察窗左侧按钮是用于设置输入信号的,十分方便。使用时先用鼠标指针在输入波形上拖出一个需要改变的黑色区域,然后单击左侧按钮,其中按钮 ▨、▨、▨

和 Z 分别用于赋值低电平"0"、赋值高电平"1"、赋值任意值"X"和高阻值"Z"，INV、XO、
XC、XG 和 XS 分别用于赋值取反、设置时钟周期、总线顺序赋值、总线赋值和 FSM 状态赋值。

选择 MAX+plusⅡ|Simulator 选项，单击 Start 按钮，即刻进行仿真运算（注意，在启
动仿真时，波形文件必须已经具备有效的文件名，即必须已经存盘）。仿真运行完成后会
弹出一个信息窗口，显示"0 errors，0 warnings"，表示仿真运算结束。单击"确定"按钮后
再单击 Open SCF 按钮，可以看到仿真后的时序波形如图 8-39 所示，容易看出，该计数器
的功能是正确的。为了观察初始波形，应将最下方的滑块拖向最左侧。以上时序仿真的
详细过程与用原理图仿真的过程一样，读者可参阅第 8.2.2 小节原理图输入设计示例中
的仿真过程。

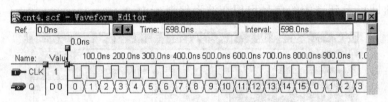

图 8-39   cnt4 的仿真波形

（5）创建元件图形符号

对文件的编译仿真正确无误后，为了能在图形编辑器中调用 cnt4，需要为 cnt4 创建一
个元件图形符号。选择 File|Create Default Symbol 选项，弹出一个对话框，询问是否将当
前工程设为 cnt4，单击"确定"按钮即可。这时 MAX+plusⅡ调出编译器对 cnt4. vhd 进
行编译，编译后生成 cnt4 的图形符号。

2. 创建源程序 DECL7S.VHD

DECL7S. VHD 完成 7 段显示译码器的功能，用来将 4 位二进制数译码为驱动七段
数码管的显示信号。DECL7S. VHD 输入、编译、仿真及其元件符号的创建过程同上，即
重复前面创建源程序 cnt4.vhd 全过程即可，文件放在同一目录 e:\myname\guide 内，其
源程序如下。

【程序 8-2】 文件名：DECL7S. VHD。

```
LIBRARY IEEE;
USE IEEE.STD_LOGIC_1164.ALL;
ENTITY DECL7S IS
   PORT ( A: IN STD_LOGIC_VECTOR (3 DOWNTO 0);
        LED7S:OUT STD_LOGIC_VECTOR (7 DOWNTO 0));
END;
ARCHITECTURE one OF DECL7S IS
BEGIN
   PROCESS (A)
   BEGIN
     CASE A (3 DOWNTO 0) IS
     WHEN "0000" => LED7S <= "00111111" ;        -- X "3F"→0
     WHEN "0001" => LED7S <= "00000110" ;        -- X "06"→1
     WHEN "0010" => LED7S <= "01011011" ;        -- X "5B"→2
```

```
        WHEN "0011" = > LED7S < = "01001111" ;        -- X "4F"→3
        WHEN "0100" = > LED7S < = "01100110" ;        -- X "66"→4
        WHEN "0101" = > LED7S < = "01101101" ;        -- X "6D"→5
        WHEN "0110" = > LED7S < = "01111101" ;        -- X "7D"→6
        WHEN "0111" = > LED7S < = "00000111" ;        -- X "07"→7
        WHEN "1000" = > LED7S < = "01111111" ;        -- X "7F"→8
        WHEN "1001" = > LED7S < = "01101111" ;        -- X "6F"→9
        WHEN "1010" = > LED7S < = "01110111" ;        -- X "77"→10
        WHEN "1011" = > LED7S < = "01111100" ;        -- X "7C"→11
        WHEN "1100" = > LED7S < = "00111001" ;        -- X "39"→12
        WHEN "1101" = > LED7S < = "01011110" ;        -- X "5E"→13
        WHEN "1110" = > LED7S < = "01111001" ;        -- X "79"→14
        WHEN "1111" = > LED7S < = "01110001" ;        -- X "71"→15
        WHEN OTHERS = > NULL;
        END CASE;
    END PROCESS;
END;
```

3. 完成顶层文件设计

顶层文件可以采用文本方式或者原理图方式来创建,这两种方式只需选择其一。相比之下,原理图方式的顶层文件更直观,也更易于理解。

(1) 用文本方式创建顶层文件 TOP. VHD

用 VHDL 文本方式来描述顶层文件时,一般采用结构化描述方式。而元件例化语句是结构化描述的典型语句。程序 8-3 就是采用了元件例化语句进行结构化描述的计数译码电路的顶层文本文件。按照前面所述方法,在 MAX+plus Ⅱ 中,新建一个文本文件,输入以下程序并存盘,文件名为 TOP. VHD。

【程序 8-3】 文件名：TOP. VHD。

```
LIBRARY IEEE;
USE IEEE.STD_LOGIC_1164.ALL;
ENTITY TOP IS
PORT(CLK: IN STD_LOGIC;
    LED7S: OUT STD_LOGIC_VECTOR (7 DOWNTO 0)) ;
END;
ARCHITECTURE struc OF TOP IS
    COMPONENT CNT4
    PORT(CLK: IN STD_LOGIC;
            Q: BUFFER STD_LOGIC_VECTOR (3 DOWNTO 0));
    END COMPONENT;
    COMPONENT DECL7S
    PORT(A: IN STD_LOGIC_VECTOR (3 DOWNTO 0);
        LED7S: OUT STD_LOGIC_VECTOR (7 DOWNTO 0));
    END COMPONENT;
    SIGNAL S: STD_LOGIC_VECTOR (3 DOWNTO 0);
BEGIN
    U1: CNT4 PORT MAP (CLK, S);
    U2: DECL7S PORT MAP (S, LED7S);
END;
```

（2）用原理图方式创建顶层文件 TOP. GDF

TOP. GDF 是本项示例的顶层图形设计文件，调用了前面创建的两个功能元件，将 cnt4. vhd 和 DECL7S. VHD 两个模块组装起来，成为一个完整的设计。顶层文件采用原理图方式较文本方式更直观，结构更清晰。

选择 File｜New 选项，在如图 8-32 所示的对话框中选中 Graphic Editor file 单选按钮，单击 OK 按钮，出现图形编辑器窗口 Graphic Editor。现按照以下给出的步骤在 Graphic Editor 中绘出如图 8-40 所示的原理图。

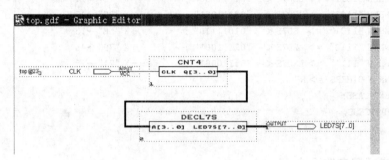

图 8-40　顶层设计原理图

① 往图中添加元件。

先在图形编辑器 Graphic Editor 中的任何位置双击，将会出现如图 8-41 所示的 Enter Symbol 对话框。选择一个元件符号，或直接在 Symbol Name 文本框中输入元件符号名（已设计的元件符号名与原 VHDL 文件名相同）。单击 OK 按钮，选中的元件符号立即出现在图形编辑器中双击鼠标的位置上。如果在调出的元件上双击，就能看到元件内部的逻辑结构或逻辑描述。

现在 Symbol Files 窗中已有两个元件符号 CNT4 和 DECL7S，这就是刚才输入的两个 VHDL 文件所对应的元件符号，元件名与对应的 VHDL 文件名是一样的。如果没有，

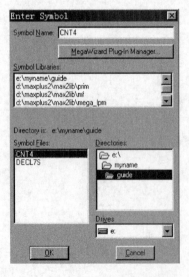

图 8-41　输入元件

可双击 Symbol Libraries 窗口内的 e:\myname\guide 目录，因为刚才输入并编译过的两个 VHDL 文件都在此目录中。用鼠标选择其中一个元件，再单击 OK 按钮，此元件即进入原理图编辑器，然后重复此过程，将第二个元件调入原理图编辑器。用鼠标指针拖动该元件，即可移动元件，排好它们的位置，如图 8-40 所示。

接着可为元件 CNT4 和 DECL7S 接上输入/输出接口。输入/输出接口的符号名分别为 INPUT 和 OUTPUT，在库 prim 中，即在如图 8-41 所示的 d:\maxplus2\max2lib\prim 目录内，双击它，即刻在 Symbol Files 子窗口中出现许多元件符号，选择 INPUT 和 OUTPUT 元件进入原理图编辑器。当然也可以直接在 Symbol Name 文本框中输入 INPUT 或 OUPUT，MAX＋plus Ⅱ 会自动搜索所有的库，找到

INPUT 和 OUTPUT 元件符号。

② 在符号之间进行连线。先按图 8-40 所示的方式,放好输入/输出元件符号,再将鼠标指针移动到符号的输入/输出引脚上,鼠标指针的形状会变成"＋"字形,然后可以按住鼠标左键并拖动鼠标,绘出一条线,松开鼠标按键完成一次操作。将鼠标指针放在连线的一端,鼠标光标也会变成"＋"字形,此时可以接着画这条线。细线表示单根线,粗线表示总线,它的根数可从元件符号的标示看出。例如,如图 8-40 所示的 LED7S[7..0]表示有 8 根信号线。通过选择可以改变连线的性质。方法是先单击该线,使其变红,然后选 Options|Line Style 选项,即可在弹出的窗口中选择所需要的线段。

③ 设置输入/输出引脚名。在输入输出引脚上的符号名 INPUT 或 OUTPUT 上双击,可以在端口上输入自己的引脚名。TOP.GDF 中只有一个输入引脚 CLK 和 8 位总线输出引脚 LED7S[7..0],按图 8-39 所示的方式分别输入端口符号。LED7S[7..0]在 VHDL 中是一个数组,实际上表示由信号 LED7S(7)～LED7S(0) 8 个输出引脚组成。完成的顶层原理图设计如图 8-40 所示。最后选择 File|Save 选项,将此顶层原理图文件取名为 TOP.GDF,或其他名字,并输入 File Name 文本框中,存入同一目录中。

4．顶层工程文件的处理

(1) 编译 TOP.VHD 或 TOP.GDF

在编译 TOP.GDF 或 TOP.VHD 之前,需要设置相应文件为工程文件：Project。选择 File|Project|Set Project to Current File 选项,当前的工程即被设为 TOP。然后选择用于编程的目标芯片。选择 Assign|Device 选项,弹出一个对话框,在 Device Family 下拉列表中选择 FLEX10K 选项,然后在 Devices 列表框中选芯片型号 EPF10K10LC84-3,单击 OK 按钮。接着是编译顶层文件,方法是选择 MAX＋plusⅡ|Compiler 选项,在弹出的编译器中单击 Start 按钮,编译器开始运行,如果程序中有错误,编译运行将被打断,在弹出的信息窗口中,会显示程序中的错误和警告信息,单击"确定"按钮,对错误信息进行分析、排错,直到编译通过为止。

(2) 顶层文件的时序仿真

MAX＋plusⅡ支持功能仿真和时序仿真两种仿真形式。功能仿真用于大型设计编译适配之前的仿真,而时序仿真则是在编译适配生成时序信息文件之后进行的仿真。仿真首先要建立波形文件。选择 File|New 选项,在打开的 New 对话框中,选中 Waveform Editor file 单选按钮,单击 OK 按钮,出现波形编辑器窗口,再选择 Node|Enter Nodes from SNF 选项,出现选择信号节点对话框。单击 List 按钮,从左边的列表框中选取输入信号 CLK、4 位二进制计数输出信号|cnt4：U1|Q 和 7 段译码器输出信号 LED7S,单击 OK 按钮。再按上面 cnt4.vhd 的仿真方法设置 CLK 时钟信号,最后选择 File|Save 选项,将仿真文件保存为 top.scf。然后运行仿真器 Simulator,观察时序仿真波形,结果如图 8-42 所示,观察波形后,可以确定设计是正确的。

下面的步骤是针对杭州康芯公司开发的 GW48 实验开发系统来进行的,如果没有实验开发系统,下面的过程可忽略。如果开发系统的型号不一样,下面的过程也将不适用。

(3) 锁定引脚

具体锁定引脚。选择 Assign|Pin/Location/Chip 选项,在弹出的对话框 Node Name

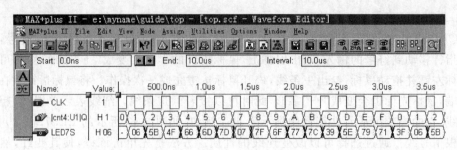

图 8-42 顶层设计的仿真结果

右边的文本框中输入引脚名；也可以单击 Search 按钮，从弹出的 Search Node Database 对话框中选中 Input、Output、Bidirectional 复选框，再单击 List 按钮，相应的信号名便出现在 Names in Database 列表框中，如图 8-43 所示。选中需要的信号并单击 OK 按钮，该信号便会自动进入 Node Name 右边的文本框中，这种方式可有效避免人工输入信号名容易产生错误的问题。接着在 Pin 右边的下拉列表中选择或输入芯片引脚号，然后单击 Add 按钮，就会在下面的子窗口中出现引脚设定说明语句，当前的一个引脚设置即加到了列表中。注意，引脚必须一个一个地确定。如果是总线形式的引脚名，也应当分别写出总线中的每个信号。例如，LED7S[7..0]就应当分别写成 LED7S7，LED7S6，…，LED7S0 共 8 个引脚名。引脚号设定可按照表 8-6 的方式来定义。

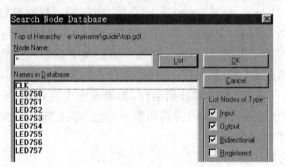

图 8-43 搜索信号引脚

表 8-6 引脚锁定对照表

CLK	PIN 23	->PIO13 ->键 8
LED7S7	PIN 38	->PIO23 -> D8
LED7S6	PIN 78	->PIO46 -> g 段
LED7S5	PIN 73	->PIO45 -> f 段
LED7S4	PIN 72	->PIO44 -> e 段
LED7S3	PIN 71	->PIO43 -> d 段
LED7S2	PIN 70	->PIO42 -> c 段
LED7S1	PIN 67	->PIO41 -> b 段
LED7S0	PIN 66	->PIO40 -> a 段

全部设定结束后,单击 OK 按钮。假定最后将设计下载进 GW48 系统,并选择实验电路结构图 NO.6,设定 CLK 信号由"键 8"产生,即每按两次键,产生一个完整的计数脉冲;LED7S7 输出接"D8";LED7S6～LED7S0 分别接 PIO46～PIO40,它们分别接数码管 8 的 7 个段。

在引脚锁定后再通过 MAX＋plusⅡ的编译器 Complier 对文件重新进行编译以便将引脚信息编入下载文件中。

(4) 将设计文件 TOP 编程下载到芯片中

用鼠标双击编译器窗口中的图标 ，或者选择 MAX＋plusⅡ|Programmer 选项,可调出编程器(Programmer)窗口,如图 8-44 所示。由于对 FPGA 的下载称为配置 Configure,因此窗口中的编程/配置按钮是 Configure,而非 Program。在将设计文件编程/配置到硬件芯片里以前,需连接好硬件测试系统。如果实验系统是 GW48,编程/配置和硬件测试方法可参阅第 8 章。

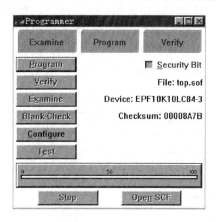

图 8-44 编程器窗口

本例使用 FLEX10K 系列中的 10K10 器件,一切连接就绪后,才可单击编程器窗口中的 Configure 按钮,若一切无误,即可将所设计的内容下载到 10K10 芯片中。下载成功后,在弹出的小窗中将显示 Configuration Complete。接着就可以在 GW48 实验系统上进行实验验证了。单击"模式选择键"按钮,使"模式指示"显示"6",表明此时实验系统已进入第 6 种电路结构。然后按"键 8",每按两次(一次高电平,一次低电平),在"数码 8"上显示的数将递增 1,从 0～F 循环显示,所有结果与仿真的情况完全一致。至此,表明计数器和 7 段译码器设计都是成功的。

注意:在图 8-44 中,对 FPGA 器件的下载按钮是 Configure;而目标器件若选为 CPLD(如 EPM7128S)时,下载的按钮则是 Program,这时 Configure 变为灰色。如果希望改变某引脚,如欲将 CLK 改接为 42 脚,可以这样操作:选择 File|Open,在 Open 窗中选中 Text Editor 以打开 TOP. VHD 或选中 Graphic Editor 打开 top. gdf。选择 Assign|Pin/Location/Pin 选项,在左下栏中单击需要改变引脚的项目,如 CLK,然后在 Pin 的下拉菜单中选定引脚号,如 42,单击 Change 按钮,再单击 OK 按钮即完成。注意 10K10 的 42 脚对应实验系统的"Clock1",标于板的右下角处,如果接此脚,时钟信号将自动进入计数器,可将短路帽接于"Clock1"处,另一短路帽可分别选择 8 Hz、4 Hz、2 Hz、1 Hz 输入频率。然后选择 MAX＋plusⅡ|Compiler|Start 选项,开始编译综合,最后进行下载测试。

另外,请注意:如果在安装 MAX＋plusⅡ软件之后第一次调用编程器子窗口,则 MAX＋plusⅡ将弹出对话框选择编程器型号,以便调用正确的编程器驱动程序。如果用 FLEX 或 ISP 型 MAX 系列器件,通常选择 Byte Blaster 编程器。Byte Blaster 实际上是指连接在并行打印口使用的下载电缆。编程器型号的选择方法是启动 Programmer,选择 Options｜Hardware Setup 选项,在 Hardware Type 下拉列表中选择 Byte Blaster 选项,单击 OK 按钮即可。

8.2.4　MAX+plusⅡ的旧式函数库

在 MAX+plusⅡ的旧式函数库(Old-Style Macrofunctions)中,提供了 300 多种常用的 74 系列逻辑功能函数,这些函数都放在\maxplus2\max2lib\mf 的子目录下。在 \maxplus2\max2inc 下存有这些旧式函数的包含文件。有关这些旧式函数的功能说明,可选择 Help｜Old-Style Macrofunctions 选项,打开帮助窗口,在宏功能目录 Macrofunction Categories 找到要查找的函数类型,详见表 8-7,例如计数器 Counters,单击进入 Counter Macrofunctions 帮助窗口,找到需要的函数型号,例如 74192,单击,即可进入相关说明。74192 功能说明窗口如图 8-45 所示。适时地将这些逻辑电路直接运用在逻辑图设计上,可以简化许多设计工作。这里就利用\maxplus2\max2lib\mf 库中的函数来设计一个 2 位十进制的计数译码电路,从而说明该库中函数的用法。

表 8-7　旧式函数库(Old-Style Macrofunctions)的目录

类　型	含　义	类　型	含　义
Adders	加法器	Latches	锁存器
Arithmetic Logic Units	算术逻辑单元	Multipliers	乘法器
Buffers	缓冲器	Multiplexers	多路选择器
Comparators	比较器	Parity Generators/Checkers	奇偶校验电路
Converters	反相器	Rate Multipliers	倍率器
Counters	计数器	Registers	寄存器
Decoders	译码器	Shift Registers	移位寄存器
Digital Filters	数字锁相环滤波器	SSI Functions	小规模集成电路
EDAC	错误查找与纠正电路	Storage Registers	存储器
Encoders	编码器	True/Complement I/O Elements	同相/反相 I/O 单元
Frequency Dividers	分频器		

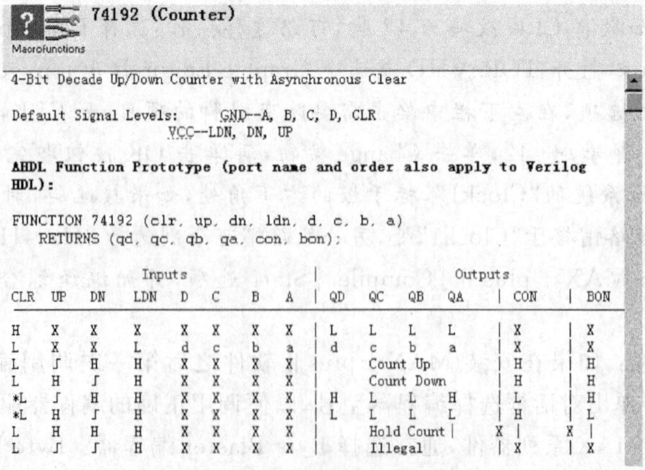

图 8-45　74192 的功能说明窗口

1. 原理图设计与输入

2 位十进制的计数译码电路可以用两片可预置的双时钟 8421 码十进制可逆计数器 74192 和两片 BCD 码 7 段显示译码器 74248 组成。首先为该工程建立一个文件夹,然后在 MAX+plus Ⅱ中打开原理图编辑器,用前面介绍的方法分别从 d:\maxplus2\max2lib\mf 和 d:\maxplus2\max2lib\prim 两个库中输入元件 74192、74248 和 not、input、output,然后按照图 8-46 连接。从 74192 的真值表看出,计数脉冲是上升沿有效,十位的计数脉冲采用个位最高位取反,是为了使两位更好地保持同步。

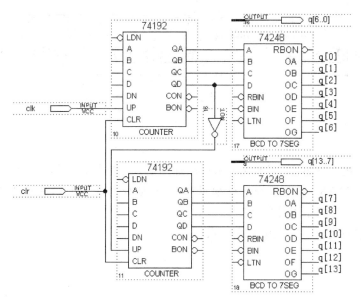

图 8-46　2 位十进制计数译码电路原理图

注意:在图 8-46 中,把两个译码器以总线(Bus)的方式分别输出,是为了便于观察仿真波形。另外,两个输出均采用粗实线的总线方式,意味着一根粗实线将代表两条或两条以上的细线,即多个信号。要将一条细线变成粗线,先单击它使之变成红色,再右击;或者直接将鼠标指针指向目标细线右击,均会弹出一个快捷菜,见图 8-47,选择 Line Style 选项,再选中右侧线型中最粗的线条,这就可以实现总线方式了。在图 8-47 中,只有最粗的实线是专用总线,其他的都是一般的信号节点线,两者不可混用。

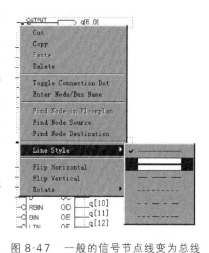

图 8-47　一般的信号节点线变为总线

2. 存盘、设置成工程项目并进行编译

用 3.4.1 小节所讲述的方法将设计好的原理图取名为 cdmf.gdf,保存在 e:\myname\guide 下,再将其设置成为当前工程文件,选择目标器件,打开编译器进行编译,直到通过为止。

3．时序仿真

建立一个波形仿真文件进行仿真，其方法与过程完全类似于 3.4.1 小节加法器的仿真过程，这里不予赘述。本例的仿真结果见图 8-48。在仿真图中，图标 ≈≈≈ 后的说明文字是仿真后人为加入的，目的是帮助读者理解波形。添加解释说明文字的方法是在波形编辑窗口中单击左边的工具按钮 **A**，然后在需要添加文字的地方单击，输入文字即可。

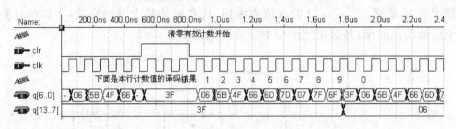

图 8-48　2 位十进制计数译码电路仿真波形

思考与练习

8-2-1　简述在 MAX＋plus Ⅱ 中采用原理图输入法进行设计的方法步骤。

8-2-2　在 MAX＋plus Ⅱ 的波形编辑窗口中，如何利用工具按钮添加输入信号的波形？每个工具按钮的作用是什么？

8-2-3　如何进行多层次电路系统设计？

第 **9** 章

常用组合逻辑电路及 EDA 实现

数字系统是由具有各种功能的逻辑部件组成的,这些逻辑部件按其结构可分为组合逻辑电路和时序逻辑电路两大类型。由各种门电路组合而成且无反馈的逻辑电路,称为组合逻辑电路。本章先介绍组合逻辑电路的一般分析和设计方法,在此基础上介绍常用的组合逻辑部件,如编码器、译码器、数据选择器、加法器、奇偶校验器等的逻辑功能、集成芯片及 EDA 实现方法。

9.1 组合逻辑电路的分析与设计方法

9.1.1 组合逻辑电路的分析方法

组合逻辑电路(Combinational Logic Circuit)在结构上不存在输出到输入的反馈通路,因此,输出状态不影响输入状态。组合逻辑电路的特点是任意时刻的输出状态仅取决于该时刻输入信号的状态,而与信号作用前电路的状态无关。这体现了输出状态与输入状态呈即时性,电路无记忆功能。

组合逻辑电路的分析,就是根据给定的逻辑电路,通过分析确定电路的逻辑功能。实际上就是确定在什么样的输入取值组合下,对应的输出为 1。分析过程一般是根据逻辑图写出逻辑函数式、真值表,并归纳其逻辑功能。

1. 组合逻辑电路的分析步骤

(1) 写出逻辑函数式

根据给定的逻辑电路图写出每一级输出端对应的逻辑关系表达式,并逐级向下写,直至写出最终输出端的函数式。

(2) 化简逻辑函数式

如果步骤(1)所得逻辑函数式不是最简形式,可采用代数法或卡诺图法将其化为最简函数式。

(3) 列真值表

列出输入变量与输出变量的真值表。

(4) 说明功能

根据真值表或表达式分析出逻辑电路的功能。如有必要,可用文字将逻辑表达式所表示的逻辑功能叙述出来。

2．组合逻辑电路分析举例

【例 9-1】 分析图 9-1 所示电路的逻辑功能。

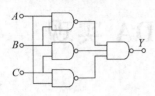

图 9-1 例 9-1 的逻辑图

解：（1）写出逻辑函数式

$$Y_1 = (AB)', \quad Y_2 = (BC)', \quad Y_3 = (CA)'$$
$$Y = (Y_1 Y_2 Y_3)' = ((AB)'(BC)'(CA)')'$$

（2）进行逻辑化简

利用反演律将上式化简，可得最简与或逻辑函数式为

$$Y = AB + BC + CA$$

（3）列出逻辑的真值表

真值表如表 9-1 所示。

表 9-1 例 9-1 的真值表

A	B	C	Y
0	0	0	0
0	0	1	0
0	1	0	0
0	1	1	1
1	0	0	0
1	0	1	1
1	1	0	1
1	1	1	1

（4）说明电路的逻辑功能

当输入 A、B、C 中有 2 个或 3 个为 1 时，输出 Y 为 1，否则输出 Y 为 0。所以这个电路实际上是一种 3 人表决用的组合电路，只要有 2 票或 3 票同意，表决就通过。

实际分析组合逻辑电路时，不一定按照上述步骤按部就班进行。对于较简单的逻辑电路，可以通过逻辑函数式直接推出电路的逻辑功能。只有在迫不得已的情况下，才需要列出真值表，并从真值表中推知它的逻辑功能。

【例 9-2】 分析图 9-2(a) 所示电路的逻辑功能。

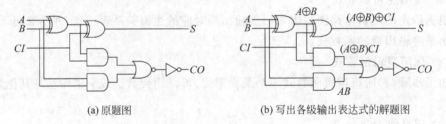

(a) 原题图　　　　　　　　(b) 写出各级输出表达式的解题图

图 9-2 例 9-2 的逻辑图

解：从输入到输出逐级写出逻辑表达式，如图 9-2(b) 所示。

写出逻辑函数式为

$$S = A \oplus B \oplus CI$$
$$CO = (A \oplus B)CI + AB$$

根据逻辑式可列出真值表如表 9-2 所示。由此可见,这是一个全加器电路。

表 9-2 例 9-2 的真值表

A	B	CI	S	CO
0	0	0	0	0
0	0	1	1	0
0	1	0	1	0
0	1	1	0	1
1	0	0	1	0
1	0	1	0	1
1	1	0	0	1
1	1	1	1	1

9.1.2 组合逻辑电路的设计方法

所谓组合逻辑电路的设计,就是根据给出的逻辑功能,画出实现该功能的逻辑电路图。显然,组合逻辑电路的设计是逻辑电路分析的逆过程。

1. 组合逻辑电路的设计步骤

(1) 进行逻辑抽象列出真值表

这一步的任务是将设计要求转化为逻辑关系,这一步是关键。方法是:先由因果关系确定输入、输出变量;再定义逻辑状态的含义;最后列出真值表。

(2) 写出逻辑函数式,并化简

根据真值表写出逻辑函数表达式,为使设计的电路最简单,要用逻辑代数或卡诺图将其化为最简与或函数式。

(3) 变换逻辑函数式,画出电路的逻辑图

选择合适的逻辑门器件,把最简与或函数式转换为相应形式,以便能按此形式直接画出逻辑图。

2. 组合逻辑电路设计举例

【例 9-3】 设计一个楼梯路灯控制电路,要求在楼上、楼下两个独立的地方都能独立地开灯和关灯。

解:设楼上开关为 A,楼下开关为 B,灯泡为 Y。并设 A、B 闭合时为 1,断开时为 0;灯亮时 Y 为 1,灯灭时 Y 为 0。控制路灯的方法为:在楼下(上),若由于楼上(下)开关的作用使灯已亮(灭),则只要改变此处开关的状态,灯就灭(亮)。因此,楼下(上)开关的状态不是使灯亮灭的绝对条件,只有综合考虑两处开关的状态,才能决定灯的状态。根据以上分析,列出符合控制要求的真值表如表 9-3 所示。

表 9-3 例 9-3 的真值表

A	B	Y
0	0	0
0	1	1
1	0	1
1	1	0

根据真值表写出逻辑函数式：

$$Y = A'B + AB' = A \oplus B$$

由此可画出用异或门实现的逻辑电路如图 9-3(a)所示。若要求用与非门实现,则需将上式转换为

$$Y = ((A'B)'(AB')')'$$

根据该式画出的逻辑图如图 9-3(b)所示。

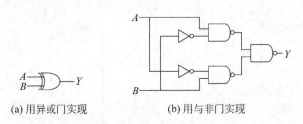

(a) 用异或门实现　　　　　　(b) 用与非门实现

图 9-3　例 9-3 的逻辑图

【例 9-4】　用与或非门设计一个监视交通信号灯工作状态的电路。每一组信号灯均有红、黄、绿三盏灯组成。正常工作情况下,任何时刻必有而且仅有一盏灯亮,其他状态均要求发出电路故障信号,以提醒维护人员前去修理。

解：设红、黄、绿三盏灯分别用 R、A、G 表示,灯亮为"1",不亮为"0";故障信号为输出变量,用 Z 表示,规定正常为"0",不正常为"1"。

根据逻辑要求列出真值表如表 9-4 所示。

根据真值表或直接根据设计要求,可写出逻辑式为

$$Z = (RA'G' + R'AG' + R'A'G)'$$

画出逻辑图如图 9-4 所示。

表 9-4　例 9-4 的真值表

R	A	G	Z
0	0	0	1
0	0	1	0
0	1	0	0
0	1	1	1
1	0	0	0
1	0	1	1
1	1	0	1
1	1	1	1

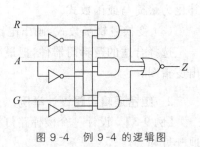

图 9-4　例 9-4 的逻辑图

9.1.3　组合逻辑电路的 EDA 设计

组合逻辑电路的设计也可以采用 EDA 方法来实现,此时逻辑表述可以采用原理图,也可以编写 VHDL 代码,然后在 MAX+plus Ⅱ 中进行设计输入、编译、仿真和下载。

【例 9-5】　将例 9-3 楼梯灯控制电路的设计用 EDA 技术来实现,并进行仿真。

解：根据例 9-3 前面的分析结果,楼梯灯控制电路实际上是一种异或逻辑,如果采用

原理图输入方式,可直接调出异或门(基本库 prim 中的 xor 元件),接上输入/输出端即可,如图9-5所示。

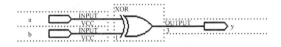

图9-5 例9-5的原理图

若采用编程方法来实现,则写出的 VHDL 代码如下:

```
LIBRARY IEEE;
USE IEEE.STD_LOGIC_1164.ALL;
ENTITY xor2 IS
    PORT (a, b: IN STD_LOGIC;
             y: OUT STD_LOGIC);
END xor2;
ARCHITECTURE xor2behv1 OF xor2 IS
BEGIN
    y <= a XOR b;
END xor2behv1;
```

对上述设计进行编译仿真,可得到仿真波形如图9-6所示,从中可以看出,当输入 a 和 b 不同时,输出为1,实现了异或逻辑功能。

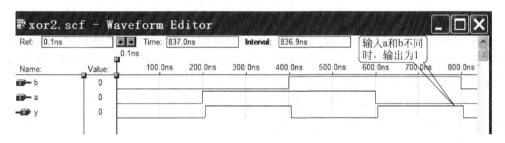

图9-6 例9-5的仿真波形图

思考与练习

9-1-1 组合逻辑电路在功能和电路组成上各有什么特点?

9-1-2 分析和设计组合逻辑电路的方法是什么?有何区别?

9.2 加法器

9.2.1 二进制数的加、减、乘、除运算及补码

1. 二进制数的加、减、乘、除运算

两个二进制数的算术运算和十进制算术运算规则基本相同,唯一的区别是二进制数是"逢二进一",而十进制数是"逢十进一"。

例如,两个二进制数 1001 和 0101 的算术运算有

$$
\begin{array}{c}
\text{加法运算} \\
1\,0\,0\,1 \\
+\ 0\,1\,0\,1 \\
\hline
1\,1\,1\,0
\end{array}
\qquad
\begin{array}{c}
\text{减法运算} \\
1\,0\,0\,1 \\
-\ 0\,1\,0\,1 \\
\hline
0\,1\,0\,0
\end{array}
$$

$$
\begin{array}{c}
\text{乘法运算} \\
1\,0\,0\,1 \\
\times\ 0\,1\,0\,1 \\
\hline
1\,0\,0\,1 \\
0\,0\,0\,0 \\
1\,0\,0\,1 \\
0\,0\,0\,0 \\
\hline
0\,1\,0\,1\,1\,0\,1
\end{array}
\qquad
\begin{array}{c}
\text{除法运算} \\
1.1\,1\cdots \\
0101\,\overline{)1\,0\,0\,1} \\
\underline{0\,1\,0\,1} \\
1\,0\,0\,0 \\
\underline{0\,1\,0\,1} \\
0\,1\,1\,0 \\
\underline{0\,1\,0\,1} \\
0\,0\,1\,0
\end{array}
$$

其中,二进制数的乘法运算可以通过若干次的"被乘数(或零)左移一位"和"被乘数(或零)与部分积相加"这两种操作完成;而二进制数的除法运算能通过若干次的"除数右移一位"和"从被除数或余数中减去除数"这两种操作完成。而两个二进制数的减法运算又可以转化成它们的补码相加来完成。

2. 二进制数的原码、反码和补码

为了表示二进制数的正、负,可以在它的前面增加一位符号位。符号位为 0 表示这个数是正数,符号位为 1 表示这个数是负数。这种增加了符号位的二进制数称为它的原码,因此,原码是一种"符号+数值"表示法。

规定正数的反码与原码相同,补码与原码也相同;负数的反码是符号位保持不变,数值位全部按位取反,负数的补码等于反码加 1。

【例 9-6】 写出带符号位二进制数 00011010(+26)、10011010(−26)、00101101(+45) 和 10101101(−45)的反码和补码。

解:根据上述规定,所求结果如表 9-5 所示。

表 9-5　例 9-6 的原码、反码和补码

原　码	反　码	补　码
00011010(+26)	00011010	00011010
10011010(−26)	11100101	11100110
00101101(+45)	00101101	00101101
10101101(−45)	11010010	11010011

【例 9-7】 用二进制补码运算求出 13+10、13−10、−13+10、−13−10 的结果。

解:由于四个算式结果的最大绝对值为 23,所以必须用 5 位有效数字的二进制数去表示,再加上 1 位符号位,需用 6 位二进制补码进行运算,于是所求运算可转换成补码运

算,即

$$13+10=[13]_补+[10]_补, \quad 13-10=[13]_补+[-10]_补$$

$$-13+10=[-13]_补+[10]_补, \quad -13-10=[-13]_补+[-10]_补$$

分别求出补码进行计算,结果如下:

+ 13	0	01101	+ 13	0	01101
+ 10	0	01010	− 10	1	10110
+ 23	0	10111	+ 3(1) 0	00011	

− 13	1	10011	− 13	1	10011
+ 10	0	01010	− 10	1	10110
− 3	1	11101	− 23(1) 1	01001	

此例说明,两个数的加减运算可以转换成有符号数的代数和,若用补码表示每个带符号数,则它们的补码相加的结果就是它们加减运算的结果的补码形式。对于负数形式的结果,其原值等于补码的有效数字位按位取反再加 1。

注意:两个二进制数的补码相加时,和的符号位等于两数的符号位与来自最高有效数字位的进位相加的本位结果(舍去产生的进位)。

9.2.2　加法器原理与集成芯片

两个二进制数之间的加、减、乘、除等算术运算,在数字计算机中往往都是化成若干步加法运算进行的。因此,加法器(Adder)是构成算术运算器的基本单元。下面先用一位加法器说明半加和全加的原理及实现方法,然后通过集成加法器说明如何进行多位二进制数的加法运算。

1. 半加器

将两个 1 位二进制数相加而不考虑来自低位的进位,称为半加,实现半加运算的电路叫做半加器(Half Adder)。根据二进制数加法运算规则,可列出半加器的真值表如表 9-6 所示。其中,A 和 B 是两个加数,S 是相加的和,CO 是产生的向高位的进位。

表 9-6　半加器的真值表

输　入		输　出	
A	B	S	CO
0	0	0	0
0	1	1	0
1	0	1	0
1	1	0	1

由表 9-6 可写出半加和 S 与进位 CO 的逻辑表达式为

$$S = A'B + AB' = A \oplus B$$

$$CO = AB$$

因此,半加器是由一个异或门和一个与门组成的,其逻辑图和逻辑符号分别如图 9-7(a) 和(b)所示。

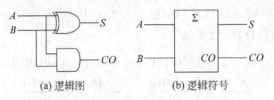

(a) 逻辑图　　　　　　　　(b) 逻辑符号

图 9-7　半加器的逻辑图和逻辑符号

2. 全加器

实际上,两个多位二进制数相加时,除了最低位以外,其余各位都应考虑来自低位的进位,这种将两个 1 位二进制数进行相加并考虑低位进位的加法运算,称为全加。全加相当于对 3 个 1 位二进制数相加,求出本位和及进位,实现全加运算的逻辑电路称为全加器 (Full Adder)。全加器的真值表如表 9-7 所示。

表 9-7　全加器的真值表

输　　入			输　　出	
A	B	CI	S	CO
0	0	0	0	0
0	0	1	1	0
0	1	0	1	0
0	1	1	0	1
1	0	0	1	0
1	0	1	0	1
1	1	0	0	1
1	1	1	1	1

由真值表可写出逻辑表达式:

$$S = CI'A'B + CI'AB' + CIA'B' + CIAB = CI \oplus A \oplus B$$
$$CO = AB + CIA + CIB = AB + CI(A \oplus B) \tag{9-1}$$

图 9-8(a)所示双全加器 74LS183 的逻辑图就是根据逻辑函数式(9-1)组成的。全加器的电路结构还有多种其他形式,但它们的逻辑功能都必须符合真值表 9-7。全加器的逻辑符号如图 9-8(b)所示。

3. 多位加法器原理及集成芯片

实际应用中,经常要对两个多位二进制数求和,必须使用全加器。多位加法器可以由一位全加器构成,当然也有多种集成加法器可供选用,其性能更佳。

(1) 串行进位加法器

一个全加器可以完成两个一位二进制数的相加任务。要实现两个 n 位二进制数的加法运算,就必须使用 n 个全加器,依次将低位全加器的进位输出端 CO 接到高位全加器进位输入端 CI,这种电路称为串行进位加法器(Serial Carry Adder)。图 9-9 就是根据该原理接成的 4 位加法器电路。

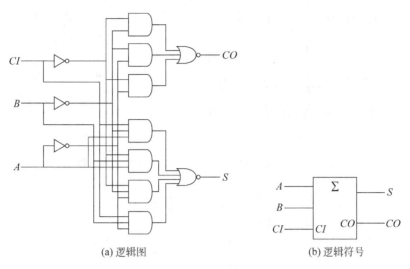

(a) 逻辑图   (b) 逻辑符号

图 9-8 全加器的逻辑图和逻辑符号

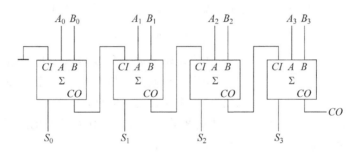

图 9-9 4 位串行进位加法器电路

显然,每一位相加的结果必须等待低一位的进位产生后才能得出,这种结构的电路称为串行进位加法器,或称为行波进位加法器。这种加法器的最大优点是电路结构简单,缺点是运算速度慢。

(2) 4 位超前进位加法器 283

为了提高运算速度,可以采用超前进位加法器,其原理不予赘述。4 位超前进位加法器集成芯片 283 包括 TTL 系列中的 54/74283、54/74LS283、54/74S283、54/74F283 和 CMOS 系列的 54/74HC283 等。

283 的外引脚排列如图 9-10(a)所示,图 9-10(b)是它的逻辑图形符号。其中 $A_0 \sim A_3$ 和 $B_0 \sim B_3$ 为 2 个 4 位二进制加数的输入端,CI 为进位输入端;$S_0 \sim S_3$ 为加法和的输出端,CO 为进位输出端。

图 9-11 所示电路为由 4 个 4 位加法器串联组成的 16 位加法器电路。

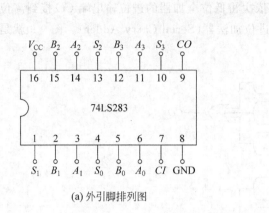
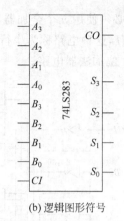

(a) 外引脚排列图　　　　　　　　(b) 逻辑图形符号

图 9-10　74LS283 的外引脚排列图和逻辑图形符号

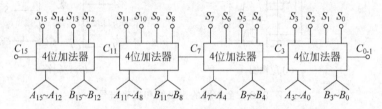

图 9-11　由 4 个 4 位加法器串联组成的 16 位加法器电路

（3）加法器的应用

如果逻辑函数能化成输入变量与输入变量或输入变量与常量在数值上相加的形式，就可以方便地用加法器实现这个组合逻辑电路。

【例 9-8】 设计一个代码转换电路，将 8421BCD 码转换成余 3 码。

解： 因为 BCD 码＋0011＝余 3 码，设输入 8421BCD 码用变量 $DCBA$ 表示，输出余 3 码用变量 $Y_3 Y_2 Y_1 Y_0$ 表示，则有

$$Y_3 Y_2 Y_1 Y_0 = DCBA + 0011$$

图 9-12　例 9-8 的代码转换电路

用一片 4 位加法器 74LS283 便可接成要求的代码转换电路，如图 9-12 所示。

9.2.3　加法电路的 EDA 实现方法

1. 用原理图方法调用 1 位全加器构成 2 位加法器

在 MAX＋plusⅡ 的旧式函数库（Old-Style Macrofunctions）中（存放在 \maxplus2\max2lib\mf 的子目录下），提供有多种功能的加法器，例如双 1 位全加器芯片 74183。利用一片 183 可以方便地构成 2 位二进制数加法器，同理，利用 2 片 183 可构成 4 位二进制数加法器，以此类推。

【例 9-9】 利用一片 183 构成 2 位二进制数加法器。

解： 利用一片 183 构成 2 位二进制数加法器电路如图 9-13 所示，仿真波形如图 9-14 所示。其中，图 9-14(a) 是把每个输入和输出都单个表示，图 9-14(b) 则是把加数、被加数及和以总线形式表示，这样更直观，便于分析结果。

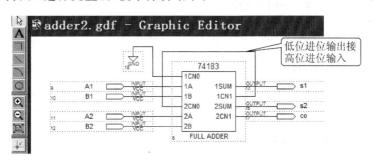

图 9-13　用一片 183 构成 2 位二进制数加法器电路

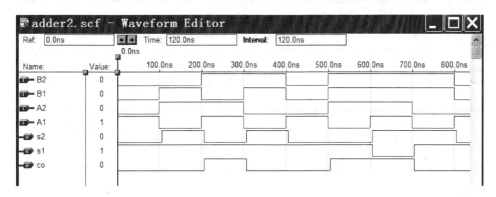

(a) 单信号形式

(b) 总线形式

图 9-14　加法器电路的仿真波形

2. 用整数作算术运算的 VHDL 加法器

VHDL 语言允许使用算术运算符"＋"和整数数据类型把加法过程描述为一个算术表达式。当把输入/输出声明为整数时，必须指定值的范围。例如，如果输入是用于 8 位加法器，那么每个数的范围将为 $0\sim255$，8 位加法的结果将是一个 9 位的和，其范围将为 $0\sim511$。当综合为电路时，软件会确定需要多少个输入位，多少个输出位，并给它们分配正确数目的引脚。

【例 9-10】 使用整数类型构成 8 位二进制加法器的 VHDL 程序。

```
LIBRARY IEEE;
USE IEEE.STD_LOGIC_1164.ALL;
ENTITY adder8 IS
   PORT ( cin: IN INTEGER RANGE 0 TO 1;
          a, b: IN INTEGER RANGE 0 TO 255;
             s: OUT INTEGER RANGE 0 TO 511) ;
   END adder8;
ARCHITECTURE behv OF adder8 IS
   BEGIN
           s <= a + b + cin;
END behv;
```

编译后的仿真波形如图 9-15 所示。

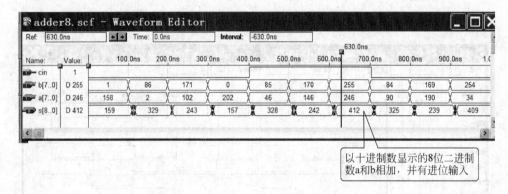

以十进制数显示的8位二进制
数a和b相加，并有进位输入

图 9-15 8 位二进制加法器的仿真波形

思考与练习

9-2-1 什么是半加器？什么是全加器？全加器可否用作半加器？怎么使用？

9-2-2 全加器在什么样的输入条件下产生进位？什么条件下"和"输出为 1？

9-2-3 串行进位加法器和超前进位加法器各有什么优缺点？

9.3 编码器

9.3.1 编码器的概念

在数字逻辑电路中，为了区分一系列不同的事物，把若干位二进制数码 0 和 1 按一定的规律进行编排，组成不同的代码，使每个代码有特定的含义，这就是编码（Coding）。完成编码工作的数字电路称为编码器（Encoder）。

编码器有普通编码器和优先编码器两类。普通编码器要求任何时刻只能有一个有效输入信号，否则编码器将不知道如何输出。优先编码器（Priority Encoder）可以避免这个缺点，允许多个输入信息同时有效，但只对其中优先级别最高的信号进行编码，编码具有唯一性。优先级别是由编码器设计者事先规定好的。显然，优先编码器改变了上述普通编码器任一时刻只允许一个输入有效的输入方式,而采用了允许多个输入同时有效的输入方式,这正是优先编码器的特点,也是它的优点所在。

编码器又可分为二进制编码器和二-十进制编码器。N 位二进制代码共有 2^N 种不同组合,因此可以表示 2^N 个不同信息,一般把这种输入端和输出端正好符合 2^N 和 N 的编码器称为二进制编码器,二进制编码器的框图如图 9-16 所示。二-十进制编码器则是 10/4 线编码器,完成对十进制数 0~9 进行 BCD 编码任务。

图 9-16　二进制编码器的框图

9.3.2　编码器原理与电路

下面以 3 位二进制普通编码器为例,分析一下编码器的工作原理。图 9-17 所示电路是实现由 3 位二进制代码对 8 个输入信号进行编码的编码器,这种编码器有 8 根输入线,3 根输出线,常称为 8/3 线编码器。

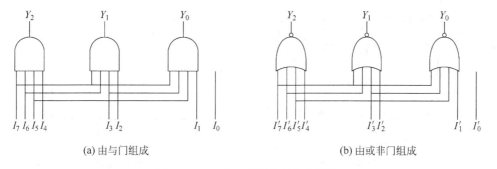

(a) 由与门组成　　　　　　　　　　(b) 由或非门组成

图 9-17　3 位二进制编码器逻辑图

采用组合逻辑电路分析的方法对图 9-17 进行逻辑分析,可列出各输出逻辑函数式如下:

$$Y_2 = I_4 I_5 I_6 I_7 = \overline{I_4' + I_5' + I_6' + I_7'}$$

$$Y_1 = I_2 I_3 I_6 I_7 = \overline{I_2' + I_3' + I_6' + I_7'}$$

$$Y_0 = I_1 I_3 I_5 I_7 = \overline{I_1' + I_3' + I_5' + I_7'}$$

由输出函数式可列出真值表,如表 9-8 所示。

表 9-8　3 位二进制编码器真值表

输　　入								输　　出		
I_7	I_6	I_5	I_4	I_3	I_2	I_1	I_0	Y_2	Y_1	Y_0
0	1	1	1	1	1	1	1	0	0	0
1	0	1	1	1	1	1	1	0	0	1
1	1	0	1	1	1	1	1	0	1	0
1	1	1	0	1	1	1	1	0	1	1
1	1	1	1	0	1	1	1	1	0	0
1	1	1	1	1	0	1	1	1	0	1
1	1	1	1	1	1	0	1	1	1	0
1	1	1	1	1	1	1	0	1	1	1

表 9-8 中,逻辑 0 为有效电平;逻辑 1 为无效电平。例如,当 I_5 为有效输入"0",而其他输入均为无效输入"1"时,则所得输出编码为 $Y_2Y_1Y_0=010$(实际为 5 的反码)。可见,对于每一个特定的有效输入,会对应一组不同的编码输出,图 9-17 所示电路完成了对 8 个输入的编码工作。

9.3.3 编码器集成芯片及应用

编码器经常大量地出现在各种数字系统中,为了给使用者提供方便,半导体芯片厂家已经将其制作成了标准化的集成电路(Integrated Circuits,IC)产品。下面介绍集成编码器及其应用。

1. 集成 3 位二进制优先编码器(8/3 线)148

148 主要包括 TTL 系列中的 54/74148、54/74LS148、54/74F148 和 CMOS 系列中的 54/74HC148、40H148 等。其外部引脚排列图和逻辑功能示意图如图 9-18 所示。表 9-9 是 148 的逻辑功能表。

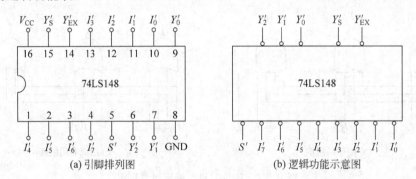

(a) 引脚排列图　　　　　　　　(b) 逻辑功能示意图

图 9-18　3 位二进制优先编码器 148 外引脚排列图

表 9-9　3 位二进制优先编码器 148 的逻辑功能表

输　　　入								输　　　出				
S'	I_7'	I_6'	I_5'	I_4'	I_3'	I_2'	I_1'	I_0'	Y_2'	Y_1'	Y_0'	Y_{EX}'	Y_S'
1	$\times$	$\times$	$\times$	$\times$	$\times$	$\times$	$\times$	$\times$	1	1	1	1	1
0	1	1	1	1	1	1	1	1	1	1	1	1	0
0	0	$\times$	$\times$	$\times$	$\times$	$\times$	$\times$	$\times$	0	0	0	0	1
0	1	0	$\times$	$\times$	$\times$	$\times$	$\times$	$\times$	0	0	1	0	1
0	1	1	0	$\times$	$\times$	$\times$	$\times$	$\times$	0	1	0	0	1
0	1	1	1	0	$\times$	$\times$	$\times$	$\times$	0	1	1	0	1
0	1	1	1	1	0	$\times$	$\times$	$\times$	1	0	0	0	1
0	1	1	1	1	1	0	$\times$	$\times$	1	0	1	0	1
0	1	1	1	1	1	1	0	$\times$	1	1	0	0	1
0	1	1	1	1	1	1	1	0	1	1	1	0	1

S' 为使能输入端,低电平有效,即只有当 $S'=0$ 时,编码器才工作。Y_S' 为选通输出端,Y_S' 输出低电平时,表示"电路工作,但无编码输入"。Y_{EX}' 为扩展输出端,当 $S'=0$ 时,只要

有编码信号,则 $Y'_{\text{EX}}=0$,说明有编码信号输入,输出信号是编码输出;$Y'_{\text{EX}}=1$ 表示不是编码输出。

Y'_S 和 S' 配合可以实现多级编码器之间的优先级别的控制。图 9-19 是利用 2 片集成 3 位二进制优先编码器 74LS148 实现一个 16/4 线优先编码器的接线图。

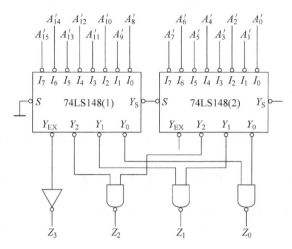

图 9-19 用 2 片 74LS148 组成实现一个 16/4 线优先编码器接线示意图

高位芯片 74LS148(1)始终处于有效状态,当高位片有信号输入时,$Y'_{\text{EX}}=0$,$Z_3=1$,编码输出的范围为 1000~1111,同时,其 $Y'_S=1$,使得低位片 74LS148(2)处于禁止状态,实现了高位片和低位片优先级别的控制。

当高位片无信号输入时,$Y'_S=0$,使得低位片 74LS148(2)处于允许工作状态,同时,$Y'_{\text{EX}}=1$,$Z_3=0$。若低位片有信号输入,则低位片工作,编码输出的范围为 0000~0111。

2. 集成二-十进制优先编码器(10/4 线)147

二-十进制编码器是实现用 4 位二进制代码对 1 位十进制数码进行编码的数字电路,简称 BCD 码编码器。BCD 码有多种,所以 BCD 码编码器也有多种。最常见的 BCD 码编码器是 8421BCD 码编码器,它有 10 根输入线,4 根输出线,常称为 10/4 线编码器。

集成二-十进制编码器 147 主要包括 TTL 系列中的 54/74147、54/74LS147 和 CMOS 系列中的 54/74HC147、54/74HCT147 和 40H147 等。其外引脚排列图如图 9-20 所示。表 9-10 是 147 的逻辑功能表。

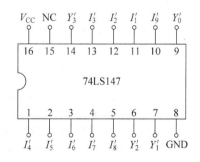

图 9-20 二-十进制优先编码器 147 外引脚排列图

由表 9-10 可以看出,147 是采用 8421BCD 码进行编码的。应注意的是,147 的输出和输入是以反码的形式出现的,即"0"为有效电平,"1"为无效电平。输入端和输出端都是低电平有效。

表 9-10　二-十进制优先编码器 147 的逻辑功能表

输　　入									输　　出			
I'_9	I'_8	I'_7	I'_6	I'_5	I'_4	I'_3	I'_2	I'_1	Y'_3	Y'_2	Y'_1	Y'_0
0	×	×	×	×	×	×	×	×	0	1	1	0
1	0	×	×	×	×	×	×	×	0	1	1	1
1	1	0	×	×	×	×	×	×	1	0	0	0
1	1	1	0	×	×	×	×	×	1	0	0	1
1	1	1	1	0	×	×	×	×	1	0	1	0
1	1	1	1	1	0	×	×	×	1	0	1	1
1	1	1	1	1	1	0	×	×	1	1	0	0
1	1	1	1	1	1	1	0	×	1	1	0	1
1	1	1	1	1	1	1	1	0	1	1	1	0

9.3.4　用 VHDL 描述实现 8/3 线优先编码器

【例 9-11】　用 VHDL 描述实现 8/3 线优先编码器。

解：下面是分别用两种方法进行结构体描述的 8/3 线优先编码器的 VHDL 代码。

```
LIBRARY IEEE;
USE IEEE.STD_LOGIC_1164.ALL;
ENTITY priorityencoder IS
    PORT (input: IN STD_LOGIC_VECTOR (7 DOWNTO 0);
             y: OUT STD_LOGIC_VECTOR(2 DOWNTO 0));
END priorityencoder;
--(1)使用 IF 语句
ARCHITECTURE behv1 OF priorityencoder IS
BEGIN
  PROCESS (input)
   BEGIN
    IF (input(0) = '0') THEN y<= "111";          -- input(0)的优先级最高
    ELSIF (input(1) = '0') THEN y<= "110";        -- 输入低电平有效,编码用反码形式
    ELSIF (input(2) = '0') THEN y<= "101";
    ELSIF (input(3) = '0') THEN y<= "100";
    ELSIF (input(4) = '0') THEN y<= "011";
    ELSIF (input(5) = '0') THEN y<= "010";
    ELSIF (input(6) = '0') THEN y<= "001";
    ELSIF (input(7) = '0') THEN y<= "000";
    ELSE y<= "ZZZ ";
    END IF;
  END PROCESS;
END behv1;
 --(2)使用条件赋值语句
ARCHITECTURE behv2 OF priorityencoder IS
BEGIN
    y<= "111" WHEN (input(0) = '0') ELSE          -- input(0)的优先级最高
        "110" WHEN (input(1) = '0') ELSE          -- 输入低电平有效,编码用反码形式
```

```
            "101" WHEN (input(2) = '0') ELSE
            "100" WHEN (input(3) = '0') ELSE
            "011" WHEN (input(4) = '0') ELSE
            "010" WHEN (input(5) = '0') ELSE
            "001" WHEN (input(6) = '0') ELSE
            "000" WHEN (input(7) = '0') ELSE
            "ZZZ";
        END behv2;
```

选择任一种结构体进行编译仿真的结果均如图 9-21 所示。

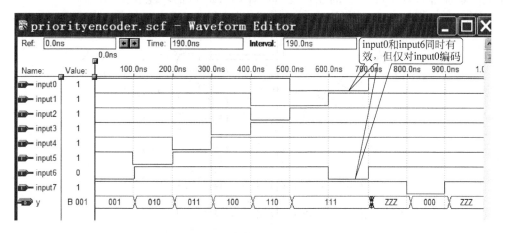

图 9-21　8/3 线优先编码器的仿真结果

思考与练习

9-3-1　编码器的功能是什么？它有哪些类型？各有什么特点？

9-3-2　如果一个优先编码器的多个输入同时有效,则哪个输入将被编码？

9-3-3　编码器的输入与输出符合什么样的数量关系？101 键盘的编码器输出应采用几位二进制代码？

9.4　译码器

将一组二进制代码(或其他特定信号或对象的代码)"翻译"出来,变换成与之对应的输出信号,这个过程称为译码,译码是编码的逆过程。实现译码功能的数字电路称为译码器(Decoder)。常用的译码器有二进制译码器、二-十进制译码器和显示译码器三类。

9.4.1　二进制译码器

二进制译码器具有 n 个输入端,2^n 个输出端,故称为 $n/2^n$ 线译码器,二进制译码器框图如图 9-22 所示。例如,2/4 线译码器、3/8 线译码器。对应每一组输入代码,输出端只有一个为有效电平,其余均为无效电平,实现的是

图 9-22　二进制译码器框图

"多对一"译码,而编码器则实现"一对多"编码。

图 9-23 为 3/8 线译码器 74HC138 的逻辑电路图。当 $S_1=1,S_2'=S_3'=0$(即 $S=1$)时,输出分别为

$$Y_0'=(A_2'A_1'A_0')'=m_0', \quad Y_1'=(A_2'A_1'A_0)'=m_1'$$
$$Y_2'=(A_2'A_1A_0')'=m_2', \quad Y_3'=(A_2'A_1A_0)'=m_3'$$
$$Y_4'=(A_2A_1'A_0')'=m_4', \quad Y_5'=(A_2A_1'A_0)'=m_5'$$
$$Y_6'=(A_2A_1A_0')'=m_6', \quad Y_7'=(A_2A_1A_0)'=m_7'$$

由此不难理解如表 9-11 所示的 3/8 线译码器 74HC138 的功能表。

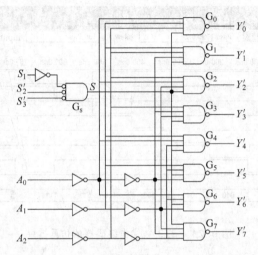

图 9-23 3/8 线译码器 74HC138 的逻辑图

表 9-11 3/8 线译码器 74HC138 的功能表

输 入					输 出							
使 能		选 择										
S_1	$S_2'+S_3'$	A_2	A_1	A_0	Y_0'	Y_1'	Y_2'	Y_3'	Y_4'	Y_5'	Y_6'	Y_7'
0	×	×	×	×	1	1	1	1	1	1	1	1
×	1	×	×	×	1	1	1	1	1	1	1	1
1	0	0	0	0	0	1	1	1	1	1	1	1
1	0	0	0	1	1	0	1	1	1	1	1	1
1	0	0	1	0	1	1	0	1	1	1	1	1
1	0	0	1	1	1	1	1	0	1	1	1	1
1	0	1	0	0	1	1	1	1	0	1	1	1
1	0	1	0	1	1	1	1	1	1	0	1	1
1	0	1	1	0	1	1	1	1	1	1	0	1
1	0	1	1	1	1	1	1	1	1	1	1	0

A_2、A_1、A_0 为二进制译码输入端,$Y_7'\sim Y_0'$ 为译码输出端(低电平有效),S_3'、S_2'、S_1 为选通控制端。当 $S_3'=S_2'=0$,$S_1=1$ 时,译码器处于工作状态;当 $S_3'+S_2'=1$ 或 $S_1=0$ 时,译码器处于禁止状态。

应注意的是,138的输入采用原码的形式,而输出采用的却是反码形式。

9.4.2 二-十进制译码器

二-十进制译码器(又称为BCD码译码器)的输入是十进制数的4位二进制编码(BCD码),分别用 A_3、A_2、A_1、A_0 表示;输出的是与10个十进制数字相对应的10个信号,用 $Y_9 \sim Y_0$ 表示。因编码过程不同,即编码时采用的BCD码不同,所以相应的译码过程也不同,故BCD码译码器有多种。但由于二-十进制译码器都有4根输入线,10根输出线,所以称为4/10线译码器。

8421BCD码译码器是最常用的BCD码译码器,其真值表如表9-12所示。

表 9-12 8421BCD 码译码器的真值表

对应十进制数	输入				输出									
	A_3	A_2	A_1	A_0	Y_0	Y_1	Y_2	Y_3	Y_4	Y_5	Y_6	Y_7	Y_8	Y_9
0	0	0	0	0	0	1	1	1	1	1	1	1	1	1
1	0	0	0	1	1	0	1	1	1	1	1	1	1	1
2	0	0	1	0	1	1	0	1	1	1	1	1	1	1
3	0	0	1	1	1	1	1	0	1	1	1	1	1	1
4	0	1	0	0	1	1	1	1	0	1	1	1	1	1
5	0	1	0	1	1	1	1	1	1	0	1	1	1	1
6	0	1	1	0	1	1	1	1	1	1	0	1	1	1
7	0	1	1	1	1	1	1	1	1	1	1	0	1	1
8	1	0	0	0	1	1	1	1	1	1	1	1	0	1
9	1	0	0	1	1	1	1	1	1	1	1	1	1	0
伪码	1	0	1	0	1	1	1	1	1	1	1	1	1	1
	1	0	1	1	1	1	1	1	1	1	1	1	1	1
	1	1	0	0	1	1	1	1	1	1	1	1	1	1
	1	1	0	1	1	1	1	1	1	1	1	1	1	1
	1	1	1	0	1	1	1	1	1	1	1	1	1	1
	1	1	1	1	1	1	1	1	1	1	1	1	1	1

表9-12中,输出逻辑0为有效电平,逻辑1为无效电平。

应当注意的是,BCD码译码器的输入状态组合中总有6个伪码状态存在。所用BCD码不同,则相应的6个伪码状态也不同,8421BCD码译码器的6个伪码状态组合为1010~1111。在设计BCD码译码器时,应使电路具有拒绝伪码的功能,即当输入端出现不应被翻译的伪码状态时,输出均呈无效电平。

9.4.3 译码器集成芯片及应用

8421BCD码译码器集成芯片(4/10线)42包含有TTL系列的54/7442、54/74LS42和CMOS中的54/74HC42、54/74HCT42及40HC42等。其外引脚排列图和逻辑功能示意图如图9-24(a)和图9-24(b)所示,逻辑功能表如表9-13所示。

应注意的是,42的输入采用原码形式,所用码制是8421BCD码;而输出采用的却是反码的形式。

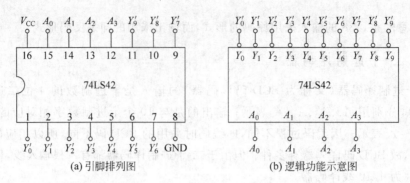

(a) 引脚排列图　　　　(b) 逻辑功能示意图

图 9-24　8421BCD 码译码器 42 的外引脚排列图

表 9-13　8421BCD 码译码器 42 的逻辑功能表

输		入		输					出				
A_3	A_2	A_1	A_0	Y_9'	Y_8'	Y_7'	Y_6'	Y_5'	Y_4'	Y_3'	Y_2'	Y_1'	Y_0'
0	0	0	0	1	1	1	1	1	1	1	1	1	0
0	0	0	1	1	1	1	1	1	1	1	1	0	1
0	0	1	0	1	1	1	1	1	1	1	0	1	1
0	0	1	1	1	1	1	1	1	1	0	1	1	1
0	1	0	0	1	1	1	1	1	0	1	1	1	1
0	1	0	1	1	1	1	1	0	1	1	1	1	1
0	1	1	0	1	1	1	0	1	1	1	1	1	1
0	1	1	1	1	1	0	1	1	1	1	1	1	1
1	0	0	0	1	0	1	1	1	1	1	1	1	1
1	0	0	1	0	1	1	1	1	1	1	1	1	1

　　当译码器集成芯片的位数不够用时,利用片选端可将多片译码器连接起来进行译码位数的扩展。

　　【例 9-12】　试用两片 3/8 线译码器 74HC138 组成 4/16 线译码器。

　　解:用两片 138 实现一个 4/16 线译码器的接线示意图如图 9-25 所示。当 $D_3 = 0$ 时,低位片 74HC138(1) 的片选信号有效,该片正常工作;而高位片 74LS138(2) 的片选信号无效,不能正常工作。当 $D_3 = 1$ 时,情况正好相反。

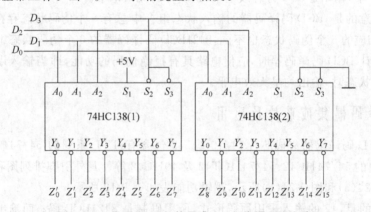

图 9-25　用两片 138 扩展成 4/16 线译码器电路

9.4.4 显示译码器

在一些数字系统中,不仅需要译码,而且需要把译码的结果用数码直接显示出来,所以显示译码器是对 4 位二进制数码译码,并驱动数码显示器显示出相应数字或字符的电路。显示译码器的作用框图如图 9-26 所示,显示器件不同,所需要的译码器也会不同。

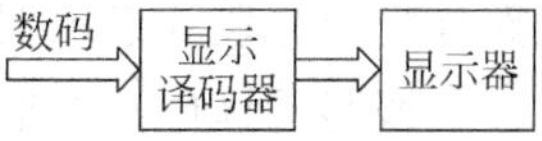

图 9-26 显示译码器示意图

1. 七段数码显示器

为了能用十进制数码直观地显示数字系统的运行数据,目前广泛使用了七段字符显示器(Seven-Segment Character Mode Display),或称作七段数码管,它由七段可发光的线段拼合而成。常见的七段字符显示器有半导体数码管和液晶显示器两种。

半导体数码管的外形和等效电路如图 9-27 所示。这种数码管的每个线段都是一个发光二极管(Light Emitting Diode,LED),因而也把它叫做 LED 数码管或 LED 七段显示器。有些数码管的右下角处还增设了一个小数点,形成了所谓的八段数码管,如图 9-12(a)所示。

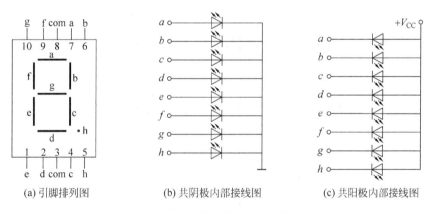

(a) 引脚排列图　　　　(b) 共阴极内部接线图　　　　(c) 共阳极内部接线图

图 9-27 半导体数码管的外形和等效电路

半导体显示器中的发光二极管有共阴极和共阳极两种接法,如图 9-27(b)和图 9-27(c)所示。共阳极接法是把各发光二极管的阳极相接,阴极电位低者亮;共阴极接法是把各发光二极管阴极相接,阳极电位高者亮。因此要想显示某个数字必须使相应的几个显示段同时为低电平(共阳极)或同时为高电平(共阴极)。

半导体数码管不仅具有工作电压低、体积小、寿命长、可靠性高等优点,而且响应时间短,亮度也比较高。它的缺点是工作电流比较大,每一段的工作电流在 10mA 左右。

另一种常用的七段字符显示器是液晶显示器(Liquid Crystal Display,LCD)。液晶是一种既具有液体的流动性,又具有光学特性的有机化合物。它的透明度和呈现的颜色受外加电场的影响,利用这一特性便可做成字符显示器。

液晶显示器的最大优点是功耗极小,每平方厘米的功耗在 $1\mu W$ 以下。它的工作电压也很低,在 1V 以下仍能工作。因此,液晶显示器在电子表以及各种小型、便携式仪器仪表中得到了广泛应用。但是,由于它本身不会发光,仅仅靠反射外界光线显示字形,所以亮度很差。此外,它的响应速度较低(10~200ms),限制了其在快速系统中的应用。

2．七段显示译码器

前面所述任何一种译码器,都不能直接用于分段式显示器,需要另外设计合适的译码电路来配合分段式显示器的使用。

七段显示译码器的输入信号为8421BCD码,输出信号应该能够驱动七段显示器的相应段发光。对于共阴极七段LED显示器,待点亮的段应给予高电平驱动信号;对于共阳极七段显示器,待点亮的段应给予低电平驱动信号。共阴极七段显示译码器的真值表如表9-14所示。

表 9-14　共阴极七段显示译码器的真值表

对应十进制数	输入				输出						
	A_3	A_2	A_1	A_0	a	b	c	d	e	f	g
0	0	0	0	0	1	1	1	1	1	1	0
1	0	0	0	1	0	1	1	0	0	0	0
2	0	0	1	0	1	1	0	1	1	0	1
3	0	0	1	1	1	1	1	1	0	0	1
4	0	1	0	0	0	1	1	0	0	1	1
5	0	1	0	1	1	0	1	1	0	1	1
6	0	1	1	0	1	0	1	1	1	1	1
7	0	1	1	1	1	1	1	0	0	0	0
8	1	0	0	0	1	1	1	1	1	1	1
9	1	0	0	1	1	1	1	0	0	1	1
无关项	1	0	1	0	×	×	×	×	×	×	×
	1	0	1	1	×	×	×	×	×	×	×
	1	1	0	0	×	×	×	×	×	×	×
	1	1	0	1	×	×	×	×	×	×	×
	1	1	1	0	×	×	×	×	×	×	×
	1	1	1	1	×	×	×	×	×	×	×

3．七段显示译码器集成芯片48

七段显示译码器集成芯片48主要有TTL系列中的74LS48等,其引脚排列图9-28所示。逻辑功能表如表9-15所示。

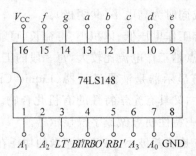

图9-28　七段显示译码器74LS48的外引脚排列图

表 9-15 七段显示译码器 74LS48 的逻辑功能表

数字或功能	输入						BI'/RBO'	输出						
	LT'	RBI'	A_3	A_2	A_1	A_0		a	b	c	d	e	f	g
灭灯	×	×	×	×	×	×	0	0	0	0	0	0	0	0
试灯	0	×	×	×	×	×	1	1	1	1	1	1	1	1
灭零	1	0	0	0	0	0	0	0	0	0	0	0	0	0
0	1	1	0	0	0	0	1	1	1	1	1	1	1	0
1	1	×	0	0	0	1	1	0	1	1	0	0	0	0
2	1	×	0	0	1	0	1	1	1	0	1	1	0	1
3	1	×	0	0	1	1	1	1	1	1	1	0	0	1
4	1	×	0	1	0	0	1	0	1	1	0	0	1	1
5	1	×	0	1	0	1	1	1	0	1	1	0	1	1
6	1	×	0	1	1	0	1	0	0	1	1	1	1	1
7	1	×	0	1	1	1	1	1	1	1	0	0	0	0
8	1	×	1	0	0	0	1	1	1	1	1	1	1	1
9	1	×	1	0	0	1	1	1	1	1	1	0	1	1
10	1	×	1	0	1	0	1	0	0	0	1	1	0	1
11	1	×	1	0	1	1	1	0	0	1	1	0	0	1
12	1	×	1	1	0	0	1	0	1	0	0	0	1	1
13	1	×	1	1	0	1	1	1	0	0	1	0	1	1
14	1	×	1	1	1	0	1	0	0	0	1	1	1	1
15	1	×	1	1	1	1	1	0	0	0	0	0	0	0

由真值表可以看出，为了增强器件的功能，在 74LS48 中还设置了一些辅助端。这些辅助端的功能如下所述。

(1) 试灯输入端 LT'：低电平有效。当 $LT'=0$ 时，数码管的七段应同时点亮，与输入的译码信号无关。本输入端用于测试数码管的好坏。平时应置 LT' 为高电平。

(2) 灭零输入端 RBI'：低电平有效。设置灭零输入信号 RBI' 的目的是把不希望显示的零熄灭。例如有一个 6 位的数码显示电路，整数部分为 4 位，小数部分为 2 位，在显示 34.5 这个数时，将呈现 0034.50 字样，如果将前后多余的零熄灭，显示的结果将更加清晰。如能满足 $LT'=1$、$RBI'=0$，这时只要译码输入全为 0，译码输出的 0 字即被熄灭；当译码输入不全为 0 时，该位正常显示。

(3) 灭灯输入/灭零输出端 BI'/RBO'。这是一个特殊的端钮，有时用作输入，有时用作输出。当 BI'/RBO' 作为输入使用时，称为灭灯输入控制端，这时只要加入 $BI'=0$，无论 $A_3 A_2 A_1 A_0$ 的状态是什么，数码管七段全灭。

当 BI'/RBO' 作为输出使用时，称为灭零输出端，这时只有在 $LT'=1$、$RBI'=0$，且输入 $A_3 A_2 A_1 A_0$ 的状态全为零时，RBO' 才会给出低电平。因此，$RBO'=0$ 表示译码器已将本来应该显示的零熄灭了。

74LS48 是集电极开路输出结构，并接有 $2k\Omega$ 的内部上拉电阻，当输出为高电平时，流过发光二极管的电流是由 V_{CC} 经 $2k\Omega$ 的上拉电阻提供的。当 $V_{CC}=5V$ 时，这个电流只有 2mA 左右。如果数码管需要的电流大于这个电流时,则应在 2kΩ 的上拉电阻上再并联适当的电阻。用七段显示译码器 74LS48 与共阴极七段数码管显示器 BS201A 的连接方法如图 9-29 所示。

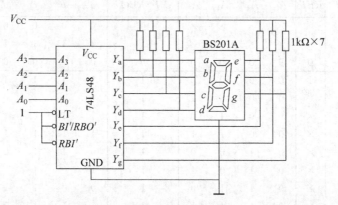

图 9-29 七段显示译码器 74LS48 与共阴极七段数码管显示器 BS201A 的连接方法

9.4.5 用 VHDL 实现的译码器及仿真结果

1. 3/8 线译码器

【例 9-13】 用 VHDL 设计 3/8 线译码器。

```
LIBRARY IEEE;
USE IEEE.STD_LOGIC_1164.ALL;
ENTITY decoder3_8 IS
    PORT (a, b, c: IN STD_LOGIC;                           -- a, b, c 为三个译码输入信号
       g1, g2a, g2b: IN STD_LOGIC;                         -- g1, g2a, g2b 为使能控制输入信号
              y: OUT STD_LOGIC_VECTOR(7 DOWNTO 0));  -- y 为 8 位输出信号
END decoder3_8;
ARCHITECTURE behv1 OF decoder3_8 IS
    SIGNAL indata: STD_LOGIC_VECTOR (2 DOWNTO 0);
BEGIN
    indata <= c&b&a;
    PROCESS (indata, g1, g2a, g2b)
    BEGIN
    IF (g1 = '1'AND g2a = '0' AND g2b = '0') THEN          -- g1, g2a, g2b 为使能控制输入端
       CASE indata IS
         WHEN "000" => y <= "11111110";                    -- 译码器输出为低电平有效方式
         WHEN "001" => y <= "11111101";
         WHEN "010" => y <= "11111011";
         WHEN "011" => y <= "11110111";
         WHEN "100" => y <= "11101111";
         WHEN "101" => y <= "11011111";
         WHEN "110" => y <= "10111111";
         WHEN "111" => y <= "01111111";
         WHEN OTHERS => y <= "XXXXXXXX";
       END CASE;
```

```
      ELSE
          y <= "11111111";                              -- 使能控制输入条件不满足时,输出全1
      END IF;
   END PROCESS;
END behv1;
```

上述 3/8 线译码器的仿真图如图 9-30 所示。

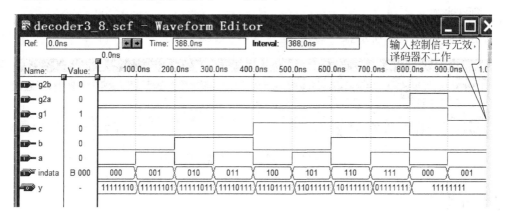

图 9-30 3/8 线译码器的仿真图

2. 显示译码器

【例 9-14】 用 VHDL 设计一个七段显示译码器。

```
LIBRARY IEEE;
USE IEEE.STD_LOGIC_1164.ALL;
USE IEEE.STD_LOGIC_UNSIGNED.ALL;
ENTITY Dec17s IS
   PORT (a: IN STD_LOGIC_VECTOR (3 DOWNTO 0);
      led7s: OUT STD_LOGIC_VECTOR(6 DOWNTO 0));         -- 七段输出
END Dec17s;
ARCHITECTURE behav OF Dec17s IS
BEGIN
    PROCESS (a)
    BEGIN
        CASE a IS                 -- CASE_WHEN 语句构成的译码输出电路功能类似于真值表
        WHEN "0000" => led7s <= "0111111";       -- 显示 0
        WHEN "0001" => led7s <= "0000110";       -- 显示 1
        WHEN "0010" => led7s <= "1011011";       -- 显示 2
        WHEN "0011" => led7s <= "1001111";       -- 显示 3
        WHEN "0100" => led7s <= "1100110";       -- 显示 4
        WHEN "0101" => led7s <= "1101101";       -- 显示 5
        WHEN "0110" => led7s <= "1111101";       -- 显示 6
        WHEN "0111" => led7s <= "0000111";       -- 显示 7
        WHEN "1000" => led7s <= "1111111";       -- 显示 8
        WHEN "1001" => led7s <= "1101111";       -- 显示 9
        WHEN "1010" => led7s <= "1110111";       -- 显示 A
        WHEN "1011" => led7s <= "1111100";       -- 显示 B
```

```
            WHEN "1100" => led7s <= "0111001";          -- 显示 C
            WHEN "1101" => led7s <= "1011110";          -- 显示 D
            WHEN "1110" => led7s <= "1111001";          -- 显示 E
            WHEN "1111" => led7s <= "1110001";          -- 显示 F
            WHEN OTHERS => led7s <= "0000000";          -- 必须有此项
            END CASE;
        END PROCESS;
END behav;
```

仿真图如图 9-31 所示。

图 9-31   七段显示译码器的仿真图

思考与练习

9-4-1   译码器的功能是什么？二进制译码器和显示译码器有何区别？

9-4-2   LED 显示器的内部结构是什么？对于共阴极和共阳极两种接法，分别在什么条件下才能发光？

9-4-3   译码器的输入与输出符合什么样的数量关系？一个二-十进制译码器有多少个输入，多少个输出？

9-4-4   7442BCD 译码器有_____（高、低）电平有效的输入和_____（高、低）电平有效的输出。

9.5   数据分配器和数据选择器

9.5.1   数据分配器

1. 数据分配器的原理

数据分配器（Demultiplexer）的作用是将 1 位输入数据传送到多个输出中的某 1 个，具体传送到哪一个输出端，由一组选择控制信号来确定。

分配器通常只有一个数据输入端 X，而有 M 个数据输出端 $Y_0, Y_1, \cdots, Y_{m-1}$，另外还有 n 个通道选择地址码输入端 $C_{n-1}, C_{n-2}, \cdots, C_0$，是一种单路输入、多路输出的逻辑构件。数据分配器的逻辑框图及等效电路如图 9-32 所示。

通道地址选择码的位数 n 与数据输出端的数目 m 有如下关系：

$$m = 2^n$$

设 m_i 为 $C_{n-1}, C_{n-2}, \cdots, C_0$ 组成的最小项，则数据分配器输出与输入的逻辑关系可表示为

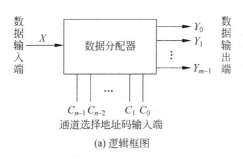
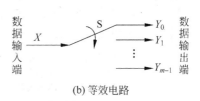

(a) 逻辑框图　　　　　　　　　　　　(b) 等效电路

图 9-32　数据分配器的逻辑框图及等效电路

$$Y_i = m_i X \quad (i = 0 \sim m - 1)$$

由此可见,数据分配器是根据通道选择地址码(m_i)指定的位置,将数据分配到相应的输出通道上去的。

2. 数据分配器的实现电路

半导体芯片厂家并不生产数据分配器集成芯片,而是使用具有"使能端"的译码器芯片来代替,因此,也可以认为数据分配器是二进制译码器的一种特殊应用。使用时译码器"使能端"作为数据输入端,译码器的输入端要作为通道选择地址码输入端,译码器的输出端就是分配器的输出端。

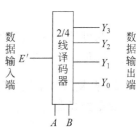

图 9-33　2/4 线译码器作为数据分配器

作为数据分配器使用的译码器通常是二进制译码器。图 9-33 是将 2/4 线译码器作为数据分配器使用的逻辑图。图中 E' 为译码使能端;A、B 为译码输入端;$Y_0 \sim Y_3$ 为译码输出端,低电平有效。此分配器的逻辑功能表如表 9-16 所示。

表 9-16　图 9-33 所示数据分配器真值表

通道选择地址码		输　入	输　出			
A	B	E'	Y_3	Y_2	Y_1	Y_0
0	0	E'	E'	1	1	1
0	1	E'	1	E'	1	1
1	0	E'	1	1	E'	1
1	1	E'	1	1	1	E'

9.5.2　数据选择器

1. 数据选择器的逻辑功能

数据选择器(Multiplexer)的逻辑功能恰好与数据分配器的逻辑功能相反,它能从多个输入数据中选择其一送到输出端,是一种多路输入、单路输出的逻辑构件。数据选择器又称为多路选择器。数据选择器有 m 个数据输入端 $D_0, D_1, \cdots, D_{m-1}$,$n$ 个通道选择地址码输入端 $C_{n-1}, C_{n-2}, \cdots, C_0$ 和唯一的数据输出端 Z。数据选择器的逻辑框图及等效电路如图 9-34 所示。

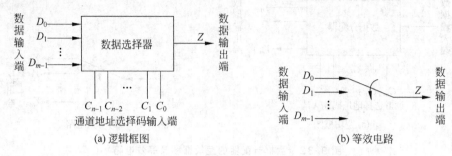

图 9-34　数据选择器的逻辑框图及等效电路

数据输入端数目 m 与输入通道选择地址码位数 n 有如下关系：

$$m = 2^n$$

设 m_i 为 $C_{n-1}, C_{n-2}, \cdots, C_0$ 组成的最小项，则数据选择器输出与输入的逻辑关系为

$$Z = \sum_{i=0}^{m-1} m_i D_i \quad (i = 0 \sim m-1)$$

由此可见，数据选择器是根据输入通道选择地址码（m_i）的指定位置，将相应通道的输入数据传送至输出端。

2. 数据选择器集成芯片

数据选择器的主体电路一定是与或门阵列，4 选 1 数据选择器的真值表如表 9-17 所示。

表 9-17　4 选 1 数据选择器的真值表

输　　入			输　　出
D	A_1	A_0	Y
D_0	0	0	D_0
D_1	0	1	D_1
D_2	1	0	D_2
D_3	1	1	D_3

表 9-17 中，D 表示输入数据，A_1、A_0 表示地址变量，即由地址码决定从 4 路输入中选择哪一路输出。根据表 9-17 可得出输出逻辑表达式：

$$Y = A_1' A_0' D_0 + A_1' A_0 D_1 + A_1 A_0' D_2 + A_1 A_0 D_3$$

$$= \sum_{i=0}^{3} m_i D_i$$

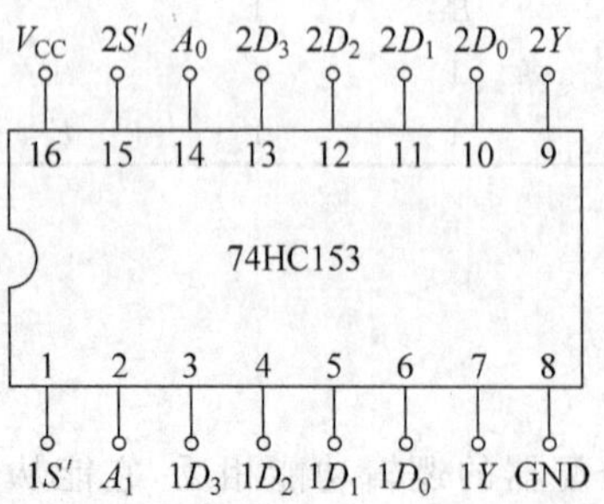

根据以上基本原理设计出的集成双 4 选 1 数据选择器 153 包含有 TTL 系列的 54/74153、54/74LS153、54/74S153、54/74153 和 CMOS 中的 54/74HC153、54/74HCT153 及 40H153 等。其外引脚排列图如图 9-35

图 9-35　双 4 选 1 数据选择器 153 的引脚排列图

（引脚图）
V_{CC}　$2S'$　A_0　$2D_3$　$2D_2$　$2D_1$　$2D_0$　$2Y$
16　15　14　13　12　11　10　9
74HC153
1　2　3　4　5　6　7　8
$1S'$　A_1　$1D_3$　$1D_2$　$1D_1$　$1D_0$　$1Y$　GND

所示,逻辑功能表如表 9-18 所示。

表 9-18 双 4 选 1 数据选择器 153 的逻辑功能表

输 入				输 出
S'	D	A_1	A_0	Y
1	×	×	×	0
0	D_0	0	0	D_0
0	D_1	0	1	D_1
0	D_2	1	0	D_2
0	D_3	1	1	D_3

选通控制端 S' 为低电平有效,即 $S'=0$ 时芯片被选中,处于工作状态;$S'=1$ 时芯片被禁止。

数据选择器还有 8 选 1、16 选 1 等。集成 8 选 1 数据选择器包含有 TTL 系列的 54/74151、54/74LS151、54/74S151、54/74151 和 CMOS 中的 54/74HC151、54/74HCT151 及 40H151 等。其外引脚排列图如图 9-36 所示,逻辑功能表如表 9-19 所示。

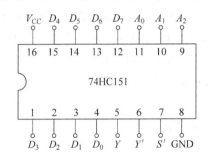

图 9-36 8 选 1 数据选择器 74HC151 的外引脚排列图

表 9-19 8 选 1 数据选择器 74HC151 的逻辑功能表

输 入					输 出	
S'	A_2	A_1	A_0	D	Y	Y'
1	×	×	×	×	0	1
0	0	0	0	D_0	D_0	$\overline{D_0}$
0	0	0	1	D_1	D_1	$\overline{D_1}$
0	0	1	0	D_2	D_2	$\overline{D_2}$
0	0	1	1	D_3	D_3	$\overline{D_3}$
0	1	0	0	D_4	D_4	$\overline{D_4}$
0	1	0	1	D_5	D_5	$\overline{D_5}$
0	1	1	0	D_6	D_6	$\overline{D_6}$
0	1	1	1	D_7	D_7	$\overline{D_7}$

8 选 1 数据选择器的输出表达式为

$$Y = \sum_{i=0}^{7} m_i D_i$$

$$= (A_2' A_1' A_0') D_0 + (A_2' A_1' A_0) D_1 + (A_2' A_1 A_0') D_2$$
$$+ (A_2' A_1 A_0) D_3 + (A_2 A_1' A_0') D_4 + (A_2 A_1' A_0) D_5$$
$$+ (A_2 A_1 A_0') D_6 + (A_2 A_1 A_0) D_7 \tag{9-2}$$

3. 用数据选择器实现逻辑函数

数据选择器还有一个十分重要的用途,即可以用来作为函数发生器实现任意的组合逻辑函数。基本方法步骤如下:

(1) 列出所求逻辑函数的真值表,写出其最小项表达式。

(2) 根据逻辑函数包含的变量数,选定数据选择器。

(3) 将所求逻辑函数式和数据选择器的输出表达式对照比较,确定选择器输入变量的表达式或取值。

(4) 按照求出的表达式或取值连接电路,画电路连线图。

【**例 9-15**】 试用数据选择器实现函数 $Z = A'B'C' + AC + A'BC$。

解:逻辑函数 Z 有 A、B、C 三个输入变量,则选择器的地址码变量个数应小于或等于 3,如可以选用 8 选 1 或 4 选 1 数据选择器。将表达式 Z 整理成最小项表达式,以便与相应的选择器表达式 Y 进行比较,确定选择器输入端 D_i 的状态。

(1) 选用 8 选 1 数据选择器 74HC151

① 写出最小项表达式:

$$Z = A'B'C' + AC + A'BC$$
$$= A'B'C' + AB'C + ABC + A'BC$$

② 选用 8 选 1 数据选择器 74HC151,当 $S' = 0$ 时,令 $A_2 = A$、$A_1 = B$、$A_0 = C$,代入上式并整理得

$$Z = A_2' A_1' A_0' + A_2 A_1' A_0 + A_2 A_1 A_0 + A_2' A_1 A_0$$

③ 对照 74HC151 输出表达式,求 D_i。将此式与 8 选 1 选择器输出表达式(9-2)对比可知:

$$D_7 = D_5 = D_3 = D_0 = 1, \quad D_6 = D_4 = D_2 = D_1 = 0$$

相应的逻辑电路图如图 9-37 所示。

(2) 选用 4 选 1 数据选择器

① 写出最小项表达式:

$$Z = A'B'C' + AC + A'BC$$
$$= A'B'C' + AB'C + ABC + A'BC$$

② 选用双 4 选 1 数据选择器 74HC153 其中的一半,当 $S_1' = 0$ 时,令 $A_1 = A$、$A_0 = B$,代入上式得

$$Z = A_1' A_0' C' + A_1 A_0' C + A_1 A_0 C + A_1' A_0 C$$

③ 对照 74HC153 输出表达式：
$$Y_1 = (A_1'A_0')D_{10} + (A_1'A_0)D_{11} + (A_1A_0')D_{12} + (A_1A_0)D_{13}$$
可求出
$$D_{10} = C', \quad D_{11} = C, \quad D_{12} = C, \quad D_{13} = C$$
画出相应的逻辑电路图如图 9-38 所示。

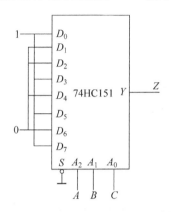
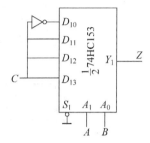

图 9-37 用 8 选 1 数据选择器实现　　　图 9-38 用 4 选 1 数据选择器实现

对照图 9-37 和图 9-38 可知,用来实现同一逻辑函数的选择器不同,会使电路的输入部分不同。在可能的情况下,应尽量选用通道地址码变量个数与所要实现的逻辑函数输入变量的个数相等或减少一个,从而使实现函数的电路简化。

4. 用数据分配器和数据选择器一起构成数据分时传送系统

用数据分配器和数据选择器一起还可以构成数据分时传送系统,如图 9-39 所示。图中,74LS151 是 8 选 1 数据选择器,在数据发送端,根据地址信号可将 8 路输入当中的某一个数据 D_i 选出;在数据接收端,74LS138 用作数据分配器,由同一地址码将该数据 D_i 送到 Y_i 端输出。

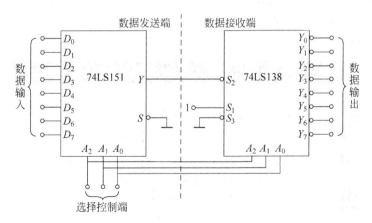

图 9-39 数据分时传送系统

5. 数据选择器的扩展使用

当数据选择器的输入端不够用时可以进行扩展。例如,用双 4 选 1 数据选择器可构成 8 选 1 数据选择器,连接方法如图 9-40 所示。当最高位地址 $A_2=1$ 时,下边一半数据选择器工作,数据 $D_4 \sim D_7$ 选择一路输出;当最高位地址 $A_2=0$ 时,上边一半数据选择器工作,数据 $D_0 \sim D_3$ 选择一路输出。

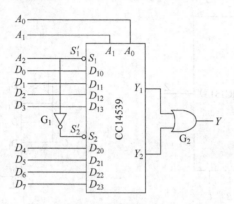

图 9-40　用双 4 选 1 数据选择器构成 8 选 1 数据选择器

用 2 片 8 选 1 数据选择器也可以构成 16 选 1 的数据选择器,方法类似,请读者自行画出电路图。

9.5.3　用 EDA 技术实现数据分配器和数据选择器

1. 数据分配器

MAX＋plus Ⅱ 的旧式函数库(Old-Style Macrofunctions)中(存放在 \maxplus2\max2lib\mf 的子目录下)提供有 3/8 线译码器芯片 74138。利用一片 74138 按照如图 9-41 所示电路进行连接,即可构成 8 路数据分配器。图 9-41 中的输入/输出端采用了名字连线方法,译码器的 3 个输入端 A[2..0] 用作分配地址控制端,译码器的选择控制端 G1 用作数据输入端。编译后的仿真波形如图 9-42 所示,显然输入数据根据不同的地址被分配到了相应的输出端。

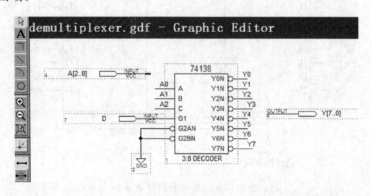

图 9-41　用旧式函数库中的 74138 实现数据分配器的电路

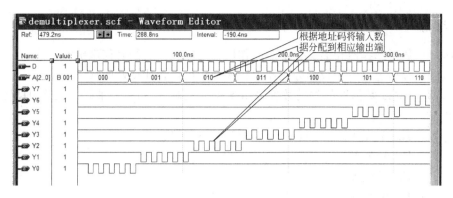

图 9-42 用 74138 实现的数据分配器仿真波形

2. 4 选 1 数据选择器的 VHDL 描述

【例 9-16】 用 VHDL 设计 4 选 1 数据选择器。

解: 4 选 1 数据选择器的 VHDL 代码为

```
LIBRARY ieee;
USE ieee.std_logic_1164.ALL;
ENTITY mux41 IS
    PORT(d: INstd_logic_vector (3 DOWNTO 0);
         s: IN std_logic_vector (1 DOWNTO 0);
         y: OUT std_logic);
END mux41;
ARCHITECTURE arc OF mux41 IS
BEGIN
    WITH s SELECT                              -- 用选择信号赋值语句实现
        y<= d(3) WHEN "11",
            d(2) WHEN "10",
            d(1) WHEN "01",
            d(0) WHEN "00",
            '0' WHEN OTHERS;
END arc;
```

将上述代码进行输入、编译与仿真,可得其仿真波形如图 9-43 所示。观察波形可以看出,根据通道选择控制端 s 的数值不同,将 4 路输入 d[3..0]中的某一个输入选择到了输出端,实现了 4 选 1 功能。

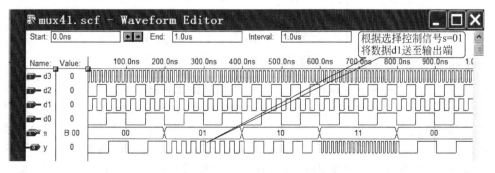

图 9-43 4 选 1 数据选择器的仿真波形

思考与练习

9-5-1 数据选择器和数据分配器的作用各是什么？它们有何区别？

9-5-2 数据选择器和数据分配器的输入与输出符合什么样的数量关系？

9-5-3 4 选 1 数据选择器的数据输出 Y 与数据输入 X_i 和地址码 A_i 之间的逻辑表达式为 $Y=$ _____。

  A. $A_1'A_0'X_0 + A_1'A_0X_1 + A_1A_0'X_2 + A_1A_0X_3$

  B. $A_1'A_0'X_0$

  C. $A_1'A_0X_1$

  D. $A_1A_0X_3$

9-5-4 什么集成芯片可以用来当做数据分配器使用？

9-5-5 用 32 选 1 数据选择器选择数据，设选择的输入数据为 D_2、D_{17}、D_{18}、D_{27}、D_{31}，试依次写出对应的二进制地址码。

9.6　数值比较器

9.6.1　数值比较器原理

能实现两个二进制数 A 和 B 的比较，并把比较结果 $A>B$、$A<B$ 或 $A=B$ 作为输出的数字电路称为数值比较器（Digital Comparator）。

1．1 位数值比较器

比较两个一位二进制数 A 和 B 大小的电路称为 1 位数值比较器。设 $A>B$ 时，$Y_1=1$；$A<B$ 时，$Y_2=1$；$A=B$ 时，$Y_3=1$，则得出 1 位数值比较器的真值表如表 9-20 所示。

表 9-20　数值比较器的真值表

A	B	$Y_1(A>B)$	$Y_2(A<B)$	$Y_3(A=B)$
0	0	0	0	1
0	1	0	1	0
1	0	1	0	0
1	1	0	0	1

根据真值表可写出各输出端的逻辑表达式为

$$\begin{cases} Y_1 = AB' \\ Y_2 = A'B \\ Y_3 = A'B' + AB = (A'B + AB')' \end{cases}$$

由此可画出 1 位数值比较器的逻辑图如图 9-44 所示。

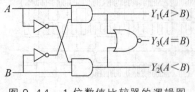

图 9-44　1 位数值比较器的逻辑图

2．n 位数值比较器

n 位数值比较器是比较两个 n 位二进制数 $A(A_{n-1}A_{n-2}\cdots A_0)$ 和 $B(B_{n-1}B_{n-2}\cdots B_0)$ 大小的数字电路。显然，对于两个 n 位二进制数 A 和 B 的比较，首先要比较最高位 A_{n-1} 和 B_{n-1}，如果 $A_{n-1}>$

B_{n-1}，则不论其他位数码如何，A 一定大于 B；反之，若 $A_{n-1} < B_{n-1}$，则一定有 A 小于 B；如果最高位相等，则比较次高位，由次高位来决定两个数的大小；如果还相等，再比较下一位，以此类推，直至比较出最后结果。表 9-21 所示是一个 4 位数值比较器的真值表。

表 9-21 4 位数值比较器的真值表

比 较 输 入				输 出		
A_3B_3	A_2B_2	A_1B_1	A_0B_0	$A>B$	$A<B$	$A=B$
$A_3>B_3$	$\times$	$\times$	$\times$	1	0	0
$A_3<B_3$	$\times$	$\times$	$\times$	0	1	0
$A_3=B_3$	$A_2>B_2$	$\times$	$\times$	1	0	0
$A_3=B_3$	$A_2<B_2$	$\times$	$\times$	0	1	0
$A_3=B_3$	$A_2=B_2$	$A_1>B_1$	$\times$	1	0	0
$A_3=B_3$	$A_2=B_2$	$A_1<B_1$	$\times$	0	1	0
$A_3=B_3$	$A_2=B_2$	$A_1=B_1$	$A_0>B_0$	1	0	0
$A_3=B_3$	$A_2=B_2$	$A_1=B_1$	$A_0<B_0$	0	1	0
$A_3=B_3$	$A_2=B_2$	$A_1=B_1$	$A_0=B_0$	0	0	1

9.6.2 集成数值比较器

n 位数值比较器可直接选用集成芯片，4 位数值比较器 85 的外引脚排列如图 9-45 所示。85 的逻辑功能表如表 9-22 所示。

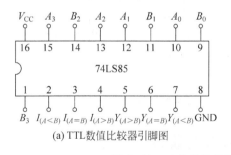
(a) TTL数值比较器引脚图

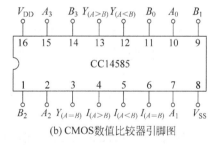
(b) CMOS数值比较器引脚图

图 9-45 4 位数值比较器 85 的外引脚排列图

表 9-22 4 位数值比较器 85 的逻辑功能表

比 较 输 入				级 联 输 入			输 出		
A_3B_3	A_2B_2	A_1B_1	A_0B_0	$I(A>B)$	$I(A<B)$	$I(A=B)$	$Y(A>B)$	$Y(A<B)$	$Y(A=B)$
$A_3>B_3$	$\times$	$\times$	$\times$	$\times$	$\times$	$\times$	1	0	0
$A_3<B_3$	$\times$	$\times$	$\times$	$\times$	$\times$	$\times$	0	1	0
$A_3=B_3$	$A_2>B_2$	$\times$	$\times$	$\times$	$\times$	$\times$	1	0	0
$A_3=B_3$	$A_2<B_2$	$\times$	$\times$	$\times$	$\times$	$\times$	0	1	0
$A_3=B_3$	$A_2=B_2$	$A_1>B_1$	$\times$	$\times$	$\times$	$\times$	1	0	0

续表

比较输入				级联输入			输出		
$A_3 B_3$	$A_2 B_2$	$A_1 B_1$	$A_0 B_0$	$I(A>B)$	$I(A<B)$	$I(A=B)$	$Y(A>B)$	$Y(A<B)$	$Y(A=B)$
$A_3=B_3$	$A_2=B_2$	$A_1<B_1$	$\times$	$\times$	$\times$	$\times$	0	1	0
$A_3=B_3$	$A_2=B_2$	$A_1=B_1$	$A_0>B_0$	$\times$	$\times$	$\times$	1	0	0
$A_3=B_3$	$A_2=B_2$	$A_1=B_1$	$A_0<B_0$	$\times$	$\times$	$\times$	0	1	0
$A_3=B_3$	$A_2=B_2$	$A_1=B_1$	$A_0=B_0$	1	0	0	1	0	0
$A_3=B_3$	$A_2=B_2$	$A_1=B_1$	$A_0=B_0$	0	1	0	0	1	0
$A_3=B_3$	$A_2=B_2$	$A_1=B_1$	$A_0=B_0$	0	0	1	0	0	1

级联输入端 $I(A>B)$、$I(A<B)$、$I(A=B)$ 是为了扩大比较位数设置的。当不需要扩大比较位数时，$I(A>B)$、$I(A<B)$ 接低电平，$I(A=B)$ 接高电平。若需扩大比较器的位数时，可用多片连接。只要将低位的 $Y(A>B)$、$Y(A<B)$、$Y(A=B)$ 分别接高位相应的级联输入端 $I(A>B)$、$I(A<B)$、$I(A=B)$ 即可。图 9-46 所示为用 2 片 85 组成 8 位数值比较器的逻辑电路。最低 4 位的级联输入端 $I(A>B)$、$I(A<B)$、$I(A=B)$ 必须分别预置为 0、0、1。

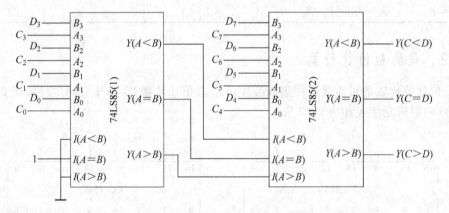

图 9-46 用 2 片 85 组成 8 位数值比较器的逻辑电路

9.6.3 使用 IF-THEN-ELSE 的 VHDL 比较器

【例 9-17】 用 VHDL 实现 8 位数值比较器。

解：用 VHDL 可以容易地实现 n 位数值比较器。例如，8 位比较器的 VHDL 代码如下：

```
LIBRARY IEEE;
USE IEEE.STD_LOGIC_1164.ALL;
ENTITY compare_8b IS
    PORT(a, b: INSTD_LOGIC_VECTOR (7 DOWNTO 0);
        agb, aeb, alb: OUTSTD_LOGIC);
END compare_8b;
ARCHITECTURE arc OF compare_8b IS
```

```
        SIGNAL result: STD_LOGIC_VECTOR (2 DOWNTO 0);          -- 定义 3 位内部信号 result
    BEGIN
        PROCESS (a,b)
        BEGIN
            IF a < b THEN
             result < = "001";                                 -- 表示 a < b "alb"
            ELSIF a = b THEN
             result < = "010";                                 -- 表示 a = b "aeb"
            ELSIF a > b THEN
             result < = "100";                                 -- 表示 a > b "agb"
            ELSE
             result < = "000";
            END IF;
            agb < = result(2);                                 -- 分配向量元素到输出端
            aeb < = result(1);
            alb < = result(0);
        END PROCESS;
    END arc;
```

8 位比较器的仿真波形如图 9-47 所示,可见结果是正确的。

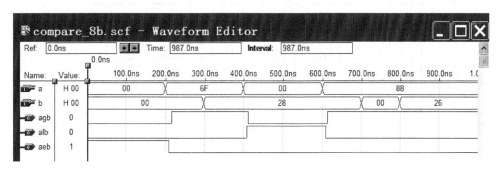

图 9-47 8 位比较器的仿真波形

思考与练习

9-6-1 数值比较器的作用是什么? 多位数值比较的原理是什么?

9-6-2 除了 $I(A < B)$ 输入端外,7485 比较器所有的输入都是低电平,则输出将是什么?

9.7 奇偶校验产生器/检测器

在数字设备(如计算机)间相互传输二进制信息的过程中,外部的电子干扰可能会使数字信号某位产生错误(1 变为 0,0 变为 1)。如果采用校验系统把这样的错误识别出来,接收装置会给出错误信号或要求发送设备重新传输。

校验系统是在要传输的信息上附加一个额外的校验位(如 8 位系统则需要第 9 位作

校验位),可以是奇校验(Odd Checkout)的,也可以是偶校验(Even Checkout)的。奇校验是要保证校验位和数据位共有奇数个 1;偶校验则是保证校验位和数据位共有偶数个 1。校验位产生器是用来产生校验位的电路,而校验检测器则是用来在接收端检测数据是否正确的。传输数据前,双方要对采用奇校验还是偶校验达成一致(这种一致被称为协议)。下面以奇校验为例进行说明。

9.7.1 奇偶校验器集成芯片

图 9-48 所示为利用两片 9 位奇偶校验产生器/检测器 74LS280 实现 8 位数据传输的系统。在信号的发送端,发送的信息码由两部分组成。一部分是原来的信息码 $D_0 \sim D_7$,另一部分是一位校验码 D_8,称监督码元。因此,发送端的 74LS280 芯片用来产生 9 位码组中的奇监督位信号 Y_{od}。

$$Y_{od} = (A \oplus B \oplus C \oplus D \oplus E \oplus F \oplus G \oplus H) \oplus I \quad (I = 1)$$

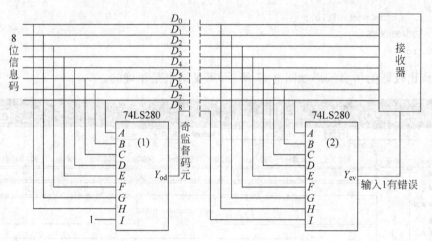

图 9-48　具有奇偶校验的数据传输

图 9-48 中,当 8 位信息码 $D_0 \sim D_7$ 中 1 的个数为奇数时,与 $I = 1$ 作用后,使 $Y_{od} = 0$;当 8 位信息码 $D_0 \sim D_7$ 中 1 的个数为偶数时,$Y_{od} = 1$。根据 Y_{od} 的逻辑表达式可知,74LS280 的内部逻辑图由多级二输入的异或门组成。

在接收端,第二片 74LS280 对接收的 9 位码组进行奇校验,产生信号,以判定传输是否出错。

$$Y_{ev} = \overline{(A \oplus B \oplus C \oplus D \oplus E \oplus F \oplus G \oplus H) \oplus I}$$

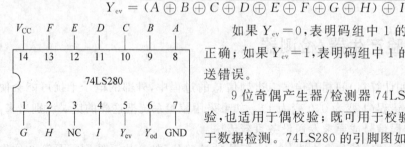

图 9-49　74LS280 的引脚图

如果 $Y_{ev} = 0$,表明码组中 1 的个数为奇数,传送正确;如果 $Y_{ev} = 1$,表明码组中 1 的个数不是奇数,传送错误。

9 位奇偶产生器/检测器 74LS280 既适用于奇校验,也适用于偶校验;既可用于校验位的产生,也可用于数据检测。74LS280 的引脚图如图 9-49 所示,功能表如表 9-23 所示。

表 9-23　74LS280 的功能表

输入 $A \sim I$ 中 1 的个数	Y_{ev}	Y_{od}
偶数	1	0
奇数	0	1

奇偶校验时,如果有两位同时出错,则不能检验。不过两位同时出错的几率很小,故奇偶校验被广泛应用。

9.7.2　用 EDA 方法实现奇偶校验

1. 利用库中函数 74280 实现奇偶校验

利用 MAX+plus Ⅱ 的函数库(Old-Style Macrofunctions)中存放的 9 位奇偶校验芯片 74280 按照图 9-50 所示接上信号输入/输出端,然后再编译仿真,可得到仿真波形如图 9-51 所示,图 9-52 是把 D_8 单独显示出来的波形。显然,两个波形中都是当 $D_8 \sim D_0$ 这 9 位数中有奇数个 1 时 $Y_{\mathrm{od}} = 1$;偶数个 1 时 $Y_{\mathrm{ev}} = 1$。

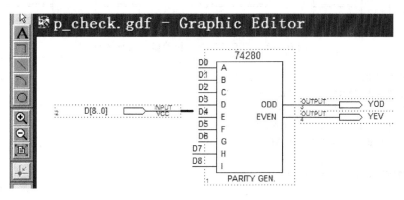

图 9-50　奇偶校验器 74280 构成的原理图

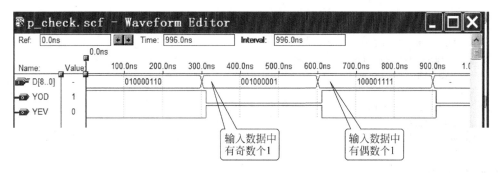

图 9-51　奇偶校验器 74280 的仿真波形

2. 利用 LOOP 语句编写 VHDL 代码实现奇偶校验

【例 9-18】　利用 FOR-LOOP 语句编写的 9 位奇偶校验器的 VHDL 代码如下,仿真波形如图 9-53 所示。

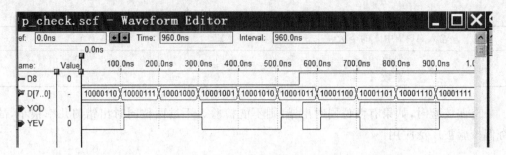

图 9-52　D_8 单独显示的仿真波形

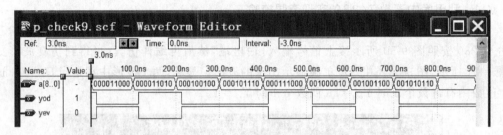

图 9-53　例 9-18 奇偶校验器的仿真波形

```
LIBRARY IEEE;
USE IEEE.STD_LOGIC_1164.ALL;
ENTITY p_check9 IS
  PORT ( a: IN STD_LOGIC_VECTOR (8 DOWNTO 0);
       yod,yev: OUT STD_LOGIC);
END p_check9;
ARCHITECTURE opt OF p_check9 IS
BEGIN
  PROCESS (a)
   VARIABLE tmp: STD_LOGIC;
  BEGIN
      tmp := '0';
    FOR n IN 0 TO 8 LOOP
      tmp := tmp XOR a(n);
    END LOOP;
      yod <= tmp;
      yev <= NOT tmp;
  END PROCESS;
END opt;
```

思考与练习

9-7-1　奇偶校验器在数字通信中有何用途？什么是奇校验？什么是偶校验？

9-7-2　用 74280 作奇校验时，应该使用它的哪个信号作为检测输出？

习题

9-1 分析图 9-54 所示组合逻辑电路的功能,写出输出的函数式,列出真值表,说明电路的逻辑功能。

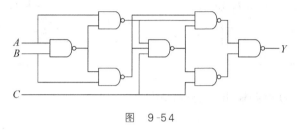

图 9-54

9-2 分析图 9-55 所示组合逻辑电路的功能,写出 Y_1、Y_2 的逻辑函数式,列出真值表,说明电路完成什么逻辑功能。

9-3 用与非门设计 4 变量的多数表决电路。当输入变量 $ABCD$ 有 3 个或 3 个以上为 1 时,输出为 1,其他情况输出为 0。

9-4 有一水箱由大、小两台水泵 M_L 和 M_S 供水,如图 9-56 所示。水箱中设置了 3 个水位检测元件 A、B、C。水面低于检测元件时,检测元件给出高电平;水面高于检测元件时,检测元件给出低电平。现要求当水位超出 C 点时水泵停止工作;水位低于 C 点而高于 B 点时 M_S 单独工作;水位低于 B 点而高于 A 点时 M_L 单独工作;水位低于 A 点时 M_L 和 M_S 同时工作。试用门电路设计一个控制两台水泵的逻辑电路,要求电路尽量简单。

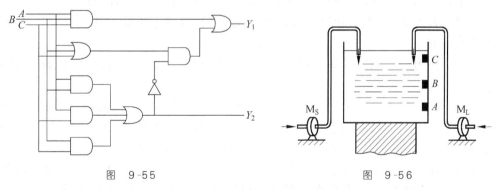

图 9-55   图 9-56

9-5 图 9-57 所示电路是一个用 4 位加法器构成的代码变换电路,若输入信号 $b_3 b_2 b_1 b_0$ 为 8421BCD 码,说明输出端 $S_3 S_2 S_1 S_0$ 是什么代码。

9-6 能否用一个 4 位并行加法器 74LS283 将余 3 代码转换成 8421BCD 码? 如果可能,应当如何连线?

9-7 写出图 9-58 中 Z_1、Z_2、Z_3 的逻辑函数式,并化简为最简与或表达式。

9-8 试画出用 3/8 线译码器 74HC138 和门电路实现如下多输出逻辑函数的逻辑图。

$$\begin{cases} Y_1 = AC \\ Y_2 = A'B'C + AB'C' + BC \\ Y_3 = B'C' + ABC' \end{cases}$$

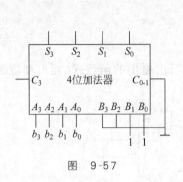

图 9-57

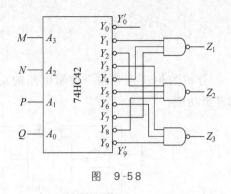

图 9-58

9-9 分析图 9-59 电路输出 Z 的逻辑函数式。

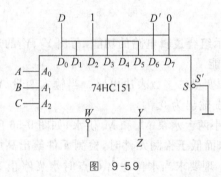

图 9-59

9-10 试用 8 选 1 数据选择器 74LS151 和适当的门电路实现下列逻辑函数。

(1) $Y = AB'C' + A'C' + BC$ (2) $Y = AC'D + A'B'CD + BC + BC'D'$

9-11 若使用 4 位数值比较器 74LS85 组成 10 位数值比较器,需要用几片?各片之间应如何连接?

9-12 使用 "+" 和 "-" 算术操作符用 VHDL 设计一个 8 位加法/减法器,并进行仿真。

9-13 使用 VHDL 的 IF-THEN-ELSE 语句实现一个 8421BCD 加法器(提示:当两数之和小于等于 9(1001)时,相加的结果和按二进制数相加得到的结果一样;当两数之和大于 9(即等于 1010~1111)时,则应在二进制数相加的结果上加 6)。

9-14 在 MAX+plus II 中调用 10/4 线编码器 74147 并接好输入/输出端进行仿真。

9-15 在 MAX+plus II 中调用两个译码器 74138 完成一个 4/16 线译码器并进行仿真。

9-16 在 MAX+plus II 原理图设计中调用 4 位数值比较器 7485 完成实现 8 位数值比较的电路,画出逻辑图,并进行编译仿真。

第 **10** 章

时序逻辑电路及其 EDA 实现

组合逻辑电路的输出仅与输入有关,而时序逻辑电路(Sequential Logic Circuit)的输出不仅与输入有关,而且与电路原来的状态有关。触发器(Flip-Flop)是具有记忆功能的基本单元电路,是构成时序逻辑电路的基本组成部分。本章首先介绍触发器,然后介绍典型时序逻辑电路的分析方法和 EDA 设计方法。

10.1 触发器

触发器是能够存储 1 位二值信号的基本单元电路。它的特点如下。

(1) 有两个稳定的状态:0 和 1。

(2) 在适当输入信号作用下,可从一种状态翻转到另一种状态;在输入信号取消后,能将获得的新状态保存下来。

按照电路结构的不同,触发器可分为基本 RS 触发器、电平触发的触发器、脉冲触发的触发器和边沿触发触发器;按逻辑功能可分为 RS 触发器、JK 触发器、D 触发器、T 和 T′触发器。

10.1.1 基本 RS 触发器

1. 电路结构

基本 RS 触发器由两个或非门或与非门交叉耦合而构成,其电路结构最简单,是构成更复杂触发器电路的基本组成部分,故称基本触发器。触发器属于时序逻辑电路,它与组合逻辑电路的根本区别在于电路中引入了反馈。下面介绍由与非门组成的基本 RS 触发器,其电路结构和逻辑(图形)符号分别如图 10-1(a)和图 10-1(b)所示。图中,S'_D、R'_D为输入端,Q、Q'为互补输出端,并把 Q 端的状态作为触发器的状态。

2. 逻辑功能

(1) 当 $R'_D=0$、$S'_D=1$ 时,根据与非门逻辑关系,G_2 输出 $Q'=1$,G_1 输出 $Q=0$。此时触发器为 0 状态,即触发器复位,故称 R'_D 为复位(Reset)端或置 0 输入端。

(2) 当 $S'_D=0$、$R'_D=1$ 时,不论原来 Q 为 0 还是 1,都有 $Q=1$,$Q'=0$。此时,触发器为 1 状态,故称 S'_D 为置位(Set)端或置 1 输入端。

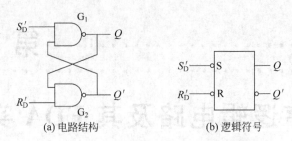

(a) 电路结构　　　　(b) 逻辑符号

图 10-1　　由与非门组成的基本 RS 触发器

(3) 当 $R'_D=1$、$S'_D=1$ 时，G_1 和 G_2 输出端被它们的原来状态锁存，触发器保持原有状态不变，这体现了触发器具有记忆能力。

(4) 当 $R'_D=0$、$S'_D=0$ 时，有 $Q=Q'=1$，不符合触发器两个输出互补的逻辑关系。并且由于与非门延迟时间不可能完全相等，在两个输入端同时回到高电平后，将不能确定触发器处于 1 状态还是 0 状态。所以不允许出现这种情况，这就是基本 RS 触发器的约束条件。

综上所述，若用 Q 表示触发器变化之前的状态（称为现态或初态）。用 Q^* 表示触发器接收输入信号之后所处的新的稳定状态（也称次态），则可将 Q^* 与 R'_D、S'_D、Q 之间的逻辑关系用如表 10-1 所示的特性表表示。

表 10-1　与非门基本 RS 触发器的特性表

R'_D	S'_D	Q	Q^*	逻 辑 功 能
1	1	0 1	Q	保持
1	0	0 1	1	置1
0	1	0 1	0	置0
0	0	0 1	1^*	不定

如果分别利用 R' 和 S' 表示 R'_D 和 S'_D，可得到与表 10-1 相对应的卡诺图，如图 10-2 所示，化简即可得到表示触发器次态与现态及输入之间的逻辑函数表达式，称为特性方程，见式(10-1)。

$$\begin{cases} Q^* = S + R'Q \\ SR = 0 \end{cases} \tag{10-1}$$

用或非门交叉耦合构成的基本 RS 触发器电路结构和逻辑符号分别如图 10-3(a) 和图 10-3(b) 所示。它的特性表如表 10-2 所示，特性方程与与非门 RS 触发器相同，见式(10-1)。

3. 动作特点

不论上述哪种基本 RS 触发器，其输入信号都直接加在输出门上，输入信号在全部作用时间里（R'_D、S'_D 为 0 或 R_D、S_D 为 1），都能直接改变触发器的状态。因此，也把 $S'_D(S_D)$ 叫做直接置位端，把 $R'_D(R_D)$ 叫做直接复位端。

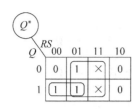

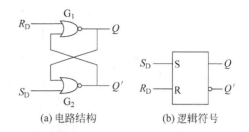

图 10-2 由与非门组成的基本 RS 触发器的卡诺图

图 10-3 基本 RS 触发器的电路结构与逻辑符号

表 10-2 或非门基本 RS 触发器的特性表

R_D	S_D	Q	Q^*	逻辑功能
0	0	0 1	Q	保持
0	1	0 1	1	置1
1	0	0 1	0	置0
1	1	0 1	0^*	不定

根据触发器逻辑功能和动作特点,若已知或非门构成的基本 RS 触发器输入波形,则可画出输出 Q 和 Q' 的输出波形如图 10-4 所示。

10.1.2 同步触发器

1. 同步 RS 触发器

基本 RS 触发器的状态翻转直接受输入信号的控制。而在实际数字系统中,为协调各部分的动作,常常要求某些触发器在同一时刻动作。为此,必须引入同步信号,使这些触发器在同步信号到达时才按输入信号改变状态。通常把这个信号称为时钟信号(Clock Pulse),具有这种控制信号的触发器统称为同步触发器或电平触发的触发器。

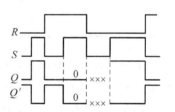

图 10-4 或非门基本 RS 触发器的波形图

(1)电路结构

同步 RS 触发器的电路结构如图 10-5(a)所示,该电路由两部分组成:与非门 G_1、G_2 组成基本 RS 触发器,G_3、G_4 组成输入控制电路,控制信号 CLK 由标准脉冲信号源提供。

(2)工作原理

当 $CLK=0$ 时,不管 R 端和 S 端的信号如何变化,控制门 G_3、G_4 都被封锁,输出为 1。这时,触发器的状态保持不变。

当 $CLK=1$ 时,G_3、G_4 门打开,S、R 信号通过 G_3、G_4 反相后加到 G_1 和 G_2 组成的基本 RS 触发器上,使输出 Q 和 Q' 的状态跟随输入状态的变化而改变。

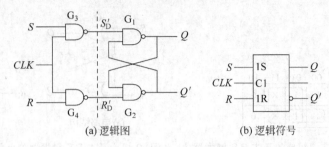

(a) 逻辑图   (b) 逻辑符号

图 10-5　同步 RS 触发器

不难看出,同步 RS 触发器是将 S、R 信号经 G_3、G_4 门倒相后控制基本 RS 触发器工作,因此同步 RS 触发器是高电平触发翻转,故其逻辑符号中不加小圆圈。同时,外加 S、R 信号加到输入端时,并不能立即引起触发器的翻转。只有在时钟脉冲的配合下,才能使触发器由原来的状态翻转到新的状态,故称"同步"。由此可得如表 10-3 所示的同步 RS 触发器的特性表。

表 10-3　同步 RS 触发器的特性表

CLK	S	R	Q^*	逻辑功能
0	×	×	Q	保持
1	0	0	Q	保持
1	0	1	0	置0
1	1	0	1	置1
1	1	1	—	不定

由特性表可以看出,同步 RS 触发器的状态转换分别由 S,R 和 CLK 控制,其中,S、R 控制状态转换的方向,即转换为何种次态;CLK 控制状态转换的时刻,即何时发生转换。

同步 RS 触发器的特性方程与基本 RS 触发器的特性方程完全一样,即逻辑功能不变,只是多了一个时钟控制信号 CLK。

（3）触发器初始状态的预置

在实际应用中,有时还需要在 CLK 信号到来之前,将触发器预先置成特定的状态。为此,在实用的同步 RS 触发器中,往往还设置有专门的直接置位端 S_D' 和直接复位端 R_D',如图 10-6 所示。

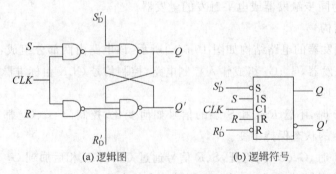

(a) 逻辑图   (b) 逻辑符号

图 10-6　带直接置位、复位端的同步 RS 触发器

只要在 S'_D 或 R'_D 端加入低电平,即可直接将触发器置 1 或置 0,而不受时钟信号和输入信号的限制。因此将 S'_D 称为异步置位(置 1)端,将 R'_D 称为异步复位(置 0)端,它们具有最高优先级。但 S'_D 和 R'_D 不能同时有效,且初始状态预置应当在 $CLK=0$ 下进行,否则在 S'_D 和 R'_D 返回高电平后,预置的状态不一定能保存下来;预置完成后,触发器正常工作时应使 S'_D 和 R'_D 处于高电平。

(4) 同步 RS 触发器的动作特点

与基本 RS 触发器相比,同步 RS 触发器增加了同步控制信号 CLK,从而可使多个触发器按照统一的时钟节拍来动作。但是,在 $CLK=1$ 期间内,S 和 R 的多次变化也将引起触发器输出状态多次变化,这种现象称为"空翻"现象,如图 10-7 所示。空翻是一种有害的现象,它使时序电路不能按时钟节拍工作。

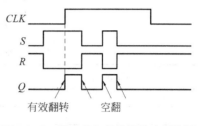

图 10-7　同步 RS 触发器的空翻波形

【例 10-1】 已知同步 RS 触发器的输入信号波形如图 10-8 所示,试画出 Q 和 Q' 端的波形。设触发器的初始状态为 $Q=0$。

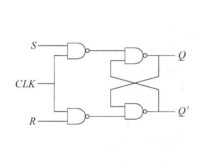 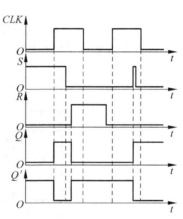

图 10-8　例 10-1 的电压波形

解:由给定的输入电压波形可见,在第一个 CLK 高电平期间,先是 $S=1$、$R=0$,输出被置成 $Q=1$,$Q'=0$。随后输入变成了 $S=R=0$,因而输出保持不变。最后输入又变为 $S=0$、$R=1$,将输出置成 $Q=0$,$Q'=1$,故 CLK 回到低电平后触发器停留在 $Q=0$,$Q'=1$ 状态。

在第二个 CLK 高电平期间,若 $S=R=0$,则触发器的输出状态应保持不变。但由于在此期间 S 端出现了一个干扰脉冲,因而触发器被置成了 $Q=1$,这是不希望出现的。

2. 同步 D 触发器

将同步 RS 触发器的电路稍加改动,即把 S 输入端反相后加到 R 端,并将 S 输入端命名为 D,就可以用于单端输入信号的场合,如图 10-9 所示。

这种电路在逻辑功能上属于 D 触发器,D 为数据输入端,CLK(也有标作 EN 的)为控制端。当 $CLK=1$ 时,若 $D=0$,则相当于 $S=0$,$R=1$,触发器输出端置 0,若 $D=1$,则相当于 $S=1$,$R=0$,触发器输出端置 1,即输出状态与输入状态一致;当 $CLK=0$ 时,输出端状态保持不变。因此,D 触发器的特性表如表 10-4 所示。

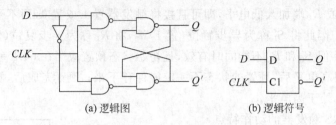

(a) 逻辑图　　　　　　　　(b) 逻辑符号

图 10-9　同步 D 触发器

表 10-4　D 触发器的特性表

CLK	D	Q^*
0	×	Q
1	0	0
1	1	1

容易得到 D 触发器的特性方程为

$$Q^* = D \tag{10-2}$$

【例 10-2】　画出同步 D 触发器的波形图.

解：同步 D 解发器的波形图如图 10-10 所示。

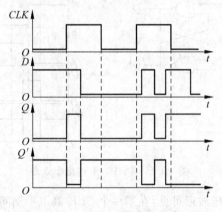

图 10-10　同步 D 触发器的波形图

10.1.3　主从 JK 触发器

为了克服同步触发器的空翻现象，对触发器电路作进一步改进，进而产生了主从型、边沿型等各类触发器。

1. 主从 RS 触发器

主从 RS 触发器的典型电路结构如图 10-11(a) 所示，它由两个同样的同步触发器组成，只是时钟刚好反相。当 $CLK=1$ 时，前面的主触发器根据输入信号 S 和 R 的状态动作，而从触发器保持原来的状态不变；当 CLK 由高电平回到低电平时，主触发器状态保持不变，从触发器按照与主触发器在 $CLK=1$ 最后时刻相同的状态翻转，因此，在一个

CLK 周期内,触发器输出端的状态只可能改变一次。

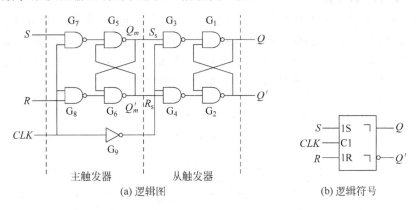

(a) 逻辑图　　　　　　　　　(b) 逻辑符号

图 10-11　主从 RS 触发器

主从 RS 触发器的逻辑符号如图 10-11(b)所示,右边框处的"┐"表示触发器的动作特点,即主从触发器的输出是在时钟由高变低时得到的,其状态与时钟高电平最后时刻所决定的主触发器状态一致。主从 RS 触发器的逻辑功能与前面所讲的 RS 触发器完全相同,只是动作时刻发生在 CLK 信号的下降沿。

【例 10-3】 已知图 10-11 所示主从 RS 触发器的 CLK、S 和 R 的波形如图 10-12 所示,试求 Q 和 Q' 的波形。设触发器初始状态为 $Q=0$。

解:根据 $CLK=1$ 期间 S、R 的状态,可得到 Q_m 和 Q'_m 的波形。然后在 CLK 下降沿到达时画出 Q 和 Q' 的波形,如图 10-12 所示。由图可见,在第 6 个 CLK 高电平期间,虽然 Q_m 和 Q'_m 的状态改变了两次,但输出的状态并没有改变。

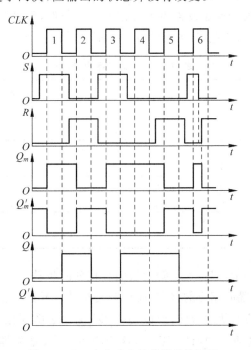

图 10-12　主从 RS 触发器的波形图

2．主从 JK 触发器

上述 RS 触发器在工作时不允许 R、S 同时为 1，使得 RS 触发器的使用也受到限制。为了使用方便，希望即使出现 $R = S = 1$，触发器的次态也能确定。为此，把主从 RS 触发器的输出端 Q 和 Q' 反馈接回输入端，再把输入信号改名为 J 和 K，如图 10-13(a)所示，就可以满足上述要求。这样的触发器称为主从 JK 触发器。

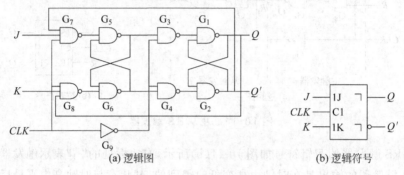

(a) 逻辑图 　　　　　　　　　　　　(b) 逻辑符号

图 10-13　主从 JK 触发器

在图 10-13(a)中，如果假想 $JQ' = S, KQ = R$，则该电路将相当于图 10-11(a)所示电路，将 S 和 R 的表达式代入 RS 触发器特性方程，可得

$$Q^* = S + R'Q$$
$$= JQ' + (KQ)'Q$$
$$= JQ' + K'Q \qquad\qquad (10\text{-}3)$$

式(10-3)就是 JK 触发器的特性方程。由此不难得出 JK 触发器的逻辑功能，其特性表如表 10-5 所示。可见，JK 触发器不再有输入约束条件，其逻辑功能最齐全，除了具有 RS 触发器的置 1、置 0 和保持功能，还多了一种翻转功能。

表 10-5　JK 触发器的特性表

J	K	Q	Q^*	逻辑功能
0	0	0	0	保持
0	0	1	1	
0	1	0	0	置 0
0	1	1	0	
1	0	0	1	置 1
1	0	1	1	
1	1	0	1	翻转
1	1	1	0	

主从 JK 触发器的动作特点是：触发器的翻转分两步动作。①在 $CLK = 1$ 期间主触发器接收输入信号，被置成相应的状态，而从触发器保持不变；②在 CLK 下降沿到来时，从触发器按照主触发器的状态翻转，所以 Q 和 Q^* 端状态的变化发生在 CLK 的下降沿，所以逻辑符号的输出边框处也有"¬"符号，这说明主从 JK 触发器也是在 CLK 的下降沿

到来时按照表 10-5 的规律来动作。

【**例 10-4**】 已知主从 JK 触发器的输入信号波形如图 10-14 所示,试画出 Q 和 Q' 的波形。设触发器初始状态为 $Q=0$。

解：由于 $CLK=1$ 期间 J、K 状态都不曾变化,所以只需要根据下降沿到来时的输入信号确定输出波形,如图 10-14 所示。

但当输入信号在时钟高电平期间有变化时,情况就没这么简单了。

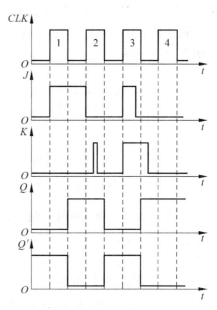

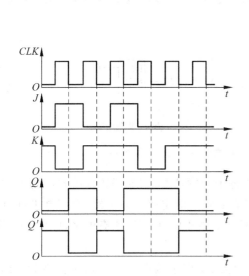

图 10-14　例 10-4 的主从 JK 触发器的波形图　　图 10-15　例 10-5 的主从 JK 触发器的波形

【**例 10-5**】 已知主从 JK 触发器的输入信号波形如图 10-15 所示,试画出与之对应的输出端 Q 和 Q' 的波形。设触发器初始状态为 $Q=0$。

解：由图 10-15 可见,第 1 个 CLK 高电平期间 J、K 不变,$J=1$,$K=0$,CLK 下降沿时触发器置 1。

第 2 个 CLK 高电平期间 K 端状态发生过改变,不能简单地以 CLK 下降沿时的 J、K 状态来决定触发器的次态。因为在 CLK 高电平期间出现过短暂的 $J=0$,$K=1$ 状态,使主触发器被置 0,所以即便下降沿到达时输入状态回到了 $J=0$,$K=0$ 状态,从触发器仍按主触发器的状态被置 0。

第 3 个 CLK 下降沿到达时,如果直接按对应的输入状态 $J=0$,$K=1$ 来看,则触发器次态应为 0,但由于 CLK 高电平期间曾先出现过 $J=1$,$K=1$,使主触发器翻转到了 1 状态,接着输入又变为 $J=0$,$K=1$,主触发器似乎又要复位,但此时从触发器尚未动作,输出仍为 0,反馈到 K 端所接与门使其封锁(见图 10-13(a)),因此主触发器无法再次变化而保持为 1,下降沿到来时使从触发器得到和主触发器一致的状态 1,而不是 0。

由此可见,主从结构触发器在实际应用时也会出现遇到干扰而误动作的问题(如例 10-5 第 2 个 CLK 周期的情况)。第 3 个 CLK 周期的情况说明,由于主触发器受从触发器的反馈,主触发器的状态在一个 CLK 高电平期间能且仅能根据输入信号改变一次,这种现象叫一次变化现象。由于一次变化现象的存在,降低了主从 JK 触发器的抗干扰能力,因而限制了主从型触发器的使用。

10.1.4 边沿触发器

边沿触发器不仅将触发器的触发翻转控制在 CLK 触发沿到来的一瞬间,而且将接收输入信号的时间也控制在 CLK 触发沿到来的前一瞬间。因此,边沿触发器既没有空翻现象,也没有一次变化问题,从而大大提高了触发器工作的可靠性和抗干扰能力。边沿触发器的电路结构有多种形式,下面介绍用两个电平触发 D 触发器组成的边沿 D 触发器,如图 10-16 所示。

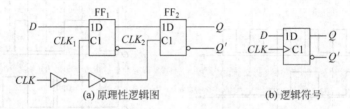

(a) 原理性逻辑图   (b) 逻辑符号

图 10-16 用两个电平触发 D 触发器组成的边沿触发器

图 10-16(a)是一种原理性逻辑图,其中的每个触发器都是用 CMOS 传输门构成的,具体电路不再给出。由图 10-16(a)可见,当 CLK 处于低电平时,CLK_1 为高电平,因而 FF$_1$ 输出 $Q_1 = D$,而 FF$_2$ 输出不变;当 CLK 处于高电平时,CLK_2 为高电平,因而 FF$_2$ 输出 $Q_2 = Q_1 = D$,而 FF$_1$ 输出不变。

当 CLK 由低电平跳变至高电平时,CLK_1 随之变成了低电平,于是 Q_1 保持为 CLK 上升沿到达前瞬间输入端 D 的状态,此后不再跟随 D 端的状态而改变。与此同时,CLK_2 跳变成高电平,使 FF$_2$ 的输出与输入相同,即 CLK 上升沿到达前瞬间输入端 D 的状态,而与此前和此后输入端的状态无关。

图 10-16(b)是边沿 D 触发器的逻辑符号,时钟 CLK 输入端边框内的">"就表示边沿触发方式,边框外没有小圆圈"。"的表示上升沿触发,在特性表中用"↑"表示,边框外有圆圈"。"的表示下降沿触发,在特性表中用"↓"表示。

边沿触发器动作特点是:触发器的次态仅仅取决于时钟信号的上升沿(下降沿)到达时输入的逻辑状态,而在这以前或以后,输入信号的变化对触发器输出的状态没有影响。边沿触发器有效提高了触发器的抗干扰能力,因而也提高了电路的工作可靠性。

10.1.5 触发器的逻辑功能与集成芯片

1. 触发器的逻辑功能

(1) T 触发器

前面讲述的触发器从逻辑功能上涉及了 RS 触发器(具有置 0、置 1 和保持三种功能)、JK 触发器(具有置 0、置 1、保持和翻转四种功能)和 D 触发器(具有置 0、置 1 两种功能)。在某些应用场合,还需要另外一种逻辑功能的触发器,当控制信号 $T=1$ 时,每来一个时钟信号它的状态就翻转一次;而当 $T=0$ 时触发器状态保持不变。这种只有翻转和保持两种功能的触发器就是 T 触发器。T 触发器的特性表如表 10-6 所示。

表 10-6 T 触发器的特性表

T	Q	Q^*	功 能
0	0	0	保持
	1	1	
1	0	1	翻转
	1	0	

由特性表写出 T 触发器的特性方程为

$$Q^* = TQ' + T'Q = T \oplus Q \qquad (10\text{-}4)$$

T′触发器是 T 触发器在 $T=1$ 时的特例，它只有翻转功能。

（2）触发器逻辑功能的转换

在触发器的定型产品中没有专门的 T 触发器，需要时可将 JK 触发器的两个输入端连在一起作为 T 端，或者用 D 触发器的 Q 端和 T 输入端相异或接至 D 端，分别如图 10-17(a)和图 10-17(b)所示。

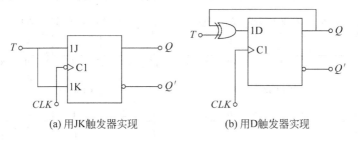

(a) 用JK触发器实现   (b) 用D触发器实现

图 10-17 T 触发器的构成

如果把 D 触发器的 Q' 输出端接回 D 输入端，则构成 T′触发器，如图 10-18 所示。

在需要 RS 触发器时，只需要将 JK 触发器的 J 端接 S,K 端接 R 即可，如图 10-19 所示。

图 10-18 用 D 触发器构成 T′触发器   图 10-19 用 JK 触发器构成 RS 触发器

2．集成触发器芯片举例

目前，市场上出现的集成触发器按逻辑功能分主要是 JK 触发器和 D 触发器。因为 JK 触发器的逻辑功能最强，它包含了 RS 触发器和 T 触发器的所有逻辑功能；而 D 触发器的逻辑功能又最简单，方便使用。按工艺分有 TTL、CMOS4000 系列和高速 CMOS 系列等。

（1）集成主从 JK 触发器

如图 10-20 所示是两个具有多输入端的主从 JK 触发器的引脚图。图 10-20(a)是双 JK 触发器 74LS76，图 10-20(b)是具有多输入端的主从 JK 触发器，输入端 J_1、J_2 和 J_3、

K_1、K_2 和 K_3 是与的关系,即 $J = J_1 J_2 J_3$,$K = K_1 K_2 K_3$,S_D' 和 R_D' 是低电平有效的直接置位和直接复位端。它们都是在 CP 下降沿触发。

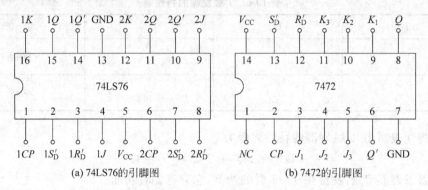

(a) 74LS76的引脚图   (b) 7472的引脚图

图 10-20 集成主从 JK 触发器

(2) 集成边沿 D 触发器

图 10-21 所示是 CP 上升沿触发的集成边沿双 D 触发器。其中,74LS74 的直接置位和直接复位端是低电平有效,而 CC4013 的直接置位和直接复位端是高电平有效。

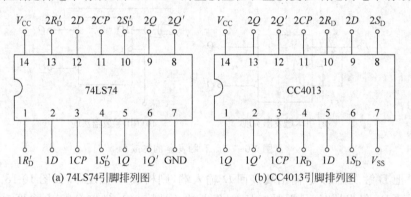

(a) 74LS74引脚排列图   (b) CC4013引脚排列图

图 10-21 集成边沿 D 触发器

(3) 集成边沿 JK 触发器

图 10-22 所示是集成边沿 JK 触发器,注意:双 JK 触发器 74LS112 为 CP 下降沿触发;CC4027 为 CP 上升沿触发,且其异步输入端 R_D 和 S_D 为高电平有效。

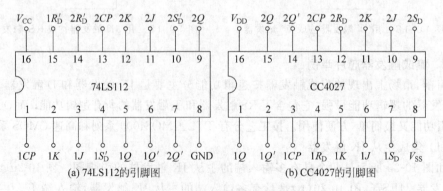

(a) 74LS112的引脚图   (b) CC4027的引脚图

图 10-22 集成边沿 JK 触发器

10.1.6 触发器的 EDA 实现方法

1. 用原理图调用库存元件实现

如果在 Max+ plus Ⅱ 中利用原理图输入方法进行设计,可从 maxplus2\max2lib\mf 宏函数元件库中调用常用的 74 系列触发器芯片,图 10-23 是上面介绍的几个 74 系列触发器芯片调用符号。

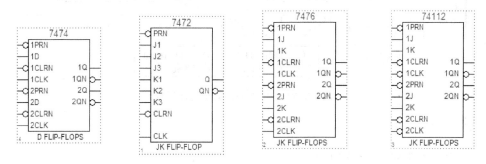

图 10-23 常用 74 系列触发器芯片调用举例

【例 10-6】 试用双 JK 触发器 74112 分别接成 D 触发器和 T 触发器。

解:把双 JK 触发器 74112 的第一个触发器的 J 端当作输入端 D,K 端接 D 输入端的反相输出,则可构成 D 触发器;第二个触发器的 JK 端接在一起作为 T 输入端,即可构成 T 触发器,如图 10-24 所示。其仿真波形如图 10-25 所示,其正确性请读者看图分析。

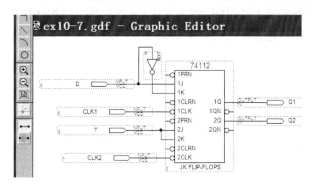

图 10-24 例 10-6 用 74112 接成 D 触发器和 T 触发器的原理图

2. 用 VHDL 描述 D 触发器功能

在时序逻辑电路中,复位(或清零)信号、时钟信号是两个重要的信号。复位信号保证了系统初始状态的确定性;时钟信号则是时序系统工作的必要条件。时序电路系统通常在复位信号到来时恢复到初始状态;每个时钟信号到来时,内部状态发生变化。

时序电路通常要用进程语句来描述,判断时钟上升沿的语句是

IF clk 'EVENT AND clk = '1' THEN

含义为当 clk 的值发生变化且变化后的值为高电平时,即为一个上升沿。检测下降沿的

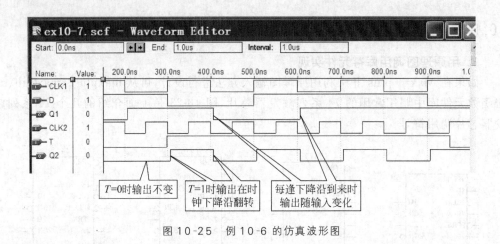

图 10-25 例 10-6 的仿真波形图

语句是

    IF clk 'EVENT AND clk = '0' THEN

含义为当 clk 的值发生变化且变化后的值为低电平时(即为一个下降沿)。

另外,触发器复位操作有同步复位和异步复位两种。同步复位是当复位信号有效且在给定的时钟边沿到来时触发器才被复位;异步复位是指只要复位信号有效,触发器就被复位,不需要等待时钟有效边沿到来。

【例 10-7】 D 触发器的 VHDL 描述。

解: 下面是 D 触发器的 VHDL 描述方法,分别用两个结构体描述了异步清零和同步清零两种方式。两种描述方法的仿真波形图分别如图 10-26 和图 10-27 所示。

```
LIBRARY IEEE;
USE IEEE.STD_LOGIC_1164.ALL;
ENTITY dff IS
  PORT (d: IN STD_LOGIC;
      clk: IN STD_LOGIC;
      clr: IN STD_LOGIC;
        q: OUT STD_LOGIC);
END dff;
ARCHITECTURE behav1 OF dff IS
BEGIN
  PROCESS (clk, clr, d)              -- 采用进程语句描述
  BEGIN
    IFclr = '1' THEN                 -- 先判断清零信号是否有效,属于异步清零 D 触发器
      q <= '0';
    ELSIF clk 'EVENT AND clk = '1' THEN-- 时钟上沿到来时赋值
        q <= d;
    END IF;
  END PROCESS;
END behav1;
```

以上结构体也可以采用下面方式来描述,这属于同步清零 D 触发器。

```
ARCHITECTURE behav2 OF dff IS
BEGIN
PROCESS (clk)
BEGIN
    IF clk 'EVENT AND clk = '1' THEN        -- 先判断时钟信号是否有效
        IF clr = '1' THEN
            q < = '0';
        ELSE
            q < = d;
        END IF;
    END IF;
END PROCESS;
END behav2;
```

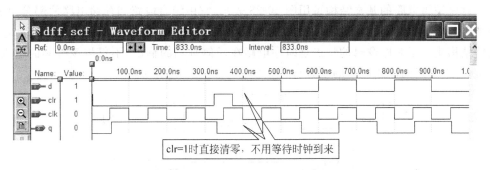

图 10-26 例 10-7 的异步清零 D 触发器的仿真波形

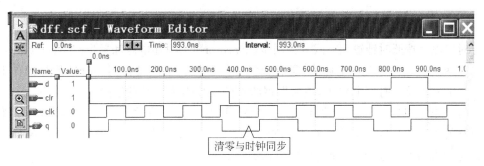

图 10-27 例 10-7 的同步清零 D 触发器的仿真波形

思考与练习

10-1-1 基本 RS 触发器输入信号的约束条件是什么？为什么会有这样的约束？

10-1-2 触发器有哪几种常见的电路结构形式？它们各有什么样的动作特点？

10-1-3 按逻辑功能分类,触发器有哪些类型？分别列出它们的特性表,并写出特性方程。

10-1-4 触发器的逻辑功能和电路结构形式之间的关系如何？

10-1-5 触发器逻辑功能转换有何意义？转换的方法是什么？

10-1-6 什么是触发器的空翻现象？造成空翻的原因是什么？哪种触发器有空翻

现象?

10-1-7　对于 D 触发器,欲使 $Q^* = Q$,应使输入 $D = $_____。

    A. 0　　　　　　　　B. 1　　　　　　　　C. Q　　　　　　　　D. Q'

10-1-8　欲使 JK 触发器按 $Q^* = Q$ 工作,可使 JK 触发器的输入端_____。

    A. $J = K = 0$　　　　　　　　　　　　　B. $J = Q, K = Q'$

    C. $J = Q', K = Q$　　　　　　　　　　　D. $J = Q, K = 0$

10.2　时序逻辑电路的分析

10.2.1　时序逻辑电路概述

时序逻辑电路的基本结构可用图 10-28 表示,它由组合电路和存储电路两部分组成。存储电路(触发器)是构成时序逻辑电路必不可少的基本单元,组合电路可有可无。这种电路结构决定了时序逻辑的特点是时序电路在任何时刻的输出,不仅与该时刻的输入信号有关,而且还与电路原来的状态有关。

图 10-28　时序逻辑电路框图

时序电路按照时钟输入方式分为同步(Synchronous)时序电路和异步(Asynchronous)时序电路两大类。同步时序电路中,所有触发器状态的变化都是在同一时钟信号操作下同时发生的;而异步时序电路中,各触发器状态的变化不是同时发生的。

时序电路根据输出信号的特点可分为米里(Mealy)型和摩尔(Moore)型两类。米里型电路的外部输出既与触发器的状态有关,又与外部输入有关;而摩尔型电路的外部输出仅与触发器的状态有关,而与外部输入无关。

时序逻辑电路按逻辑功能可划分为寄存器(Register)、锁存器(Latch)、移位寄存器(Shift Register)、计数器(Counter)和节拍脉冲发生器等。

描述一个时序电路的逻辑功能可以采用逻辑方程组(驱动方程、输出方程、状态方程)、状态表(State Table)、状态图(State Diagram)、时序图(Waveform)等方法。这些方法可以相互转换,而且都是分析和设计时序电路的基本工具。

10.2.2　时序逻辑电路的分析方法

时序逻辑电路的分析,就是要根据已知的逻辑电路图,确定电路的输出在输入和时钟信号作用下的状态转换规律,进而得出电路的逻辑功能。首先由已知逻辑电路图写出触发器的时钟方程、驱动方程及电路的输出方程,然后将驱动方程代入触发器的特性方程求出电路的状态方程；进而由状态方程列写状态转换表，或画出时序图(也可做状态转换图)；最后通过对状态转换规律的分析确定电路的逻辑功能，并检查电路能否自启动。下面举例说明时序电路的分析方法。

【例 10-8】 分析图 10-29 所示时序逻辑电路的功能，写出电路的驱动方程、状态方程和输出方程，画出电路的状态转换图。

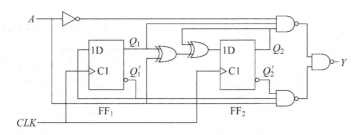

图 10-29 例 10-8 的时序逻辑电路

解：(1) 写出驱动方程(驱动方程就是各触发器输入信号的逻辑表达式)。

$$\begin{cases} D_1 = Q_1' \\ D_2 = A \oplus Q_1 \oplus Q_2 \end{cases} \tag{10-5}$$

(2) 将式(10-5)代入 D 触发器的特性方程，得到表示触发器次态和现态之间关系的状态方程：

$$\begin{cases} Q_1^* = D_1 = Q_1' \\ Q_2^* = D_2 = A \oplus Q_1 \oplus Q_2 \end{cases} \tag{10-6}$$

(3) 根据已知电路图写出输出方程：

$$Y = ((A'Q_1Q_2)' \cdot (AQ_1'Q_2')')' = A'Q_1Q_2 + AQ_1'Q_2' \tag{10-7}$$

(4) 为了便于画出电路的状态转换图，先列出电路的状态转换表，如表 10-7 所示。它是将电路所有输入与现态依次列举出来，分别代入触发器的状态方程中求出相应的次态并列成真值表的形式。表中的数值用式(10-6)和式(10-7)计算得到。

表 10-7 例 10-8 的电路状态转换表

输 入	现 态		次 态		输 出
A	Q_2	Q_1	Q_2^*	Q_1^*	Y
0	0	0	0	1	0
0	0	1	1	0	0
0	1	0	1	1	0
0	1	1	0	0	1
1	0	0	1	1	1
1	0	1	0	0	0
1	1	0	0	1	0
1	1	1	1	0	0

（5）根据表 10-7 可画出电路的状态转换图如图 10-30 所示，也可画出电路的时序图如图 10-31 所示。状态图是反映时序电路状态转换规律及相应输入、输出信号取值情况的几何图形。时序图（即波形图）反映输入信号、输出信号及各触发器状态的取值在时间上的对应关系。

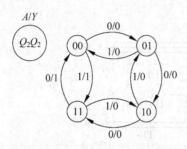 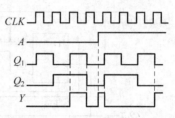

图 10-30　例 10-8 的状态转换图　　　　　图 10-31　例 10-8 的时序图

由图 10-30 和图 10-31 都可以看出，该电路可以作为控制计数器使用。当 $A=0$ 时，是一个 2 位二进制加法计数器，在时钟信号连续作用下，Q_2Q_1 的数值从 00 到 11 递增；当 $A=1$ 时，是 2 位二进制减法计数器，在时钟信号连续作用下，Q_2Q_1 的数值从 11 到 00 递减。Y 可以看做进位输出或借位输出端。

思考与练习

10-2-1　时序逻辑电路和组合逻辑电路有何不同？说明时序逻辑电路的特点和电路结构。

10-2-2　什么是同步时序逻辑电路？什么是异步时序逻辑电路？

10-2-3　分析时序逻辑电路的方法步骤是什么？

10-2-4　什么是驱动方程？什么是状态方程？什么是状态转换图？

10.3　计数器

在数字电路中，能够记忆输入脉冲个数的电路称为计数器（Counter）。计数器与人们的生产、生活息息相关，是数字系统中使用最多的时序电路，如钟表、电子记分牌等都离不开计数器。计数器不仅能用于对脉冲计数，还可用于分频、定时、产生节拍脉冲和进行数字运算等。

计数器种类非常繁多。按计数器中数字的编码方式可分为二进制计数器、二-十进制计数器和循环码计数器等；按计数器中数字的增减趋势可分为加法计数器、减法计数器和可逆计数器；按计数器中各触发器的翻转是否同步，可分为同步计数器和异步计数器。

10.3.1　计数器工作原理

1. 异步二进制计数器

二进制数的每一位只有 1 和 0 两个数码，因此一个双稳态触发器可表示一位二进制数。习惯上用触发器的 0 态表示二进制数码 0,用 1 态表示二进制数码 1。若干个触发器连接起来可表示多位二进制数,从而构成常用的二进制计数器。异步三位二进制加法计数器的逻辑图如图 10-32 所示。

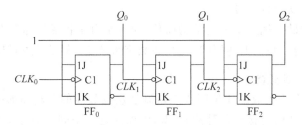

图 10-32　JK 触发器构成的异步三位二进制加法计数器的逻辑图

图中,JK 触发器的 $J=K=1$,因此都相当于 T' 触发器,只有翻转功能。最低位触发器 FF_0 的时钟脉冲输入端接计数脉冲 CLK_0,其他触发器的时钟脉冲依次接相邻低位触发器的 Q 端。这样,每逢 CLK_0 的下降沿,Q_0 便翻转一次。每逢 Q_0 的下降沿,Q_1 便翻转一次,每逢 Q_1 的下降沿,Q_2 便翻转一次。由此可画出该电路的时序波形图如图 10-33 所示,状态图如图 10-34 所示。

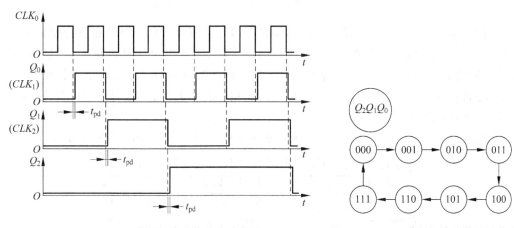

图 10-33　二进制加法计数器的时序图　　　图 10-34　二进制加法计数器的状态图

由状态图可见,从初态 000(由清零脉冲所置)开始,每输入一个计数脉冲,计数器的状态按二进制加法规律加 1,故称二进制加法计数器(3 位)。又因为该计数器有 000~111 共 8 个状态,所以也称 8 进制(1 位)加法计数器或模 8($M=8$)加法计数器。

如果采用上升沿触发的触发器,则在相邻低位由 1→0 变化时,应迫使相邻高位翻转,即应给高位一个由 0→1 的上升脉冲,故 CP 可由 Q' 端得到。如果采用 D 触发器,可将 Q' 端反馈至 D 端,使 D 触发器也转换为 T' 触发器。

另外,从时序图可以看出,Q_0、Q_1、Q_2 的周期分别是计数脉冲 CLK 周期的 2 倍、4 倍、8 倍,即 Q_0、Q_1、Q_2 的频率分别是计数脉冲 CLK 频率的 1/2、1/4 和 1/8,这说明 Q_0、Q_1、Q_2 分别对 CLK 波形进行了二分频、四分频和八分频,因而计数器也可作为分频器使用。

异步二进制计数器可以很方便地改变位数，n 个触发器可构成 n 位二进制计数器，即模为 2^n 的计数器，或 2^n 分频器。

如果在图 10-32 中将脉冲接至相邻低位的 Q' 端，可构成异步二进制减法计数器，其状态图和时序图请读者自行分析。

异步计数器的最大优点是电路结构简单，缺点是由于各触发器存在延迟时间，计数速度慢，而且容易出错。基于上述原因，在高速数字系统中，大都采用同步计数器。

2．同步二进制计数器

由 4 个 JK 触发器组成的 4 位同步二进制加法计数器的逻辑图如图 10-35 所示，图中各触发器的时钟脉冲同时接计数脉冲 CLK，因而这是一个同步时序电路。

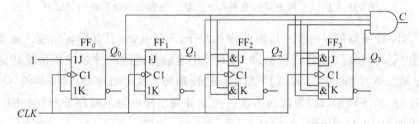

图 10-35　4 位同步二进制加法计数器的逻辑图

图 10-35 中，$J_0 = K_0 = 1$，所以 FF$_0$ 接成的是 T' 触发器，每来一个计数脉冲就翻转一次；$J_1 = K_1 = Q_0$，所以 FF$_1$ 在 $Q_0 = 0$ 时保持不变，在 $Q_0 = 1$ 时处于计数状态，当 CLK 下降沿到来使 FF$_1$ 翻转；$J_2 = K_2 = Q_0 Q_1$，所以 FF$_2$ 只有在 $Q_0 = Q_1 = 1$ 时处于计数状态，可以触发翻转；而 $J_3 = K_3 = Q_0 Q_1 Q_2$，所以 FF$_3$ 只有在 $Q_0 = Q_1 = Q_2 = 1$ 时处于计数状态，当 CLK 下降沿时翻转。

根据上述分析，不难画出图 10-35 所示逻辑图的时序波形图，如图 10-36 所示。

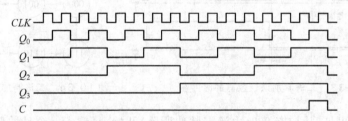

图 10-36　4 位同步二进制加法计数器的时序图

由此可得到 4 位同步二进制加法计数器的状态图如图 10-37 所示。

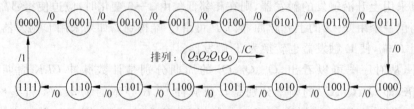

图 10-37　4 位同步二进制加法计数器的状态图

如果将图 10-35 中各触发器的驱动信号分别改为 $J_0=K_0=1$、$J_1=K_1=Q_0'$、$J_2=K_2=Q_0'Q_1'$、$J_3=K_3=Q_0'Q_1'Q_2'$，就可构成 4 位二进制同步减法计数器，其工作过程请读者自行分析。

由于同步计数器的计数脉冲 CLK 同时接到各位触发器的时钟脉冲输入端，当计数脉冲到来时，应该翻转的触发器同时翻转，所以速度快，但电路结构比异步计数器复杂。

10.3.2 计数器集成芯片及其应用

集成计数器芯片种类很多，有同步的，也有异步的，有二进制的，也有十进制的，而且集成计数器的功能也比较完善，一般设有更多的附加功能，适用性强，使用更方便。

1. 几种常用的集成计数器芯片

(1) 同步 4 位二进制加法计数器集成芯片 74LS161

74LS161 的引脚图和逻辑电路符号分别如图 10-38(a) 和图 10-38(b) 所示。

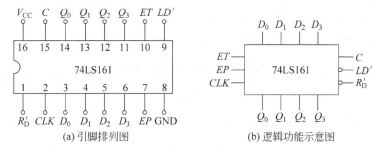

图 10-38　同步 4 位二进制加法计数器集成芯片 74LS161

表 10-8 是 74LS161 的功能表。其中 R_D' 是异步清零端，LD' 是同步预置控制端(即必须有时钟脉冲的配合才能实现相应的置数操作)，都为低电平有效。EP、ET 是使能控制端，CP 是时钟脉冲输入端，$C(=Q_3Q_2Q_1Q_0 \cdot ET)$ 是进位输出端，它的设置为多片集成计数器的级联提供了方便。D_3、D_2、D_1、D_0 为并行数据输入端，Q_3、Q_2、Q_1、Q_0 是输出端，依次由高位到低位。

表 10-8　74LS161 的功能表

清零	预置	使能		时钟	预置数据输入				输 出				工作模式
R_D'	L_D'	EP	ET	CLK	D_3	D_2	D_1	D_0	Q_3	Q_2	Q_1	Q_0	
0	×	×	×	×	×	×	×	×	0	0	0	0	异步清零
1	0	×	×	↑	D_3	D_2	D_1	D_0	D_3	D_2	D_1	D_0	同步置数
1	1	0	1	×	×	×	×	×	保持				数据保持
1	1	×	0	×	×	×	×	×	保持				数据保持($C=0$)
1	1	1	1	↑	×	×	×	×	计数				加法计数

74LS163 也是同步 4 位二进制加法计数器集成芯片，它的引脚排列和 74LS161 相同，功能也相同，不同之处仅仅是 74LS163 采用同步清零方式，即清零时要等到时钟上升沿到来。

(2) 同步十六进制可逆计数器集成芯片 74LS191

74LS191 的引脚图和逻辑电路符号分别如图 10-39(a)和图 10-39(b)所示。

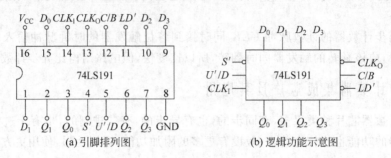

(a) 引脚排列图　　　　　　　(b) 逻辑功能示意图

图 10-39　同步十六进制可逆计数器集成芯片 74LS191

表 10-9 是 74LS191 的功能表,图 10-40 是它的时序图。LD' 是异步预置数据控制端,S' 是工作使能端,二者均为低电平有效。U'/D 是加减计数控制端,$U'/D=0$ 时作加法计数,反之作减法计数,C/B 是进位或借位输出端,$CLK_O (=CLK_1 + S' + (C/B)')$ 是串行时钟输出端,由时序图可以比较清楚地看到 CLK_O 和 CLK_1 的时间关系。

表 10-9　74LS191 的功能表

CLK_1	S'	LD'	U'/D	工作状态
$\times$	1	1	$\times$	保持
$\times$	$\times$	0	$\times$	预置数
⌒	0	1	0	加法计数
⌒	0	1	1	减法计数

(3) 同步十进制计数器集成芯片

同步十进制计数器是在同步二进制计数器基础上修改而来。同步十进制加法计数器集成芯片 74LS160 与 74LS161 逻辑图和功能表均相同,所不同的是 74LS160 是十进制,而 74LS161 是十六进制。同步十进制可逆计数器集成芯片 74LS190 也和 74LS191 的逻辑图和功能表完全相同,只是计数进制不同。

2. 用计数器集成芯片构成任意进制计数器

利用现有的 N 进制计数器可以构成任意进制(M)计数器,如果 $M < N$,则只需一片 N 进制计数器;如果 $M > N$,则要多片 N 进制计数器。实现方法有反馈清零法(复位法)和反馈置数法(置位法)。

反馈清零法适用于有清零输入端的集成计数器。原理是不管输出处于哪种状态,只要在清零输入端加一有效电平电压,输出会立即从那个状态回到 0000 状态,清零信号消失后,计数器又可以从 0000 开始重新计数。

反馈置数法适用于具有预置数功能的集成计数器。原理是在计数过程中,可以利用输出产生一个预置数控制信号反馈至预置数控制端,在下一个 CLK 脉冲作用后,计数器会把预置数输入端 $D_0 D_1 D_2 D_3$ 的状态置入输出端。预置数控制信号消失后,计数器就从

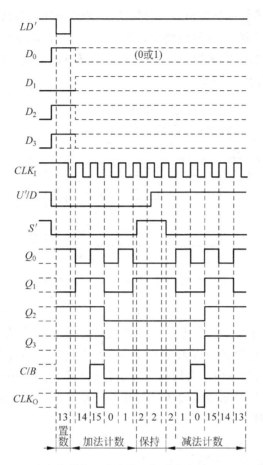

图 10-40 同步十六进制可逆计数器集成芯片 74LS191 的时序图

被置入的状态开始重新计数。

【例 10-9】 试利用同步十进制计数器 74LS160 构成同步六进制计数器。74LS160 的逻辑功能可参考表 10-8。

解：由于 74LS160 兼有异步清零和同步置数功能，所以反馈清零法和反馈置数法均可采用。

（1）反馈清零法

用反馈清零法由 74LS160 构成的六进制计数器如图 10-41 所示。当计数器记成 $Q_3Q_2Q_1Q_0=0110$（即 S_M）状态时，与非门输出低电平信号给 R_D' 端，将计数器清零，回到 0000 状态。电路的状态转换图如图 10-42 所示。

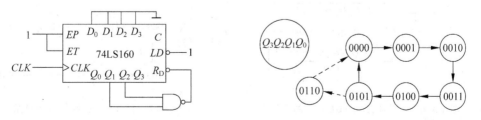

图10-41 用反馈清零法将 74LS160 接成六进制计数器　　图 10-42 图 10-41 的状态转换图

由于清零信号随着计数器被清零而立即消失,所以清零信号持续时间极短,有可能使动作慢的触发器来不及复位,导致电路误动作。因此,为了提高复位可靠性,可以采用如图 10-43 所示的改进接法,即增加一个由与非门 G_2 和 G_3 构成的基本 RS 锁存器将清零信号锁存一个 CLK 高电平时间。

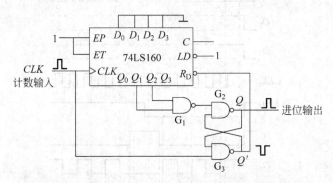

图 10-43 图 10-41 所示电路的改进

(2) 反馈置数法

由于 74LS160 具有同步置数功能,用反馈置数法(置入数据为 0000)构成的六进制计数器如图 10-44 所示,电路的状态转换图如图 10-45 所示。当计数器记到 $Q_3Q_2Q_1Q_0 = 0101$(即 S_{M-1})状态时,与非门输出低电平信号给 LD' 端,等下一个 CLK 信号到来时才将输入端数据置入输出端,计数器从置入状态开始重新计数。可见这种同步置数作用提高了计数器工作的可靠性。

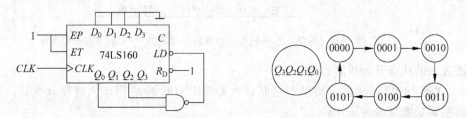

图 10-44 用反馈置数法将 74LS160 接成六进制计数器 图 10-45 图 10-44 的状态转换图

用反馈置数法也可以置入其他数据。图 10-46 所示是置入最大数 1001 时构成的六进制计数器的逻辑原理图,图 10-47 是对应的状态转换图。

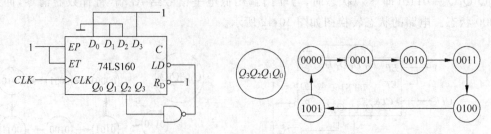

图 10-46 反馈置入 1001 时的电路图 图 10-47 图 10-46 的状态转换图

（3）$M > N$ 时计数器的级联

当 $M > N$ 时,可先将 N 进制计数器芯片级联起来构成 $N \times N$(大于 M)进制的计数器,然后再采用整体清零法或整体置数法将两片计数器同时清零或置数,从而构成 M 进制计数器。也可以先将两个 N 进制计数器分别接成 N_1 进制和 N_2 进制的计数器,然后直接级联起来构成 $M(= N_1 \times N_2)$ 进制的计数器。

例如,用两片同步十进制计数器可以接成一百进制计数器。图 10-48 是采用并行进位方式作级联连接,其特点是低位片(1)和高位片(2)的时钟相同,用低位片的进位输出作为高位片的计数使能信号,每当低位片计到 9(1001)时 C 变为 1,下个 CLK 信号到达时高位片加 1,低位片变 0(0000),C 端返回低电平。

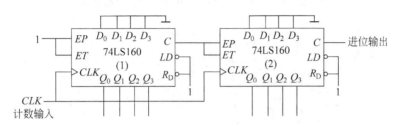

图 10-48　用并行进位方式接成的一百进制计数器

图 10-49 是采用串行进位方式作级联连接构成的一百进制计数器,两片的 EP、ET 都接 1,都工作在计数状态。每当低位片计到 9(1001)时 C 变为高电平,经反相后使高位片的 CLK 端变为低电平。下一个计数脉冲到达后,第(1)片回到 0(0000)状态,C 端返回低电平,反相后使第(2)片的 CLK 产生一个正跳变,于是第(2)片计数值加 1。可见,这种接法下两片 74LS160 不是同步工作的。

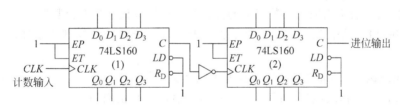

图 10-49　用串行进位方式接成的一百进制计数器

【**例 10-10**】　试用两片同步十进制计数器 74160 接成二十九进制计数器。

解：二十九进制计数器的有效状态对应于 0～28,由于 74LS160 具有异步清零作用,所以采用整体清零接法时应增加一个过渡状态 29,其状态编码为 0010 1001,因此,反馈清零信号的逻辑可按图 10-50 所示由与非门 G_1 获得,而进位输出应由最后一个有效状态 28(0010 1000)通过 G_2 获得。

图 10-51 是整体置数接法,由于 74LS160 具有同步置数作用,所以直接利用最后一个有效状态 28(状态编码为 0010 1000)产生反馈置数信号和进位输出信号即可。这种方法比上述整体清零接法简单且可靠。

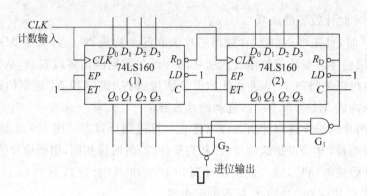

图 10-50   用整体清零接法构成二十九进制计数器

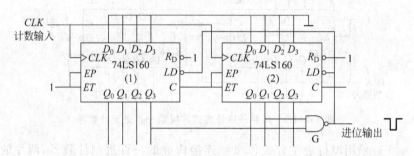

图 10-51   用整体置数接法构成二十九进制计数器

10.3.3   计数器的 EDA 实现方法

1. 原理图方法

用原理图方法调用旧式函数库中的计数器可以构成任意进制计数器。

【例 10-11】   试用 74LS160 芯片完成三十一进制计数器的原理图设计输入、编译和仿真。

解：按照例 10-10 的思路和方法，采用整体置数法完成的三十一进制计数器原理图如图 10-52 所示。仿真波形如图 10-53 所示，显然设计是正确的。

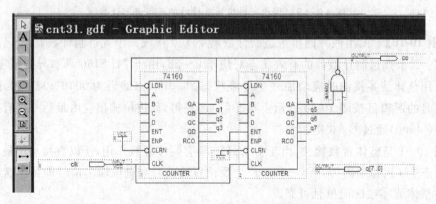

图 10-52   例 10-11 的三十一进制计数器电路

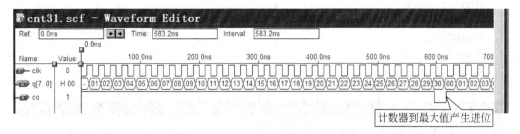

图 10-53 例 10-11 的三十一进制计数器仿真波形

2. VHDL 设计方法

【例 10-12】 用 VDHL 描述一个 8 位异步复位的可预置加减计数器的功能。

```
LIBRARY IEEE;
USE IEEE.STD_LOGIC_1164.ALL;
ENTITY counter8 IS
   PORT ( clk: IN STD_LOGIC;                        --计数脉冲
          reset: IN STD_LOGIC;                      --异步复位信号
      ce, load, dir: IN STD_LOGIC;                  --计数使能、置数控制、计数方向信号
          din: IN INTEGER RANGE 0 TO 255;           --置入数据
          count: OUT INTEGER RANGE 0 TO 255);       --计数结果
END counter8;
ARCHITECTURE counter8_arch OF counter8 IS
BEGIN
PROCESS (clk, reset)
   VARIABLE counter: INTEGER RANGE 0 TO 255;
BEGIN
   IF reset = '1' THEN counter := 0;               --异步复位
   ELSIF clk 'EVENT AND clk = '1' THEN
     IF load = '1' THEN                             --load = '1'时,预置计数初值
        counter := din;
     ELSE
       IF ce = '1' THEN                             --计数器工作时
         IF dir = '1' THEN                          --如果是加法计数
           IF counter = 255 THEN                    --当计数值达到最大时清零
             counter := 0;
           ELSE                                     --否则加1计数
             counter := counter + 1;
           END IF;
         ELSE                                       --如果是减法计数
           IF counter = 0 THEN                      --当计数到最小值0时
             counter := 255;                        --计数值重新设为最大值
           ELSE                                     --否则减1计数
             counter := counter - 1;
           END IF;
         END IF;
       END IF;
     END IF;
   END IF;
```

```
    END IF;
    count <= counter;
END PROCESS;
END counter8_arch;
```

例 10-12 所示计数器的仿真波形如图 10-54 所示。

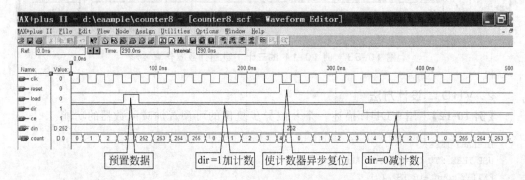

图 10-54   例 10-12 所示 8 位异步复位的可预置加减计数器的仿真波形

【例 10-13】   六十进制 BCD 码计数器的 VHDL 代码。

```
LIBRARY IEEE;
USE IEEE.STD_LOGIC_1164.ALL;
USE IEEE.STD_LOGIC_UNSIGNED.ALL;
ENTITY cnt60 IS
  PORT (clk, clr: IN STD_LOGIC;
       ten, one: OUT STD_LOGIC_VECTOR(3 DOWNTO 0);
                                                    -- 计数的十位、个位输出均为 BCD 码
          co: OUT STD_LOGIC);
END cnt60;
ARCHITECTURE arc OF cnt60 IS
  SIGNAL cin: STD_LOGIC;
BEGIN
  PROCESS (clk, clr)                       -- 该进程用于描述个位的计数
    VARIABLE cnt0: STD_LOGIC_VECTOR (3 DOWNTO 0);
    BEGIN
    IFclr = '1' THEN
      cnt0 := "0000";                      -- 异步复位
    ELSIF clk 'EVENT AND clk = '1' THEN    -- 如果时钟上升沿到来
      IF cnt0 = "1000" THEN                -- 如果个位计数值已是 8
        cnt0 := cnt0 + 1;cin <= '1';       -- 则个位加 1 并产生进位信号
      ELSIF cnt0 = "1001" THEN
        cin <= '0';   cnt0 := "0000";
      ELSE cnt0 := cnt0 + 1;   cin <= '0';
      END IF;
    END IF;
    one <= cnt0;
END PROCESS;
PROCESS (clk, clr, cin)                    -- 该进程用于描述十位的计数
  VARIABLE cnt1: STD_LOGIC_VECTOR (3 DOWNTO 0);
```

```
BEGIN
    IF clr = '1' THEN
        cnt1 := "0000";                              -- 异步复位
        ELSIF clk 'EVENT AND clk = '1' THEN          -- 如果时钟上升沿到来
        IF cin = '1' THEN                            -- 且个位有进位时
            IF cnt1 = "0101" THEN                    -- 如果十位计数值已是5
                cnt1 := "0000"; co <= '1';           -- 则十位计数值变0,并有60进位脉冲输出
            ELSE cnt1 := cnt1 + 1; co <= '0';        -- 否则,十位计数加1,无进位输出
            END IF;
        END IF;
        ELSE cnt1 := cnt1;                           -- 个位无进位时,十位不计数
    END IF;
    ten <= cnt1;
    END PROCESS;
END arc;
```

六十进制 BCD 码计数器可用于数字钟的分钟和秒的计时,结果的十位和各位经过显示译码后可以直接接到 LED 数码管进行显示。六十进制计数器的仿真波形见图 10-55 和图 10-56,不难看出它的正确性。

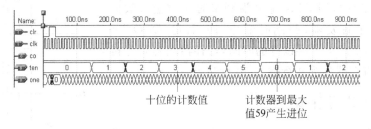

十位的计数值　　　　计数器到最大值59产生进位

图 10-55 例 10-13 CNT60 的仿真波形

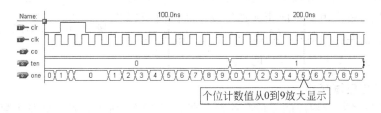

个位计数值从0到9放大显示

图 10-56 例 10-13 CNT60 的局部放大仿真波形

思考与练习

10-3-1 计数器的类型有哪几种? 同步计数器与异步计数器有何不同? 计数器的同步清零与异步清零又有何不同?

10-3-2 用集成计数器构成任意进制计数器有几种方法? 各是什么?

10-3-3 计数器有哪些用途?

10-3-4 如果 6 位二进制计数器的输入频率是 10MHz,则 $Q_5 \sim Q_0$ 各输出端的频率是多少?

10-3-5　使用 EDA 方法调用 74LS160 构成二十四进制计数器,画出电路原理图,并通过仿真说明设计的正确性。

10.4　寄存器和移位寄存器

在计算机或其他数字系统中,经常需要将运算数据或指令代码暂时存放起来或左右移动几位,这时可用寄存器(Register)或移位寄存器来完成。移位寄存器还可以实现数据从并行到串行或从串行到并行的转换。

10.4.1　寄　存　器

寄存器能够接收、存放和传送数码,常称为数码寄存器,由多个触发器组成。n 个触发器构成的寄存器能够存放 n 位二进制代码。74HC175 是用 4 个 CMOS 边沿 D 触发器组成的 4 位寄存器,它的逻辑图如图 10-57 所示。工作时,如果 $R'_D = 0$,寄存器异步清零,使 $Q_3 Q_2 Q_1 Q_0 = 0000$;如果 $R'_D = 1$,当 CLK 上升沿到来时 4 位输入数据同时送入 4 个触发器,并同时输出,即 $Q_3^* Q_2^* Q_1^* Q_0^* = D_3 D_2 D_1 D_0$;$CLK$ 上升沿以外的时间,寄存器内容将保持不变。这种寄存器称为并行输入、并行输出寄存器。

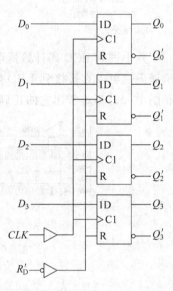

图 10-57　74HC175 的逻辑图

10.4.2　移位寄存器

移位寄存器(Shift-Register)不仅具有寄存数码的功能,还具有移位功能。移位功能是指寄存器存储的数码能在脉冲作用下,依次由低位向相邻高位或由高位向相邻低位移动,即依次左移或右移,从而实现数据的串行-并行转换、数值的运算及数据处理等功能。

1. 单向移位寄存器

由边沿 D 触发器构成的 4 位右移寄存器如图 10-58 所示。其中最左边第一个触发器接收输入数据,其余每个触发器输入端接相邻左边触发器的输出端。

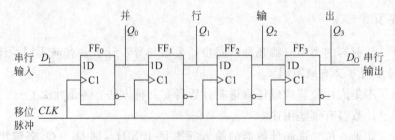

图 10-58　由 D 触发器构成的 4 位右移寄存器

设寄存器的原始状态为 $Q_3Q_2Q_1Q_0=0000$，假如输入数码为 $1101(D_3D_2D_1D_0)$，因为逻辑图中最高位寄存器单元 FF_3 位于最右侧，所以输入数据的最高位要先送入，于是有如下结果。

第 1 个 $CLK\uparrow$ 到来时，$Q_0=D_3$，$Q_3Q_2Q_1Q_0=0001$。

第 2 个 $CLK\uparrow$ 到来时，触发器 FF_0 的状态移入 FF_1，D_2 存入 FF_0，即 $Q_1=D_3$，$Q_0=D_2$。$Q_3Q_2Q_1Q_0=0011$。

第 3 个 $CLK\uparrow$ 到来时，$Q_3Q_2Q_1Q_0=0110$。

第 4 个 $CLK\uparrow$ 到来时，$Q_3Q_2Q_1Q_0=1101$。

此时，并行输出端 $Q_3Q_2Q_1Q_0$ 的数码与输入相对应，完成了将 4 位串行数据输入并转换为并行数据输出的过程。显然，若以 Q_3 作为输出端，再经 3 个 CLK 脉冲后，已经输入的并行数据可依次从 Q_3 端串行输出，即可组成串行输入、串行输出的移位寄存器。寄存器的状态规律如表 10-10 所示，其工作时序图如图 10-59 所示。

表 10-10　4 位右移寄存器的状态表

移位脉冲 CLK	输入数码 D_1	触发器状态(移位寄存器中数码)			
		Q_0	Q_1	Q_2	Q_3
0	0	0	0	0	0
1	最高位 $D_3=1$	$D_3=1$	0	0	0
2	次高位 $D_2=1$	$D_2=1$	$D_3=1$	0	0
3	次低位 $D_1=0$	$D_1=0$	$D_2=1$	$D_3=1$	0
4	最低位 $D_0=1$	$D_0=1$	$D_1=0$	$D_2=1$	$D_3=1$

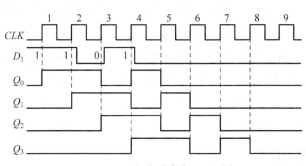

图 10-59　4 位右移寄存器的时序图

如果将右边触发器的输出端接至相邻左边触发器的数据输入端，待存数据由最右边触发器的数据输入端串行输入，则构成左移移位寄存器。请读者自行画出电路图。

除用 D 触发器外，也可用 JK 触发器、RS 触发器构成寄存器，只需将 JK 触发器或 RS 触发器转换为 D 触发器功能即可。但 T 触发器不能用来构成移位寄存器。

2. 集成双向移位寄存器

使用寄存器时可直接选用寄存器集成芯片，这时不必剖析集成电路的内部结构，只需根据产品手册给出的芯片功能表和引脚图正确而灵活地使用即可。

194 是四位多功能双向移位寄存器。它有 TTL 系列中的 54/74194、54/74LS194、

54/74F194 和 CMOS 系列中的 54/74HC194、54/74HCT194 等。74LS194 的引脚排列图和逻辑功能示意图分别如图 10-60(a)和图 10-60(b)所示,表 10-11 是 74LS194 的逻辑功能表。

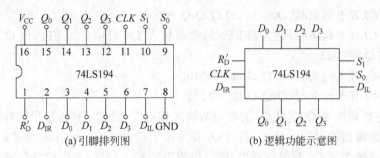

(a) 引脚排列图　　　　　(b) 逻辑功能示意图

图 10-60　集成移位寄存器 74LS194

表 10-11　74LS194 的逻辑功能表

输 入									输 出				工 作 模 式
清零	控 制		串行输入		时钟	并行输入				输 出				
R_D'	S_1	S_0	D_{IL}	D_{IR}	CLK	D_0	D_1	D_2	D_3	Q_0	Q_1	Q_2	Q_3	
0	×	×	×	×	×	×	×	×	×	0	0	0	0	异步清零
1	0	0	×	×	×	×	×	×	×	Q_0^n	Q_1^n	Q_2^n	Q_3^n	保持
1	0	1	×	1	↑	×	×	×	×	1	Q_0^n	Q_1^n	Q_2^n	右移,D_{IR} 为串行输
1	0	1	×	0	↑	×	×	×	×	0	Q_0^n	Q_1^n	Q_2^n	入,Q_3 为串行输出
1	1	0	1	×	↑	×	×	×	×	Q_1^n	Q_2^n	Q_3^n	1	左移,D_{IL} 为串行输
1	1	0	0	×	↑	×	×	×	×	Q_1^n	Q_2^n	Q_3^n	0	入,Q_0 为串行输出
1	1	1	×	×	↑	D_0	D_1	D_2	D_3	D_0	D_1	D_2	D_3	并行置数

由表 10-11 可以看出 194 具有如下功能。

(1) 异步清零。当 $R_D'=0$,各触发器清零。因为清零工作不需要 CP 脉冲的作用,称为异步清零。移位寄存器正常工作时,必须保持 $R_D'=1$(高电平)。

(2) S_1、S_0 是工作方式控制端。当 $R_D'=1$ 时,194 有 4 种工作方式,分别为保持($S_1S_0=00$)、右移($S_1S_0=01$)、左移($S_1S_0=10$)和并行置数($S_1S_0=11$)。

3. 移位寄存器的应用

用两片 74LS194 可以接成 8 位双向移位寄存器,这时只需将其中一片的 Q_3 接至另一片的 D_{IR},而将另一片的 Q_0 接到这一片的 D_{IL},同时把两片的 S_1、S_0、CP 和 R_D' 分别并联就可以了。

图 10-61 是用双向移位寄存器 74LS194 组成的节日彩灯控制电路。图中两片 194 的 $S_1=0$,$S_0=1$,实现右移控制,左边芯片的 Q_3 接至右边芯片的 D_{IR},而左边芯片的 Q_3 反相后接至左边芯片的 D_{IR};8 个发光二极管 LED 接至 8 个 Q 输出端,$Q=0$ 时,LED 亮。工作时先按下清零按键使寄存器清零,然后松开,这时 8 个 LED 都点亮。此后随着一秒一次的时钟上升沿的到来,LED 从左到右依次灭掉一个,直到全灭后再从左到右依次点亮,如此循环不断。

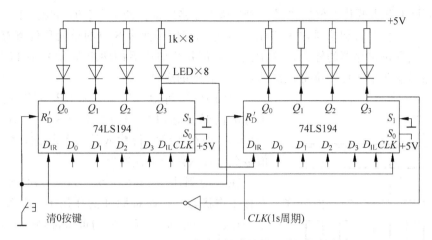

图 10-61　用74LS194组成的节日彩灯控制电路

【例 10-14】　试分析图 10-62 所示电路的逻辑功能,并指出在图 10-63 所示的时钟信号及 S_1、S_0 状态作用下,t_4 时刻以后输出 Y 与两组并行输入的二进制数 M、N 在数值上的关系。假定 M、N 的状态始终未变。

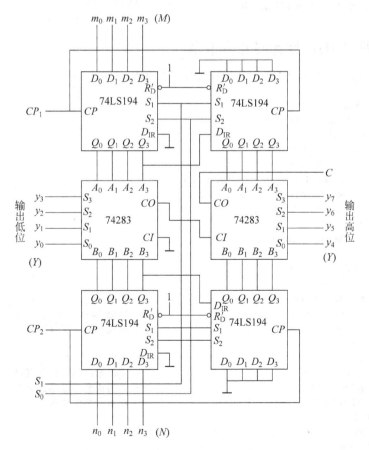

图 10-62　例 10-14 的电路图

解：该电路由两片 4 位加法器 74283 和 4 片移位寄存器 74LS194 组成。两片 74283 接成了一个 8 位并行加法器，4 片 74LS194 分别接成了两个 8 位的单向移位寄存器。由于两个 8 位移位寄存器的输出分别加到了 8 位并行加法器的两组输入端，所以图 10-62 所示电路是将两个 8 位移位寄存器里的内容相加的运算电路。

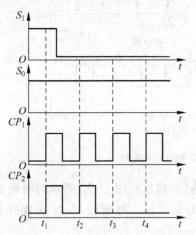

图 10-63　例 10-14 所示电路的波形图

由图 10-63 可知，在 t_1 时刻，CP_1、CP_2 的第一个上升沿同时到达，因为这时 $S_1 = S_0 = 1$，所以 4 片 74LS194 处在数据并行输入的工作状态，M、N 的数值被分别存入两个寄存器中。

在 t_2 时刻，因为 $S_1 = 0$，$S_0 = 1$，4 片 74LS194 处在右移工作状态。在时钟脉冲的作用下，M、N 同时右移一位。若 m_0、n_0 是 M、N 的最低位，则右移一位相当于两数各乘以 2。

在 t_3 时刻，M 又右移一位。

到了 t_4 时刻，M 又右移一位，这时上面移位寄存器中的数为 $M \times 8$，下面移位寄存器中的数为 $N \times 2$。两数经加法器相加后得到

$$Y = M \times 8 + N \times 2$$

10.4.3　用 VHDL 设计移位寄存器

【例 10-15】　可预加载循环右移寄存器的 VHDL 程序代码。

```
LIBRARY IEEE;
USE IEEE.STD_LOGIC_1164.ALL;
ENTITY rosft8 IS
  PORT (clk: IN STD_LOGIC;
        load: IN STD_LOGIC;
          d: IN STD_LOGIC_VECTOR(7 DOWNTO 0);
          q: BUFFER STD_LOGIC_VECTOR(7 DOWNTO 0);
          qs: BUFFER STD_LOGIC);
END rosft8;
ARCHITECTURE behav OF rosft8 IS
BEGIN
  PROCESS (clk, d, load)
  BEGIN
    IF clk 'EVENT AND clk = '1' THEN
      IF load = '1' THEN                    -- 如果 load = '1'
        q <= d;                             -- 加载数据到并行输出端
        qs <= '0';
      ELSE                                  -- 否则
        qs <= q(0);                         -- 串行输出端移出数据最低位
        q(7) <= q(0);                       -- 数据最低位循环送至最高位
        q(6 DOWNTO 0) <= q(7 DOWNTO 1);     -- 其他高 7 位依次右移一位
      END IF;
    END IF;
  END PROCESS;
END behav;
```

例 10-15 可预加载循环右移寄存器的仿真波形如图 10-64 所示。

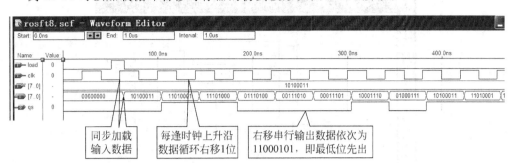

同步加载输入数据

每逢时钟上升沿数据循环右移1位

右移串行输出数据依次为
11000101，即最低位先出

图 10-64　例 10-15 可预加载循环右移寄存器的仿真波形

10.4.4　顺序脉冲发生器

顺序脉冲发生器就是能够产生在时间上有一定先后顺序脉冲的电路，有时也称节拍脉冲发生器。这在数控装置和计算机等实用数字系统中非常有用，它能使机器按照人们事先规定的顺序进行运算或操作。

顺序脉冲发生器可用如图 10-65(a) 所示移位寄存器构成的环形计数器来实现。工作时，首先在 START 脉冲作用下，使 $S_1 S_0 = 11$，移位寄存器工作在并行置数状态，将初始状态预置为 $Q_0 Q_1 Q_2 Q_3 = 1000$。之后，$S_1 S_0 = 01$，移位寄存器工作在右移状态，每来一个 CLK 上升沿，预置的 1 循环右移一位，其状态图如图 10-65(b) 所示。顺序脉冲发生器的脉冲波形如图 10-66 所示。

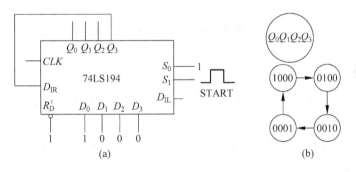

图 10-65　用 74LS194 构成的环形计数器

在顺序脉冲数较多时，可以用计数器和译码器组合成顺序脉冲数发生器。图 10-67 所示电路是在 Max+plus Ⅱ 中利用原理图输入方法设计的有 8 个顺序脉冲输出的例子。图中调用了宏函数元件库中的 74 系列芯片 74LS161 和 74LS138，其中，计数器 74LS161 接成三位二进制加法计数器，74LS138 是 3/8 线译码器。只要在计数器的 CLK 输入端加入固定频率的脉冲，便可在 $P_0 \sim P_7$ 端依次得到输出脉冲信号，其波形如图 10-68 所示。

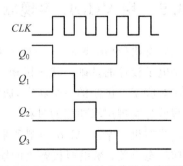

图 10-66　顺序脉冲发生器的波形图

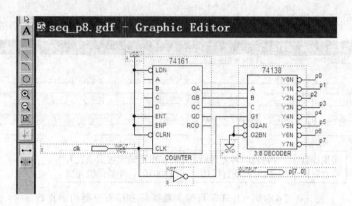

图 10-67 用计数器和译码器组成顺序脉冲发生器

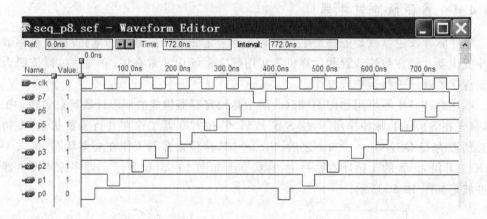

图 10-68 用计数器和译码器组成顺序脉冲发生器的时序图

思考与练习

10-4-1 什么是寄存器？数码寄存器与移位寄存器各有什么特点和用途？

10-4-2 什么是顺序脉冲发生器？它有何用途？如何构成顺序脉冲发生器？

10-4-3 试用 EDA 技术通过调用计数器和译码器构成一个具有 10 个顺序脉冲的发生器并进行仿真。

10.5 用 VHDL 实现状态机

状态机(State Machine)是一类很重要的时序电路，是很多数字电路的核心部件，是大型电子设计的基础。状态机相当于一个控制器，它将一项功能的完成分解为若干步，每一步对应于二进制的一个状态，通过预先设计的顺序在各状态之间进行转换，状态转换的过程就是实现逻辑功能的过程。

状态机有摩尔(Moore)型和米里(Mealy)型两种。Moore 型状态机的输出信号只与当前状态有关；米里型状态机的输出信号不仅与当前状态有关，还与输入信号有关。下面以两个实例来说明摩尔型状态机的 VHDL 描述方法。

简单的内存控制器能够根据微处理器的读或写周期,分别对存储器输出写使能 we 和读使能 oe 信号。该控制器的输入为微处理器的就绪 ready 及读写 read_write 信号。当 ready 有效或上电复位后,控制器开始工作,并在下一个时钟周期判断本次处理是读还是写操作。如果 read_write 为有效(高)电平,则为读操作;否则为写操作。在读写操作完成后,处理机输出的 ready 有效信号标志本次处理完成,并使控制器恢复到初始状态。控制器的输出信号 we 在写操作中有效,而 oe 则在读操作中有效。

根据以上功能描述,可绘制出简单内存控制器的状态图,如图 10-69 所示。

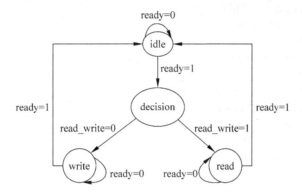

图 10-69 简单内存控制器的状态图

从图中可见,一个完整的读写周期是从空闲 idle 开始的,在 ready 信号有效之后的下一个时钟周期转移到判断状态 decision,然后根据 read_write 信号再转移到 read 或 write 状态。接着,当 ready 有效时,本次处理完成,下一个时钟周期将返回空闲状态;当其无效时,则维持当前的读或写状态不变。

【例 10-16】 简单内存控制器的 VHDL 描述方法。

```
LIBRARY IEEE;
USE IEEE.STD_LOGIC_1164.ALL;
ENTITY memory_controller IS
  PORT (read_write, ready, clk: IN BIT;
                    oe, we: OUT BIT);
END memory_controller;
ARCHITECTURE model OF memory_controller IS
  TYPE state_type IS (idle, decision, read, write);
  SIGNAL state: state_type;
BEGIN
  state_comb: PROCESS (clk , state, read_write, ready)
  BEGIN
    IF clk'EVENT AND clk = '1' THEN
      CASE state IS
        WHEN idle => oe <= '0';we <= '0';
          IF ready = '1' THEN
            state <= decision;
```

```
            ELSE
               state <= idle;
            END IF;
         WHEN decision => oe <= '0'; we <= '0';
            IF (read_write = '1') THEN
               state <= read;
            ELSE
               state <= write;
            END IF;
         WHEN read => oe <= '1'; we <= '0';
            IF (ready = '1') THEN
               state <= idle;
            ELSE
               state <= read;
            END IF;
         WHEN write => oe <= '0'; we <= '1';
            IF (ready = '1') THEN
               state <= idle;
            ELSE
               state <= write;
            END IF;
         END CASE;
      END IF;
   END PROCESS state_comb;
END model;
```

简单内存控制器的 VHDL 源文件中,只有一个进程,由于它使用一个进程来描述状态的转移和对时钟的同步,所以,称为单进程的有限状态机的描述方式。其仿真波形如图 10-70 所示。

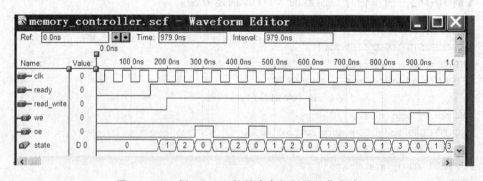

图 10-70　例 10-16 简单内存控制器的仿真波形

状态机的另一个常见用途是建立控制步进电机的逻辑电路。步进电机通常用于计算机磁盘驱动器和机器人设计中,步进电机可根据控制电路输出给它的二进制代码移动一个小角度的"步"。图 10-71 是具有方向控制的步进电机控制器的状态转换图,其中方向控制信号 dir＝1 时顺时针转动,dir＝0 时逆时针转动,状态名和相应的二进制状态编码标示于圆圈内,状态转换规律和方向用箭头标示。

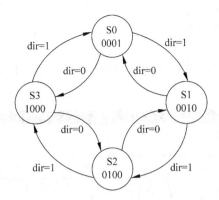

图 10-71 具有方向控制的步进电机控制器的状态转换图

【例 10-17】 具有方向控制的步进电机控制器的 VHDL 描述方法。

```
LIBRARY IEEE;
USE IEEE. STD_LOGIC_1164.ALL;
ENTITY state_stepper IS
PORT(clk, dir: INSTD_LOGIC;
        q  : OUT STD_LOGIC_VECTOR(3 DOWNTO 0));
END state_stepper ;
ARCHITECTURE arc OF state_stepper IS
    TYPE state_type IS (s0, s1, s2, s3);
    SIGNAL state:state_type;
BEGIN
    PROCESS (clk)
    BEGIN
        IF clk'EVENT AND clk = '1' THEN
            IF dir = '1' THEN              -- 顺时针步进转动
                CASE state IS
                    WHEN s0  => state <= s1;
                    WHEN s1  => state <= s2;
                    WHEN s2  => state <= s3;
                    WHEN s3  => state <= s0;
                END CASE;
            ELSE                          -- 逆时针步进转动
                CASE state IS
                    WHEN s0  => state <= s3;
                    WHEN s1  => state <= s0;
                    WHEN s2  => state <= s1;
                    WHEN s3  => state <= s2;
                END CASE;
            END IF;
        END IF;
    END PROCESS;
WITH state SELECT
    q <= "0001"  WHEN  s0,
         "0010"  WHEN  s1,
```

```
     "0100"  WHEN  s2,
     "1000"  WHEN  s3;
END arc;
```

图 10-72 给出了例 10-17 代码的仿真波形,可见,在每个时钟的上升沿,q 输出就会转变为下一个状态码。

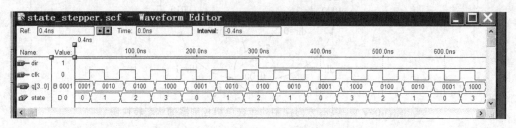

图 10-72　例 10-17 具有方向控制的步进电机控制器的仿真波形

思考与练习

10-5-1　什么是状态机? 它有什么特点和用途?

10-5-2　状态机的状态转换规律可用什么语句来描述?

习题

10-1　已知与非门构成的基本 RS 触发器的输入波形如图 10-73 所示,试画出输出端 Q 和 Q' 的波形,设触发器的初始状态为 0。

10-2　设同步 RS 触发器初始状态为 1,R、S 和 CLK 端输入信号如图 10-74 所示,画出相应的 Q 和 Q' 的波形。

10-3　设主从 JK 触发器的初始状态为 0,请画出如图 10-75 所示 CLK、J、K 信号作用下,触发器 Q 和 Q' 端的波形。

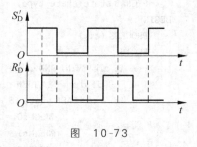

图　10-73

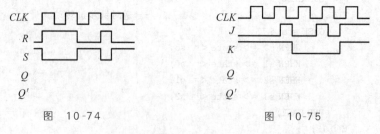

图　10-74　　　　　图　10-75

10-4　写出图 10-76 中各触发器的特性方程,并画出在 CP 脉冲作用下,各个触发器的输出波形。

10-5　将 JK 触发器构成 T' 触发器,画出两种外部连线图。

10-6　试将 JK 触发器构成 D 触发器。

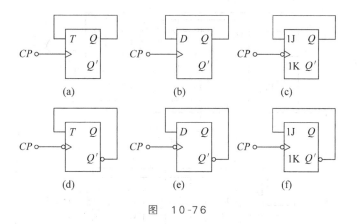

图 10-76

10-7 设触发器的初态为零,分析图 10-77 所示电路的功能,并填表 10-12。

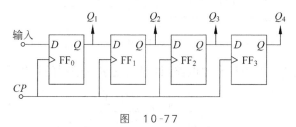

图 10-77

表 10-12

CP	输 入 数 据	Q_1	Q_2	Q_3	Q_4
1	1				
2	0				
3	0				
4	1				

10-8 分析图 10-78 时序电路的逻辑功能,写出电路的驱动方程、状态方程和输出方程,画出电路的状态转换图和时序图。

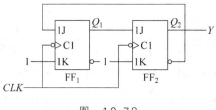

图 10-78

10-9 分析图 10-79 时序电路的逻辑功能,写出电路的驱动方程、状态方程和输出方程,画出电路的状态转换图。

10-10 分析图 10-80 时序电路的逻辑功能,写出电路的驱动方程、状态方程和输出方程,画出电路的状态转换图。A 为输入逻辑变量。

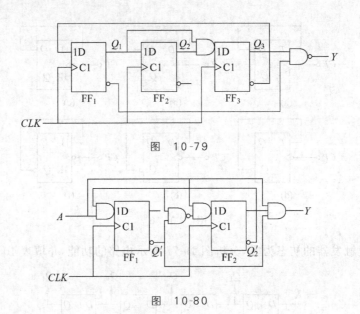

图 10-79

图 10-80

10-11 分析图 10-81 的计数器电路，说明这是多少进制的计数器。

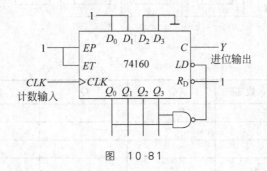

图 10-81

10-12 试用 4 位同步二进制计数器 74LS161 接成十二进制计数器，标出输入、输出端。可以附加必要的门电路。

10-13 试分析图 10-82 计数器电路的分频比（即 Y 与 CLK 的频率之比）。

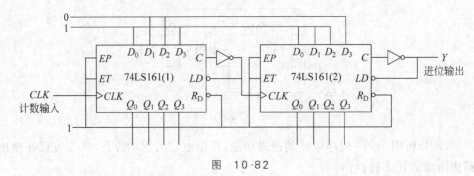

图 10-82

10-14 试用 EDA 技术调用 74LS161 芯片完成三十进制计数器的原理图设计，并进行编译和仿真。

10-15 试用 VHDL 语言编写一个二十四进制的计数器程序代码,并进行编译和仿真。

10-16 试画出用 2 片 74LS194 组成 8 位双向移位寄存器的逻辑图。

10-17 试用 EDA 技术调用计数器 74LS161 和数据选择器设计一个 01100011 序列信号发生器电路,然后进行编译和仿真。

10-18 试用 VHDL 状态机设计一个步进电机用的三相六状态控制器,如果用 1 表示线圈导通,用 0 表示线圈截止,则要求 3 个线圈 A、B、C 的状态转换图应如图 10-83 所示,正转时,控制输入端 $M=1$,反转时,$M=0$。

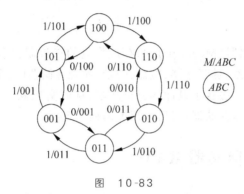

图 10-83

10-19 试用 VHDL 状态机的方法设计一个串行数据检测电路,当输入端 xi 连续出现一组串行码(如 1101)后,输出信号 zo 为 1,其余情况下为 0。

第11章

CHAPTER 11

半导体存储器和可编程逻辑器件

在数字系统中,存储器(Memory)用来存放大量的二进制信息。根据介质的不同,存储器可分为半导体存储器、磁存储器(磁盘、磁带)和光存储器(光盘)。可编程逻辑器件是一种可由使用者按一定方法自主设计其逻辑功能、从而实现复杂数字系统的新型集成器件。本章首先介绍半导体存储器,然后介绍可编程逻辑器件。

11.1 随机存取存储器 RAM

半导体存储器具有存取速度快、集成度高、体积小、功耗低、容量扩充方便等优点,是微处理器系统中不可缺少的组成部分。半导体存储器通常与微处理器直接相连,用于存放指令和数据等。微处理器工作时,不断对半导体存储器中的数据进行存入或读取操作。根据存储功能的不同,半导体存储器又分为随机存取存储器(Random Access Memory, RAM)和只读存储器(Read Only Memory, ROM)。本节先介绍 RAM,11.2 节再介绍 ROM。

随机存取存储器 RAM 具有如下功能和操作特点:操作者能任意选中存储器中的某个地址单元,对该地址单元的内容进行读出或写入操作。读出操作时原信息保留,写入操作时新信息将原信息取代。电路断电时,信息将会丢失;恢复供电后,信息是随机的。因此,RAM 属于掉电信息丢失型(易失型)存储器。

RAM 有双极型和 MOS 型两种。双极型 RAM 工作速度高,但制造工艺复杂、成本高、功耗较大、集成度低,主要用于高速工作场合。MOS 型 RAM 集成度高、功耗低、价格便宜,因而应用十分广泛。MOS 型 RAM 按其存储单元的工作方式不同又分为静态 RAM(SRAM)和动态 RAM(DRAM)两类。SRAM 使用触发器作为基本存储单元,存储速度快(访问时间小于 2ns),但集成度低,价格贵;DRAM 使用内部电容作为基本存储单元。为维持对 DRAM 内部电容的充电状态,需要附加刷新电路,这使得 DRAM 使用起来较困难,存储速度较慢(访问时间大于 10ns),但它的集成度很高,单位面积容纳的存储单元比 SRAM 高,价格也相对便宜。

11.1.1 RAM 的结构和工作原理

RAM 的基本结构如图 11-1 所示,它由存储矩阵、地址译码器和读写控制电路 3 部分

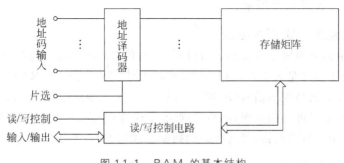

图 11-1 RAM 的基本结构

组成；进出 RAM 的信号线有 3 类：地址线、数据线和控制线。

1．存储矩阵

存储矩阵(Matrix)由大量存储单元构成，是存储二进制信息的"仓库"。"仓库"通常排列成矩阵形式，每个存储单元存放 1 位二进制数据。存储器一般以字为单位组织内部结构，一个字含有若干个存储单元，存储单元的个数称为字长（或位数）。字数和字长的乘积叫做存储器的容量。存储器的容量越大，意味着能够存储的数据越多。

RAM 有多字 1 位和多字多位两种结构形式。在多字 1 位结构中，每个寄存器都只有 1 位，例如一个容量为 1024×1 位的 RAM，就是一个有 1024 个 1 位寄存器的 RAM。多字多位结构中，每个寄存器都有多位，例如一个容量为 256×4 位的 RAM，就是一个有 1024 个存储单元的 RAM，这些单元排成 32 行×32 列的矩阵形式，如图 11-2 所示。图中每行有 32 个存储单元，每 4 列存储单元连接在相同的列地址译码线上，组成一个字列，每行可存储 8 个字，每个字列可存储 32 个字。每根行地址选择线选择一行，每根列地址选择线选中一个字列。

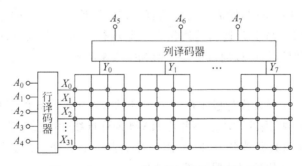

图 11-2 RAM 的存储矩阵和地址译码

2．地址译码器

地址(Address)译码器用以决定访问哪个字单元，它将外部给出的地址进行译码，找到唯一对应的字单元。一般 RAM 都采用两级译码，即行译码器和列译码器。行、列译码器的输出即为行、列选择线，由它们共同确定欲选择的地址单元。例如，容量为 256 个字的 RAM 需要 8 根地址线 $A_0 \sim A_7$，把低 5 位进行行译码产生 32 位行选择线，把高 3 位进行列译码产生 8 位列字线，被行选择线和列字线同时选中的单元，才能被访问，即进行写入或读出的操作,如图 11-2 所示。

3．读写控制及 I／O 缓冲电路

读写控制电路对电路工作状态进行控制,一般包含片选和读写控制两种作用,片选信号(CS')用以决定芯片是否工作,当片选信号有效时,芯片被选中,RAM 可以正常工作,否则芯片不工作。读写控制信号(R/W')用以决定对选中的单元是进行读操作还是写操作,R/W'为高电平时进行读操作,R/W'为低电平时进行写操作。I／O 缓冲电路起数据锁存作用,一般采用三态门电路,可与外面的数据总线相连接,方便信息交换和传递。

4．RAM 的集成芯片

图 11-3 所示为 Intel 6116 集成芯片的 $2K \times 8$ 位的 RAM 引脚图,$A_0 \sim A_{10}$ 是地址码输入端,$D_0 \sim D_7$ 是数码输出端。WE' 是写入控制端,$WE' = 0$ 时数据写入。OE' 是输出使能端,CS' 是片选控制端。

图 11-3　RAM 集成芯片 6116 的引脚图

11.1.2　RAM 的扩展

在数字系统和计算机中,所需要的存储容量往往比单片 RAM 的存储量大得多,这就需要把若干个单片 RAM 芯片适当地连接在一起进行容量的扩展,以满足系统对存储容量的需求。扩展存储容量可以通过扩展位数和字数来实现。

1．位扩展

RAM 芯片的字长通常设计成 1 位、4 位、8 位等,当实际需要的字长超过芯片的字长时,需要进行位扩展,扩展的方法是将各片 RAM 的地址线、片选线、读写线对应并接在一起,而使各片 RAM 的数据端各自独立,作为存储器字的各条位线。用 8 个 1024×1 位 RAM 构成的 1024×8 位的存储器如图 11-4 所示。

2．字扩展

当 RAM 芯片的位数能满足系统位数的要求,而字数不够时,可进行字数的扩展。用 4 片 256×8 位的 RAM 接成 1024×8 位的 RAM 的接线原理图如图 11-5 所示。

字数扩展的方法是将各芯片的地址线、数据线、读写线并接在一起,把存储器扩展所要增加的高位地址线与译码器的输入相连,译码器的输出端分别接至各片 RAM 的片选控制端。这样,当输入一组地址时,由于译码器的作用,只有一片 RAM 被选中工作,从而实现了字的扩展。

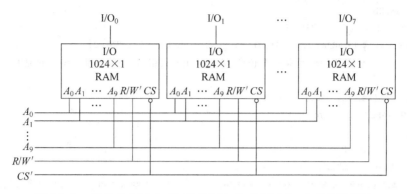

图 11-4 用 8 个 1024×1 位 RAM 构成 1024×8 位的存储器

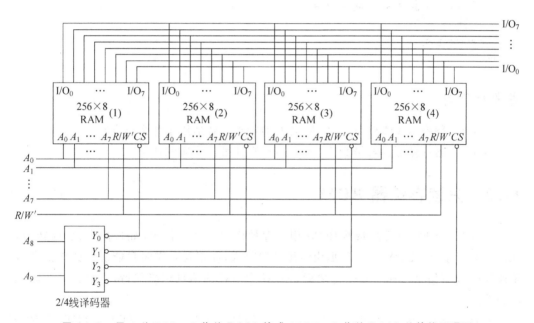

图 11-5 用 4 片 256×8 位的 RAM 接成 1024×8 位的 RAM 的接线原理图

实际应用中为达到系统存储容量的要求，也可以将位扩展和字扩展结合起来使用，相应的扩展方法可查阅相关资料。

11.1.3 SRAM 的 VHDL 设计与仿真

SRAM 的 VHDL 设计与仿真代码如下：

```
LIBRARY IEEE;
USE IEEE.STD_LOGIC_1164.ALL;
USE IEEE.STD_LOGIC_UNSIGNED.ALL;
ENTITY sram32b IS
  PORT (we, re: IN STD_LOGIC;                          --写允许和读允许
        addr: IN STD_LOGIC_VECTOR (4 DOWNTO 0);        --5位地址线
        data: INOUT STD_LOGIC_VECTOR (3 DOWNTO 0));    --4位数据
```

```
END sram32b;
ARCHITECTURE a OF sram32b IS
  TYPE memory IS ARRAY (0 TO 31) OF STD_LOGIC_VECTOR (3 DOWNTO 0);
             -- 定义 memory 是一个包含 32 个单元的数组,每个单元是 4 位宽的地址
BEGIN
  PROCESS (we, re, addr)
    VARIABLE mem: memory;
  BEGIN
    IF we = '0' AND re = '1' THEN
      data <= "ZZZZ";
      mem (conv_integer (addr)) := data;        -- 用函数 conv_integer()将矢量转换为整数
    ELSIF we = '1' AND re = '0' THEN
      data <= mem(conv_integer(addr));
    END IF;
  END PROCESS;
END a;
```

思考与练习

11-1-1 静态 RAM 与动态 RAM 各有何特点？各适用于什么场合？

11-1-2 若存储器的容量为 512K×8 位,则地址代码应取几位？

11.2 只读存储器 ROM

与 RAM 不同,只读存储器 ROM 用来存放固定不变的信息,如常数表、数据转换表和固定的程序等。ROM 中的数据由专用装置写入,在正常工作时只能从中读出信息,而不能随时改写信息。在切断电源之后,ROM 中所存的信息仍能保持,不会丢失,具有非易失性。

ROM 的种类很多,从制造工艺上看,有二极管 ROM、双极型 ROM 和 MOS 型 ROM 3 种。根据编程方法不同,ROM 又可以分成固定 ROM 和可编程 ROM。可编程 ROM 又可以细分为一次可编程的 PROM、光可擦除可编程的 EPROM 和电可擦除可编程的 E^2PROM 及闪速存储器 SRAM 等。其中固定 ROM 又可称为掩膜 ROM,其内容是在芯片制造过程中确定的,用户不能编程改写。PROM 的存储内容可由用户自己写入,但一经写入,就不能再改动。

EPROM 用紫外线擦除,擦除和编程时间较慢,次数也不宜多。E^2PROM 则可用电信号擦除,擦除和写入时需要加高电压脉冲,擦、写时间较长。这两种擦除和编程的过程可以重复多次。

快闪存储器(Flash Memory)吸收了 EPROM 结构简单、编程可靠的优点,又保留了 E^2PROM 用隧道效应擦除的快捷特性,具有集成度高、容量大、成本低、使用方便等优点。但由于编程写入的速度还是很慢,因此,它不能满足随时进行快速写入和读出的要求,通常情况下仍然作为只读存储器使用。

11.2.1　ROM 的结构和工作原理

1．ROM 的结构和工作原理

ROM 的一般结构框图如图 11-6 所示。它由地址译码器、存储矩阵和输出缓冲电路 3 部分组成，它有 n 条地址输入线，M 位数据输出线。存储矩阵共有 $N=2^n$ 个字，每个字 M 位。当地址译码器选中某一个字时，该字的 M 位同时读出。输出缓冲电路通常由三态门或 OC 门组成。

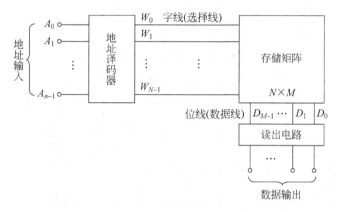

图 11-6　ROM 的结构框图

下面以存储单元为二极管的固定 ROM 为例说明 ROM 的工作原理。图 11-7 所示为 $2^2 \times 4$ 位的二极管固定 ROM 原理图。图中两条地址线 $A_1 A_0$ 决定它有 $2^2 = 4$ 个地址单元，每一地址单元存放一个 4 位二进制数 $D_3 D_2 D_1 D_0$。该存储矩阵由 4 条字线 $(W_3 W_2 W_1 W_0)$ 及 4 条位线 $(d_3 d_2 d_1 d_0)$ 组成。位线与字线交叉处表示一个存储单元，交叉处有二极管（也可用 MOS 管或双极型三极管来代替）的表示存储数据为"1"，交叉处没有二极管的表示存储数据为"0"。例如当地址码 $A_1 A_0 = 11$ 时，字线 $W_3 = 1$，而字线 $W_2 = W_1 = W_0 = 0$，在字线 W_3 上所接的二极管导通，与之相连的位线 $d_3 = d_2 = d_1 = 1$，而在 W_3 上没挂二极管的位线 $d_0 = 0$。此时，由 4 个输出缓冲器输出的数据为 $D_3 D_2 D_1 D_0 = 1110$，即对应地址码为 $A_1 A_0 = 11$ 的地址单元存放的数据为 $D_3 D_2 D_1 D_0 = 1110$。表 11-1 列出了此 ROM 存储的内容。

表 11-1　图 11-7 所示 ROM 存储的内容

地　　址		数　据　内　容			
A_1	A_0	D_3	D_2	D_1	D_0
0	0	0	1	0	1
0	1	1	0	1	1
1	0	0	1	0	0
1	1	1	1	1	0

一次可编程（Programmable）的 PROM 存储单元如图 11-18 所示，它由双极型三极管和熔丝组成。存储矩阵内所有存储单元都按此制作。PROM 在出厂时全部的熔丝都是

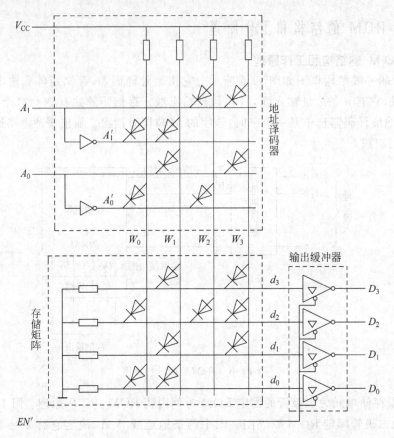

图 11-7　$2^2 \times 4$ 位存储单元为二极管的固定 ROM 原理图

通的,存储内容全为 1,根据自己不同的需要,用户可以利用通用或专用的编程器,将某些单元熔丝烧断从而一次性将单元存储数据改写为 0。

图 11-8　PROM 的存储
单元

可擦除(Erasable)可编程只读存储器 EPROM 和 E^2PROM 与 PROM 不同,它能把已经写入的内容擦除掉,使其恢复如初,然后再重新写入。擦除方法有紫外线擦除和电擦除两种,用紫外线擦除的称为 UVEPROM,简称为 EPROM,用电擦除的称为 E^2PROM。EPROM 的存储单元多采用叠层栅 MOS 管,其工作原理不再赘述。

2．ROM 的集成芯片

目前广泛使用的只读存储器是 EPROM,常用的 EPROM 芯片型号有 2716(2K×8 位)、2732(4K×8 位)、2764(8K×8 位)、27128(16K×8 位)和 27256(32K×8 位)。它们除了存储容量和编程高压等参数不同外,其他都基本相同,均采用叠层栅 MOS 管存储单元,双列直插式封装,芯片上方有透明的石英玻璃窗口,可供擦除时紫外线照射用。

EPROM 27256 芯片的引脚图如图 11-9 所示,该芯片有 28 引脚。正常使用时,$V_{CC}=$ 5V,$V_{PP}=5V$。编程时,$V_{PP}=25V$。OE' 为输出使能端,$OE'=0$ 时允许输出;$OE'=1$ 时, 输出被禁止,ROM 输出端为高阻态。CS' 为片选端,$CS'=0$ 时,ROM 工作;$CS'=1$ 时, ROM 停止工作,且输出为高阻态(不论 OE' 为何值)。

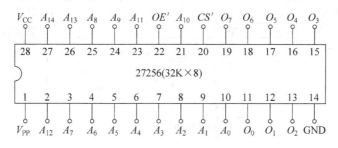

图 11-9　EPROM 27256 芯片的引脚图

E^2PROM 芯片由于内部设置了升压电路,读、写、擦都在 5V 电源下进行,可在线进行擦除和编程写入,擦除和写入时不需要专用设备。但芯片的价格高于 EPROM。目前常用的 E^2PROM 的型号有 2816(2K×8)、2816A(2K×8 位)、2817(2K×8 位)、2817A(2K×8 位)、2864(8K×8 位)、2864A(8K×8 位)等。

11.2.2　ROM 的扩展

ROM 与 RAM 一样,在使用中可根据需要进行存储量的扩展,下面简单举例说明。

1. 位扩展(字长的扩展)

用两片 27256 扩展成 32K×16 位 EPROM 的连接方式如图 11-10 所示。图中地址线及控制线分别并联,两片的数据输出分别作为 16 位数据总线的高 8 位和低 8 位。

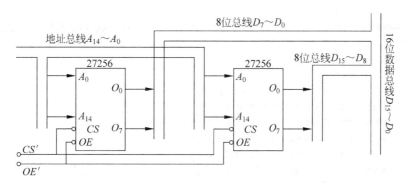

图 11-10　用两片 27256 扩展成 32K×16 位 EPROM 的连接方式

2. 字扩展(字数扩展, 地址码扩展)

用 4 片 27256 扩展成 4×32K×8 位 EPROM 如图 11-11 所示。图中高位地址 A_{15}、A_{16} 作为 2/4 线译码器的输入信号,经译码后产生的 4 个输出信号分别接到 4 个芯片的 CS 端;OE 端、输出线及地址线分别并联。

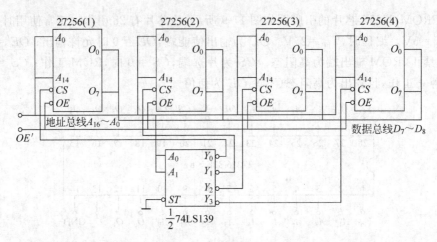

图 11-11　用 4 片 27256 扩展成 4×32K×8 位 EPROM

11.2.3　ROM 的 VHDL 描述与仿真

ROM 的 VHDL 描述与仿真代码如下：

```
LIBRARY IEEE;
USE IEEE.STD_LOGIC_1164.ALL;
ENTITY rom32 IS
  PORT (clk, rd: IN STD_LOGIC;                    -- 时钟和读允许信号
        addr: IN STD_LOGIC_VECTOR(4 DOWNTO 0);    -- 5 位地址信号
        dout: OUT STD_LOGIC_VECTOR(7 DOWNTO 0));  -- 8 位数据输出
END rom32;
ARCHITECTURE a OF rom32 IS
  SIGNAL data: STD_LOGIC_VECTOR (7 DOWNTO 0);
BEGIN
  p1: PROCESS (clk)                               -- 该进程描述存储器各单元存储的数据
    BEGIN
    IF clk'EVENT AND clk = '1'THEN
      CASE addr IS
        WHEN "00000" => data <= "00000000";
        WHEN "00001" => data <= "00010001";
        WHEN "00010" => data <= "00100010";
        WHEN "00011" => data <= "00110011";
        WHEN "00100" => data <= "01000100";
        WHEN "00101" => data <= "01010101";
        WHEN "00110" => data <= "01100110";
        WHEN "00111" => data <= "01110111";
        WHEN "01000" => data <= "10001000";
        WHEN "01001" => data <= "10011001";
        WHEN "01010" => data <= "00110000";
        WHEN "01011" => data <= "00110001";
        WHEN "01100" => data <= "00110010";
        WHEN "01101" => data <= "00110011";
        WHEN "01110" => data <= "00110100";
```

```
        WHEN "01111" => data <= "00110101";
        WHEN "10000" => data <= "00110110";
        WHEN "10001" => data <= "00110111";
        WHEN "10010" => data <= "00111000";
        WHEN "10011" => data <= "00111001";
        WHEN "10100" => data <= "01000000";
        WHEN "10101" => data <= "01000001";
        WHEN "10110" => data <= "01000010";
        WHEN "10111" => data <= "01000011";
        WHEN "11000" => data <= "01000100";
        WHEN "11001" => data <= "01000101";
        WHEN "11010" => data <= "01000110";
        WHEN "11011" => data <= "01000111";
        WHEN "11100" => data <= "01001000";
        WHEN "11101" => data <= "01001001";
        WHEN "11110" => data <= "01010000";
        WHEN "11111" => data <= "01010001";
        WHEN OTHERS  => NULL;
      END CASE;
    END IF;
  END PROCESS p1;
  p2: PROCESS (data, rd)                    -- 该进程用于数据读出
  BEGIN
    IF rd = '1' THEN
      dout <= data;
    ELSE
      dout <= "ZZZZZZZZ";
    END IF;
  END PROCESS p2;
END a;
```

思考与练习

11-2-1 ROM 与 RAM 有何异同？

11-2-2 ROM 有哪些类型？各有何特点？

11.3 可编程逻辑器件 PLD

11.3.1 PLD 的基本结构和分类

1. PLD 的基本结构

可编程逻辑器件(Programmable Logic Device, PLD)是一种可由用户通过自己编程来配置各种逻辑功能的新型逻辑器件。由于各种逻辑关系都可以用"与"、"或"逻辑表达式来表示,因此数字系统可由与门、或门来实现。简单 PLD 的基本结构如图 11-12 所示,其主体正是由门电路构成的"与阵列"和"或阵列",逻辑函数由它们实现。与阵列的每个输入端都有输入缓冲电路,如图 11-13 所示,用于降低对输入信号的要求,使之具有足够

的驱动能力,并产生原变量和反变量两个互补的信号。PLD 的输出电路可使输出为组合方式,也可以是寄存器输出(时序方式),输出可以是低电平有效,也可以是高电平有效。

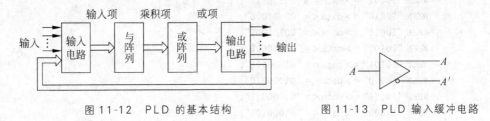

图 11-12 PLD 的基本结构   图 11-13 PLD 输入缓冲电路

2.PLD 的分类

按集成度 PLD 一般分为两大类:一类是芯片集成度较低、每片的可用逻辑门在 500门以下的,称为简单 PLD,如早期的熔丝编程的 PROM(Programmable Read Only Memory)、可编程逻辑阵列(Programmable Logic Array,PLA)、可编程阵列逻辑(Programmable Array Logic,PAL)和通用阵列逻辑(Generic Array Logic,GAL);另一类是芯片集成度较高的,称为复杂 PLD 或高密度 PLD,如现在大量使用的 CPLD(Complex PLD)和现场可编程门阵列(Field Programmable Gate Array,FPGA)器件,如图 11-14 所示。

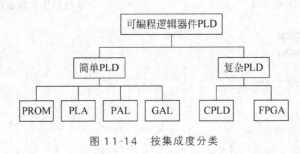

图 11-14 按集成度分类

按 PLD 器件的内部结构可分为两大类:乘积项结构器件和查找表结构器件。大部分简单 PLD 和 CPLD 都是乘积项结构器件,FPGA 是查找表结构器件。

按编程工艺来分类,PLD 可分为有熔丝(Fuse)和反熔丝(Anti-fuse)结构型、EPROM型、E^2PROM 型和 SRAM 型。

11.3.2 PAL 和 GAL

在简单 PLD 中,PROM 主要用于存放数据和微程序,若用来实现逻辑函数很不经济,而 PLA 虽然其与、或阵列均可编程,使用比较灵活,但由于缺少高质量的支撑软件和编程工具,实际中很少使用,故本节仅介绍简单 PLD 中的 PAL 和 GAL。

1.PAL

PAL16L8 和 PAL16R8 是典型的两种 PAL 器件,PAL16L8 的逻辑图如图 11-15 所示。图中,可编程的与阵列按阵列形式画出,交叉点有实心黑点时表示固定连接,不能编程;其余交叉点表示可以通过编程连接或不连接,是可编程连接点;固定的或阵列用传

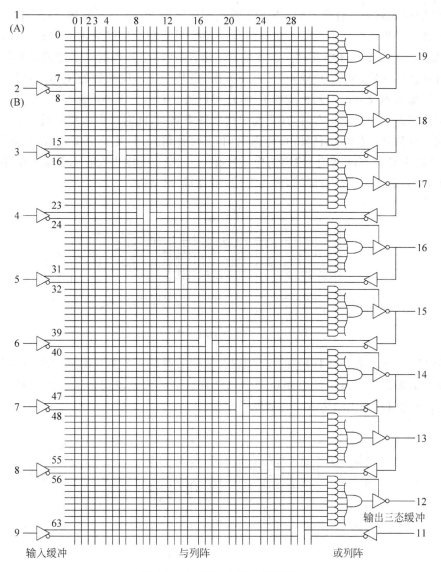

图 11-15　PAL16L8 逻辑图

统的或门来表示。阵列中的每条纵线代表一个输入信号,每条横线对应于一个与门,代表一个乘积项,乘积项是和这条横线上编程联通的所有输入的乘积,这是一种示意性的简略画法。该阵列共有 64 个乘积项,分成 8 组,分别通过一个或门形成一个输出函数。这些输出函数都经过三态反相器引至输出端,因而电路共有 8 个输出端,且是低电平有效。即当或门输出为 1 时,输出端得到的是低电平。该电路的型号正是描述了上述几个参数,如下所示。

PAL16L8 属于组合型 PAL,其每个输出相应于图 11-16 所示结构。每个输出函数最多可包含 7 个积项。最上面的一个与门是用来控制三态反相器输出的,当该与门输出为 1 时,相应的输出函数才能通过三态反相器输出,因而整个阵列的 8 个逻辑函数的输出时间便有可能不一致,可称为"异步"。另一方面,当某个三态反相器处于非高阻状态时,相应的或门输出不仅可以送到相应的引脚,还可以通过右边的缓冲电路反馈到与阵列,而当该三态反相器处于禁止状态时,或门与引脚间联系隔断,此时可由该引脚通过缓冲器向与阵列输入外信号,因而该引脚既可作输出用,又可作输入用,是一个 I/O 端口,如图 11-16 所示,被称为异步 I/O(组合)输出结构。另有一类 PAL 的输出没有三态输出电路和反馈缓冲器,它只能作为输出端使用,称为专用(组合)输出结构。

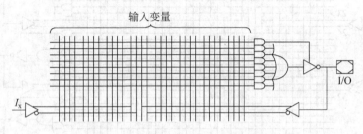

图 11-16   异步 I/O(组合)输出结构

图 11-17 所示是 PAL16R8 的输出结构,或门后面是一个上升沿触发的 D 触发器,触发器的反相输出端通过缓冲电路反馈到与阵列。该结构可以用来实现同步时序逻辑电路,因而称为时序输出结构或寄存器输出结构。

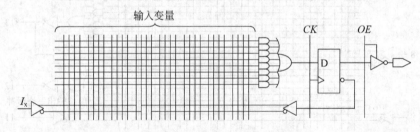

图 11-17   PAL16R8 的输出结构

PAL16R8 就是 8 个如图 11-17 所示结构构成的 PAL。型号中的 R 表示该电路的输出是寄存器(Register)型的。其逻辑图与图 11-18 类似,只不过输出结构由图 11-19 变为图 11-20 所示的形式。它的 8 个输出端(12~19)都没有向与阵列反馈的通道,8 个三态门又是受同一使能信号(由 11 脚输入)控制的,因而不具有异步 I/O 特性。因为 8 个触发器的时钟是共用的(由引脚 1 送入),因而可用来实现同步时序逻辑电路。但因 PAL16R8 中不含组合型输出,因而此时序逻辑电路只能是摩尔型的,即不含即刻输出信号。如果要实现米里型时序逻辑电路,必须采用其他型号的 PAL,如 PAL16R4 中含 4 个寄存器输出,4 个异步 I/O 输出,PAL16R6 中含 6 个寄存器输出,2 个异步 I/O 输出等。

2. GAL

通用阵列逻辑 GAL 的输出电路与 PAL 不同,它用一个可编程的输出逻辑宏单元

（Output Logic Macro Cell,OLMC)来取代 PAL 器件的各种输出反馈结构,因而输出可以组态。GAL 的许多优点正是源出于 OLMC。以 GAL16V8 为例,其逻辑图如图 11-18 所示,型号中的 V 是输出方式可以改变的意思。

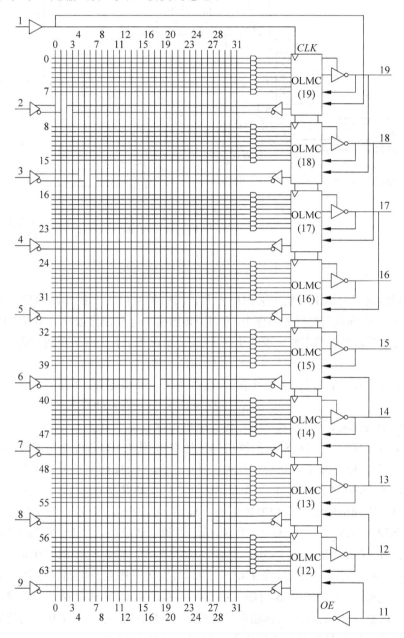

图 11-18 GAL16V8 的逻辑图

OLMC 的内部结构如图 11-19 所示,它主要由一个 8 输入或门、一个异或门、四个多路选择器和一个 D 触发器构成。

每个 OLMC 中包含或阵列中的一个或门,或门的每一个输入是与阵列中相应的一个

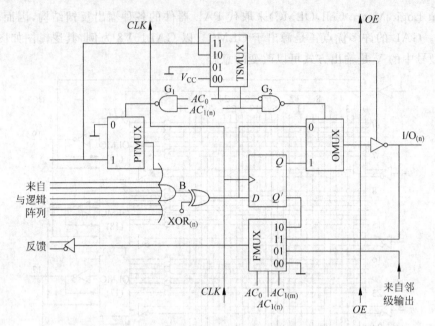

图 11-19 OLMC 的内部结构

乘积项,因此,或门的输出为相关乘积项之和。图中异或门用于控制输出信号的极性,当 $XOR_{(n)}$ 端为 1 时,异或门起反相器作用,否则同相输出。这种输出极性可编程功能,使 GAL 器件能实现粗看起来似乎不能实现的功能,例如要实现多于 8 个乘积项的功能。例如:

$$Y = A + B + C + D + E + F + G + H + I$$

式中有 9 个乘积项,而或门只有 8 个输入端,如果采用摩根定理,则有:

$$Y' = A' \cdot B' \cdot C' \cdot D' \cdot E' \cdot F' \cdot G' \cdot H' \cdot I'$$

输出只有一个乘积项,只需要通过编程使其输出极性取反即可。

OLMC 中的 D 触发器可对或门输出起记忆作用,使 GAL 器件能用于时序逻辑电路。

每个 OLMC 中有 4 个多路选择开关。其中二选一的极性多路开关 PTMUX 用于控制第一乘积项,由控制字中的 AC_0、$AC_{1(n)}$ 经与非门控制其状态,从而决定或门的第一个输入是来自与阵列中的第一乘积项还是地。只要 AC_0、$AC_{1(n)}$ 中有一个为 0,与非后得 1,选中第一乘积项为或门的一个输入,否则,低电平被送到或门;二选一的输出数据选择器 OMUX 用于选择组合输出方式,还是寄存器输出方式。它也受控制字中的 AC_0、$AC_{1(n)}$ 控制,当 $AC_0 = 1$, $AC_{1(n)} = 0$ 时,选择 Q 为输出,可实现时序逻辑电路;否则,OMUX 将异或门的输出与输出三态缓冲器的输入接通,可实现组合逻辑电路;三态数据选择器 TSMUX 是四选一的,它用于选择输出三态缓冲器的选通信号。在控制字的控制下,从四路信号中选出一路信号控制三态缓冲器。控制方式见表 11-2。

反馈数据选择器 FMUX 用于决定反馈信号的来源,其输入分别为地、相邻单元引脚输出、D 触发器反相端输出和本级对应引脚输出。它的控制信号有三个 AC_0、$AC_{1(n)}$、$AC_{1(m)}$。实际上,当 $AC_0 = 1$ 时,只有 $AC_{1(n)}$ 起作用,$AC_{1(m)}$ 不起作用;相反,当 $AC_0 = 0$ 时,只有 $AC_{1(m)}$ 起作用,$AC_{1(n)}$ 不起作用。所以仍是两个信号同时起作用,控制字如表 11-3 所示。

表 11-2　三态数据选择器的控制字

AC_0	$AC_{1(n)}$	TSMUX
0	0	选 V_{CC}，三态门打开
0	1	选低电平，三态门处于高阻态
1	0	选输出使能 OE，允许输出
1	1	选第一乘积项作三态控制

表 11-3　FMUX 的控制字

AC_0	$AC_{1(n)}$	$AC_{1(m)}$	FMUX
0	×	0	0
0	×	1	相邻 OLMC 输入
1	1	×	反馈或输入
1	0	×	Q'

GAL 器件的结构控制字不受任何外部引脚的控制，而是在对 GAL 编程写入过程中由软件翻译用户源程序后自动设置的。

综上所述，GAL 器件通过设置结构控制字可以灵活地设置输出方式。既可以设置为组合输出，也可以设为寄存器输出；既可以高电平有效，也可以低电平有效；既可以使引脚为输出，也可以使其为输入；输出使能信号也可多项选择，使用十分灵活。此外，GAL器件可反复编程，具有可测试性。这是 GAL 的突出优点，所以 GAL 器件曾被认为是最理想的可编程器件。

但它和 PAL 器件一样都属于低密度器件，因此规模小，一片简单 PLD 通常只能代替2～4 片中规模集成电路；另外，I/O 也不够灵活，片内寄存器资源不足，难以构成丰富的时序电路，远达不到 LSI 和 VLSI 专用集成电路的要求。因此这种简单 PLD 基本上已被淘汰，只有 GAL 还在应用，主要用在中小规模数字逻辑方面。目前在数字系统设计领域中使用较为广泛的可编程逻辑器件以大规模、超大规模集成电路工艺制造的 CPLD、FPGA 为主。

11.3.3　CPLD/FPGA 简介

FPGA 和 CPLD 两者在结构上是有差异的，FPGA 的编程逻辑单元主要是 SRAM，它的可编程逻辑颗粒比较细，是以一个 D 触发器为核心的逻辑宏单元为一个颗粒，相互间都存在可编程布线区，所以逻辑设计比较灵活。相比较而言，CPLD 的逻辑颗粒就要粗得多，它是以由多个宏单元构成的逻辑宏块的形式存在的。CPLD 的基本工作原理与GAL 器件十分相似，可以看成是由许多 GAL 器件合成的逻辑体，只是相邻块的乘积项可以互借，且每一逻辑单元都能单独引入时钟，从而可实现异步时序逻辑。

1. CPLD 的结构和工作原理

复杂可编程逻辑器件（Complex Programmable Logic Device，CPLD）对简单 PLD 的结构和功能进行了扩展，具有更多的乘积项、更多的宏单元和更多的 I/O 端口。由于这种 CPLD 的逻辑单元沿用了简单 PLD 的乘积项逻辑单元结构，被称为基于乘积项的

CPLD。生产这种 CPLD 的公司有很多,产品型号也多种多样。

在流行的 CPLD 中,Altera 公司的 MAX7000 系列器件具有一定的典型性,下面以 MAX7128 为例介绍 CPLD 的基本结构。MAX7128S 的结构如图 11-20 所示,主要包含 3 种逻辑资源:逻辑阵列块(Logic Array Block,LAB)、可编程互联阵列(Programmable Interconnect Array,PIA)和 I/O 控制模块。每种资源内部都是一种复杂的电路结构,在此不再详述,仅简单介绍各自的作用。

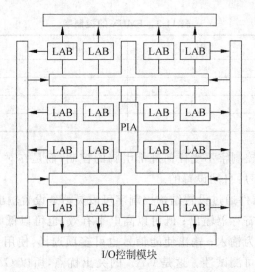

图 11-20 MAX7128S 的结构

每个逻辑阵列块 LAB 由 16 个宏单元组成。MAX7000 系列包含 32～256 个宏单元不等,每个宏单元都有可编程的"与"阵列和固定的"或"阵列,主要用来实现逻辑函数。多个 LAB 按阵列形式排布,通过可编程互联阵列 PIA 和全局总线实现相互连接,从而可以构成更复杂的数字逻辑系统。全局总线是一种可编程的通道,可以把器件中任何信号连接到它的目的地。所有 MAX7000S 器件的专用输入、I/O 引脚和宏单元的输出信号都连接到 PIA,而 PIA 可把这些信号送到整个器件的各个地方。I/O 控制模块的作用主要是实现对输入输出方式的灵活控制和选择。

2. FPGA 结构与工作原理

现场可编程门阵列(Field Programmable Gate Array,FPGA)是大规模可编程逻辑器件除 CPLD 外的另一大类 PLD 器件。具有高密度、高速度、高可靠性和在线配置等特点。FPGA 的种类和生产厂家都很多。这里以 Altera 公司的 FLEX10K 系列器件为例,简单介绍 FPGA 的结构与工作原理。

(1) 查找表

前面提到的可编程逻辑器件,诸如 GAL、CPLD 之类都是基于乘积项的可编程结构,即由可编程的与阵列和固定的或阵列来完成功能。而下面将要介绍的 FPGA,使用了另一种可编程的逻辑形成方法,即可编程的查找表(Look Up Table,LUT)结构,LUT 是可编程的最小逻辑构成单元。

大部分 FPGA 采用基于 SRAM 的查找表逻辑结构，就是用 SRAM 来构成逻辑函数发生器。一个 4 输入的 LUT 如图 11-21 所示，其内部结构如图 11-22 所示。图中左侧方块表示 16 个 SRAM 存储元，用于存储 4 变量逻辑函数的所有最小项的值。梯形块都表示 2 选 1 的多路选择器，每列多路选择器用一个输入变量作为共同的选择控制端，如果变量取值为 1 时选取上路输出，则该查找表实现的逻辑函数为 $A'BC'D+AB'C'D+AB'C'D'+A'B'C'D'$。

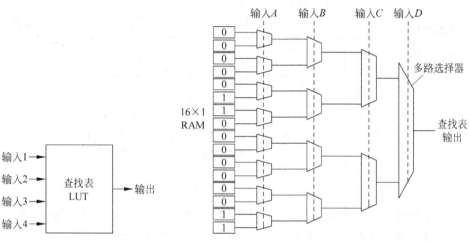

图 11-21　FPGA 查找表单元　　　　图 11-22　FPGA 查找表单元内部结构

由此可知，如果用 2^N 个 SRAM 单元把 N 个输入构成的逻辑函数最小项存储起来（逻辑函数包含的最小项对应的单元存 1），那么，一个 N 输入的查找表可以实现 N 个输入变量的任何逻辑功能，因为具有 N 个变量的逻辑函数总可以表达成最小项的形式。显然 N 不可能很大，否则 LUT 的利用率很低。输入多于 N 个的逻辑函数，可以用若干个查找表分开实现。

（2）FLEX10K 系列器件

FLEX10K 系列器件的结构和工作原理在 Altera 的 FPGA 器件中具有典型性，其结构如图 11-23 所示，主要由逻辑阵列块 LAB、嵌入式阵列块 EAB、Fast Track 和 I/O 单元 4 部分组成。

逻辑阵列块（Logic Array Block，LAB）由 8 个相邻的逻辑单元（Logic Element，LE）或称（Logic Cell，LC）级联构成。每个逻辑单元 LE 都含有一个 4 输入的 LUT，是 FLEX10K 结构中的最小单元，能实现 4 输入 1 输出的任意逻辑函数。快速通道（Fast Track）是由遍布整个器件的"行互联"和"列互联"组成的，遍布于整个 FLEX10K 器件，用于实现 LE 和器件 I/O 引脚之间的连接。嵌入式阵列块（Embedded Array Block，EAB）是在输入、输出口上带有寄存器的 RAM 块，是由一系列的嵌入式 RAM 单元构成。当要实现有关存储器功能时，每个 EAB 提供 2048 个位，每一 EAB 是一个独立的结构，它具有共同的输入、互连与控制信号。EAB 可以非常方便地实现一些规模不太大的 RAM、ROM、FIFO 或双口 RAM 等功能。而当 EAB 用来实现计数器、地址译码器、状态机、乘法器、微控制器以及 DSP 等复杂逻辑时，每个 EAB 可以贡献 100～600 个等效门。EAB

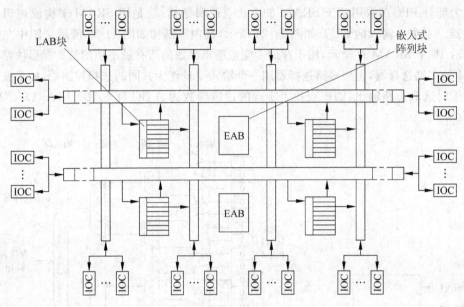

图 11-23　FLEX10K 的内部结构

既可以单独使用,也可以组合起来使用。I/O 单元(IOC)用来驱动 I/O 引脚,包含一个双向 I/O 缓冲器和一个寄存器。IOC 可以配置成输入、输出或双向口。

思考与练习

11-3-1　PLD 的含义是什么? PLD 可以分为哪几大类? 分类的依据是什么?

11-3-2　简单 PLD 的基本组成结构是怎样的?

11-3-3　PAL 器件有何特点? 它的输出结构有哪些? GAL 器件的输出电路有何特点?

11-3-4　FPGA 与 CPLD 之间有何区别?

习题

11-1　有一存储器,其地址线有 12 根为 $A_{11} \sim A_0$,数据线有 8 根为 $D_7 \sim D_0$,它的存储容量为多大?

11-2　存储容量为 1024×8 位的 RAM 有多少根地址线? 多少根位线?

11-3　用 512×4 的 RAM 扩展组成一个 2K×8 位的存储器需要几片 RAM? 试画出它们的连接图。

11-4　用 6264 RAM 组成一个 16K×8 位的存储器。

11-5　试用 1K×4 位的 2114 静态 RAM 构成 4K×8 位的存储器,画出其连接图和外加地址译码器的电路图。

第12章

脉冲波形的产生与变换

脉冲(Pulse)波形是数字电路或系统中最常用的信号。脉冲波形的获取,通常采用两种方法:一种是利用脉冲信号产生器直接产生;另一种是对已有的信号进行变换,使之成为能够满足电路或系统要求的标准的脉冲信号。

555 定时器是一种多用途的中规模集成电路。该电路使用灵活、方便,只需外接少量的阻容元件就可以构成单稳态触发器、多谐振荡器和施密特触发器,因而在波形的产生与变换中具有很重要的作用。

本章首先讨论 555 定时器的基本单元电路及其工作原理,继而讨论由 555 定时器构成的多谐振荡器、单稳态触发器、施密特触发器等,并对它们的功能、特点以及主要应用作概括介绍。

12.1　555 定时器

555 定时器(Timer)是数字-模拟混合集成电路,用途很广。在波形的产生与变换、测量与控制、家用电器和电子玩具等许多领域中都得到了广泛的应用。

目前生产的定时器有双极型和 CMOS 两种类型,其型号分别有 NE555(或 5G555)和 C7555 等多种。通常,双极型产品型号最后的 3 位数码都是 555,CMOS 产品型号的最后 4 位数码都是 7555,它们的结构、工作原理以及外部引脚排列基本相同。为了提高集成度,随后又生产了双定时器产品 556(双极型)和 7556(CMOS 型)。

12.1.1　555 定时器的电路结构

国产双极型定时器 CB555 的电路结构如图 12-1 所示,它由三个 5kΩ 电阻组成的分压器、两个电压比较器 C_1 和 C_2、一个基本 RS 触发器、一个放电三极管 VT 及缓冲器 G 组成。

12.1.2　555 定时器的工作原理

当 5 脚悬空时,比较器 C_1 和 C_2 的比较电压分别为 $\frac{2}{3}V_{cc}$ 和 $\frac{1}{3}V_{cc}$。

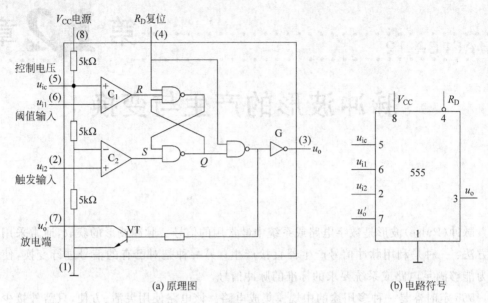

(a) 原理图　　　　　(b) 电路符号

图 12-1　555 定时器的电气原理图和电路符号

(1) 当 $u_{i1} > \frac{2}{3}V_{CC}$，$u_{i2} > \frac{1}{3}V_{CC}$ 时，比较器 C_1 输出低电平，C_2 输出高电平，基本 RS 触发器被置 0，放电三极管 VT 导通，输出端 u_o 为低电平。

(2) 当 $u_{i1} < \frac{2}{3}V_{CC}$，$u_{i2} > \frac{1}{3}V_{CC}$ 时，比较器 C_1 和 C_2 都输出高电平，即基本 RS 触发器 $R=1$，$S=1$，触发器状态不变，u_o 也保持原状态不变。

(3) 当 $u_{i1} < \frac{2}{3}V_{CC}$，$u_{i2} < \frac{1}{3}V_{CC}$ 时，比较器 C_1 输出高电平，C_2 输出低电平，基本 RS 触发器被置 1，放电三极管 VT 截止，输出端 u_o 为高电平。

由于阈值输入端 (u_{i1}) 为高电平 $\left(大于 \frac{2}{3}V_{CC}\right)$ 时，定时器输出低电平，因此也将该端称为高触发端 (TH)。

因为触发输入端 (u_{i2}) 为低电平 $\left(小于 \frac{1}{3}V_{CC}\right)$ 时，定时器输出高电平，因此也将该端称为低触发端 (TL)。

如果在电压控制端 (5 脚) 施加一个外加电压 (其值在 $0 \sim V_{CC}$ 之间) u_{ic} 时，比较器 C_1 和 C_2 的参考电压将发生变化，分别为 u_{ic} 和 $\frac{1}{2}u_{ic}$，比较器电路相应的阈值、触发电平也将随之变化，并进而影响电路的工作状态。

另外，R_D 为复位输入端，当 R_D 为低电平时，不管其他输入端的状态如何，输出 u_o 为低电平，即 R_D 的控制级别最高，正常工作时，一般应将其接高电平。

综上所述，555 定时器的功能如表 12-1 所示。

表 12-1　555 定时器的功能表

复位（R_D）	阈值输入（u_{i1}）	触发输入（u_{i2}）	输出（u_o）	放电管 VT
0	$\times$	$\times$	0	导通
1	$>\dfrac{2}{3}V_{CC}$	$>\dfrac{1}{3}V_{CC}$	0	导通
1	$<\dfrac{2}{3}V_{CC}$	$>\dfrac{1}{3}V_{CC}$	不变	不变
1	$<\dfrac{2}{3}V_{CC}$	$<\dfrac{1}{3}V_{CC}$	1	截止
1	$>\dfrac{2}{3}V_{CC}$	$<\dfrac{1}{3}V_{CC}$	1	截止

思考与练习

12-1-1　555 定时器因何得名？

12-1-2　说明 555 定时器的工作原理及功能。

12.2　多谐振荡器

多谐振荡器（Astable Multivibrator）是一种自激振荡电路，接通电源后，不需要外加触发信号，便能自动地产生矩形脉冲。由于矩形波中含有丰富的高次谐波分量，所以习惯上又将矩形波振荡器称为多谐振荡器。

12.2.1　由 555 定时器组成的多谐振荡器

将放电管 VT 集电极 7 端经 R_1 接到电源 V_{CC} 上，便构成了一个反相器。7 输出端对地接 R_2 和 C 积分电容，积分电容 C 再接阈值输入端 u_{i1} 和触发输入端 u_{i2} 便组成了如图 12-2 所示的多谐振荡器电路。R_1、R_2 和 C 是定时元件。

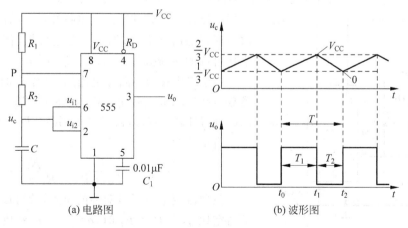

(a) 电路图　　　　　　　　(b) 波形图

图 12-2　用 555 定时器构成的多谐振荡器

刚接通电源瞬间,电容 C 来不及充电,$u_c = 0$,555 内部的基本 RS 触发器被置 1,放电三极管 T 截止,输出端 u_o 为高电平,定时电容 C 开始充电,充电回路为 $V_{CC} \rightarrow R_1 \rightarrow R_2 \rightarrow C \rightarrow$ 地,充电时间常数 $\tau_1 = (R_1 + R_2)C$,u_c 按指数规律上升,电路处于第一暂稳态。当 u_c 上升到 $\frac{2}{3}V_{CC}$ 时,使 RS 触发器置 0,放电三极管 VT 导通,输出端 u_o 为低电平,电容 C 开始放电,放电回路为 $u_c \rightarrow R_2 \rightarrow T \rightarrow$ 地,放电时间常数为 $\tau_2 = R_2 C$,u_c 按指数规律下降,电路进入第二暂稳态,第一暂稳态结束。随着电容 C 的放电,u_c 不断下降,当 u_c 下降到 $\frac{1}{3}V_{CC}$ 时,555 内部 RS 触发器又被置 1,使输出 u_o 为高电平,放电管 T 截止,电容 C 又开始充电,于是第二暂稳态结束,又进入第一暂稳态。以后电路重复上述过程,产生振荡,在输出端得到连续的矩形波。

可见多谐振荡器的两个输出状态都不稳定,都属于暂稳态,两个暂稳态之间按照一定的周期周而复始地依次翻转,从而产生连续的、周期性的脉冲波形。上述过程的电压波形如图 12-2(b)所示。电容充电时起始值 $u_c(0^+) = \frac{1}{3}V_{CC}$,终了值 $u_c(\infty) = V_{CC}$,转换值 $u_c(T_1) = \frac{2}{3}V_{CC}$,电容放电时,起始值 $u_c(0^+) = \frac{2}{3}V_{CC}$,终了值 $u_c(\infty) = 0$,转换值 $u_c(T_2) = \frac{1}{3}V_{CC}$,代入 RC 过渡过程计算公式,可得电容 C 的充电时间 T_1 和放电时间 T_2 分别为

$$T_1 = 0.7(R_1 + R_2)C \tag{12-1}$$

$$T_2 = 0.7R_2 C \tag{12-2}$$

电路振荡周期为

$$T = T_1 + T_2 = 0.7(R_1 + 2R_2)C \tag{12-3}$$

脉冲宽度与脉冲周期之比定义为占空比,用 q 表示:

$$q = \frac{T_1}{T} = \frac{R_1 + R_2}{R_1 + 2R_2} \tag{12-4}$$

在如图 12-2 所示电路中,由于电容 C 的充电时间常数 $\tau_1 = (R_1 + R_2)C$,放电时间常数 $\tau_2 = R_2 C$,所以 T_1 总是大于 T_2,u_o 的波形不仅不可能对称,而且占空比 q 不易调节。

利用半导体二极管的单向导电特性,把电容 C 充电和放电回路隔离开来,再加上一个电位器,便可构成占空比可调的多谐振荡器,如图 12-3 所示。

由于二极管的单向导电作用,电容 C 的充电时间常数 $\tau_1 = R_1 C$,放电时间常数 $\tau_2 = R_2 C$。通过与上面相同的分析计算过程可得:$T_1 = 0.7R_1 C$,$T_2 = 0.7R_2 C$。

占空比为

$$q = \frac{T_1}{T} = \frac{T_1}{T_1 + T_2} = \frac{R_1}{R_1 + R_2}$$

只要改变电位器滑动端的位置,就可以方便地调节占空比 q,当 $R_1 = R_2$ 时,$q = 0.5$,u_o 就成为对称的矩形波。

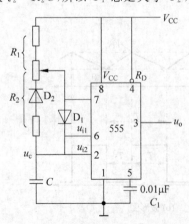

图 12-3　占空比可调的多谐振荡器

12.2.2　石英晶体多谐振荡器

前面介绍的多谐振荡器的振荡周期或频率与时间常数 RC 有关，而且还容易受温度、电源电压及干扰的影响，因此频率稳定性较差，不能适应对频率稳定性要求较高的场合。

为得到频率稳定性很高的脉冲波形，多采用由石英晶体（Crystal）和门电路组成的石英晶体振荡器，石英晶体的电路符号和阻抗频率特性曲线如图 12-4 所示。由阻抗频率特性曲线可知，石英晶体的选频特性非常好，它有一个极为稳定的串联谐振频率 f_S，且等效品质因数 Q 值很高。当频率等于 f_S 时，石英晶体的电抗为 0，而当频率偏离 f_S 时，石英晶体的电抗急剧增大，因此，在串联谐振电路中，只有频率为 f_S 的信号最容易通过，而其他频率的信号均会被晶体所衰减。

f_P 是石英晶体的并联谐振频率，当频率为 f_P 时，石英晶体的电抗为无穷大，当频率偏离 f_P 时，石英晶体的电抗急剧减小，因此，在并联谐振电路中，f_P 以外频率的信号最容易被石英晶体所旁路，而输出频率为 f_P 的信号。

石英晶体的串联谐振频率 f_S 和并联谐振频率 f_P 仅仅取决于石英晶体的几何尺寸，通过加工成不同尺寸的晶片，即可得到不同频率的石英晶体，并且串联谐振频率 f_S 和并联谐振频率 f_P 的值非常接近。

用石英晶体组成的多谐振荡器分为串联型和并联型两种形式。串联型石英晶体振荡器电路如图 12-5 所示。图中，并联在两个反相器输入、输出间的电阻 R 的作用是使反相器工作在线性放大区。R 的阻值，对于 TTL 门电路通常在 $0.7\sim2\mathrm{k}\Omega$；对于 CMOS 门电路通常在 $10\sim100\mathrm{M}\Omega$。电容 C_1 用于两个反相器之间的耦合，而 C_2 的作用则是为了抑制高次谐波，以保证输出波形的频率稳定。电容 C_2 的选择应使 $2\pi RC_2 f_S\approx1$，从而使 RC_2 并联网络在 f_S 处产生极点，以减少谐振信号损失。C_1 的选择应使 C_1 在频率为 f_S 时的容抗可以忽略不计。

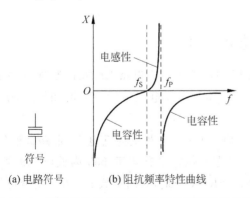

图 12-4　石英晶体的电路符号及阻抗频率特性曲线

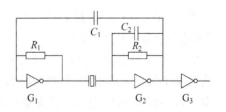

图 12-5　串联型石英晶体振荡器

图 12-5 所示电路的振荡频率仅取决于石英晶体的串联谐振频率 f_S，而与电路中 R、C 的参数无关，这是因为电路对频率为 f_S 的信号所形成的正反馈最强而易于维持

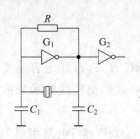

图 12-6 并联型石英晶体
振荡器

振荡。

并联型石英晶体振荡器如图 12-6 所示。石英晶体和电容 C_1、C_2 谐振于并联谐振频率 f_P 附近,且石英晶体呈感性,改变电容 C_1、C_2 的大小可微调振荡频率。电阻 R 的作用是为了使门电路工作在线性放大区,以增强电路的灵敏度和稳定性。

为了改善输出波形和提高负载能力,一般在石英晶体振荡器的输出端加一级反相器,如图 12-5 和图 12-6 所示。

思考与练习

12-2-1 什么是多谐振荡器器?有何特点及用途?

12-2-2 如何用 555 定时器构成多谐振荡器?

12-2-3 石英晶体振荡器有何特点?振荡频率如何确定?

12.3 单稳态触发器

单稳态触发器(Monostable)可以在外部触发信号作用下,输出一个一定宽度、一定幅值的脉冲波形。它具有以下特点。

(1) 电路有一个稳态和一个暂稳态。

(2) 没有触发信号时,电路始终处于稳态,在外来触发信号作用下,电路由稳态翻转到暂稳态。

(3) 暂稳态是一个不能长久保持的状态,由于电路中 RC 延时环节的作用,经过一段时间后,电路会自动返回到稳态。暂稳态持续的时间取决于电路中 RC 的参数。

单稳态触发器可以用门电路或者 555 定时器构成,市场上也有单稳态集成芯片。门电路构成的单稳态触发器的工作原理比较费解,本节仅介绍 555 定时器构成的单稳态触发器及单稳态触发器集成芯片。

12.3.1 用 555 定时器组成单稳态触发器

用 555 定时器组成单稳态触发器如图 12-7(a)所示。当电路无触发信号时,u_i 保持高电平,电路工作在稳定状态,输出 u_o 为低电平,555 内放电三极管 VT 饱和导通,引脚 7 "接地",电容电压 u_c 为 0V。

当 u_i 下降沿到达时,555 触发输入端(2 脚)由高电平跳变为低电平,电路被触发,u_o 由低电平跳变为高电平,电路由稳态转入暂稳态。在暂稳态期间,555 内放电三极管 VT 截止,V_{cc} 经 R 向 C 充电。其充电回路为 $V_{cc} \rightarrow R \rightarrow C \rightarrow$ 地,时间常数 $\tau_1 = RC$,电容电压 u_c 由 0V 开始增大,在电容电压 u_c 上升到阈值电压 $\frac{2}{3}V_{cc}$ 之前,电路将保持暂稳态不变。

当 u_c 上升至阈值电压 $\frac{2}{3}V_{cc}$ 时,输出电压 u_o 由高电平跳变为低电平,555 内放电三极

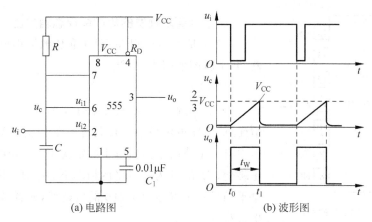

图 12-7 用 555 定时器构成的单稳态触发器及工作波形

管 VT 由截止转为饱和导通,引脚 7"接地",电容 C 经放电三极管对地迅速放电,电压 u_c 由 $\frac{2}{3}V_{CC}$ 迅速降至 0V(放电三极管的饱和压降),电路由暂稳态重新转入稳态。单稳态触发器又可以接收新的触发信号。

单稳态触发器输出脉冲宽度 t_W 就是暂稳态维持时间,即定时电容的充电时间。由图 12-7(b)所示电容电压 u_c 的工作波形不难看出,$u_c(0^+) \approx 0V$,$u_c(\infty) = V_{CC}$,$u_c(t_W) = \frac{2}{3}V_{CC}$,代入 RC 过渡过程计算公式,可得

$$t_W = 1.1RC \tag{12-5}$$

式(12-5)说明,单稳态触发器输出脉冲宽度 t_W 仅决定于定时元件 R、C 的取值,与输入触发信号和电源电压无关,调节 R、C 的取值,即可方便地调节 t_W。

12.3.2 集成单稳态触发器

在数字系统中,集成单稳态触发器得到了广泛的应用。

集成单稳态触发器分为可重复触发和不可重复触发两种形式。其主要区别在于:不可重复触发单稳态触发器在进入暂稳态期间,如有触发脉冲作用,电路的工作过程不受影响,只有当电路的暂稳态结束后,输入触发脉冲才会影响电路状态;而可重复触发单稳态触发器在暂稳态期间,如有触发脉冲作用,电路会重新被触发,使暂稳态延迟一个 Δt 的时间,直至触发脉冲的间隔超过输出脉宽,电路才返回稳态。

两种单稳态触发器的工作波形分别如图 12-8(a)、(b)所示。

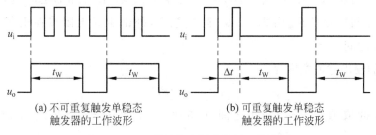

(a) 不可重复触发单稳态触发器的工作波形   (b) 可重复触发单稳态触发器的工作波形

图 12-8 两种单稳态触发器的工作波形

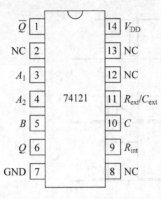

图 12-9　74121 的引脚图

1．不可重复触发的集成单稳态触发器

74121 是一种 TTL 的不可重复触发集成单稳态触发器，其引脚图如图 12-9 所示。

（1）触发方式

74121 集成单稳态触发器有 3 个触发输入端，在下列情况下，电路可由稳态翻转到暂稳态：①在 A_1、A_2 两个输入中有一个或两个为低电平的情况下，B 发生由 0 到 1 的正跳变；②在 B 为高电平的情况下，A_1、A_2 中有一个为高电平而另一个发生由 1 到 0 的负跳变，或者 A_1、A_2 同时发生负跳变。

表 12-2 是 74121 的功能表。

表 12-2　74121 的功能表

输　入			输　出	
A_1	A_2	B	Q	$\bar{Q}$
L	×	H	L	H
×	L	H	L	H
×	×	L	L	H
H	H	×	L	H
H	↓	H	⊓	⊔
↓	H	H	⊓	⊔
↓	↓	H	⊓	⊔
L	×	↑	⊓	⊔
×	L	↑	⊓	⊔

（2）定时

74121 的定时时间取决于定时电阻和定时电容的数值。定时电容 C_{ext} 连接在引脚 C_{ext}（第 10 脚）和 R_{ext}/C_{ext}（第 11 脚）之间。如果使用有极性的电解电容，电容的正极应接在 C_{ext} 引脚（第 10 脚）。对于定时电阻，有两种选择：①采用内部定时电阻 R_{int}（$R_{int}=2k\Omega$），此时只需将 R_{int} 引脚（第 9 脚）接至电源 V_{cc}；②采用外部定时电阻（阻值应在 1.4～40kΩ 之间），此时 R_{int} 引脚（第 9 脚）应悬空，外部定时电阻接在引脚 R_{ext}/C_{ext}（第 11 脚）和 V_{cc} 之间。

74121 的输出脉冲宽度为

$$t_W \approx 0.7RC$$

通常 R 的取值在 $2\sim30k\Omega$ 之间，C 的取值在 $10pF\sim10\mu F$ 之间，得到的 t_W 在 $20ns\sim200ms$。

2．可重复触发的集成单稳态触发器

CD4528 是一种 CMOS 的不可重复触发集成单稳态触发器，其引脚图如图 12-10 所示。

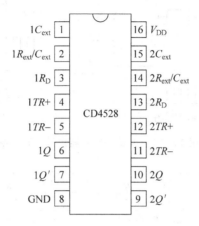

图 12-10　CD4528 的引脚图

CD4528 的内部包含两个独立的积分型单稳态触发器，其功能表列于表 12-3。

表 12-3　CD4528 的功能表

输　　入			输　　出		功　能
R_D	$TR+$	$TR-$	Q	Q'	
L	×	×	L	H	清除
×	H	×	L	H	禁止
×	×	L	L	H	禁止
H	L	↓	⊓	⊔	单稳态
H	↑	H	⊓	⊔	单稳态

12.3.3　单稳态触发器的应用

单稳态触发器是数字电路中常用的基本单元电路，其典型应用介绍如下。

1．定时

由于单稳态触发器能产生一定宽度的矩形脉冲输出，如果利用这个矩形脉冲作为定时信号去控制某电路，可使其在 t_W 时间内动作。例如，利用单稳态触发器输出的矩形脉冲作为与门输入的控制信号，如图 12-11 所示，则只有在这个矩形波的 t_W 时间内，信号 u_A 才有可能通过与门。

2．构成多谐振荡器

利用两个单稳态触发器可以构成多谐振荡器。由两片 74121 集成单稳态触发器组成的多谐振荡器如图 12-12 所示。图中开关 S 为振荡器控制开关。

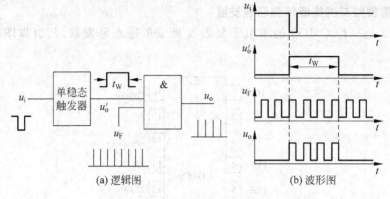

(a) 逻辑图   (b) 波形图

图 12-11 单稳态触发器用于定时电路

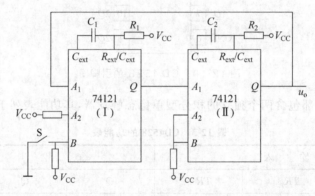

图 12-12 由两片 74121 集成单稳态触发器组成的多谐振荡器

设当电路处于 $Q_1 = 0$，$Q_2 = 0$ 时，将开关 S 打开，电路开始振荡，其工作过程如下：在起始时，单稳态触发器 Ⅰ 的 A_1 为低电平，开关 S 打开瞬间，B 端产生正跳变，单稳态触发器 Ⅰ 被触发，Q_1 输出正脉冲，其脉冲宽度约为 $0.7R_1C_1$，当单稳态触发器 Ⅰ 暂稳态结束时，Q_1 的下降沿触发单稳态触发器 Ⅱ，Q_2 端输出正脉冲，此后，Q_2 的下降沿又触发单稳态触发器 Ⅰ，如此周而复始地产生振荡，其振荡周期为

$$T = 0.7(R_1C_1 + R_2C_2)$$

3．噪声消除电路

利用单稳态触发器可以构成噪声消除电路(或称脉宽鉴别电路)。通常噪声多表现为尖脉冲，宽度较窄，而有用的信号都具有一定的宽度。利用单稳电路，将输出脉宽调节到大于噪声宽度而小于信号脉宽，即可消除噪声。由单稳态触发器组成的噪声消除电路及波形如图 12-13 所示。

图 12-13 中，输入信号接至单稳态触发器的触发输入端和 D 触发器的数据输入端及直接置 0 端。由于有用信号大于单稳态输出脉宽，因此单稳态触发器 Q' 端输出的上升沿使 D 触发器置 1，而当信号消失后，D 触发器被清 0。如果输入信号中含有噪声，则噪声信号的上升沿使单稳态触发器翻转，但由于单稳输出脉宽大于噪声宽度，故单稳态触发器 Q' 端输出上升沿时，噪声已消失，从而在输出信号中消除了噪声成分。

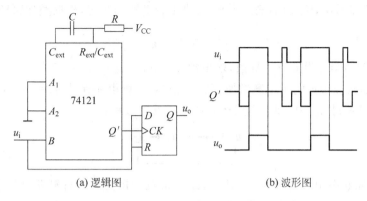

(a) 逻辑图   (b) 波形图

图 12-13 噪声消除电路及波形

思考与练习

12-3-1 什么是单稳态触发器? 有何特点及用途?

12-3-2 单稳态触发器的暂稳态时间如何确定?

12-3-3 什么是可重复触发和不可重复触发?

12.4 施密特触发器

施密特触发器(Schmitt Trigger)可以将缓慢变化的输入波形整形为矩形脉冲,它具有以下特点。

(1) 施密特触发器属于电平触发,对于缓慢变化的信号仍然适用,当输入信号达到某一定电压值时,输出电压会发生突变。

(2) 输入信号增加或减少时,电路有不同的阈值电压。其电压传输特性如图 12-14 所示。

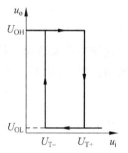

12.4.1 由门电路组成的施密特触发器

图 12-14 施密特触发器的
电压传输特性

由 CMOS 门电路组成的施密特触发器如图 12-15 所示。电路中两个 CMOS 反相器串接,分压电阻 R_1、R_2 将输出端的电压反馈到输入端对电路产生影响。

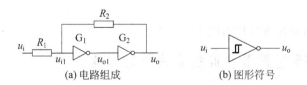

(a) 电路组成   (b) 图形符号

图 12-15 由 CMOS 门电路组成的施密特触发器

假定电路中 CMOS 反相器的阈值电压 $U_{th} \approx V_{DD}/2$, $R_1 < R_2$ 且输入信号 u_i 为三角波,下面分析电路的工作过程。

由电路不难看出，G_1 门的输入电平 u_{i1} 决定着电路的状态，根据叠加原理有

$$u_{i1} = \frac{R_2}{R_1 + R_2} u_i + \frac{R_1}{R_1 + R_2} u_o \tag{12-6}$$

当 $u_i = 0V$ 时，G_1 截止，G_2 导通，输出端 $u_o = 0V$。此时，$u_{i1} \approx 0V$。

输入电压 u_i 从 $0V$ 电压逐渐增加，只要 $u_{i1} < U_{th}$，则电路保持 $u_o = 0V$ 不变。

当 u_i 上升使得 $u_{i1} = U_{th}$ 时，电路产生如下正反馈过程：

$$u_{i1} \uparrow \longrightarrow u_{o1} \downarrow \longrightarrow u_o \uparrow$$

这样，电路状态很快转换为 $u_o \approx V_{DD}$，此时 u_i 的值即为施密特触发器在输入信号正向增加时的阈值电压，称为正向阈值电压，用 U_{T+} 表示。由式(12-6)可得

$$u_{i1} = U_{th} \approx \frac{R_2}{R_1 + R_2} u_{T+} \tag{12-7}$$

所以

$$U_{T+} = \left(1 + \frac{R_1}{R_2}\right) U_{th} \tag{12-8}$$

当 $u_{i1} > U_{th}$ 时，电路状态维持 $u_o = V_{DD}$ 不变。

u_i 继续上升至最大值后开始下降，当 u_i 下降使得 $u_{i1} = U_{th}$ 时，电路产生如下正反馈过程：

$$u_{i1} \downarrow \longrightarrow u_{o1} \uparrow \longrightarrow u_o \downarrow$$

这样电路又迅速转换为 $u_o \approx 0V$ 的状态，此时的输入电平为减小时的阈值电压，称为负向阈值电压，用 U_{T-} 表示。由式(12-6)可得

$$u_{i1} = U_{th} \approx \frac{R_2}{R_1 + R_2} U_{T-} + \frac{R_1}{R_1 + R_2} V_{DD}$$

当 $U_{th} = V_{DD}/2$ 时，有

$$U_{T-} \approx \left(1 - \frac{R_1}{R_2}\right) U_{th} \tag{12-9}$$

根据式(12-8)和式(12-9)，可求得回差电压为

$$\Delta U_T = U_{T+} - U_{T-} \approx 2 \frac{R_1}{R_2} U_{th} \tag{12-10}$$

式(12-10)表明，电路回差电压与 R_1/R_2 成正比，改变 R_1、R_2 的比值即可调节回差电压的大小。

电路工作波形及传输特性如图 12-16 所示。

12.4.2 用 555 定时器构成的施密特触发器

将触发器的阈值输入端 u_{i1} 和触发输入端 u_{i2} 连在一起，作为触发信号 u_i 的输入端，将输出端(3端)作为信号输出端，便可构成一个反相输出的施密特触发器，电路如图 12-17 所示。

参照图 12-17(b)所示的波形，当 $u_i = 0V$ 时，u_{o1} 输出高电平。当 u_i 上升到 $\frac{2}{3} V_{CC}$ 时，

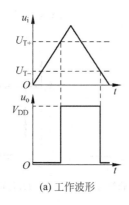
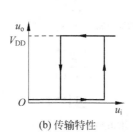

(a) 工作波形　　　　　　(b) 传输特性

图 12-16　施密特触发器的工作波形及传输特性

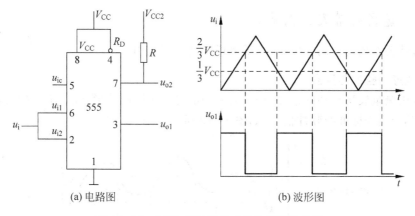

(a) 电路图　　　　　　　(b) 波形图

图 12-17　555 定时器构成的施密特触发器

u_{o1} 输出低电平。当 u_i 由 $\dfrac{2}{3}V_{CC}$ 继续上升时，u_{o1} 保持不变。当 u_i 下降到 $\dfrac{1}{3}V_{CC}$ 时，电路输出跳变为高电平，而且在 u_i 继续下降到 0V 时，电路的这种状态不变。$U_{T+}=\dfrac{2}{3}V_{CC}$，$U_{T-}=\dfrac{1}{3}V_{CC}$，故回差电压 $\Delta U_T=U_{T+}-U_{T-}=\dfrac{1}{3}V_{CC}$。

图 12-17 中，R、V_{CC2} 构成另一输出端 u_{o2}，其高电平可以通过改变 V_{CC2} 进行调节。

若在电压控制端 u_{ic}（5 脚）外加电压 U_S，则将有 $U_{T+}=U_S$、$U_{T-}=\dfrac{U_S}{2}$、$\Delta U_T=\dfrac{U_S}{2}$，而且当改变 U_S 时，它们的值也随之改变。

12.4.3　集成施密特触发器

集成门电路中有多种型号的施密特触发器，CC40106 是其中的一种 CMOS 施密特反相器，图 12-18 是其引脚排列、逻辑符号及传输特性。

CC40106 内部包含了 6 个独立的施密特反相器。此外，在 TTL 电路中，74LS13 内部包含两个独立的四输入端施密特与非门，74LS14 内部包含 6 个独立的施密特反相器，读者在使用时，可查阅相关的手册。

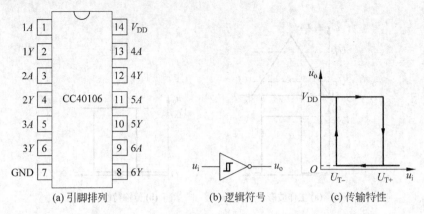

(a) 引脚排列　　　　　　(b) 逻辑符号　　　　(c) 传输特性

图 12-18　CC40106 施密特反相器的引脚排列、逻辑符号及传输特性

12.4.4　施密特触发器的应用

施密特触发器的应用很广,下面举例说明其典型应用。

1. 波形的整形与变换

通常由测量装置得到的信号,经放大后一般是不规则的波形,经过施密特触发器整形后,可将其变换为标准的脉冲信号,如图 12-19 所示。

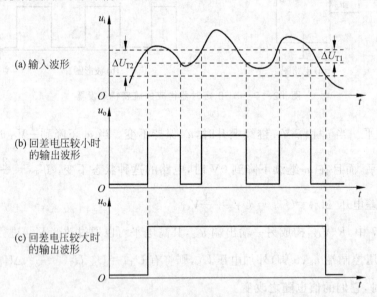

图 12-19　波形的整形与变换电路

在图 12-19(a)中,输入信号的顶部出现了干扰,如果施密特触发器的回差电压较小,经整形后将出现如图 12-19(b)所示的输出波形,顶部干扰造成了不良的影响。使用回差电压较大的施密特触发器,可以得到如图 12-19(c)所示的波形,提高了电路的抗干扰能力。

2. 信号鉴幅

利用施密特触发器输出状态取决于输入信号幅度的特点,可以用作信号的幅度鉴别电路。例如,输入信号为幅度不等的一串脉冲,需要消除幅度较小的脉冲,而保留幅度大于 U_{th} 的脉冲,如图 12-20 所示。

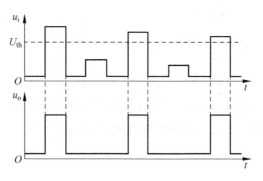

图 12-20 信号鉴幅

将施密特触发器的正向阈值电压 U_{T+} 调整到规定的幅度 U_{th},这样,幅度超过 U_{th} 的脉冲就使电路动作,有脉冲输出;而对于幅度小于 U_{th} 的脉冲,没有输出脉冲,从而达到幅度鉴别的目的。

3. 构成多谐振荡器

利用施密特触发器也可以构成多谐振荡器,电路结构如图 12-21 所示。

接通电源瞬间,电容 C 上的电压为 0V,输出 u_o 为高电平。u_o 通过电阻 R 对电容 C 充电,当 u_i 达到 U_{T+} 时,施密特触发器反转,输出为低电平,此后电容 C 又开始放电,u_i 下降,当 u_i 下降到 U_{T-} 时,电路又发生翻转,如此周而复始地形成振荡。其输入、输出波形如图 12-22 所示。

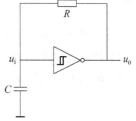

图 12-21 施密特触发器构成的
多谐振荡器

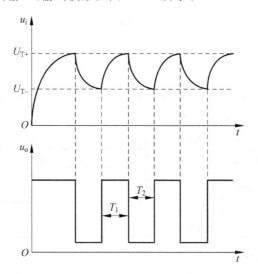

图 12-22 图 12-21 的波形

如果图 12-21 中采用的是 CMOS 施密特触发器，且 $U_{OH} \approx V_{DD}$，$U_{OL} \approx 0V$，根据图 12-22 的波形得到振荡周期计算公式为

$$T = T_1 + T_2$$

$$= RC\ln\frac{V_{DD} - U_{T-}}{V_{DD} - U_{T+}} + RC\ln\frac{U_{T+}}{U_{T-}}$$

$$= RC\ln\left(\frac{V_{DD} - U_{T-}}{V_{DD} - U_{T+}} \cdot \frac{U_{T+}}{U_{T-}}\right)$$

如果采用 TTL 施密特触发器，电阻 R 不能大于 470Ω，以保证输入端能够达到负向阈值电平。电阻 R 的最小值由门的扇出数确定（不得小于 100Ω）。

思考与练习

12-4-1　施密特触发器有何特点及用途？

12-4-2　施密特触发器的回差电压大小能说明什么？

习题

12-1　图 12-23 为由 D 触发器构成的单稳态电路，设触发器的阈值 $U_T = 1.4V$。

(1) 请简述工作原理。

(2) 画出 CP 工作下的 Q 的波形。

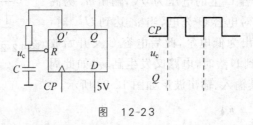

图　12-23

12-2　试用 555 定时器设计一个单稳态触发器，要求输出脉冲宽度在 $1\sim10s$ 的范围内连续可调，取定时电容 $C = 10\mu F$。

12-3　555 定时器构成单稳态触发器如图 12-24(a)所示，输入波形如图 12-24(b)所示。画出电容电压 u_c 和输出波形 u_o。

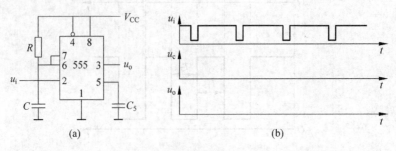

图　12-24

12-4 由 555 定时器组成的多谐振荡器如图 12-25 所示,简述 D_1、D_2 的作用。电路中的电位器有何用途? 写出电路输出波形的占空比表达式。

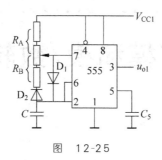

图 12-25

12-5 555 定时器构成的电路如图 12-26(a)所示,定性画出电路的波形图。

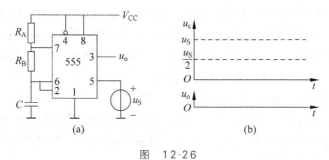

图 12-26

第 13 章

数/模和模/数转换

数字系统只能对数字信号进行处理,而实际测量的信号多数是模拟信号,因此,要利用数字系统来处理这些模拟信号,就必须将这些模拟信号转换为数字信号。相反,经数字系统处理后的信号往往在实际应用中需要转换为模拟信号才能控制被控对象。因此,数/模(D/A)转换和模/数(A/D)转换不仅是沟通模拟电路和数字电路的桥梁(即两者之间的接口),也是数字电子技术的重要组成部分。

本章简要介绍 D/A 和 A/D 转换的基本原理、典型电路和性能指标,并举例说明有关集成 D/A 和 A/D 转换芯片及其应用。读者应理解权电阻网络和 R-$2R$ 倒 T 形网络 D/A 转换器,逐次逼近 A/D 转换和双积分型 A/D 转换器的工作原理、电路结构和主要技术参数,了解常用集成芯片的使用。

13.1　D/A 转换器

能将数字量转换为模拟量(电流或电压),使输出的模拟量与输入的数字量成正比的电路称为数模转换器,简称 D/A 或 DAC(Digital to Analog Converter)。数模转换的基本原理就是将输入的每一位二进制代码按其权的大小转换成相应的模拟量,然后将代表各位的模拟量相加,这样所得的总模拟量与数字量成正比,于是便实现了从数字量到模拟量的转换。实现 D/A 转换的电路有多种,下面介绍两种常用的 D/A 转换电路。

13.1.1　二进制权电阻网络 D/A 转换器

读者已经知道,一个多位二进制数中每一位的 1 所代表的数值大小称为这一位的权。如果一个 n 位二进制数用 $D_n = d_{n-1}d_{n-2}\cdots d_1d_0$ 表示,则最高位(Most Significant Bit, MSB)到最低位(Least Significant Bit, LSB)的权将依次为 2^{n-1}、2^{n-2}、$\cdots$、2^1、2^0。

1. 电路结构

权电阻网络 D/A 转换电路如图 13-1 所示。它主要由权电阻网络 D/A 转换电路、求和运算放大器和模拟电子开关 3 部分构成,其中权电阻网络 D/A 转换电路是核心,求和运算放大器构成一个电流、电压转换器,将流过各权电阻的电流相加,并转换成与输入数字量成正比的模拟电压输出。图 13-1 的电路可以把 4 位二进制数转换为相应的输出电压。

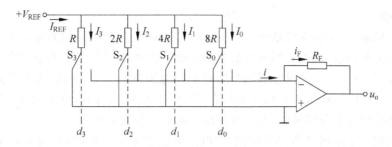

图 13-1 二进制权电阻网络 D/A 转换电路

2. 工作原理

二进制权电阻网络的电阻值是按 4 位二进制数的位权大小取值的,最低位电阻值最大,为 2^3R,然后依次减半,最高位对应的电阻值最小,为 2^0R。不论模拟开关接到运算放大器的反相输入端(虚地)还是接到地,即不论输入数字信号是 1 还是 0,各支路的电流是不变的,即

$$I_0 = \frac{V_{REF}}{8R}, \quad I_1 = \frac{V_{REF}}{4R}, \quad I_2 = \frac{V_{REF}}{2R}, \quad I_3 = \frac{V_{REF}}{R}$$

模拟开关 S 受输入数字信号控制,若 $d=0$,相应的 S 合向同相输入端(地);若 $d=1$,相应的 S 合向反相输入端。当 S 合向同相输入端与地连接时,电流不会流向反相输入端,因此,流入反相输入端的总电流 i 可表示为

$$i = I_0 d_0 + I_1 d_1 + I_2 d_2 + I_3 d_3$$

$$= \frac{V_{REF}}{8R} d_0 + \frac{V_{REF}}{4R} d_1 + \frac{V_{REF}}{2R} d_2 + \frac{V_{REF}}{R} d_3$$

$$= \frac{V_{REF}}{2^3 R}(d_3 \cdot 2^3 + d_2 \cdot 2^2 + d_1 \cdot 2^1 + d_0 \cdot 2^0) \tag{13-1}$$

由式(13-1)可知,i 正比于输入的二进制数,所以实现了数字量到模拟量的转换。

3. 运算放大器的输出电压

运算放大器的作用是将流向反相输入端的电流转换成模拟电压,其输出电压为

$$u_o = -i_F R_F = -i R_F$$

$$= -\frac{V_{REF} R_F}{2^3 R}(2^3 d_3 + 2^2 d_2 + 2^1 d_1 + 2^0 d_0) \tag{13-2}$$

采用运算放大器进行电压转换有两个优点:一是起隔离作用,把负载电阻与电阻网络相隔离,以减小负载电阻对电阻网络的影响;二是可以调节 R_F 控制满刻度值(即输入数字信号为全 1)时输出电压的大小,使 D/A 转换器的输出达到设计要求。

权电阻网络 D/A 转换器可以做到 n 位,此时对应的输出电压为

$$u_o = -\frac{V_{REF} R_F}{2^{n-1} R}(2^{n-1} d_{n-1} + 2^{n-2} d_{n-2} + \cdots + 2^1 d_1 + 2^0 d_0)$$

当取 $R_F = R/2$ 时,输出电压为

$$u_o = -\frac{V_{REF}}{2^n}(2^{n-1} d_{n-1} + 2^{n-2} d_{n-2} + \cdots + 2^1 d_1 + 2^0 d_0) \tag{13-3}$$

4．特点

权电阻网络 D/A 转换电路的优点是结构比较简单，所用的电阻数量较少。缺点是各个电阻的取值相差较大，尤其当输入信号的位数较多时，这个问题就更加突出。例如当输入信号增加到 8 位时，如果权电阻网络中最小的电阻取为 $R=10\text{k}\Omega$，那么最大的电阻阻值将达到 $2^7R=1.28\text{M}\Omega$，两者相差 128 倍。要想在极为宽广的阻值范围内保证每个电阻都有很高的精度是十分困难的，尤其对制作集成电路更加不利。

为了克服权电阻网络 D/A 转换器中电阻阻值相差太大的缺点，可采用下面的倒 T 形电阻网络 D/A 转换器。

13.1.2　倒 T 形电阻网络 D/A 转换器

1．电路结构

64 位倒 T 形电阻网络 D/A 转换器的电路如图 13-2(a)所示，它主要由倒 T 形电阻网络、求和运算放大器和模拟电子开关 3 部分构成，其中电阻网络是 D/A 转换电路的核心，求和运算放大器构成一个电流/电压转换器，它将与输入数字量成正比的输入电流转换成模拟电压输出。

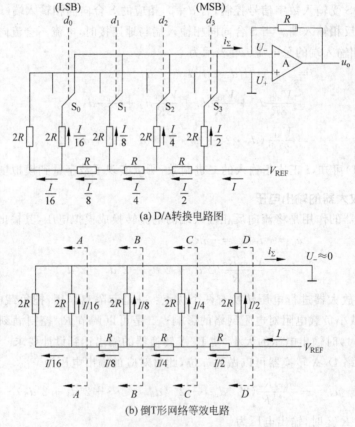

(a) D/A转换电路图

(b) 倒T形网络等效电路

图 13-2　倒 T 形电阻网络 D/A 转换原理图

2．工作原理

在图 13-2(a)中，因为求和运算放大器的反相输入端 U_- 的电位始终接近于零，所以无论 4 个开关合向哪一端，都相当于接到了"地"电位上，流过每个支路的电流始终不变。在计算倒 T 形电阻网络各支路的电流时，可以将电阻网络等效地画成图 13-2(b)的形式。不难看出，从 AA、BB、CC、DD 每个端口向左看过去的等效电阻均为 R，因此从参考电源流入倒 T 形电阻网络的总电流为 $I=V_{REF}/R$，而每个支路的电流依次为 $I/2$、$I/4$、$I/8$、$I/16$。

如果令 $d_i=0$ 时开关 S_i 接放大器的同相输入端 U_+，而 $d_i=1$ 时 S_i 接放大器的反相输入端 U_-，则依照叠加原理，由图 13-2(a)可知，流入反相端的电流总和为

$$i_\Sigma = \frac{I}{2}d_3 + \frac{I}{4}d_2 + \frac{I}{8}d_1 + \frac{I}{16}d_0$$

在求和放大器的反馈电阻阻值等于 R 的情况下，输出电压为

$$u_o = -Ri_\Sigma = -\frac{V_{REF}}{2^4}(2^3 d_3 + 2^2 d_2 + 2^1 d_1 + 2^0 d_0) \tag{13-4}$$

对于 n 位输入的倒 T 形电阻网络 D/A 转换器，在求和放大器的反馈电阻阻值等于 R 的情况下，输出模拟电压的计算公式为

$$u_o = -\frac{V_{REF}}{2^n}(2^{n-1} d_{n-1} + 2^{n-2} d_{n-2} + \cdots + 2^1 d_1 + 2^0 d_0) \tag{13-5}$$

式(13-5)括号内为 n 位二进制数的十进制数值，可用 D_n 表示。于是，式(13-5)可改写为

$$u_o = -\frac{V_{REF}}{2^n}D_n \tag{13-6}$$

式(13-6)说明输出电压与输入数字量成正比，且式(13-6)和权电阻网络 D/A 转换器的输出电压计算公式(13-3)具有相同的形式。

13.1.3 D/A 转换器的主要性能指标

1．分辨率

分辨率(Resolution)指 D/A 转换器对输出电压的分辨能力，可用最小分辨电压 U_{LSB} 与最大输出电压 U_{FSR} 之比来表示。即

$$分辨率 = \frac{U_{LSB}}{U_{FSR}} = \frac{1}{2^n-1} \tag{13-7}$$

式中：U_{LSB} 表示 D/A 转换器能够分辨出来的最小电压，此时输入的数字代码只有最低有效位为 1，其余各位都为 0；U_{FSR} 表示 D/A 转换器的最大输出电压，此时输入的数字代码所有各位均为 1；n 表示 D/A 转换器输入数字量的位数。

例如，10 位 D/A 转换器的分辨率为

$$\frac{1}{2^{10}-1} \times 100\% = \frac{1}{1023} \times 100\% \approx 0.001 \times 100\% = 0.1\%$$

由于分辨率的大小仅决定于输入数字量的位数，因此，有时也直接使用输入二进制数码的位数来表示分辨率。例如，10 位分辨率。在分辨率为 n 位的 D/A 转换器中，输出电

压能区分 2^n 个不同的输入二进制代码状态,能给出 2^n 个不同等级的输出模拟电压。

2. 转换精度

D/A 转换器的转换精度分绝对精度和相对精度。绝对精度指实际输出模拟电压值与理论计算值之差,通常用最小分辨电压的倍数表示,如 $\frac{1}{2}U_{LSB}$ 就表示输出值与理论计算值的误差为最小分辨电压的一半。相对精度是绝对精度与满刻度输出电压(或电流)之比,通常用百分数表示。

注意:精度和分辨率是两个不同的概念。精度指转换后所得的实际值对于理想值的接近程度,而分辨率指能够对转换结果发生影响的最小输入量。分辨率很高的 D/A 转换器并不一定具有很高的精度。

3. 转换速度

通常用建立时间 t_{set} 来定量描述 D/A 转换器的转换速度。

建立时间 t_{set} 定义为:从输入数码有满度值的变化(输入数字量由全 0 跳变为全 1)开始,到输出电压或电流进入与稳态值相差 $\pm\frac{1}{2}$ LSB 范围以内所需要的时间,如图 13-3 所示。

4. 非线性(线性度)

非线性也称为线性度或非线性误差,用它来说明 D/A 转换器线性的好坏。它是在 D/A 转换器的零点调整好(输入数字量为 0 时,对应的模拟量输出也为 0)和增益调整好后,实际的模拟量输出与理论值之差,如图 13-4 所示。

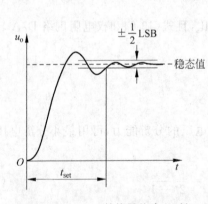

图 13-3　D/A 转换器的建立时间

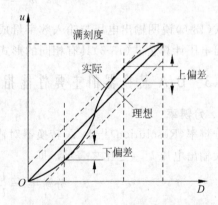

图 13-4　D/A 转换器的非线性误差

非线性可用百分数或位数表示。例如,$\pm1\%$ 是指实际输出值与理论值之偏差在满刻度的 $\pm1\%$ 以内。又如,非线性为 10 位,则表示偏差在满刻度的 $\pm1/2^{10}\approx\pm0.1\%$ 以内。

13.1.4　集成 D/A 转换器

1. 集成 D/A 转换芯片的特点及分类

目前,电子线路中大多采用集成芯片形式的 D/A 转换器。随着集成电路技术的发展,D/A 转换芯片将一些 D/A 转换外围器件集成到了芯片内部,使 D/A 转换器的结构、性能有了很大的变化。为了提高 D/A 转换电路的性能,简化接口电路,应尽可能选择性能/价格比较高的集成芯片。

早期的 D/A 转换芯片只含有从数字量到模拟电流输出量的转换功能,使用时必须外加输入锁存器、参考电压源及输出电压转换电路。这类 D/A 转换芯片有 8 位分辨率的 DAC0800 系列(包括 DAC0800、DAC0801、DAC0802、DAC0808 等)、10 位分辨率的 DAC1020/AD7520 系列(包括 DAC1020、DAC1021、DAC1022、AD7520、AD7530、AD7533 等)和 12 位分辨率的 DAC1220/AD7521 系列(包括 DAC1220、DAC1221、DAC1222、AD7521、AD7531 等)。

中期的 D/A 转换芯片在内部增加了一些计算机接口相关电路及引脚,有了输入锁存功能和转换控制功能,可直接和微处理器的数据总线相连,由 CPU 控制转换操作。这类芯片主要有 8 位分辨率的 DAC0830 系列(包括 DAC0830、DAC0831、DAC0832 等)、12 位分辨率的 DAC1208 和 DAC1230 系列(包括 DAC1208、DAC1209、DAC1210、DAC1230、DAC1231、DAC1232 等)。

近期推出的 D/A 转换芯片不断将一些 D/A 转换外围器件集成到芯片内部,有的芯片内部带有参考电压源,有的则集成了输出放大器,可实现模拟电压的单极性或双极性输出。这类芯片主要有 8 位分辨率的 AD558 和 DAC82、12 位分辨率的 DAC811 及 16 位分辨率的 AD7535/AD7536 等。

常用 DAC 的型号及性能如表 13-1 所示。下面主要介绍 DAC0832 集成芯片及其应用。

表 13-1 常用 DAC 的型号及性能

型 号	分辨率/位	精 度	非线性	建立时间/ns	基准电压/V	供电电压/V	输入存储器	功率/mW	说 明
AD1408	8	±1LSB	±0.1%	250	+5	−15,+5	无	33	
DAC0808	8	±0.19%	1.5%	150		+4.5～+18 −4.5～−1.8	无	33	均为权电阻型
DAC0800 DAC0801 DAC0802	8	±1LSB	±0.1%	100		−15～+15	无	20	
AD7524	8		±0.1%			−15～+5	单缓冲		均为 T 形电阻网络
DAC0830 DAC0831 DAC0832	8	±1LSB	8% 9% 10%	1000	−10～+10 0～+10	−15～+5	双缓冲	20	
DAC82	8	±1LSB			内有	−15,+15	无		权电阻型

2．DAC0832 及其典型应用

D/A 集成芯片 DAC0832(DAC0830、DAC0831)的内部结构如图 13-5 所示。

从图 13-5 可以看出,DAC0832 内部包括 1 个 8 位输入寄存器、1 个 8 位 DAC 寄存

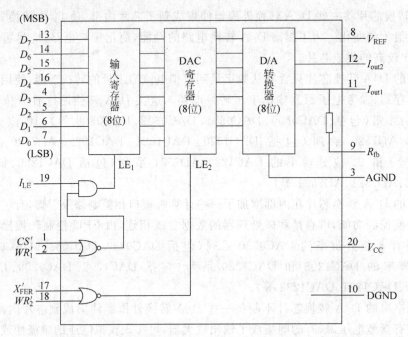

图 13-5　DAC0832(DAC0830、DAC0831)的内部结构

器、1 个 8 位 D/A 转换器和有关控制逻辑电路。I_{LE} 控制的输入寄存器与 WR'_2、X'_{FER} 控制的 DAC 寄存器，实现输入信号的两次缓冲，使用时有较大的灵活性，可以根据需要换成不同的工作方式。DAC0832 采用的是 R-$2R$ T 形电阻网络电流输出，没有求和运算放大器，使用时需外接运算放大器。芯片中设置了负反馈电阻 R_{fb}，只需要将芯片的第 9 脚接到运算放大器的输出端即可。但若运算放大器的放大倍数不够，可外接电位器以利调节。

　　DAC0832 的外部引脚排列如图 13-6 所示。

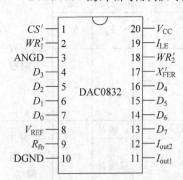

图 13-6　DAC0832 的外部引脚图

　　在图 13-5 和图 13-6 中，$D_0 \sim D_7$ 是 8 位的数字量输入端，D_7 是最高位(MSB)，D_0 是最高位(LSB)。V_{REF} 接外部基准电压源，一般可在 $-10 \sim +10$V 范围内选取，V_{REF} 的极性与大小影响着输出模拟量的极性与大小。I_{out1} 和 I_{out2} 是 DAC 的电流输出端，I_{out1} 一般作为运算放大器反相输入端信号，I_{out2} 作为运算放大器的同相输入端信号，通常接地。I_{LE} 是输入寄存器锁存允许信号。当 I_{LE}、CS'、WR'_1 同时有效时，输入寄存器输出跟随输入变化；当 $I_{LE}=0$，CS' 或 WR'_1 变为高电平时，输入数据被锁存。WR'_1 是输入寄存器的写选通信号，WR'_2 是 DAC 寄存器的写选通信号，两者均为低电平有效。CS' 是片选信号，低电平有效。X'_{FER} 则是数据传送控制信号，低电平有效。DGND 和 AGND 分别为数字电路接地端和模拟电路接地端。DAC0832 的功能表如表 13-2 所示。

表 13-2 DAC0832 的功能表

功 能	控 制 条 件					功 能 说 明
	CS'	I_{LE}	WR_1'	X_{FER}'	WR_2'	
数据 $D_0 \sim D_7$ 送入到输入寄存器	0	1	0	0	1	存入数据
	0	1	1	0	1	锁定
数据由输入寄存器传送到 DAC 寄存器	0	1	1	0	0	存入数据
	0	1	1	0	1	锁定
从输出端取出模拟信号	×	×	×	×	×	无控制信号,随时可取

3.DAC0832 的应用

DAC0832 在应用中有 3 种方式:双缓冲型、单缓冲型和直通型,如图 13-7 所示。

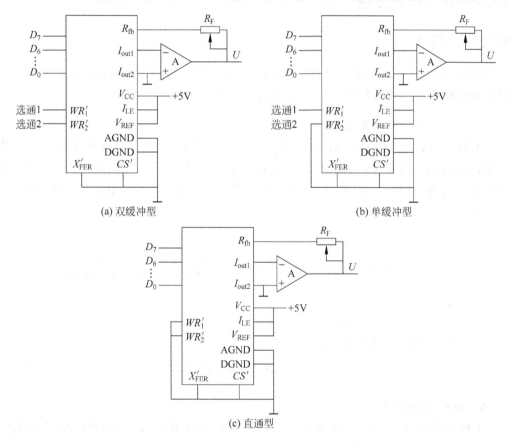

(a) 双缓冲型

(b) 单缓冲型

(c) 直通型

图 13-7 DAC0832 的三种应用方式

从图 13-7(a)中可以看出,首先将 WR_1' 接低电平,将输入数据先锁存在输入寄存器中,当需要转换时,再将 WR_2' 接低电平,将输入寄存器中的数据送入 DAC 寄存器中,并进行转换。这种工作方式称为双级缓冲型方式。

从图 13-7(b)中可以看出,DAC 寄存器处于常通状态,当需要转换时,将 WR_1' 接低电平,使输入数据经过输入寄存器直接存入 DAC 寄存器中,并进行转换。这种工作方式是通过控制 DAC 寄存器的锁存,达到两个寄存器同时选通及锁存的效果,称为单缓冲型工作方式。

从图 13-9(c)中可以看出,两个寄存器均处于常通状态,输入数据直接经两个寄存器到达 DAC 进行转换,称为直通型工作方式。

思考与练习

13-1-1　电阻网络 D/A 转换器实现 D/A 转换的原理是什么?

13-1-2　D/A 转换器的位数有什么意义? 它与分辨率、转换精度有什么关系?

13-1-3　说明 R-$2R$ T 形电阻网络实现 D/A 转换的原理。

13.2　A/D 转换器

13.2.1　概述

能将模拟电量转换为数字量,使输出的数字量与输入的模拟电量成正比的电路称为模数转换器,简称 A/D 或 ADC(Analog to Digital Converter)。

1. A/D 转换的基本原理

A/D 转换器的工作原理如图 13-8 所示。图中,模拟电子开关 S 在采样脉冲 CP_S 的控制下重复接通、断开。S 接通时,$u_i(t)$ 对 C 充电,为采样过程;S 断开时,C 上的电压保持不变,为保持过程。在保持过程中,采样的模拟电压经数字化编码电路转换成一组 n 位的二进制数输出。

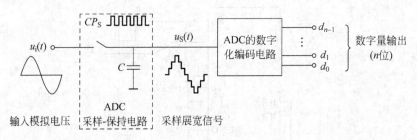

图 13-8　A/D 转换器的工作原理

2. 采样-保持原理

采样-保持原理可用图 13-9 来说明。若 S 在 t_0 时刻闭合,C_H 被迅速充电,电路处于采样阶段。由于两个放大器的增益都为 1,因此这一阶段 u_o 跟随 u_i 变化,即 $u_o = u_i$。t_1 时刻 S 断开,采样阶段结束,电路处于保持阶段。若 A_2 的输入阻抗为无穷大,S 为理想开关,则 C_H 没有放电回路,两端保持充电时的最终电压值不变,从而保证电路输出端的电压 u_o 保持不变。

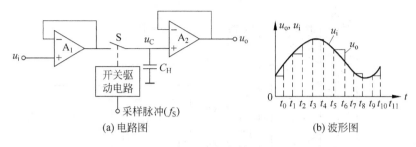

图 13-9 采样保持原理

3．A/D 转换器的主要技术指标

（1）分辨率

A/D 转换器的分辨率用输出二进制数的位数表示，位数越多，误差越小，转换精度越高。例如，输入模拟电压的变化范围为 $0\sim5V$，输出 8 位二进制数可以分辨的最小模拟电压为 $5V\times2^{-8}=20mV$；而输出 12 位二进制数可以分辨的最小模拟电压为 $5V\times2^{-12}\approx1.22mV$。

（2）相对精度

在理想情况下，所有的转换点应当在一条直线上。相对精度是指实际的各个转换点偏离理想特性的误差。

（3）转换速度

转换速度指完成一次转换所需的时间。转换时间指从接到转换控制信号开始，到输出端得到稳定的数字输出信号所经过的时间。

13.2.2 常用的 A/D 转换器类型

1．并联比较型 A/D 转换器

并联比较型 A/D 转换的电路如图 13-10 所示。其工作原理叙述如下：

当 $0\leqslant u_i<V_{REF}/14$ 时，7 个比较器输出全为 0，CP 到来后，7 个触发器都置 0。经编码器编码后输出的二进制代码为 $d_2d_1d_0=000$。

当 $V_{REF}/14\leqslant u_i<3V_{REF}/14$ 时，7 个比较器中只有 C_1 输出为 1，CP 到来后，只有触发器 FF_1 置 1，其余触发器仍为 0。经编码器编码后输出的二进制代码为 $d_2d_1d_0=001$。

当 $3V_{REF}/14\leqslant u_i<5V_{REF}/14$ 时，比较器 C_2、C_2 输出为 1，CP 到来后，触发器 FF_1、FF_2 置 1。经编码器编码后输出的二进制代码为 $d_2d_1d_0=010$。

当 $5V_{REF}/14\leqslant u_i<7V_{REF}/14$ 时，比较器 C_1、C_2、C_3 输出为 1，CP 到来后，触发器 FF_1、FF_2、FF_3 置 1。经编码器编码后输出的二进制代码为 $d_2d_1d_0=011$。

以此类推，可列出 u_i 为不同等级时的寄存器状态及相应的输出二进制数，如表 13-3 所示。这样，就把输入的模拟电压转换成对应的数字量。

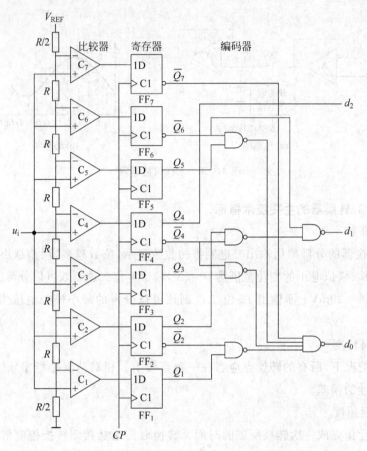

图 13-10 并联比较型 A/D 转换的电路图

表 13-3 u_i 与输出数字量的对应关系

输入模拟电压	寄存器状态							输出二进制数		
u_i	Q_7	Q_6	Q_5	Q_4	Q_3	Q_2	Q_1	d_2	d_1	d_0
$\left(0 \sim \frac{1}{14}\right)V_{REF}$	0	0	0	0	0	0	0	0	0	0
$\left(\frac{1}{14} \sim \frac{3}{14}\right)V_{REF}$	0	0	0	0	0	0	1	0	0	1
$\left(\frac{3}{14} \sim \frac{5}{14}\right)V_{REF}$	0	0	0	0	0	1	1	0	1	0
$\left(\frac{5}{14} \sim \frac{7}{14}\right)V_{REF}$	0	0	0	0	1	1	1	0	1	1
$\left(\frac{7}{14} \sim \frac{9}{14}\right)V_{RFF}$	0	0	0	1	1	1	1	1	0	0
$\left(\frac{9}{14} \sim \frac{11}{14}\right)V_{REF}$	0	0	1	1	1	1	1	1	0	1
$\left(\frac{11}{14} \sim \frac{13}{14}\right)V_{REF}$	0	1	1	1	1	1	1	1	1	0
$\left(\frac{13}{14} \sim 1\right)V_{REF}$	1	1	1	1	1	1	1	1	1	1

2．逐次逼近型 A／D 转换器

逐次逼近型 A／D 转换器的原理框图如图 13-11 所示。其工作原理是转换开始前先将所有寄存器清零。开始转换以后,时钟脉冲首先将寄存器最高位置1,使输出数字为 $100\cdots0$。这个数码被 D／A 转换器转换成相应的模拟电压 u_o,送到比较器中与 u_i 进行比较。若 $u_i < u_o$,说明数字过大了,故将最高位的 1 清除;若 $u_i > u_o$,说明数字还不够大,应将这一位保留。然后,再按同样的方式将次高位置1,并且经过比较以后确定这个 1 是否应该保留。这样逐位比较下去,一直进行到最低位为止。比较完毕后,寄存器中的状态就是输入模拟电压所对应的数字量。

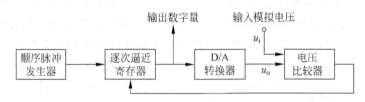

图 13-11　逐次逼近型 A／D 转换器的原理框图

现以 3 位 A／D 转换器为例,具体说明逐次逼近型 A／D 转换的转换过程。3 位 A／D 转换器的原理图如图 13-12 所示。

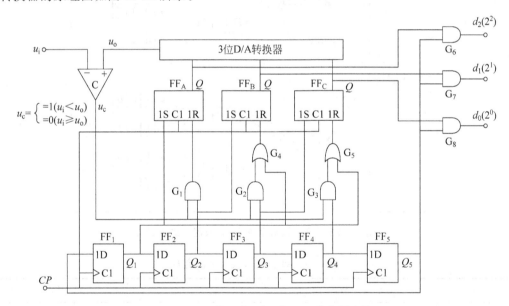

图 13-12　3 位逐次逼近型 A／D 转换器电路

转换开始前,先使 $Q_1 = Q_2 = Q_3 = Q_4 = 0$,$Q_5 = 1$,第 1 个 CP 到来后,$Q_1 = 1$,$Q_2 = Q_3 = Q_4 = Q_5 = 0$,于是 FF$_A$ 被置 1,FF$_B$ 和 FF$_C$ 被置 0。这时加到 D／A 转换器输入端的代码为 100,并在 D／A 转换器的输出端得到相应的模拟电压输出 u_o。u_o 和 u_i 在比较器中比较,当若 $u_i < u_o$ 时,比较器输出 $u_c = 1$;当 $u_i \geqslant u_o$ 时,$u_c = 0$。

第 2 个 CP 到来后,环形计数器右移一位,变成 $Q_2 = 1$,$Q_1 = Q_3 = Q_4 = Q_5 = 0$,这时 G$_1$ 门打开,若原来 $u_c = 1$,则 FF$_A$ 被置 0,若原来 $u_c = 0$,则 FF$_A$ 的 1 状态保留。与此同时,

Q_2 的高电平将 FF_B 置 1。

第 3 个 CP 到来后，环形计数器又右移一位，一方面将 FF_C 置 1，同时将门 G_2 打开，并根据比较器的输出决定 FF_B 的 1 状态是否应该保留。

第 4 个 CP 到来后，环形计数器 $Q_4 = 1$，$Q_1 = Q_2 = Q_3 = Q_5 = 0$，门 G_3 打开，根据比较器的输出决定 FF_C 的 1 状态是否应该保留。

第 5 个 CP 到来后，环形计数器 $Q_5 = 1$，$Q_1 = Q_2 = Q_3 = Q_4 = 0$，$FF_A$、$FF_B$、$FF_C$ 的状态作为转换结果，通过门 G_6、G_7、G_8 送出。

3 位 A/D 转换器可以分辨 2^3 个二进制数。设量化单位为 0.25V，被转换的电压为 1.30V，则其逐次逼近转换的过程如图 13-13 所示。经 3 次预置、转换、比较和修改，就可得到转换结果为 101(转换路径如实线所示)。该数字量所对应的模拟电压为 1.25V，与实际值相差 0.05V，这属于量化误差，是转换误差之一。内部 D/A 输入输出关系如表 13-4 所示。

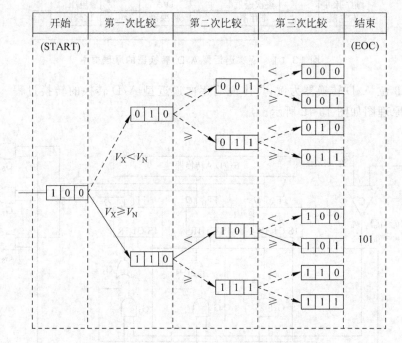

图 13-13 逐次逼近型 A/D 转换器的逼近过程

表 13-4 内部 D/A 输入输出关系

数 字 量			V_N/V
0	0	0	0
0	0	1	0.25
0	1	0	0.50
0	1	1	0.75
1	0	0	1.00
1	0	1	1.25
1	1	0	1.50
1	1	1	1.75

由以上分析可知,一个 n 位逐次逼近型 A/D 转换器完成一次转换要进行 n 次比较,需要 $n+2$ 个时钟脉冲。其转换速度较慢,属于中速 A/D 转换器。但由于电路简单,成本低,因此,也被广泛使用。

【例 13-1】　一个 8 位 A/D 转换器 CAD570,其基准电压 $V_{REF}=10V$,输入模拟电压 $u_i=6.84V$,求 ADC 输出的数字量是多少?

解:(1) 当 $V_N=\dfrac{1}{2}V_{REF}=\dfrac{10}{2}=5V$ 时,因为 $V_N<V_X$,所以取 $d_7=1$,存储。

(2) 当 $V_N=\left(\dfrac{1}{2}+\dfrac{1}{4}\right)V_{REF}=7.5V$ 时,因为 $V_N>V_X$,所以取 $d_6=0$,存储。

(3) 当 $V_N=\left(\dfrac{1}{2}+\dfrac{0}{4}+\dfrac{1}{8}\right)V_{REF}=6.25V$ 时,因为 $V_N<V_X$,所以取 $d_5=1$,存储。

$$\vdots$$

如此重复比较下去,经过 8 个时钟脉冲周期,转换结束,最后得到 A/D 转换器的转换结果 $d_7\sim d_0=10101111$,则该数字所对应的模拟输出电压为

$$V_N=\left(\frac{1}{2}+\frac{0}{4}+\frac{1}{8}+\frac{0}{16}+\cdots+\frac{1}{2^7}\right)V_{REF}=6.83593759(V)$$

3. 双积分型 A/D 转换器

双积分型 A/D 转换器是一种间接型 A/D 转换器,它由基准电压 V_{REF}、积分器、比较器、计数器和定时触发器组成,如图 13-14 所示。

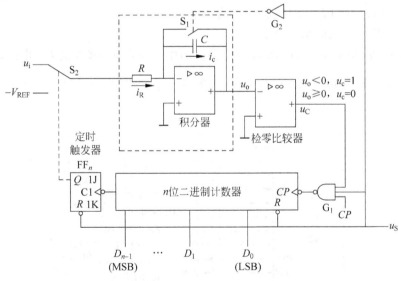

图 13-14　双积分型 A/D 转换器

双积分型 A/D 转换器的基本原理是对输入模拟电压 u_i 和参考电压 V_{REF} 分别进行积分,将两次电压平均值分别变换成与之成正比的时间间隔,然后,利用时钟脉冲和计数器测出此时间间隔,通过运算得到相应的数字量输出。

双积分型 A/D 转换器由于转换一次要进行两次积分,所以转换时间长,工作速度慢,但它的电路结构简单、转换精度高、抗干扰能力强。因此,常用于低速场合。

13.2.3 集成 A/D 转换器及其应用

集成 A/D 转换器种类很多,如从使用角度上可分为两大类:一类在电子电路中使用,不带使能控制端;另一类带有使能端,可与计算机相连。

1. ADC0804 A/D 转换器

ADC0804 是逐次逼近型单通道 CMOS 8 位 A/D 转换器,其转换时间小于 $100\mu s$,电源电压+5V,输入输出都和 TTL 兼容,输入电压范围 0~+5V 模拟信号,内部含有时钟电路,图 13-15 为 ADC0804 的引脚排列图。

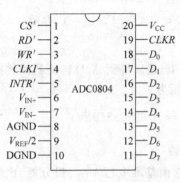

图 13-15　ADC0804 的引脚排列图

ADC0804 芯片上各引脚的名称和功能说明如下。

CS'(1 脚):片选信号,输入低电平有效。

RD'(2 脚):输出数字信号,输入电平有效。

WR'(3 脚):输入选通信号,输入低电平有效。

$CLKI$(4 脚)、$CLKR$(19 脚):时钟脉冲输出。

$INTR'$(5 脚):中断信号输出(低电平)。

V_{IN+}(6 脚)、V_{IN-}(7 脚):模拟电压输入。

$AGND$(8 脚):模拟电路地。

$V_{REF}/2$(9 脚):基准电压输入。

$DGND$(10 脚):数字电路地。

$D_7 \sim D_0$(11~18 脚):8 位数字信号输出。

V_{CC}(20 脚):直流电源+5V。

图 13-16 是 ADC0804 的典型应用电路。图中 4 脚和 19 脚外接 RC 电路,与内部时钟电路共同形成电路的时钟,其时钟频率 $f = \dfrac{1}{1.1}RC = 640\text{kHz}$,对应转换时间约为 $100\mu s$。

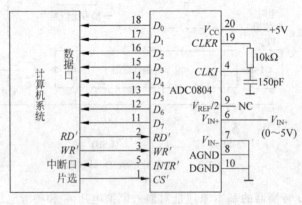

图 13-16　ADC0804 的典型应用电路

电路的工作过程是:计算机给出片选信号(CS' 低电平和选通信号 WR' 低电平),使 A/D 转换器启动工作,当转换数据完成,转换器的 $INTR'$ 向计算机发出低电平中断信号,计算机接受后发出输出数字信号(RD' 低电平),则转换后的数字信号便出现在 $D_0 \sim D_7$

数据端口上。

2．A／D转换芯片ＡＤＣ0809

ADC0809是CMOS工艺、逐次逼近型的8位A/D转换芯片,双列直插式封装,28个引脚。其内部结构框图13-17所示。它主要由模拟量输入多路转换器和逐位逼近式A/D转换器组成。

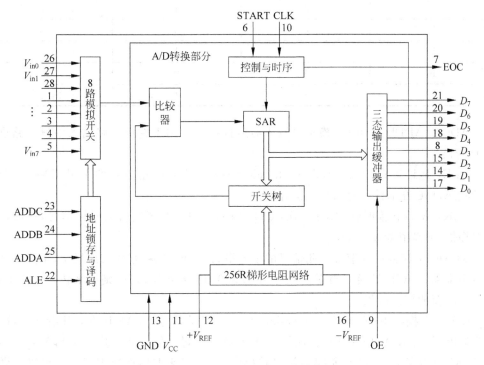

图13-17 ＡＤＣ0809的内部结构框图

多路转换器部分包括8个标准的CMOS模拟开关和三位地址锁存与译码电路。多路模拟开关有8路模拟量输入端,最多允许8路模拟量分时输入,共用一个A/D转换器进行转换。三位地址通过ADDA、ADDB、ADDC端输入并锁存,译码后控制8个模拟开关中某一个接通,其余的断开,从而选择8路输入$V_{in0} \sim V_{in7}$中某一路与逐位逼近式ADC接通,完成该路模拟信号的转换。ADDA、ADDB、ADDC对8路输入的选择作用如表13-5所示。

逐次逼近式ADC的工作原理已在前面叙述。其中的256R梯形电阻网络和开关树完成D/A转换,可将SAR中的数据转换成反馈电压送比较器进行比较。

ADC0809各引脚的功能如下。

$V_{in0} \sim V_{in7}$：8路模拟量输入端。用于输入被转换的电压。它们通常来自被测对象传感器的输出。这说明ADC0809可以完成8路模拟信号的A/D转换,相当于8个单通道ADC。

$D_7 \sim D_0$：8位数字量输出端,用于将模拟量转换结果输出。

表 13-5 ADDA、ADDB、ADDC 对 8 路输入的选择

ADDC	ADDB	ADDA	选择的输入通道
0	0	0	V_{in0}
0	0	1	V_{in1}
0	1	0	V_{in2}
0	1	1	V_{in3}
1	0	0	V_{in4}
1	0	1	V_{in5}
1	1	0	V_{in6}
1	1	1	V_{in7}

ADDA、ADDB、ADDC：模拟量输入通道选择线。用于选择 8 路输入中哪一路进行 A/D 转换。

ALE：地址锁存允许（Address Latch Enable）信号。此信号的上升沿将 ADDA、ADDB、ADDC 端的信号存入地址锁存器。

CLK：A/D 转换时钟。用作 ADC0809 内部控制与时序逻辑的时钟信号，一般由外电路提供，典型值为 640kHz。

START：转换启动信号。此信号的上升沿将 SAR 清零，芯片内部复位，下降沿开始进行逐位逼近 A/D 转换。当正在进行 A/D 转换时，若再次启动，则原来转换过程中止，开始一次新的转换过程。

EOC：转换结束（End of Conversion）信号。启动信号 START 的上升沿之后，EOC 变为低电平，表示 ADC0809 正在进行 A/D 转换。经过一段时间（约 $100\mu s$），A/D 转换完成，EOC 变为高电平，以此通知单片机转换完毕，可以来取转换数据了。它可以看做是 START 信号的应答信号。单片机通过 START 端启动 ADC0809 开始转换，而 ADC0809 用 EOC 的高电平回答单片机，转换已完成。

OE：输出允许（Output Enable）信号。此信号为高电平时，打开三态输出门，将转换结果送到 $D_7 \sim D_0$ 端。

V_{CC}：芯片电源电压。由于是 CMOS 芯片，允许的电源范围较宽，可从 $+5 \sim +15V$。

GND：芯片电源地端。

$+V_{REF}$：参考电压正极端；$-V_{REF}$：参考电压负极端。此参考电压用于内部 DAC。

思考与练习

13-2-1 A/D 转换包括哪些过程？

13-2-2 什么是量化单位和量化误差？减小量化误差可以从哪几个方面考虑？

13-2-3 逐次逼近型 A/D 转换中有哪些优点？

13-2-4 在双积分型 A/D 转换器中对基准电压 V_{REF} 有什么要求？

习题

13-1 设 D/A 转换器的输出电压为 $0\sim5V$,对于 12 位 D/A 转换器,试求它的分辨率。

13-2 已知某 DAC 电路最小分辨率为 5mV,最大输出电压为 5V,试求该电路输入数字量的位数和基准电压各是多少。

13-3 如 A/D 转换器输入的模拟电压不超过 10V,问基准电压 V_{REF} 应取多大? 如转换成 8 位二进制数时,它能分辨的最小模拟电压是多少? 如转换成 16 位二进制数时,它能分辨的最小模拟电压又是多少?

13-4 根据逐次逼近型 A/D 转换器的工作原理,一个 8 位 A/D 转换器,它完成一次转换需几个时钟脉冲? 如时钟脉冲频率为 1MHz,则完成一次转换需多少时间?

13-5 8 位 A/D 输入满量程为 10V,当输入下列电压时,数字量的输出分别为多少? (1)3.5V;(2)7.08V;(3)59.7V。

13-6 一个逐次逼近型 ADC,满值输入电压为 10V,时钟频率约为 2.5MHz,试求: (1)转换时间是多少? (2)$U_I=8.5V$,输出数字量是多少? (3)$U_I=2.4V$,输出数字量是多少?

13-7 根据双积分型 A/D 转换器的工作原理,如果内部的二进制计数器是 12 位,外部时钟脉冲的频率为 1MHz,则完成一次转换的最长时间是多少?

参 考 文 献

[1] 李心广.电路与电子技术基础[M].2版.北京：机械工业出版社,2012.

[2] 李燕民.电路与电子技术[M].2版.北京：北京理工大学出版社,2010.

[3] 陈菊红.电工基础[M].2版.北京：机械工业出版社,2009.

[4] 傅平.电路与电子技术[M].北京：中国电力出版社,2012.

[5] 李晓明.电路与电子技术[M].2版.北京：高等教育出版社,2009.

[6] 王金矿.电路与电子技术基础[M].北京：机械工业出版社,2008.

[7] 童诗白,华成英.模拟电子技术基础[M].4版.北京：高等教育出版社,2006.

[8] 查丽斌.电路与模拟电子技术基础[M].北京：电子工业出版社,2008.

[9] 焦素敏.数字电子技术基础[M].2版.北京：人民邮电出版社,2012.

[10] 焦素敏.EDA技术基础[M].北京：清华大学出版社,2009.

[11] 阎石.数字电子技术基础[M].5版.北京：高等教育出版社,2008.